本书得到以下项目和研究基地资助出版：
教育部人文社会科学研究一般项目（13YJA790115）
河北新型智库（河北省"三农"问题研究中心）
河北省软科学研究基地（河北省"三农"问题研究基地）
河北省人文社科基地（河北农业大学现代农业发展研究中
河北省农业经济发展战略研究基地

U0324790

农村水治理
政策实验理论方法与实务

Theoretical Method and Practice of Policy
Experiment of Rural Water Governance

王 军 杨江澜 张 玲 / 著

经济管理出版社
ECONOMY & MANAGEMENT PUBLISHING HOUSE

图书在版编目（CIP）数据

农村水治理政策实验理论方法与实务/王军，杨江澜，张玲著 . —北京：经济管理出版社，2019. 12

ISBN 978-7-5096-4621-2

Ⅰ.①农…　Ⅱ.①王…　②杨…　③张…　Ⅲ.①农村—水资源管理—研究—中国
Ⅳ.①TV213. 4

中国版本图书馆 CIP 数据核字（2016）第 226759 号

组稿编辑：王　琼
责任编辑：王　琼
责任印制：黄章平
责任校对：王淑卿

出版发行：经济管理出版社
　　　　　（北京市海淀区北蜂窝 8 号中雅大厦 A 座 11 层　100038）
网　　　址：www. E-mp. com. cn
电　　　话：（010）51915602
印　　　刷：北京玺诚印务有限公司
经　　　销：新华书店
开　　　本：720mm×1000mm/16
印　　　张：24. 75
字　　　数：432 千字
版　　　次：2019 年 12 月第 1 版　　2019 年 12 月第 1 次印刷
书　　　号：ISBN 978-7-5096-4621-2
定　　　价：88. 00 元

前　言

　　水是生命之源、生产之要、生态之基。中国是灌溉农业大国，水资源相对贫乏，全国总用水量中农业用水约占 64%，但农村水问题形势依旧严峻。从现实看，全国农村水资源浪费较严重、用水效率较低、水污染较严重。其中，河北省水资源严重短缺，全省多年平均水资源总量 205 亿 m^3，人均水资源量 307 m^3，为全国平均水平的 1/7，远低于国际公认的人均 500 m^3 的极度缺水标准。2015 年河北省地下水超采量近 50 亿 m^3，平原超采区面积达到 6.7 万 km^2，超采量和超采区面积均为全国的 1/3，形成了七大地下水漏斗区。从政策上看，2011 年"中央一号"文件提出用水总量、用水效率、水功能区限制纳污三条红线。2012 年河北省最严格的水资源管理制度，要求到 2015 年全省用水总量控制在 217 亿 m^3，农田灌溉水有效利用系数提高到 0.67，重要水功能区水质达标率达到 56%。2014 年河北省启动综合治理地下水超采。2016 年"中央一号"文件指出大力发展旱作农业；加强地下水监测，开展超采区综合治理；创新和完善乡村治理机制。同年 1 月国务院发布《关于推进农业水价综合改革的意见》（国办发〔2016〕2 号）提出：夯实农业水价改革基础，建立健全农业水价形成机制，建立精准补贴和节水奖励机制。同年 5 月财政部提出实施资源税从价计征改革及水资源税改革试点，以河北省为试点。白洋淀流域 2015 年河流上游水质优，下游及淀区监测断面大多未达标。其中淀区水位 2012 年为 6.5m，接近干淀，2013 年 7~12 月达到 8.34m，2014 年水质恶化，2015 年各点位水质均未达到功能区要求。"十二五"至"十三五"期间，白洋淀水污染防治和流域上游生态环境保护、京津冀跨区域协同治理和乡村治理的政策陆续出台，农村水资源与环境治理进入新的时代。

　　为了配合当前农村水治理改革举措和水管理新政实施，本书以"生态补偿视角下农村水资源与环境二元同利共治机制"为选题，以农村管理节水和污水治理为研究对象，以构建政府与农户等多元主体新型农村水资源与环境管理体系的水治理格局为研究目的。主要运用资源与环境经济学的生态补偿、公共物品、产权交易原理，采用公共政策分析及实验经济学的政策实验、政策模拟方法，结合问卷访谈和实证调研方法等，经过 2014~2016 年多次对平原区的衡水桃城区、湿地型的安新县白洋淀淀区和高原山区型的张家口坝上地区三种不同类型的农村治理问题调研，提炼并分析了农村水治理从"一元独治"、"二元共治"到"多元善治"模式的内涵和演进脉络；辨析了生态补偿与农村水资源和环境政策的逻辑关系；分析了生态补偿视角下农村水资源与环境政策同利共治到善治的机理；构建了农村水治理政策实验的理论框架，制定了实务操作指南；探索了农村水资源与环境政策增效提能政策模型；完成了农村水资源与环境政策实验基地和数据库。

全书共分为七章：第一章导论；第二章农村水治理研究方法选择；第三章水治理政策实验技术指南；第四章农村水治理问题辨析；第五章国内外农村水治理典型案例；第六章农村水资源与环境治理机制构建；第七章农村水治理政策实验基地建设实务。

本书认为，在政府主导下的"一元独治"模式下，政府有绝对控制水资源开发、利用、保护和水污染治理的权力，全部管理着农村生产和生活取水、用水、节水、排水过程，农户利益隶属于全能的政府管理，被动接受政府各类水政策执行，无权参与水价制定、水费征收、农业节水和生活污水治理，有限监督政府水管理过程，根本不开展政策评价。那么农村水政策往往导致政策规避、政策衰减和政策低效。"二元共治"模式构建过程中，政府仅拥有水资源所有权，农民水协会、涉水企业和农户，按照股权分置等方式，井灌和渠灌布局体系，按照"集权有度、分权有底、持续补偿、博弈协商、共建共享"原则，按照二元主体分级明晰从流域、干支渠到斗渠和毛渠水权，统筹农村生产和生活取水、用水、节水、排水、治污及回用二元社会水循环，将所有权、使用权、经营权和收益权实施渐进式分置改革，在政府与农民二元同利最大化重复博弈、互动协商中，按持续向农户利益倾斜的"提补式—衡水模式"、"征补式—白洋淀模式"、"明补式"等模式，共同完成政策从制定、执行、监督到评价和终结全过程，形成林达尔均衡和卡尔多·希克斯改进，弥合政府节水和治污长期宏观目标与农户短期增收利己目标的分离态势，走出农村水治理公共物品的"公共池塘困境"。根据实证调查、政策实验和政策模拟并考虑PPP模式和设立农村水治理基金池等改革措施的二元共治是得到政府和农户支持的，能向"多元善治"模式转型。"多元善治"指政府与农村水协会或合作组织、供水和治污的水企业、社会资本、科研团队和媒体共同参与农村的水治理，形成"一主多元"模式或"伙伴合作"模式，形成主体平等、协商治理、共建共享的水治理格局。该体系中财权、事权、人权相匹配，地表水分权化、地下水垂直化管理，多元主体采用传统和网络参与等方式，进入农村水政策运行全周期，将管理节水、农艺节水和工程节水措施相配合，深化运用"以奖促治"、"以奖代补"和多种 PPP 模式，推动农村节水和治污政策效能最大化。目前，我国经济进入新常态，供给侧改革稳步推进，由于我国水权改革缓慢且滞后，与土地改革、政府与市场职能正在回归本位、多元主体职能增减与转化不同步，体制内科层制配置合力效率较低，善治框架尚未取得多元共识，补偿与补贴机制不完善，尤其是农民、水协会、水企业民主式管水意识亟待提高等因素综合影响，作为过渡阶段当前适用并可行的"二元共治"模式，也必将渐进走向"多元善治"。同时，政府水治理的政策手段也会由命令控制的"管制型"向税费模式的"利益诱导型"、向多中心治理的"社会制衡型"手段转型。

我国农村水治理的渐进式改革要经过政策实验。目前适用于"二元共治"的政策博弈实验步骤包括：实验规划与设计、实验准备与培训、局中人利益表达与沟通、综合集成支持下的利益博弈、提出和分析利益协调方案、协商与冲突消解形成共识方案、模拟政策执行、实验评估与总结、政策确认与实施。适用于农村公共政策评价的四种主要方法为：简单"前—后"政策对比分析、"投射—实施后"政策对比分析、"有—无"政策对比分析、"控制对象—实验对象"政策对比分析。农村水治理政策实验基地的阶段目标有：实现平台开放、制定公平规则、多元目标参与。建设内容有：内容实务体系、职能体系和成果关系。农村水治理政策实验步骤按启动、计划、实施、监控、收尾五大次序展开。要重视政策实验的政策执行简易型评估。

本书得到以下项目和研究基地资助出版：教育部人文社会科学研究一般项目（13YJA790115）、河北新型智库（河北省"三农"问题研究中心）、河北省软科学研究基地（河北省"三农"问题研究基地）、河北省人文社科基地（河北农业大学现代农业发展研究中心）和河北省农业经济发展战略研究基地。具体分工如下：课题负责人王军教授负责全书的体系设计、撰写和总统稿，各章撰写分工为：第一章和第三章至第七章王军；第二章王军、杨江澜、张玲。杨江澜博士负责第六章中的政策模拟，参与了衡水调研问卷设计和实地调研；张玲副教授参与了政策评价写作并参与了校稿工作和发表论文；甄鸣涛副教授参与了第四章和第七章的局部内容写作以及衡水调研问卷设计和发表论文；研究生刘竞资参与了白洋淀美丽乡村PPP模式的写作；在项目结题和统稿过程中，河北农业大学农林经济管理系彭柯、郑杰、陈宇晴同学参与了相关工作。

在课题进行和本研究报告撰写过程中，衡水市桃城区水务局常宝军副局长、张家口市水务局赵润豫高工、坝上张北水务局徐华涛科长、保定市环境保护研究所崔秀丽所长、河北省水利厅魏智敏高工、河北省社科院彭建强院长、河北省环保联合会王路光秘书长、保定市环保监测站张国峰总工、保定市环保局刘宏处长、安新县环保局郭彦涛和杨振锋副局长、安新县白洋淀湿地保护区管理处郭悦安处长、衡水桃城区速流村王占羊书记、安新县东田庄田国强书记和田铁庄村长、安新县赵庄子村赵文祥书记、大淀头村赵爱乐书记、河北农业大学商学院王建忠院长及尉京红副院长和葛文光主任、河北农业大学商学院农经系的部分本科生、经济管理出版社王琼编辑，他们都对课题和本书的出版提供了各种方式的帮助，最后对所有引文和参考文献的作者在此一并表示感谢。

在付梓之际，以此书告慰逝者——课题组早期成员金超英教授。

由于研究水平有限，书中难免存在不足与疏漏之处，敬请广大读者批评指正。

王军

2019 年 6 月

目　录

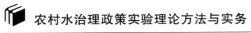

第一章 导 论

第一节 研究目标

一、辨析农村水治理的政策逻辑问题

近年来，我国农村普遍出现水浪费、水超采、水污染导致的水不安全等问题。2011 年 1 月"中央一号"文件提出水资源"三条红线"，强调需要多种政策的配合才能形成政策效能合力。2016 年 1 月国务院发布推进农业水价综合改革意见（国办发〔2016〕2 号）提出，夯实农业水价改革基础，建立健全农业水价形成机制，建立精准补贴和节水奖励机制。这些都将在农村水治理的供水、取水、用水、节水、排水环节形成新的利益分配格局和治理格局。以农村水资源与环境政策为研究对象，以农村水资源节约和农村水环境污染整治为政策目标，建立政府与农户二元主体，实施"二元共治"农业节水提补水价政策机制，健全"征补共治"农村生活污水治理水费模式，运用生态补偿等原理分析农村水治理等政策机理，建立农村水资源与环境利益共有、"二元互动"、"多元善治"、人水和谐的驱动机理和逻辑脉络。

二、构建农村水治理的政策补偿模型

首先，从中央、地方到基层政策传递过程中，在农户利益受损、补偿、满足状态下的响应函数基础上，分析政府与农户利益在完全分离、互有交叉、完全重合三种状态下的政策效能条件。其次，从民生、民权、民主三个发展层

次，探求政府与农民的利益偏离权重演变，把生态补偿作为传输影响因子构建农村水资源环境政策实验模型，分析政策驱动效能机理。最后，构建政策评价体系，评价比较不同模型政策效果，分析出农户趋利性是对政策接受程度的关键，证明二元共利是政策增效提能的前提，揭示了政府生态补偿机制是目前农村水资源与环境政策执行的适用方法。

三、分析农村水治理政策与治理机制

重点运用生态补偿原理，瞄准农村水价和水权焦点关切，分析农村水资源环境政策，从制定、执行、监督、评价到终结全过程中政府与农户地位利益目标的变化，完善水补偿体系中的补偿主体、补偿客体、补偿标准和补偿方式。运用卡尔多·希克斯（Kaldor Hicks）改进和水政策利益诱导与市场化政策手段，指明主客体间利益耦合与抵触的条件，揭示政府与农户博弈关系以及二元互动共利机理；运用林达尔均衡（Lindahl Equilibrium）探析在二元博弈协商、成本共同分担、共利互动机制下，政策优化与农户行为改变对政策效能的影响；运用政策博弈实验的环节联动，结合前后测实验调研，尝试政策模拟的因果控制，剖析政府农业节水提补水价机制、以奖补促治（污）机制、以奖补促节（水）机制以及水资源税收政策的现实适用性；梳理水治理手段由管制型、经利益诱导型向社会制衡型转型与一元独治、二元共治和多元共治的同步驱动原理，实现政策效能最大化。

四、建立农村水治理政策实验数据基地

首先，搜集国内外农村水资源与环境政策演替典型案例，建立政策案例库；其次，构建传统公共管理的一元水治理与新公共管理的二元治理的政策对照组，通过政策博弈实验、节水治理要素控制下的政策模拟和"善治"要素评价，进行政策优选，寻找从政府节水与农户增收间二元冲突到协作共治的和谐之路；最后，力求在河北省衡水市桃城区"一提一补"节水试点村、白洋淀流域"征补共治"治污试点村和张家口坝上节水乡村，分别构建生态补偿机制影响下的农村水资源政策和水环境政策基础数据库，推动政策实验基地建设，最终实现政策优选分析定量化。

第二节 研究思路

一、分析农村水资源与环境二元利益机理

分析农村水资源和水环境问题中农户与政府的利益共利演进过程，分析其互动共赢机理，探析在趋利机制指引下农户行为对政策效能的影响，寻求主客体间利益耦合与抵触的条件，揭示政府与农户博弈关系以及博弈协商形成二元互动共利机制。

二、运用系统模拟方法进行政策传输机理研究

运用生态补偿原理分析农村水资源环境政策的制定、执行、监督、评价到终结过程中政策效能变化路径，运用系统动力学驱动分析政策传输的效能优化机理。

三、进行生态补偿政策二元共利最优求解

目前，我国农村各类补贴政策和生态补偿政策已经陆续颁布，但是农业补贴、生态补偿和农村水资源与环境政策逻辑关系尚不清晰，农民短期趋利行为与政府长期生态文明政策目标易发生错位，导致农村水资源利用外部性明显。在目前水权明晰受限，市场化交易难以纵深展开，国家与社会纽带难以割裂的格局下，构建政府与农户二元主体互动治理结构成为现阶段的次优选择。而在由政府集权独治向官民分权共治转化，政策手段由管制型向诱导型和社会共治型转变过程中，仍需要在卡尔多·希克斯改进型福利原理基础上，构建生态补偿影响机理下的政策模式，政府与农民默契程度对政策效能共利机理的影响分析模型并优选求解，形成以生态补偿机制下的农村水资源和环境政策二元互动、利益共有、利益倾斜的取水、用水、节水、排水的农村水治理持续和谐格局。因此，运用成熟的生态补偿的主体、客体、标准和方式等理论，不是研究生态补偿本身，而是用补偿理念去揭示二元共利互动是一个政府向农户利益倾斜的偏利共生和分权分利，并最终达到合作博弈的过程。

四、探索农村水政策博弈实验和政策模拟

运用政策实验方法分别对生态补偿机制下的三类政策实验区的农村水资源环

境公共政策进行政策对比和效能评估，使农村水政策适用差异化、选择最优化和实施效能最大化。实证方法包括：一是通过实地调研了解政府和基层农户两个层面政策认知，对政策从制定、执行进行评价而验证政策实效。二是进行实地政策博弈实验，采用前后测政策对比调研问卷、政策博弈大会，以及基于农民意愿或政府访谈和视角的农村调查，以此验证农村水公共政策的适用性。三是运用 Powersim 等系统动力学软件进行政策模拟，分析政策实施的影响因素，构建因果指向性控制变量的政策流程体系图，进行多种方案的情景分析和评价后择优选用。

第三节 研究内容

一、政府与农户二元共治水政策机理分析

目前，对"二元"的概念解释有自然与人类二元理论和最为公认的城乡二元经济结构，其二元结构划分的目的是在实施城市化的进程中，从二元分离向二元统筹，消除城乡差别，纠正城乡失衡，实现以城带乡、以工补农，最终达到二元共赢、城乡一体化。王浩院士首创提出的"自然—社会"二元水循环原理是指从水资源传统意义的自然循环到水资源自然—人文耦合下的水循环，即由降水—蒸发—径流—下渗—大气环流的自然循环，与人工控制下的取水、用水、节水、排水、回用的过程，形成自然—社会二元水循环。通过发挥负反馈机理和承载力红线控制机理，形成对人类工农业城市居民耗水的控制，倒逼人类通过二元循环下节水实现水生态平衡。该理论意义重大。

政府与农户二元共治水政策力求分析政府与农户之间的管理节水二元结构，分析农村水资源和环境问题中的政府与农户如何形成互利共治的机制；构建二元农村水资源与环境政策共利增效模型，解析政府、农户在不同因素影响下的行为选择规律；运用卡尔多·希克斯改进推动净福利原理，在生态补偿的视角下，构建政府以农户为主体、农业生产节水和农村生活节水治污政策为对象，互利互动为特征，协作或合作共治为途径，揭示由政府的"独治"模式通过向"二元共治"模式逐步转型，最终向"多元善治"模式转型演进脉络，以公权共享与私权分享的水权利益和谐为愿景，由官权为中心的节水治水思路向民权与官权双中心的共同节水治水格局转型。近期，关注运用 PPP 模式推动农村水利工

程和排水治污工程向纵深发展。

二、农村水资源与水环境补偿政策过程辨析

运用生态补偿理论体系，从补偿主体、补偿客体、补偿标准和补偿手段等维度，辨析农村水资源与水环境政策从制定、执行、监督与评价到终结的全过程的运行机理，建立以农村生态补偿和补贴为核心的农村水政策的衔接机制，将政府农业节水、农村治污目标与农民增收目标相统一，实现农村水治理中的二元互利共赢。

三、农村水资源与水环境管理模式转变

运用利益诱导和市场化交易型政策手段，通过政府与农民的协商博弈，使农村水资源与环境公共政策和水治理模式由政府为主体、管制为特征的"独治"模式向政府与农户互利共治的"二元共治"模式以及政府、水企业、农户、第三方组织等社会多主体共同参与的"多元善治"模式转型；揭示上述模式转型的演进脉络，完善"多元善治"的乡村水治理结构，最终实现以公权共享与私权分享的水权利益和谐为愿景，由以官权为中心的节水治水思路向民权与官权双中心的共同节水治水格局转型。

四、农村水资源与环境政策实验数据库构建

建设农村水资源与环境政策实验基地，构建水治理数据库，采用定性和定量研究方法，开展政策博弈，实施政策模拟、验证评价、反馈调节、试点实施和示范推广等政策实验，并形成可操作指南。

第四节　研究意义

农村水治理政策研究遵循"二元共治"和"多元善治"机制，配合河北省开展地下水综合治理新政策，继续改良实施农村节水"一提一补"农村水价政策，配合农村连片综合整治、以奖（补）促治，对开展"美丽乡村"建设，构建农村新型水治理模式具有理论和现实意义：

一、缓解农户增收与政府节水治污间利益矛盾

目前，农村水治理政府长期的宏观目标是农业节水实现可持续利用，农村环境改善，建设"美丽乡村"，公共福利改善，提高政策效能和效益；农户短期微观的目标是农业持续增收，农村生活便利，满足自利至上而对公共利益漠然。为了弥合两者的二元利益分离，通过政府稳定的生态补偿和补贴政策，建立包括信息公开、新媒体终端在内的沟通渠道，构建政府与农户民主协商平台，帮助政府及时了解真实民意，让农户全面理解水治理的重要性，认同政府农村水权管理思路，配合政府政策执行，提高水治理效率，巩固农户长久获利增收意愿，实现由"政府让我节水治污"变为"我要节水治污"的自觉行为，实现二元利益最大化。同时，发挥农户水合作组织作用，依靠农村专业化组织的集体力量，与政府政策制定者进行谈判、博弈和民主协商，在水治理二元分离的利益格局中找到共赢的均衡点，让民主协商的管水、节水、治污理念深入人心，使节水和治污工程成为爱心工程和民心工程。

二、健全农业水政策体系，提升政策效能和效益

当前，农村存在不同程度的人地矛盾、人水矛盾、官民矛盾、社会结构与经济发展的矛盾，削弱了农村节水治污的政策效能。其原因，一方面现行农村水政策制度安排上有缺陷，政府"独治"产生负外部性；另一方面农村农民的综合素质低，农村社会利益结构松散，政策执行常遇到"上有政策、下有对策"的窘境，政策规避、扭曲和衰减使政策效果大打折扣。实施水治理的"二元共治"，政府与农户之间用更合理、更民主的协商方式，处理好服从、协同、合作、自主的关系，将农村水政策共同制定、共同执行、共同评价、共同监督、共同获利，才可使农村水政策融入民心，增加政府在农民中的公信力，使政府与农户同心、同德、同治。这样，有利于建立健全农村水政策法规体系，呈现更科学、更民主和更和谐的社会主义价值观。

三、增强农民节水治污意识，完善乡村治理结构

农户是政府实施全方位环境管理的得力助手和监督者。建设文明的用水制度，要向村民普及相关用水文明知识，向村民渗透完善的用水制度，讲清农业用水不文明的环境危害，逐步增强农民文明用水的意识。本书提出的"二元共治"和"多元善治"的理念，力求诠释制度体系内涵中的利益关系和政策要求，力求完善农村水生态文明制度的政策和机制。

第二章 农村水治理研究方法选择

农村水资源与环境是公共产品或准公共产品，水治理属于公共管理，其研究方法既可以采用传统方法，又可以应用现代研究方法，为此，从传统经济学研究方法转型为实验经济学，再由经济管理评价到公共政策评价，由公共政策评价分析到农村政策实验，由农业政策分析与决策支持系统到政策模拟，探索多元利益共赢模式支撑的方法技术，来深化研究方法的逻辑递进。

第一节 传统经济学研究方法评析

一、研究方法仅是手段

经济学研究方法是研究经济发展中新现象、新事物，或提出新理论、新观点，揭示事物内在规律的工具和手段。应用比较普遍的是个量分析与总量分析、均衡分析法、静态分析与动态分析、实证分析与规范分析、数理模型分析法和制度分析法。①个量分析与总量分析。前者以单个经济主体的活动为研究对象，在假定其他条件不变的前提下研究个体的经济行为和经济活动运行的主要特征；后者是在假定制度不变的前提下进行的，把制度因素及其变动的原因和后果以及国民经济的个量都看成是不变的和已知的，在此前提下研究宏观经济总量及其相互关系。②均衡分析法是在假定各经济变量及其关系已知的情况下，考察达到均衡状态的条件和状况的分析方法。通常有局部均衡和一般均衡两种。③静态分析与动态分析。前者是抽象掉了时间因素和变化过程而静止地分析问题的状态，此分析方法致力于说明什么是均衡状态和均衡状态所要达到的条件，而不管达到均衡的过程和取得均衡所需要的时间；后者是对经济体系变化运动的数量进行研究，它通过引进时间的因素来分析经济事件从前到后的变化和调整过程，因而是一种过程分析。④实证分析与规范分析。前者简单地说就是分析"经济问题是什么"的研究方法，它首先给出与经济行为有关的规定，而不对这些假设是否正确进行探讨，在此基础上预测经济行为的后果，实证分析侧重于经济体系如何运行，分析经济活动的过程和后果以及向什么方向发展，而不考虑运行的结果是否可取；后者就是研究经济运行"应该是什么"的研究方法，这种方法主要是依据一定的价值判断和社会目标，来探讨达到这种价值判断和社会目标的步骤，规范研究追求规律和本质。规范研究与实证研究之间的关系是，问题=规范-实证，即问题是靠两者之差得出的，规范研究越好，现实问题越多；反之，实证研究发现问题越多，反馈到规范研究就越深入，两者相互促进。⑤数理模型分析法是指在经济分析过程中，运用数学符号和数字算式的推导来研究和表示经济过程和经济现象的研究方法。⑥制度分析法。制度经济学家把制度作为变量，把集体主义和整体主义引入经济理论的研究中，建立了更为接近现实经济活动的方法论。其分析方法有三个假定：一是人类行为与制度具有内在的联系；二是人的有限理性，即环境是复杂的，人对环境的认知能力是有限的，人不可能无所不知；三是人的机会主义倾向。经济学不是数学，综合运用经济管理理论进行分析是现实的最初选择，随着问题发现的深入，选择何种研究方法要为解决问题服务，如果为了炫耀方法而去选择研究方法，则会背离认识世界的本质，"大道至简"的思想要求无论多么复杂的模型，都要提出个简单的经济学思想。

二、研究方法宜多元化

20世纪60年代以后，随着世界人口摆脱了饥饿，农业环境显现为稀缺的资源。从农业经济的角度来看，收入、技术和产业最优结构调整的可持续发展趋势，是农业可持续发展的三个基本问题。农业经济增长，也由过去的"保障性增长"转变成了现在的"促进性增长"（Bowler，1992）。① 农业经济学在20世纪成长，像一切科学学科一样，它也走过了这样的全过程，即从"直观观察的经验形态"开始，经过"哲学思辨的哲理形态"，最后进化到"结构分

---

① Bowler I. (1992), "Sustainable Agriculture" as an Alternative Path of Farm Business Development. In: Bowler I., Bryant C. and Nellis M. (eds.), Contemporary Rural Systems in Transition. Volume 1-Agriculture and Environment. Wallingford, UK, pp. 237-253.

析的数理形态"，成为一门常规科学学科。[①] 现代的农业经济学新理论范式和新的研究方法可以概括为"数理—实验研究"，主要由数理分析、测度计量和实际验证3个成分组成。数理分析是逻辑探索的引领，测度计量是精确化的展示，实际验证是真实性的检验。[②] 其中，农业经济学的数理分析中，公理化方法在纯科学研究方面贯彻得最为突出，也最为彻底。所谓公理化方法就是以很少的公理得出众多的结果。在此基础上，构建出的数理—实验经济研究的科学思维方式见图2-1。

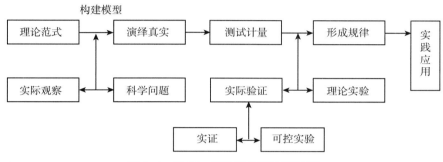

图 2-1　数理—实验经济研究的过程

传统的定性的科学研究，由于运用哲学思辨的论证方法，透过现象看本质，找到规律，没有运用数学语言，致使达不到定量分析的水平，揭示的规律精确度不够，难以指导农业经济实践向工程技术的方向前进。[③] 一个好的科学模型，既要经得住实验的检验，更要经得住理性的检验，有关模型在结构上必须满足基础科学已证明了的定律，符合学科已经解释的规律，在形式上及在解的存在性和唯一性上，必须满足数学的严格要求，无逻辑矛盾，无结构性冲突。定性与定量相结合经历了三个阶段：首先，以定性为主的阶段。第一步是定性支持平台的建立，第二步是研究专家群的选择，第三步是群定性分析，第四步是定性结论的形成。其次，以进入定量为主的阶段。第一步是问题定量模型选择，第二步是问题定量模型求解与分析，本步骤具有与群定性分析的互逆性。最后，进入定量与定性的耦合阶段，也称综合集成阶段。本阶段中对问题

① 孙中才. 农业经济学与数学 [J]. 林业经济问题，2005，25（4）：193-198.
② 孙中才. 科学与农业经济学 [M]. 北京：中国农业出版社，2009.
③ B.C. 涅姆钦诺夫. 经济数学方法与模型 [M]. 乌家培，张守一译. 北京：商务印书馆，1981.

定性分析的定量结论与问题定量分析的定性结论深度融合，结论都趋于形式简单化和抽象化。本阶段的特点：数据、信息与指导聚集；结构化与非结构模型契合；社会系统的"真实"与社会科学有限认识的"虚化"彼此嵌入；人类与计算机结合，以人为本。在上述过程中需要强调其精髓，即经济想法（idea）是最重要的，数学和计量方法只是体现和执行经济想法的工具。[1] 研究方法的多元化应该是经济学研究秉持的基本原则。[2]

第二节 由实验分析到实验经济学

从自然科学到经济科学，再到将两者深度融合，从私人物品到公共产品，实验经济逐步从经济学一般性研究方法中分离出来。

一、一般科学实验方法

从古代简单的自然科学到近现代的社会化趋势，从形成假说、科学理论到指导实践，科学实验提供了纯化现象、强化观察和可重复性条件，完成从观察、定义、假设、检验、发表到建构的逻辑步骤。科学实验是人们根据一定的研究目的，运用一定的物质手段，在人为地控制或模拟实验方法的条件下，运行自然过程或生产过程，以纯粹的、典型的形式表现出来，暴露它们在天然条件下无法暴露的特性，以便进行观察、研究、探索自然界的本质及其规律的一种研究方法。实验者、实验对象和实验手段构成了科学实验的三要素。

实验方法的类型：按照实验目的的不同，可以把科学实验分为定性实验、定量实验和结构分析实验；根据实验手段（仪器、设备工具等）是否直接作用于被研究对象为标准，可分为直接实验、间接实验和模型实验等；按预定目的可分为定性实验、定量实验、测量实验、对照实验、验证性实验、判定性实验和中间实验等；根据实验的透明度，可以分为黑箱实验、灰箱实验和白箱实验等。

一般实验方法。单一实验组设计是选择一批实验对象作为实验组，通过实验激发前后实验对象的变化得出实验结论，见表2-1。

① 钱颖一. 理解现代经济学 [J]. 经济社会体制比较，2002（2）：1-12.
② 曾国安. 不能从一个极端走向另一个极端——关于经济学研究方法多元化问题的思考 [J]. 经济评论，2005（2）：79.

表 2-1　单一实验组设计

步骤	解释
选择实验对象	在备选人群中综合各种选择因子甄选适合人群进入实验对象组
对实验对象进行前检测	通过规范的调查问卷等方式进行实验前的测试，测试人员、测试对象和测试条件要稳定
实验激发实施改变对象所处社会环境的实践活动	运用问卷等形式改变选项参数、成立条件，并剔除非实验影响因素干扰的社会实践活动
对实验对象后检验	通过规范的调查问卷等方式进行实验后的测试，测试人员、测试对象和测试条件要稳定
得出实验结论	实验效应=后检验-前检验

对照组实验设计即选择一批相同或相似的实验对象分别组成实验组和对照组（也称控制组），并使它们处于相似的实验环境中，然后，对实验组给予实验激发，而对对照组不给予激发，然后对实验组与对照组前后检测变化进行比较，得出实验结论，见表 2-2。

表 2-2　对照组实验设计

实验组	对照组（控制组）
选择实验对象	选择实验对象
选择实验环境	选择实验环境
对实验对象进行前检测	对实验对象进行前检测
实施实验激发	不实施实验激发
对实验对象后检验	对实验对象后检验
得出实验结论：实验效应=实验组（后检验-前检验）-对照组（后检验-前检验）	

这种实验的最大困难是实验组和对照组的实验对象与实验环境的选择很难完全匹配或基本相似，因此，要准确评价实验效应，还必须采用其他调查方法进行更深入的匹配性和检验性研究。

二、实验经济学发展概述

传统经济学方法存在缺陷：一是传统经济学方法侧重于理论和模型，在脱离假设条件的情况下，传统经济学的结论并不一定真实有效。二是经济学是一个整体的概念，无法具体到工业、农业的具体生产领域中，没有针对性。随着社会的发展，传统经济学方法处理错综复杂、不确定的社会问题的能力日显捉襟见肘。三是传统经济学的经验数据具有不可重复的缺陷，并且由于它是一种整体的数据，无法成为区分理论的分类数据，失去了对理论的检验能力。现代经济学方法论的变革表现在新制度经济学、演化经济学、行为经济学和实验经济学等经济学分支的兴起与发展。

1. 实验经济学的发展

从国际方面看，实验经济学的起源可以追溯到 20 世纪 30 年代至 60 年代的三股思潮。第一股思潮围绕效用展开。1931 年，萨斯通（Thurston）对效用函数的实验研究揭开了实验经济学的帷幕。第二股思潮是伴随着博弈论的发展而产生的。1950 年梅尔文·德雷希尔（Melvin Dresher）和梅里尔·弗鲁德（Merrill Flood）构造了著名的博弈问题"囚徒困境"。第三股思潮以哈佛大学著名经济学家爱德华·张伯伦（Edward Chamberlin）为代表。1942 年他首次在课堂上对市场进行实验，建立一个实验性市场以检验竞争性市场均衡的条件，实验结果与竞争性均衡结果并不一致。1948 年，他提出实验经济学概念。1962 年，张伯伦与其弟子弗农·史密斯发表于权威杂志《政治经济学》上的论文《竞争市场行为的实验研究》，被认为是实验经济学诞生的标志。2002 年诺贝尔经济学奖颁给了经济学与实验经济学的两位先驱丹尼尔·卡尔曼（Daniel Kalllleman）与弗农·史密斯（Vemon Smith），实验经济学逐渐融入主流经济学的研究工作中。

20 世纪实验经济学的发展历程见表 2-3。

表 2-3　20 世纪实验经济学发展历程概况

阶段	时期		主要内容
准备阶段	20 世纪 30 年代末 至 60 年代末	第一股思潮	阿莱斯悖论（Allais Paradox）最早通过实验提出对期望效用理论的怀疑
		第二股思潮	20 世纪 50 年代，实验经济学的博弈论工具成为研究经济学问题的重要手段
		第三股思潮	1948 年，张伯伦提出实验经济学概念，1962 年弗农·史密斯发表了论文《竞争市场行为的实验研究》作为实验经济学奠基之作，建立一个实验性市场检验竞争性市场均衡的条件
发展阶段	20 世纪 60 年代末 至 80 年代末		各种实验经济得到用传统方法或计量方法所无法得到的成果；面对来自主流经济学家的疑问和责难，1982 年弗农·史密斯发表论文《作为实验科学的微观经济系统》，指出实验经济学的基本目标——创造一个可操作的微观经济环境

续表

阶段	时期	主要内容
走向成熟	20世纪80年代至今	应用领域：方法论、市场、拍卖、选择理论、博弈论、信息经济学、讨价还价、公共经济学、课堂实验等（Holt，1999）；实验经济学应用于宏观经济学的许多领域，例如，股票市场分析、风险态度的比较、公共财产、消费行为、货币和通货膨胀以及国际贸易、投资理论、外部性等；管理学家、政治学家、法学家及其他社会科学学者所借鉴；美国、德国大学开设一些实验经济学实验室；研究方法呈现多元化的趋势，经济学实验采用计算机模拟仿真、数学建模等手段，并引入心理学的研究方法
		发展趋势：减少实验者在设计方案中的个人偏好和主观猜测影响；实验参与者的主观性影响到实验过程和结果的有效性；被实验者有意识地完成实验期望；宏观复杂环境和政策分析的适用性；真实的宏观经济运行环境难以完全模拟影响检测或预测结果

从国内方面看，1994年，中国人民大学陈禹教授发起并成立了我国第一家经济科学实验室，并开发了基于网上运行的实验系统。同年，汪丁丁教授在《经济学动态》第7期上发表了《实验经济学与中国经济学建设》一文，系统地介绍了实验经济学的基本理论。2000年，厦门大学的高鸿祯教授承担了福建省社科基金项目"实验经济学研究"、教育部人文社会科学基金项目"实验博弈论及在投资决策中的应用"和国家社会科学基金项目"实验博弈论及其应用"等，并主持编写了我国第一本较为系统地介绍实验经济学的著作《实验经济学导论》，填补了国内实验经济学研究领域的一项空白。2005年8月，中国数量经济学会名誉理事长张守一研究员和全国经济对策论研究会倡导，在北京首次召开了我国"实验经济学学术会议"。同年12月在首都经济贸易大学召开"博弈论与实验经济学学术会议"。当前，由于理解误区与管理体制的一些缺陷，我国的实验研究现状还远无法与国际上的研究进展相提并论。国内建立的许多实验室走向"计算机仿真"，甚至走向电子计算系统教学，并不是真正意义上的经济学实验室。2009年10月29日，东北财经大学正式成立了占地面积160平方米的实验经济学实验室，包括一个导语区、一个24个实验工作位的实验区和一个控制办公区。实验室下设金融学实验研究、个体行为与决策、政策风洞实验三个研究方向。2013年7月，学校批准实验经济学实验室独立建制，作为独立运行科研单位直接隶属学校管理。经济学实验室面向全校博士研究生开设实验经济学研究方法课程，与我国香港中文大学、德国波恩

大学完成多项合作实验。2011 年首都经济贸易大学与中国社会科学院经济研究所合作，共同成立了中国经济实验研究院，联合其他学科和院校机构，开展经济实验研究，包括：经济改革实验、政策效应实验、经济增长压力实验，实现指数发布的常态化，为中国改革提供可量化的决策支持。研究院设有中国经济增长与周期研究中心、中国城市生活质量研究中心、数量经济研究中心和WTO 研究中心，并设有经济运行与国际贸易实验室、经济预警实验室、经济数据处理与计算机仿真实验室和数字化调查中心。2012 年我国首家公共政策社会实验室在西安交通大学公共政策与管理学院正式启动，该实验室是以公共政策与管理数据库、社会实验基地、政策实验基地、政府合作平台、人才培养平台、国际合作平台六个平台为基础的综合集成性实验平台和学科环境。实验中心搭建了 Flexsim 仿真系统平台，建成了支撑"重大公共政策研究与实践"的科研环境体系和综合平台，实现了对公共政策建模与仿真、重大公共政策研究与共管的重点支持。

实验经济学的发展，逐步明确了实验经济学的概念内涵。实验经济学是研究如何在可控制的实验环境下对某一经济现象，通过控制实验条件、观察实验者行为和分析实验结果，以检验、比较和完善经济理论或提供决策依据的一门学科。

2. 实验经济学的特点

实验经济学本质上是研究受控条件下被试者的行为决策。实验"材料"是真实的行为人（Subjects），实验对象是经济理论与人的行为，实验基本工具是利用诱发价值技术构建微观经济环境，实验目的是证实、证伪使结论真实可靠或发现新的问题。控制是实验经济学方法的"灵魂"，政策实验将经济学家个人思想实验结果进行验证，通过控制某些条件（假设）来改变实验的环境或规则，并观察实验对象的行为，分析实验的结果，以检验、比较和完善经济理论和提供政策决策的依据，通过证伪或证实。实验经济学排除了非关键因素对实验的影响，从而克服了以往传统经济分析中经验检验被动性的缺陷。

实验经济学理论具有以下特性：第一，过程可重复性和可控制性。实验经济学抛开传统的"经济人"行为假设，认为个体理性假定并不能保证必然达到个体效用或福利的最大化，代之以实证命题，将经济参与人定义为可犯错误的、有学习能力的行为者更具有现实的合理性。第二，实验环境控制和交易制度设计。由于被测试者缺乏相应的专业知识和经验，必须设计环境适当的控制条件才能揭示出实验的因果关系。实验经济学家认为，在实验室中通过价值诱发的实验环境设计，再现相对真实客观世界，受试者在物质利益的驱使下，在实验室中表现出来的行为与现实经济环境中的行为并无本质上的差异。第三，完全具备实验检验。长期以来，经济学用于检验理论的工具，主要是统计学和计量经济学对经验统计数据的分析结果。实验经济学通过再造环境机制，得到所需的观察结果来检验理论预言与所观察到的事实是否一致。实验的观察结果符合理论预测的频率越高，理论预期的可信性就越高。当理论预测与实验检验的结果不一致时，经过多次实验，排除其他因素影响之后，仍多次出现与理论预期的背离，就完全有理由怀疑原有理论模型的正确性。第四，更关注最基本的理论假设。经济学中很多基本的假设，诸如偏好的完备性与传递性假设等，都是未经验证的，实验经济学对诸多理论基础进行反思，突出体现在博弈论关于共同知识的假定以及博弈均衡求解之逆向归纳法这两个方面。第五，制度与政策层面通过实验可以观测真实行为人的选择。将政策实验预先检验一项政策可能的实施效果，称为"风洞实验"。从世界范围来看，该分析方法因为具有准确性、低成本的政策实施模拟效果特点，已经成为检验经济政策（制度）效果的一种重要工具。第六，个体决策行为与决策的实验研究的两个取向。一个是基于博弈论的个体行为研究，包括讨价还价、协调、信任、公平、互惠、利他等；另一个是以卡尼曼（Kahnerman）和特沃思基（Tversky）开创的风险与不确定下的个体决策。

3. 实验控制的三要素

史密斯（Smith）倡导将建立实验经济研究体系总结为环境、制度和行为三要素。环境是指促使当事人行动或交易的初始禀赋、偏好及行动成本，其目的是实验者通过货币奖励来控制环境。制度是指实验者的行为所要遵循的规则，包括参试人员所要发出的信息，控制这些信息在参试人员之间进行交换的规则以及使这些信息形成最终契约的规则，其目的是确立从信息或行动而导致某一结果的内部控制机制。参与人行为是指在既定环境和制度的条件下，参与人的决策或行动，是以环境和制度为自变量的一个函数。理性假定会受到行为重复性和"公平性条件"要求的影响，非理性因素会受其所处的文化背景的影响。

经济学实验研究是在实验室中通过构造一个可操作的微观经济环境，包括三个方面（见表2-4），以控制必要的变量，从而实现对有关变量的定量测度。

表 2-4　实验经济学实验控制的三个方面

实验控制方面	实验步骤	关键技术
环境控制	由实验主持人控制一些外生变量，包括被试者的数量和偏好、初始禀赋与行为约束条件、信息结构	利用"诱发价值"
交易制度	交流对象的关系、交流范围和程度、交流时间，采取行动，被试者的行为如何影响其收益等	明确界定交易制度
激励被试者	被试者激励控制机制：单调性，被试者所得现金或成绩报酬量越多越好，而且不存在饱和状态；凸显性，被试者所得报酬必须与被试的行动密切相关；优超性，在实验中被试效用的变化只与实验支付有关，其效用只取决于被试者所得到的报酬	单调性、凸显性、优超性

4. 实验设计的主要步骤

一般实验设计的主要步骤见表 2-5。

表 2-5　实验设计主要步骤

序号	步骤名称	解释
1	实验研究目标	实验达到的解决问题的目的
2	实验框架	实验技术路线、工作方案和逻辑演进
3	因变量	函数关系中随自变量变动而变动的数
4	自变量	函数关系操纵因变量变化的因素或条件
5	构建微观经济条件	实验所需具备的基本条件
6	理论模型与均衡	选择适宜该问题分析的模型
7	计算编写实验程序	明确并细化实验程序
8	实验导语	实验环境和实验过程介绍
9	预实验结果预估	对实验结果进行预评估
10	正式实验	修正预评价后进入正式实验程序

为了保证实验研究的可重复性，实验设计者应高度关注以下问题：第一，设计中尽可能地按照标准方法构造实验室微观经济环境；第二，被试角色分配与匹配以及被试者报酬要根据当地被试者参与实验的时间、机会、成本来确定平均报酬量作为支付标准；第三，给出预实验（无报酬）的具体情况；第四，匿名还是非匿名、双向匿名，即实验主试者与被试者以及被试者与被试者之间是否匿名；第五，实验导语与针对实验理解的测试，实验导语要详细且避免误

导，尽量用中性的语言表述，在实验进行之前规划好具体的实验顺序，包括从实验开始到实验结束各步骤顺序与人员安排；第六，实验地点的被试者特征；第七，计算机实验还是纸笔实验；第八，是否存在欺骗信息。

5. 实验经济学的条件

史密斯提出 5 条要求来规范所有的实验，即满足经济实验需要的 5 个条件：一是报酬的单调性，即参与实验者愿意接受报酬激励做出真实的行为反应，当第一个选择能够产生出比第二个选择更多的奖励时，一个自主的个体总是偏好第一个选择；二是显著性，在实验中实验参与者的行为与其报酬变动有显著性关系，使得实际的偏好较好地在实验中得到表达（尽管这与实际偏好还是有差别的）；三是支配性，在一个实验中，参试人员与其行为相联系的成本（或收益）由实验者所定义的货币奖励结果支配，实验者可以完全控制参试人员的偏好，在实验中实验参与者支付自己所做出任何决定的费用；四是隐私性，实验中的每个参试人员仅能给予自己私人的支付信息，并仅获得自己决策的报酬；五是并行性，在一个实验室所做的实验结果一定可以在另外同样的实验中重现，其设计实验的主要方法可以在类似实验中应用。

6. 实验经济学的意义

传统经济学理论的出发点是假设人是自利的"理性人"，并能做出理性决策。而心理学家和行为经济学家做了大量实验研究认为，在现实生活中，人并不总是理性的，人的实际决策与理性决策理论常常不一致。例如，史密斯在脱离真实世界的复杂性的可控环境中观察模型的运行，他让买卖双方自由地在一个分散市场中完成议价交易。结果显示，实验中的均衡价格或高或低于竞争性价格，而交易量则大都高于竞争性数量。史密斯认为，实验经济学放弃传统的"经济人行为"的无限理性、无限自制力和无限自私的假设，将经济参与人定义为可犯错误的、有学习能力的行为者；如果人们在某种情境中选择了有较少收益的结果，不能简单地归为不理性；参与人行为低理性与参与人的认知有限性相关；有限理性行为可能产生比按逻辑和计算方式行动更合理的结果。因此，实验经济学改变了经济学善于经验统计数据描述而缺乏科学实验的历史，纠正了主流经济学关于人的理性、自利、完全信息、效用最大化及偏好一致等基本假设的不足。

实验经济学通过大量实验研究发现，人的决策并非都是理性的，其风险态度和行为经常会偏离传统理论的最优行为模式假设，在决策过程中不仅存在直觉偏差，还存在框架依赖偏差（Frame Dependence Biases），经常会在不同的时候对同一问题做出不同的相互矛盾的选择。在不确定条件下的效用最大化模型中，各种决策结果的权重恰当与否直接影响决策者的决策质量，而在现实中，人们往往不能正确地分配各种决策结果的权重，往往加大损失在决策中的权重，相应地减少收益在决策中的权重，结果会导致效用最大化的失效。因此，人们应该对损失实际赋予的权重适当地加以降低，有利于做出正确的估计决策（Daniel Kahneman，1991）。如何在不确定性环境下进行高效率决策，经济学家已经将不完全信息、处理信息的费用和非传统的决策目标函数引入了经济分析，且行为经济学家在认知心理学的指导下对不确定性环境中的判断和决策问题的新研究，有助于现代管理科学的深入。

7. 实验经济学局限性

第一，实验与现实生活的接近性。实验不可能完全模拟现实生活，越是与现实接近，需要引入的变量就越多，实验就越难控制，最后的数据也越难处理，对实验参与者的要求也越高。除激励动机设定问题外，实验参与者是否有足够的学习或者战略推理能力，从而对变化的实验环境做出正确的应对，对实验结果有重要影响。正如上文所述，对照组实验设计中大部分实验参与者都存在对专业范围内的博弈问题推理能力不足。第二，实验对象的选定与内部有效性。内部有效性是指从某一研究中获得可靠性原因结论的可能性，外部有效性是指从研究的外部环境中归纳出可靠结论的可能性。要达到内部有效性，必须在选定实验对象方面有严格的限定，但实验经济学已有的许多实验未能将实验对象随机分配到组处理中，而随机分配处理小组是达到较高的内在有效性的唯一重要措施。[①] 第三，理性假定多维系性。与传统经济学纯粹的理性人不同，人类的行为是理性与感情两种力量的冲突，也不是头脑与心灵的对抗，而是两者的结合。实验经济学中对于理性假定包括：①个体理性假定并不能保证必然达到个体效用或福利的极大化；②理性假定会受到行为重复性的影响；③理性假定受到"公平性条件"要求的影响；④非理性因素会受其所处的文化背景的影响。它们都会影响经济实验的过程结果。第四，激励动机设定的可信程度。在已有实验经济学的实验中，被运用最广的是价值诱导理论，即实验者可以用奖励媒介诱导被实验者（在实验中）发挥被指定角色的特性，使其个人先天的特性尽可能与实验无关，其中金钱被认为是主要的激励动机，依据行为的不同做出补偿。第五，实验参与者的主观性影响。为达到实验的有效性，实

---

① 周星，林清胜. 实验经济学最新发展动态述评［J］. 学术月刊，2004（8）：74-75.

验者在设计方案时无法完全排除个人偏好和主观猜测，被实验者在实验时有可能考虑与实验者的关系而有意识地完成实验期望。

三、公共物品的博弈实验

博弈实验产生于 20 世纪初，由于它具有预测简洁明了、要素结构简单易控的契合实验的特质，使其在 20 世纪 50 年代后迅速兴起，出现了许多经典的博弈实验，如困境博弈、议价博弈与协调博弈。但是囚徒困境模型的博弈总是背叛策略占优的结果，与现实情况并不符合。在集体组织内部或社会交往中，人与人之间很可能不止一次地发生博弈关系，再次博弈策略的选择受到以前博弈结果的影响，囚徒困境模型扩展为一个双人或多人博弈的模型，在重复双人博弈中，出现是否合作以及合作程度多少，会发展为公共物品博弈模型。1970 年公共物品博弈出现后，针对博弈论中搭便车、智猪博弈的存在，导致分散机制下公共物品供应不足的假设，学者主要从以下方面探索改进：一是从心理学视角和社会学视角切入，设计了带沟通的公共品捐献选择实验（Dawes 等，1977）和后来成为标准的公共品自愿捐献机制实验（Marwell, G. and Ames, R., 1979）。将被实验测试者进行在边际回报率不同的私人账户与公共账户之间分配，在加总公共账户收到捐献后，按照一定的系数向被试者个人之间账户平分，每个被试者收益由两个账户的加总决定保障了对公共产品的贡献。虽然 Congress Groves 与 Ledyard 的实验，利用一致同意原则实现了公共产品供应均接近林达尔均衡（Lindahl Equilibrium），[①] 使得最优或者接近最优数量的公共产品供应成为可能，但是，在其他规则下被试者的公私账户大致都是半捐半留。Groves 和 Ledyard 等研究认为：随着来自公共产品的边际人均报酬的提升，捐献率明显提升；有实验经历的被试者捐的比没有经历的少；在公共产品边际收益与私人品边际收益比较低时，重复会减少捐献；而小组规模会增加捐献，由此重复也会减少捐献。二是集体行为中的激励机制有利于公共产品供给。人类的行为还受到两个诱因的驱使：经济收益和社会认同，或称为金钱激励和社会激励（Simon Gachter, Ernst Fehr, 1999）[②]，人

---

① 瑞典经济学家林达尔（Erik Lindahl, 1891-1960）认为：公共产品价格不是取决于某些政治选择机制和强制性税收，而是每个人根据自愿等价交换原则和自己意愿确定的价格购买公共产品总量，即通过讨价还价实现每个人对公共产品的供给成本与边际收益的均衡，使得人们对公共产品的供给水平按照成本与边际收益的一定比例来分摊。

② Simon Gachter, Ernst Fehr. Collective Action as a Social Exchange [J]. Journal of Economic Behaviour & Organization, 1999: 39.

类行为还有一个动机是利他主义动机、自我物质追求和社会形象考虑的混合结果。① 自我物质追求就是金钱激励，社会形象考虑就是社会激励。身份信息公开的小组要比不公开身份的陌生人小组更愿意投资于公共物品。因为身份信息公开会增加朋友之间相互信任，同一小组中认识的人越多，个人要表现出与大家的态度、信仰和行为保持一致，才能感觉到是正常的从众心理与合作行为，就会贡献更多的公共物品，以使整个小组获得更多的收益，从而形成了人们在集体活动中亲社会行为的激励机制。Benabou 和 Tirole 总结出利他主义动机、自我物质追求和社会形象关注三类激励。社会认同激励机制的影响，诸如身份信息公开、参与者的熟悉程度、从众心理偏好等。实验数据显著地支持了在陌生人中引入间接的社会认同激励机制（身份信息公开政策）有利于对公共物品投入的贡献的假设。② 三是引入社会效益这一非物质性因素使得可以通过行为主体的自愿提供使公共物品的提供量达到帕累托最优；随着行为主体数目的增多，要实现通过自愿供给的方式提供公共物品，则要求降低物质性因素对行为主体效用所产生的贡献水平；当参与提供公共物品的行为主体为很多时，要实现通过自愿的方式来提供公共物品，则要求社会效益这一因素成为行为主体进行决策的一个重要的因素。为此，要保持区域或团体内成员的稳定性，应加强信息交流与传播，加强价值观与道德观培育。四是参与者根据其社会差异度更新策略，每轮博弈结束时，参与者都计算自己在各个博弈邻域的收益以及总收益，并以此确定下一周期在各个博弈邻域的投入，形成合作密度与增益因子、社会差异度关系的投入差异化机制。③

实验经济学发展演变：经过最近 10 年的发展，实验经济学逐步在国际范围内演变成一种前沿的研究工具，与计量经济学并称为主流实证研究方法。虽然实验方法并不可能取代实地观察和研究，但正如普洛特所指出的那样，应用于实地研究的理论和模型必须包括对假设、参数和行为的判断。实验室研究的简易环境可以为我们提供评价这些判断的依据，经济学是少数几门可以同时在实地现场和实验室加以分析研究的学科。近年来，实验经济学迅速发展，在政

① Roland Benabou, Jean Tirole. Incentives and Prosocial Behaviour [N]. Discussion Paper, No. 1695, July 2005.

② 曾恒. 公共物品博弈中社会认同激励机制探索 [J]. 长江大学学报（社会科学版），2013（4）：52-53.

③ 张驰，高晓玲，胡俊，李辉. 投入差异化对复杂网络公共物品博弈的影响 [J]. 四川大学学报（工程科学版），2013（5）：88-93.

策分析、决策和评估上的实用价值越来越为人们所认识，已成为一个独立的经济学分支，其影响日益广泛，基本方法已被管理学家、政治学家、法学家及其他社会科学学者所借鉴。

第三节 由农村经济分析到公共政策评价

随着我国市场经济中市场与政府的职能渐趋归位成熟，根据农村经济主体由微观到宏观，农村经济研究的对象从农户、企业到政府，其研究方法逐步从以产业为主体、微观主体经济利益为重点的研究，向以社会福利为目的、社会效益为中心的政策宏观研究拓展、延伸和深度融合。

一、农村经济发展研究方法

农村经济发展一般研究方法包括：一是哲学层面的运用辩证唯物主义和历史唯物主义方法；二是运用逻辑思维方法，包括演绎法和归纳法等；三是运用文献调查、观察、访谈、问卷调查、案例研究以及实验研究方法；四是参与性研究方法，包括展示法、SWOT分析法、排序法、记录法、图示法和研讨会议法等；五是专题系统性分析方法和评价研究方法，包括用于系统分析农村生态系统的能流分析法、物流分析法和投入产出法等，用于宏观分析的区域农业发展能力分析、农业生态系统服务分析、农业系统生态足迹分析、农业生态经济分析、农户意愿分析等综合性方法，用于评价的综合指数法、主成分分析法、聚类分析法和层次分析法（AHP）等；六是资料统计分析方法，包括描述统计（如SPSS数值分析）、方差分析、相关分析（如二元相关和偏相关系数）、回归分析（如线性回归、多元回归和多层回归）等。当前，研究方法出现了数学化、定量化、综合性和系统性加强趋势，恰当地运用计量经济管理等数量分析法将公共经济学等相关学科与微观和宏观经济学以及管理学研究方法深度融合，并运用现代信息技术，辅以相关专用经济分析软件和统计软件支持，实现了整个分析模型系统的链接。例如，基于认同理论的结构方程建模等，增强了农业农村经济管理对复杂性研究的分析能力。政策分析与决策支持系统的可视化、一体化、信息化、网络化和可控化综合应用能力不断增强。又如，农村水治理的研究可以采用经济学的边际分析法，可以采用农业投资效果边际分析，即投入农业部门的生产性资本所取得的有用效果。边际收益和边际成本影响着水治理力度和治理方式，在边际收益递增阶段，治水的边际收益大于边际成本，应增加对水治理投入；在边际收益递减阶段，治水的边际收益小于边际成本，政府会把部分治理成本转移给企业和农户，减少自身损失，力求采取股份制与社会资本合作投资。所以，农业投资效果的边际分析会影响水治理的治理力度和管理方式。

二、公共政策分析方法

广义的公共政策分析贯穿于政策从制定、执行、监督、评估到终结的全过程。狭义的公共政策分析则是为政策的制定、实施及评价提供一种工具。公共政策分析的定量方法，包括统计分析、计量经济学、经济学均衡和边际分析、前测（Pretest）与后测（Posttest）组合的准实验、运筹学、过程行为控制、多准则决策、理性决策模型、有限理性模型、渐进决策模型、精英分析模型、集团分析模型和政治系统模型等①。公共政策定性分析方法包括利益分析法、价值分析法、制度分析法、规范分析法、德尔菲分析法、情景分析法、合议分析法、博弈分析法以及主观概率预测分析法等。此外，还有定量比较、定性比较方法和个案分析方法等。

政策评估有四个阶段：第一个阶段是技术评估阶段（Technical），用客观的标准和定量化的方法来评估政策在技术层面的达成程度；第二个阶段是评估的描述性阶段（Descriptive），即以第一阶段得到的结果为基础，描述政策目标的达成程度；第三个阶段是做出判断阶段（Judgment），即以前两个阶段的结果来判断公共政策是否实现了其预期目标；第四个阶段是价值多元阶段（Valuepluralism），众多利益相关者的利益诉求和公共政策的伦理、政治价值被纳入考察范围（Guba，Lincoln，1987）。② 目前，中国的公共政策评估的实

---

① 渐进决策理论由美国政治学家和政策科学家查尔斯·林德布洛姆（Charles Lindblom）教授提出，主张采用多种形式使不同利益集团之间相互妥协，通过协商、谈判等形式达成基本的一致，取得各利益集团相对满意的次优决策结果的状态。该模型对缓解矛盾冲突、维持政治稳定和社会安定有重要意义，但是在理论上和实践上充满缺乏变革力度的保守主义色彩，使公共政策的制定成为修修补补的游戏。集团分析模型强调政府的功能就是使用政策手段处理集团之间目标或利益的冲突，达成公共政策的妥协方案，并使用行政手段实施达成的公共政策。政治系统模型强调把政策的完成看作是由政策输入、政策制定、政策输出到政策反馈等阶段构成的连续的、反复循环的过程。

② E. Guba & Y. Lincoln. The Countenances of Fourth Generation Evaluation：Description，Judegment，and Neogiation in D. Palumbo. （eds.），The Politics of Program Evaluation [M]. Beverdly Hills，California：Sage，1987.

践在评估主体、评估标准、评估内容、评估方法和评估机制上都尚不成熟，面临着以下问题：缺乏法律、制度的保障；各级评估官员缺乏对评估的科学和认真态度；评估信息、资料和评估经费的短缺；评估结论不被重视；评估实践受人治因素影响大、随意性大，缺乏理性设计和量化评估方法；重价值判断轻事实分析的政策评估。为此，尚需完善的方面有：第一，评估方法：走向实证主义。第二，评估主体：多元化、独立性与专业性。反观中国的政策评估往往在未走完第一个技术性环节时就开始考虑"价值多元"（利益团体、党政关系、长官意志等），政策评估"缺乏说服力和科学性"。为此，应采用以假设检验、经验数据、定量分析为主要内容的政策评估方法，尽量排除政治、价值因素的干扰，规范官方的政策评估组织，培育独立的第三方评估机构，提高评估人员的专业性，公共政策评估的制度化，营造政策评估的社会环境条件。

三、公共政策评价方法

由于农村水资源环境的公共产品属性，政府通过水政策影响农民和用水者的行为。因此，对水政策的研究始于政策制定，关键在政策执行，重点是公共政策评价，难点是政策仿真模拟。20 世纪 70 年代中期以前的政策评价，其方法论基本都是实证本位的，强调数理分析方法和社会实验；20 世纪 70 年代中期以后的政策评价开始转为注重价值分析和价值判断的规范本位的方法论。

1. 公共政策评价概念内涵

公共政策评价是指依据一定的标准和程序，对公共政策制定的质量和执行后的效益、效率、效果进行综合判断的一种政治行为，目的在于取得政策价值并及时反馈信息，推动政策改进并为制定新政策提供依据。

2. 公共政策评价基本要素

公共政策评价包括四大基本要素：①规范，确定公共政策评价得以进行的标准；②信息，收集有关评价对象的各种信息；③分析，评价者运用所收集到的各种信息对公共政策方案、全过程和效果进行定性、定量的分析，对政策的价值做出判断结论；④建议，对未来的公共政策实践提出建议，以决定现有的公共政策是否继续实行、修改或是终结，是否要采取新的公共政策。

基于动态过程模型视角，我国公共政策评价现状的主要问题，从公共政策纵向流程看，包括政策制定、政策执行、政策监督、政策评价和政策终结五个方面内容。目前，我国公共政策过程很不完善，缺少监督，极少评价，罕见终结，其中的评价多为政府系统体制内自评，缺少体制外的客观性和社会体系的公平性。为此，可实行的措施有：通过为政策立法，在政策评价中加入第三方评价，并加大其权重，减少政府自评比重；借助非政府组织、评估公司和专家学者的力量，实行政府政策的监督；阻断政府自评的利益链条，使政策制定和执行更加公开透明。从公共政策横向方面看，政府每一项政策都具有与其他部门相关事权的关联性，与其他政策总是保持着一定的信息交换。因此，宜采用关联分析方法来研究政策系统的运行过程，考察相关政策的一致性、区分性、精准性、协调性以及可达性。例如，农村水资源与水环境政策，因涉及经济、人口、社会、科技各方面，故要考虑与城乡政策及土地、水资源、环境政策的一致性，就应与发改委产业立项、土地部门的建设用地、农业部门的农业补贴、城乡建设部门的公共建设、扶贫部门的生态扶贫和产业扶贫等相协调，做到规划层面的"三规合一"与"多规合一"，避免市县规划自成体系、内容冲突、缺乏衔接协调等突出问题，[①] 避免政策"打架"现象，形成政策执行合力。

3. 公共政策评价演变

将公共政策评价演变划分为四代，其内容、特点和总体评价见表2-6。

表 2-6　公共政策评价的演变

名称	时期	主要内容及特点	总体评价
第一代政策评估	1919 年至第二次世界大战	范围：主要集中在工业界；对象：评估的政策多数属于政府制定的社会发展计划；场地：主要在实验室中进行；评估的核心：关注测量工具的改进；缺陷：与政策实践相脱节	前三代评估的缺陷：第一，管理主义倾向（评估权在管理者手中）；第二，无法调和多元价值冲突（强调价值中立）；第三，过分依赖量化方法
第二代政策评估	第二次世界大战后至 1963 年	范围：面向现实生活；对象：评估中关心的是人格态度；场地：实地实验的方式；评估的核心：客观描述；缺陷：无法排除评估主体的价值偏好	
第三代政策评估	1964～1975 年	范围：集中在政府内部；对象：社会不平等的政策；场所：社会实验；评估的核心：政策价值判断，消除不平等政策；缺陷：过分定量化	

① 《关于开展市县"多规合一"试点工作的通知》（发改规划〔2014〕1971 号）提出：探索经济社会发展规划、城乡规划、土地利用规划、生态环境保护等规划"多规合一"，形成一个市县一本规划、一张蓝图。建立相关规划衔接协调机制的具体任务是：合理确定规划期限、合理确定规划目标、合理确定规划任务、构建市县空间规划衔接协调机制。

续表

名称	时期	主要内容及特点	总体评价
第四代政策评估	1976 年以后	确定评估中的利益相关者；选定评估项目的构想问题；确定利益相关者的构想问题；使利益相关者构想问题一致；收集提供协商所需信息；提供论坛供协商者用；对无法达成共识的项目协商；利益相关者沟通、达成共识；持续评估，解决问题	六个强调一个转型：第一，非正式取向；第二，价值多元；第三，政策利害关系团体要求；第四，主观研究法；第五，非正式沟通；第六，向政策利害相关团体反馈；第七，实证主义向建构主义之路转型

4. 公共政策评价基本方法

公共政策评价方法是公共政策评价者在进行公共政策评价过程中所采取的方法的总称。近几十年来，随着公共政策科学的发展，各种新的评价方法不断涌现，不同的学者有不同的评价体系。蔡守秋认为，公共政策评价方法包括定性分析法与定量分析法。定性分析法包括情景分析法、合议分析法、德尔菲（Delphi）法、博弈分析法等。左停等（2009）认为，公共政策评价方法包括过程分析方法、具体政策研究方法、实证研究方法、参与式分析方法、后实证分析方法等。[①] 谢媛（2000）认为，公共政策评价方法包括对比分析和问卷调查法或访谈法。国内普遍使用的公共政策评价方法包括内部评价和外部评价、正式评价和非正式评价、事前评估、执行评估和事后评估、前后对比法、价值分析法等。其中，前后对比法是最基本的方法。[②] 夏训峰（2013）针对农村水污染控制技术政策提出了前评价和后评价框架与流程，依照政策从制定到实现的生命周期过程，提出从政策设计、政策执行、政策产出、政策效果和政策影响 5 个方面对农村水污染控制技术政策进行系统的评价。[③] 上述评价中对政策制定中多元化参与政策监督和评价尤其是政策终结的研究略显不足。

本研究主要使用的是政策比较方法。前后对比法是将公共政策执行前后的有关情况进行对比，从中测度公共政策效果及价值的一种定量分析法。它能对公共政策的准确效果、公共政策的本质和误差做出评价。这种方法可分为四种具体方式：

（1）简单"前—后"政策对比分析。该方法先确定公共政策对象在接受

① 左停、徐秀丽、唐丽霞. 农村公共政策与分析 [M]. 北京：中国农业大学出版社，2009.

② 廖筠. 公共政策定量评估方法之比较研究 [J]. 现代财经，2007（10）：67-70.

③ 夏训峰. 农村水污染控制技术与政策评估 [M]. 北京：中国环境科学出版社，2013：88-109.

公共政策作用后可以衡量出的值，再减去作用前衡量出的值。如图 2-2 所示，A_1 表示执行前的值，A_2 表示执行后的值，则 A_2-A_1 就是公共政策效果。

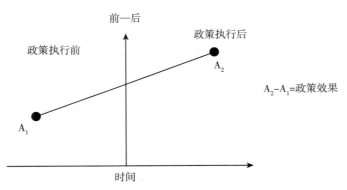

图 2-2   "前—后"政策对比分析

该方法的优点是简单、方便、明了，对非政策因素的影响可以忽略，只给出粗略的评价结果；缺陷是不够精确，无法将公共政策执行所产生的效果和其他如政策对象自身、外在、偶发事件、社会变动等政策因素所造成的效果加以明确区分。

（2）"投射—实施后"政策对比分析。如图 2-3 所示，图中 O_1O_2 是根据政策执行前的各种情况建立起来的趋向线；A_1 为趋向线外推到政策执行后的某一时点的投影，代表若无该政策会发生的情况；A_2 为政策执行后的实际情况。这种方式是将 A_1 点与 A_2 点对比，以确定该项公共政策的效果。

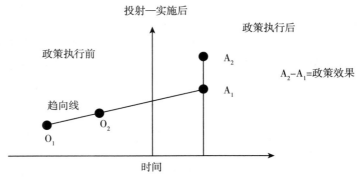

图 2-3   "投射—实施后"政策对比分析

这种方式实际上是对"前—后"对比法的改进，由于考虑了非公共政策因素的影响，结果更加精确，因此，较前一种方式更进一步。这种评价方式的困难在于如何详尽地收集政策执行前的相关资料、数据，以建立起政策执行前的趋向线。

（3）"有—无"政策对比分析。该方法在公共政策执行前和公共政策执行后这两个时间点上，分别就有公共政策和无公共政策两种情况进行前后对比，然后再比较两次对比结果，以确定公共政策的效果。如图2-4所示，图中 A_1 和 B_1 分别代表公共政策执行前有无公共政策两种情况，A_2 和 B_2 分别是公共政策执行后有公共政策和无公共政策两种情况。(A_2-A_1) 为有公共政策条件下的变化结果，(B_2-B_1) 为无公共政策条件下的变化结果。$[(A_2-A_1)-(B_2-B_1)]$ 就是政策的实际效果。

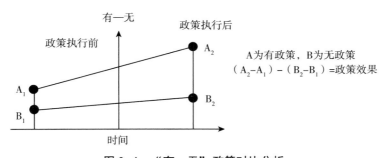

图2-4　"有—无"政策对比分析

该方法因排除了非公共政策因素的作用，能够较精确地测度出一项公共政策的效果，是测量公共政策净影响的主要方法。

（4）"控制对象—实验对象"政策对比分析。如图2-5所示，评价者将公共政策执行前同一评价对象分为两组，一组为实验组（对其施加公共政策影响的组）；另一组为控制组（不对其施加公共政策影响的组）。然后比较这两组在公共政策执行后的情况，以确定公共政策的效果。A 和 B 在执行前是同一的，A 为实验对象的情况，B 为控制对象的情况。图中，A_1 和 B_1 分别是实验前实验组和控制组的情况，A_2 和 B_2 为实验后实验组和控制组的情况，(A_2-B_2) 为公共政策执行的效果。该方法是社会实验法在公共政策评价中的具体运用。

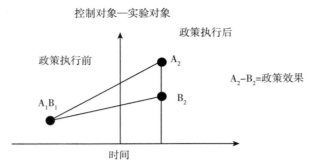

图 2-5 "控制对象—实验对象" 对比分析

公共政策评价最重要的是对公共政策效果的评价，包括：公共政策预定目标的完成程度；公共政策的非预期影响；与政府行为相关的条件环境的变化；投入公共政策的直接成本和间接成本；公共政策所取得的收益与投入成本之间的比率。

四、农业政策分析与决策支持系统

由中国农业科学院申请，农业部、财政部共同立项，中国农业科学院农业经济与发展研究所具体实施，2003 年启动的世界银行第四期技术合作贷款项目 "国家农业政策分析与决策支持系统开放实验室"，在国内首次提出了 "国家农业政策分析开放实验室" 概念，建成一个开放性的农业政策分析公共平台，将过去复杂、定性的政策研究方式，转变为宏观研究与微观研究相结合、经济分析与社会分析相结合、定性与定量研究相结合的研究方式，形成比较完整的具有可重复、可调整、可计量、人机对话、网络开放、平台共享、精确直观、方便实用等特点的农业政策效果演示与报告系统。在农业资源经济和农业环境经济、农产品贸易与农业均衡以及农业生产与农民收入三大子系统模型分析与应用中，共计 238 个经济计量模型，其中 "农业资源与环境计量模型分析与应用" 中有农业资源与环境经济计量模型 32 个，农用水资源经济计量模型 18 个。

例如，关于农村政策分析中用于评估一项公共政策给经济主体带来的净影响的计量经济方法，可以采用倍差法（Difference-in-Differences Estimation，DID）。基本思路是将调查样本分为两组，一组是政策作用的对象，即 "处理组"（或称 "实验组"）；另一组是非政策作用的对象，即 "对照组"。根据处理组和对照组在政策实施前后的相关信息，计算处理组在政策实施前后某个指标（如农民收入增长量）的变化量，然后再计算两个变化量的差值，即"倍差值"，其可以反映政策对处理组的净影响。

假设样本分为两组，A 组农户参与了某项政策，是处理组；B 组农户没有参与此政策，是对照组。令变量 P 为衡量农户是否参与政策的虚拟变量，A 组农户的 P 值等于 1，B 组农户的 P 值等于 0。变量 T 代表样本数据是否来自政策实施后那个时期的虚拟变量，如果是，T 则等于 1，否则该变量等于 0。假设 ε 为扰动项，代表其他无法观察到的未能控制的影响收入的因素。建立以下农户收入的简单倍差法 DID 理论模型，模型中 TP 项参数 δ 即代表了政策对处理农户收入的净影响。

$$Y = \alpha_0 + \alpha_1 T + \gamma P + \delta TP + \varepsilon \tag{2-1}$$

倍差法在公共政策分析和工程评估中被广泛使用的优点是其操作简单，逻辑清晰；缺点是自选择问题，即是否参与某项公共政策，可能有内生性，而这将直接影响参数的计量估计结果。比如，有关"农民用水户协会对农业生产的影响"，政策或制度变革都是自上而下的，单个农户在"是否参与政策"的问题上没有多少自主选择权，因此，模型内生性问题在此经常可以被忽略。当政策有内生性，应用 DID 方法时应更加谨慎，可能需要一个更为复杂的模型调整过程。如果固定效应模型中扰动项存在比较严重的自相关，应采用一阶差分方程。如果存在对"农户是否参与政策"有影响且被遗漏的因素，宜采用扩展的一阶差分方程，以避免由此造成的估计偏误问题。[①]

第四节　由政策实验到农村政策实验

由于公共政策评价结果仅能提供政府单主体、静态和被动驱动条件下的线性结果，难以表达多主体、动态和空间差异化的环境下，由主动被动控制条件下政策复杂关系，为此，应引入政策实验，来深化政策的评价功能。

① 中国农业科学院农业经济与发展研究所. 国家农业政策分析平台与决策支持系统农业经济计量模型分析与应用 [M]. 北京：中国农业出版社，2008：178-181.

一、政策实验方法

1. 政策实验的概念内涵

政策实验也称为政策试验，就其内涵而言，包括狭义和广义两个方面。狭义的政策实验是指政策测试，指党政机关为验证政策方案的正确性、可行性，并取得实施这些方案的具体化细则，而在一定范围内进行的一种局部性的决策施行活动。广义的政策实验则包括政策生成和政策测试两个方面。与在局部范围内对已经成型的政策文本进行验证的政策测试不同的是，政策生成的主要目的在于寻求全新的政策方案，进行制度创新。它一般是指中央为寻求新的制度或政策工具而进行的分权式试验，以及地方自行发起的政策试点活动及相应实践等。当然这两者之间有着相互交叉的部分，在有的政策试点类型中，它们常常是同步或交叉进行的。

2. 我国对政策实验的一般理解

目前，我国的政策实验常常被理解为治理实践中所特有的一种政策测试与创新机制。就其外延而言，政策实验的具体类型包括各种形式的试点项目、试验区等。试点项目侧重于时间维度，也是中国政策过程中最为典型和普遍的一种政策试点类型，它是指在一定时间段和一定范围（特定的地域、政府部门或企事业单位）内所进行的一种局部性政策探索及实施活动。试验区侧重于空间维度，是指为探索或实施某一项或某一领域的新政策、新制度而选定的一个地域性区划单位，具体表现为各种样式的综合性试验区、专门性试验区以及特区、新区、开发开放区、示范区、合作区等。

3. 诱导报价方法的应用

弗农·史密斯开创了经济学中实验研究方法的新纪元，设计了经济学实验的基本原理和规则，提出了诱导报价方法（Induced-value Method）作为实验经济学的标准方法之一，并通过一些仿真技巧来提高实验结果的可信度和可重复性。一是采取"随机化"方法，被实验者的选取、角色的分配均随机产生；二是保密实验意图，十分小心地讲解实验，不出现暗示性术语，以防止被实验者在实验前对行为对错已有判断；三是使用"价值诱导理论"，诱导被实验者发挥被指定角色的特性，使其个人先天的特性尽可能与实验相符合。

4. 投标博弈方法的应用

对于纯公共商品可以采取单次投标博弈方法和收敛投标博弈方法实现付费或赔偿。在对公共商品的需求做出估价后，通过水平提高所表达的最大的支付意愿，或水平降低所表达的最小接受赔偿意愿来实施单次投标博弈；以及被问及是否愿意对公共商品或服务支付给定的金额，根据被调查者的回答，不断改变支付数额，直至得到最大支付意愿或最小的接受赔偿意愿的转折点来实施的收敛投标博弈，都可以应用于对农村水资源和环境公共产品的节水定价和治污收费管理上。

二、政策模拟方法

政策模拟是指针对政策问题进行数学建模、模拟计算和基于计算机技术的政策虚拟试验。其目的是创建一个为政府服务的决策支持系统（DSS），寻求适当的政策方案，响应预期发现的社会经济各类问题，采取应对的政策。我国学者对水资源探索有：王利军等（2012）梳理政策模拟现有文献的可计算一般均衡模型（CGE）、系统动力学（SD）和基于主体的建模（ABM）三个方面研究发现：这些政策模拟建模方法在前提假设、模型构建、数据依赖性和预测精度方面各有利弊，需要依据具体研究对象和数据的可获得程度选用合适的建模方法，进行政策模拟；由于政策的复杂性及政策制定过程中涉及的影响因素众多，因此多种方法工具的集成应用成为了一个新趋势。[①] 刘志强等（2010）利用动态模拟模型 Vensim DSS 进行情景模拟，分析政策变量的变化对农产品产量和其他变量的影响程度。运用 Excel 中的线性规划软件和美国产的Matlab 6.5 矩阵运算软件进行求解，提出低方案（对农业水补偿投入较少，农业发展主要依靠现有水资源进行农产品生产）和中高方案（加大区域内水利设施建设、资金投入，确保农田高产、稳产），低方案对农业可持续发展是负面的。[②] 杨顺顺（2012）采用复杂适应系统理论和多主体建模方法，从模拟农户行为与农村环境的响应关系入手进行分析，利用了 Swarm 平台开发的、支持农村环境管理的 MAREM 综合集成体系。[③] 秦长海等（2014）基于 CGE 模型，利用 GMAS 软件，构建价格政策模拟模型（WaGE），指出水价提高可以有效降低水资源使用量。水价提高和政府针对水供应行业进行补贴等政策对物价水平、社会经济发展及居民生活水平影响不明显，但是对水生产供应企业影响意义重大，可直接增加水供应企业收入。[④] 王克强等（2015）构建了多区域

① 王利军，安峰，石艳丽. 资源环境经济领域政策模拟综述［J］. 资源与产业，2012（6）：157-160.

② 刘志强等. 基于系统动力学的农业资源保障及其政策模拟：以黑龙江省为例［J］. 系统工程理论与实践，2010（9）：1587-1591.

③ 杨顺顺. 农村环境管理模拟——农户行为的仿真分析［M］. 北京：科学出版社，2012.

④ 秦长海等. 水价政策模拟模型构建及其应用研究［J］. 水利学报，2014（1）：109-116.

CGE 模型，运用 2007 年区域间投入产出表相关数据，模拟分析了农业用水效率政策和水资源税政策对国民经济的影响。模拟结果表明：农业用水效率的提升可以节约各区域的生产用水量，并且有利于经济增长；对农业部门征收水资源税的政策也可以节约各区域的生产用水量，但是不利于经济增长；与水资源税政策相比，农业用水效率政策的效果更好；在一定条件下，节约的生产用水可以转移到生活和生态用水中去；即使是相同的农业水资源政策，对不同区域的经济变量的影响程度和方向也可能会不一样。[①]

目前，政策模拟广泛采用的 Powersim，得名于"强大的仿真能力"，是基于系统动力学方法的模拟工具，旨在使用户能够在控制的条件下改变关键参数，能够运行多个"假设"场景，创建复杂的商业和经济模拟。Powersim 由挪威 Powersim Software 公司出品，Powersim Studio7 模型以图形化的方式，通过箭头表明模型中各种变量之间的关系，结构速率变量（由一个连接器和双线箭头表示）代表在系统中的时间延迟。辅助变量的数值控制着速率变量，使其在某一时间点到下一时间点改变状态变量的数值。使用实物流和信息联系来创造动态系统中的反馈结构。在每个时间点计算一次，并且能将其认为是辅助变量。辅助变量可以是任何配合状态变量或者其他辅助变量的代数计算，一般用来控制进入或流出状态变量的速率变量，因此也常常称为流速。联系（伴有一条线的连接器）表明连接箭头起始端的变量定义到被连接的变量。常量（图 2-6 由钻石图标代表）在整个模拟的时间轴期间不变。常量也能通过输入控制提供模型中的导入（如滑轨、规格、表格等）。

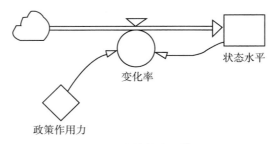

图 2-6 一种简单的反馈结构

① 王克强，邓光耀，刘红梅. 基于多区域 CGE 模型的中国农业用水效率和水资源税政策模拟研究 [J]. 财经研究，2015（3）：40-52.

①测量单位：在 Powersim Studio 中的变量总包含一个数值或表达式和一个单位，在模型中的总单位窗口中找到需要自定义或者默认的单位，测量单位可以验证模型的合理性并保证变量间关系式的正确性。②表达结果：在 Powersim Studio 建模时，能在控制和自动报表中表达模型的输出结果；为了检验和测试，也能指向一个变量并且看见其数值的变化；通过测量单位基于变量表达式之间的关系自动计算多图表模式，不局限于在单一的图表中工作，而能横跨图表来布置模型，用一种直观的方式把模型分成不同的区域。

例如，在时间轴图中比较需求（Demand）和生产（Production），经过 Time Graph Control、Show Title、Details Window、Unit Label，然后选择 Along Axis、Play 开始模拟运行，出现时间轴图中的结果，即"订单率"（Order Rate）的增长迫使"生产"（Production）和"预期需求"（Expected Demand）出现延迟变化关系，如图 2-7 所示。

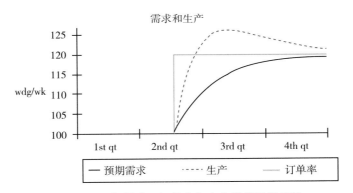

图 2-7 预期需求、订单率与生产模拟运行趋势

运用 Powersim Studio 为一个复杂关系建模，在"流程图"中显示模型对象的构成，通过修改参数、辅助变量连通、反映一定速率流量的系统运行，通过协同建模建立部分模型增强"对象"用画廊呈现模拟结果，可以减轻专门的计算性能，直观地反映实验复杂关系，协助系统管理。可以在宏微观经济学、资源与环境经济学、财务和管理经济学、金融和外贸等领域应用。目前，节水灌溉技术采用的研究方法，多为运用经济学、社会学、行为学和心理学等理论的规范研究，而对于定量研究，有的只用简单的统计数据说明（刘华周、马康平，1998）和选用线性回归的计量方法（韩洪云、赵连阁，2000），有的运用博弈分

析（李艳、陈晓宏，2005）；而大部分运用 Logit 模型（Burton C. English，1999；Eric，2005；朱希刚，1995；宋军等，1998）和 MultiLogit 模型（韩青，2004）及嵌套 Logit 模型（Geor Gia Mereno，2005）。而新的发展为期限分析 SPM 模型（Cholri Dridi、Madhu KHana，2005；韩青，2005），基于此建立了农户灌溉技术选择的完全信息静态博弈模型，结论是：有效的激励机制可以增加农户选择先进技术的预期，使农户技术供给行为从违约转向合作，从而增加节水灌溉技术供给。李艳、陈晓宏运用博弈论分析了水价与节水灌溉之间的关系，一方面揭示出水价的提高激励了节水灌溉技术的采用，另一方面提出农业水价加价可以通过财政以农业补贴或其他形式回补农民的建议。

关于研究多个因素影响农户的参与行为，可以采用二元 Logit 模型与 ISM 模型。周利平（2013）运用二元 Logit 模型确定了农户参与用水协会行为的影响因素，然后借助 ISM 模型构造出了各影响因素的关联关系和层次结构。研究结果表明，文化程度、经营规模、非农就业人数、参与态度、农户对协会性质与功能认知、农户对权利与义务认知、村灌溉渠系完好率和村经济发展水平 8 个因素显著影响农户参与用水协会行为。赵丽娟（2008）利用指数计算模型分析影响农民愿意加入用水者协会原因的相对重要程度，依据重要程度从高到低排序为：提高灌溉效率和改善灌溉面积，增加农民收入；节约用水，提高水资源的利用效率；减少水费征收中间环节，减轻农民负担；组织有机会和政府交涉，政府可以了解农民的真实情况，减少劳力投入；联合起来实力大，可增强抵抗各种风险的能力；加强水利工程管理，产生规模管理效益；减少水事纠纷，提高弱势群体灌溉用水的获得性。

关于农业资源与环境政策经济研究，很多决策可以被看作是二者选一的决策，比如，是否参加农业节水政策，这时可以采用 Probit 分析方法。Probit 模型是对属性变量及其观察数据进行分析的模型，被解释变量 Y 是一个（0，1）变量，事件发生的概率依赖于解释变量，即 $P(Y=1)=f(X)$，也就是说，$Y=1$ 的概率是一个关于 X 的函数，其中 $f(\cdot)$ 服从标准正态分布。Probit 是基于累计正态概率函数的二元选择模型，多元回归变量的总体 Probit 模型为：

$$\Pr(Y=1\,|\,X_1,\cdots,X_n)=\phi(\beta_0+\beta_1X_1+\beta_2X_2+\cdots+\beta_nX_n) \qquad (2-2)$$

通过计算回归变量取初始值时的预测概率，然后取新值或回归变量变化后对应的预测概率，并求差，得出变量变化对预测概率产生的效应。Probit 是目前最典型的，针对非连续的二分类选择式因变量的分析模型之一，它不需要严格的假设条件，克服了线性方程受统计假设约束的局限性，因而适用范围较为广泛。需要注意的是，估计概率模型时，有时需要对多个参数之间是否存在线性约束关系进行检验，而对于 Probit 模型，F 检验不再适用，可以采用似然比值检验。

三、农村政策实验

如前文所述，在我国，农村政策实验是指涉及农村政策制定的政府部门为了验证涉及"三农"政策方案的正确性、系统性和可行性，并取得实施这些方案的具体化细则，而在一定范围内采用可控性实验方法进行的一种局部性的决策实验活动，也称为"政策试点"和"政策试验"。它是政策研究运用传统的调研方法、描述性分析、逻辑性预测研究的升级和拓展，其基本特征有：过程可控性，结果可对比性，模式可复制性。其发展的趋势包括：定性与定量结合，人—机协同思维与大数据结合，室内模拟与实地测试结合，研究者由单一维度向多元维度转化，短期因子分析向政策周期性实验转变，政策委托人由单一的农业部门向包括水利、林业、环保和国土扶贫等多部门协同转变。

第五节　多中心治理理论及多元利益共赢框架

一、多中心治理理论

多中心治理理论为 2009 年度诺贝尔经济学奖获得者，美国印第安纳大学政治理论与政策分析研究所的埃莉诺·奥斯特罗姆（Elinor Ostrom，1933 ~ 2012）教授与文森特·奥斯特罗姆（Vincent Ostrom）夫妇共同创立。该理论的研究对象是具有可再生、相当稀缺、使用者能互相伤害的公共池塘资源；主体称为占用者，可指牧人、渔民、灌溉者等；面向的科学问题是：对公共池塘的私人过度占有行为形成外部性，导致"公地悲剧"即集体行动困境。

Ostrom 在大量实证案例研究的基础上，发现集权控制和完全私有化都不是解决公共池塘资源的灵丹妙药。集权控制是建立在信息准确、监督能力强、制裁可靠有效以及行政费用为零这些假定的基础上；私有产权则对流动性资源（如水、海洋、渔场）不可能很好地治理，而且即使特定权利被定量化分离出来并广为流行时，资源系统仍然可能为公共所有而非个人所有。于是，Ostrom 开发了自主治理理论——"相互依赖的委托人如何才能把自己组织起来，进行自主治理，从而能够在所有人都面对'搭便车'避责任或其他机会主义行为诱惑的情况下，取得持久的共同收益，增加自主组织的初始可能性，增强人不断进行自主组织的能力，增强在没有某种外部协助的情况下通过自主组织解决公共池塘资源问题的能力"（Ostrom，1990，2000）。通过建立自筹资金的合约实施博弈模型，探讨了在政府与市场之外自主治理公共池塘资源的可能性。

多中心自主治理的本质是对公共事务国家和市场并存的一种治理形式。"多中心"是指多个相互独立的权力决策中心和组织，在竞争性关系中相互重视对方的存在，相互签订各种各样的合约，从事合作性的活动，利用核心机制来解决冲突，共同治理公共事务，提供公共服务。多中心理论提出"既反对政府的垄断，也不是所谓的私营化"的思想，它颠覆了公共财产只有交由中央权威机构管理或完全私有化后才能有效管理的传统观念，证明使用者自主治理的公共池塘资源可以通过合理的制度安排，取得优于人们先前根据标准理论所预测的结果（Ostrom，1990）。政府并不需要从公共事务领域退出和将责任让渡，而是可以从改变政府角色、责任与管理方式的角度出发，探寻治理之道。政府作为一个供给单位，在特定地理区域的权限范围内行使重要的独立权力去制定和实施规则，与自己组建的生产部门，或者与其他国家或次国家级管辖权内的公共机构签订合同，或者与生产特定物品和服务的私人公司签订合同。

多中心制度分析与发展框架包括 7 组主要变量。从微观上来说，多中心意味着公共物品的多个生产者，公共事务的多个处理主体；从宏观角度讲，多中心治理意味着政府、市场的共同参与和多种治理手段的应用。分析一个公共池塘资源自主治理制度时，既可以从自然物质条件、共同体属性和应用规则三组外生变量入手，也可以从行动舞台或者结果入手。然而无论从何入手，首要任务都是确认一个概念单位，即所谓的行动舞台（Ostrom，1999）。行动舞台是指一个广泛存在于公司、市场、地方、国家、国际等各种和各级事务中的社会空间，此空间内的个体由于利益矛盾而相互斗争。行动舞台由行动情境和行动者两组变量组成。行动舞台既是一个自变量，又是一个因变量（Ostrom，2005）。行动者是指处于行动情境中的个体（Ostrom，2005）。分析者通过对行动者的偏好、信息处理能力、选择标准、资源占有程度及决策机制等假设，构建一个行动者模型，并由此推测其行为及相应结果。个体行为的影响因子归纳为7组变量。一是参与者集合可以是个人，也可以是复合个体，如国家、城市、公司、非政府组织；二是参与者身份的数量通常小于参与者的数量；三是容许的行为集合及其与结果的关联；四是与个体行为相关联的潜在结果；五是每个参与者对决策的控制力，在行动情境内，个体的势力等于机会价值（在结果中占的比重）与对决策的控制力的乘积；六是参与者可得到的行动情境结构的信息，当信息不完全时，谁在决策过程中的某一节点掌握哪些信息成为问题的关键，当一个基于众多个体联合行动而导致的结果难以估量时，投机就会滋生，在牺牲别人利益的基础上实现自己利益最大化；七是收益和成本，收益和成本是行为及其结果的激励和阻碍因素，收益是指某结果产生的经济回报，成本或支出是指包括税、费、罚金等在内的为实现某一结果而产生的费用。一个行动情境是一次性还是重复性的互动结构也有一定的重要性。个体即使一开始不合作，但在不断重复的行动情境中，也很有可能会采取有条件的合作策略（Ostrom，2005，2007）。

制度是多中心自主治理成功的关键。Ostrom认为，复杂不确定条件下个人通常会采取权变策略，即根据现实条件变化采取行动方案。影响个人策略选择的有四个内部变量：预期收益、预期成本、内部规范和贴现率。形成自治组织的初始阶段，每个人可能都会遵守规则，但是当个人违反规则所得到的利益高于违反规则的成本时，就有可能会违反规则，除非这种行为被人察觉并受到制约。因此，一个自治组织的群体必须有适当的监督和制裁。她认为，制度是用来约束人们在重复境况下的决策过程中的行为规则、规范和策略。规则是参与者普遍认可的对何种行为和结果是被要求、禁止和许可的具有可执行力的描述（Ostrom，1994），致力于制度的改革往往就是制定或调整影响行动情境的规则（Ostrom，2005）。进而认为影响集体行动的制度分为宪法规则、集体选择规则、操作规则三个不同的等级。占用、提供、监督和强制实施过程发生在操作层次；政策决策、管理和评判的过程发生在集体选择层次；规划设计、治理、评判和修改发生在宪法层次（Ostrom，1990）。每一层次上的决策类型均会在论坛中发生。规则分为7类：一是身份规则，明确身份的种类和数量影响参与者的容许行为；二是边界规则，个体取得或者脱离某种身份的程序、标准、要求和费用，是邀请的还是竞争的，是自愿的还是强制的；三是选择规则，改变身份和行动情境所容纳的权力总和和分配，扩大或者减小个体的基本权利、责任、自主程度；四是聚合规则，又分为不对称聚合规则（并不是所有参与者都有选择权)、对称聚合规则（所有参与者均享有选择权)、协议缺失规则（如何处理协议没有达成的情况）三类；五是范围规则，确定在行动情境内可能出现的结果的集合；六是信息规则，包括信息流通渠道和信息交流的频率、准确性、主题、标准语言等，它能够帮助参与者寻找可信的合作伙伴；七是偿付规则，决定基于行为选择而产生的结果所带来的回报与制裁。关于自主治理理论与制度设计的供给、承诺和监督问题，在社会网络结构中，社会最基本的个体单元通过自主治理，达到个人最优化；然后，一部分存在共同利益目标的社会个体可以形成社会集成群体即利益团体，从而进行较大单元的自主治理，以一个整体与外部其他以同样形式形成的社会利益群体进行交易和博弈等；最终，全部的社会利益群体再组成整个社会网络（Ostrom，1991）。

Ostrom（2005，2007）展示了四种常见且相对有效的策略：一是通过边界规则改变资源使用者特性。研究表明，使用至少任何一种边界规则都比不使用任何边界规则更有可能较好地解决公共池塘资源问题。二是通过身份规则创建监督体制。例如，灌溉农田时，灌溉系统监督者的存在使得水资源较为合理、公平地分配。三是通过偿付规则和身份规则改变结果产出，在偿付规则中加入惩罚性规则，罚款、免除对资源的占用权利和监禁。四是通过信息规则、范围规则和聚合规则改变结果产出。例如，美国加州8个地下水开采区通过开发商年度报告、保护区、开采者相互监督成功解决地下水过度使用。①

综上所述，Ostrom多元自主治理制度设计的8项原则（见表2-7）对农村水资源与环境公共治理具有指导性。

表2-7　Ostrom多元自主治理制度原则

	原则	内容解释
1	清晰界定边界	明确规定多元主体从公共池塘资源中提取一定资源单位的权限
2	规定占用规则	公共资源所占用的时间、地点、技术或资源的单位数量，要与当地禀赋条件和生产要素供应规则相匹配
3	集体选择安排	受操作规则影响的个人，应能参与对操作规则的修改
4	实施监督检查	多元主体对占用主体的使用和开发行为实施制衡性监督

---

① 王群. 奥斯特罗姆制度分析与发展框架评析 [J]. 经济学动态, 2010 (4): 137-142.

续表

	原则	内容解释
5	进行分级制裁	对违反操作规则的占用者采取分级制裁,制裁的力度取决于违规的内容和严重性
6	冲突解决机制	占用者和管理员能迅速通过低成本的地方进行博弈协商解决冲突
7	组织权力限度	遵循规则的占用者设计自己制度的权力不受外部政府权威的挑战
8	多层分权组织	对占用、供应、监督、强制执行、冲突解决和治理活动加以多层次组织

Ostrom 公共治理思想的启示。为解决"公地悲剧"和"公共池塘困境",Ostrom 提出了建立政府、企业、社群和村民自主治理组织的多中心治理模式。治理主体设计制度的权利不受外部政府权威的挑战,社会组织具有较强自治性。Ostrom 将分权化、多层次、多组织的管理与传统的大一统式的集权官僚制相比较后,认为政府的行政权力应该受到制约和限制,否则就会形成公权对私权的侵害以及体系反应不灵敏。在多元化西方发达国家,多元利益的协调机制已经深刻地内化于其政治体制或制度中,可以通过政治机制来解决问题。例如,代议制和表决机制进行利益聚合后制定政策并执行。对于像我国社会自治性较弱的呈现"强政府、弱社会"的现状,这种理想化的设计原则难免过于苛刻,难以突变转型实施。目前,仅适宜通过"在技术层面"引入意识形态中立的多元利益共赢程序和机制来微调并弥补体制上的缺陷,纠正完全依赖模型作为公共管理、公共服务与公共政策分析的误区,缓解政府集权化带来的不良影响。

国内学者针对多元利益的冲突和协调研究提出了积极主张。王锡锌(2011)认为,我国目前由于制度变迁与社会变迁的不同步,多领域、多层次的社会矛盾和利益纠纷加剧。当体制"结构"受到冲击时,做出"体制压制型"反应和"体制调整型"反应,以获得"动态的稳定"。为了落实《宪法》所蕴含的"一体多元"的制度格局,传统的"管理主义模式"的体制模式应转向包容性的"参与式治理"模式。"一体"即人大的代议制民主,"多元"则包括参与民主、基层民主、党内民主、协商民主等在内的多种民主形式。实施"统治集权、管理分权",通过治理技术层面上的信息开放和沟通理性,催生"治理细胞"(可以是村、社区、乡镇乃至县域)的发育。提出"参与式治理"本身是一个"有序参与"的方案。通过"一体多元"的民主体制格局和微观民主的实践,消除公民的"权利泡沫",使民众真正参与到与他们切身利益相关的公共事务管理之中。① 王道勇（2014）提出"一主多元"式社会治理主体结构，"一主"是指党委政府，要实现从管理向治理的理念转变。在行动主体上，实现从"绝对一元"到"相对一主"的转换；行动取向上，实现从管控—专断到协商—合作的转换。"一主"与"多元"之间，更多的是要进行平行式的沟通，进行协作与协商，而不再是垂直式的简单的命令—执行关系。② 吴业苗（2011）提出，政府独揽农村公共服务的供给与治理，造成了公共服务高成本、低效率、劣质量。高效率的农村公共服务应构建以政府为主导地位的综合治理机制，包括竞争机制、参与机制、利益表达机制和分工机制等。农村公共服务应该由传统的政府单个中心模式转变为政府、社会、市场的多个中心互动模式。农村公共服务多元化的实质就是让非政府的社会化主体，包括村民自治组织、农村社区民间组织、农业龙头企业、农户家庭以及社会支农组织等，参与农村公共服务提供过程。公共服务市场化多元互动网络中，需要政府的调节和干预，发挥"同辈中的长者"作用。政府不能亲自提供农村公共产品和服务，应该充分发挥市场和民间社会的力量，采用合同出租等形式把一些公共服务项目转移给私人部门或第三部门，从而使有限的公共资源及公共投入产生最大的收益。政府要重点提供农村社会基础性、普惠性和全局性的公共服务，建立健全包括利益引导机制、利益约束机制、利益调节机制和利益补偿机制等在内的能反映农村人公共服务利益需求的自由、民主的利益表达机制。③ 俞雅乖（2012）研究认为，农田水利基础设施作为准公共产品供给不足，不能完全实行市场供给，还是要坚持以政府供给为主，不能削弱政府在农田水利基础设施供给中的主体地位。农田水利基础设施多元供给的参与主体之二是企业、用水协会、其他组织等，可以采取包括承包、租赁、股份合作、拍卖等形式参与产权制度改革。政府供给和多元主体参与供给的市场运行机制主要包括供需机制、投入机制、风险机制、竞争机制、价格机制和效益机制。④ 赵欣（2007）认为，政府的公共政策、民主政策都会在一定程度上受到利益集团的影响。多元利益协调与共赢可以借鉴

① 王锡锌. 通过参与式治理促进根本政治制度的生活化——"一体多元"与国家微观民主的建设 [EB/OL]. 中国法学会网，2011-12-01.
② 王道勇. 加快形成"一主多元"式社会治理主体结构 [J]. 科学社会主义，2014（2）：25.
③ 吴业苗. "一主多元"：农村公共服务的供给模式与治理机制 [J]. 经济问题探索，2011（6）：49-53.
④ 俞雅乖. "一主多元"农田水利基础设施供给体系分析 [J]. 农业经济问题，2012（6）：55-60.

协作式政策制定、战略假设表面化检验（SAST）、公共政策实验方法等相关研究；多元利益共赢模式可以汲取公共参与、协商民主方法、协商式规章制定等方面的研究成果。① 李亚提出了指导多元利益协调共赢的方法论框架，包括多元利益的"博弈—协商"共赢过程、利益共赢的若干模式、支撑性的方法和技术。②

上述作者提出了解决国家公权力与公民私权利的包容性的关系治理之策，有利于处理治道与治效的关系，为农村水治理提供了重要指导和参考。

二、多元利益共赢框架

从理论角度看，多元利益网络治理针对的是互为利益相关者的多元化主体，治理不再是一元行政管制下的单向治理，而是利益相关者之间的双向或多向互动治理。③ 在这种治理结构下，治理也不再是从各自目标出发的强制性执行，而是从网络整体利益出发的自发性协同。协同效应促使各方通过合作博弈展开，分享合作利益，并从网络的全局视角自我履行合约。

1. 多元利益共赢方法论及其框架

"共赢"（All-win），即冲突的各方不仅在解决问题中各自得到好处，而且不以牺牲外部群体或环境利益为代价，通常情况下还会带来外部利益。这里所说的"方法论"，是指导问题解决的理论、程序、组织模式、方法和技术等的总和，具有体系性和可操作性（见表2-8）。

表2-8　几种多元利益共赢方法比较

多元利益共赢方法	基本内容
战略假设表面化检验（SAST）	该方法强调参与、观点博弈、方案综合等原则，为冲突和不确定环境下的问题解决途径
协作式政策制定	协作式政策制定的五阶段模型、一个或多个公共机构通过与相关各方对话达成共识的过程

---

① 赵欣. 试论中国多元利益集团对政府治理的挑战及对策［D］. 山西大学硕士学位论文，2007.

② 李亚，李习彬. 多元利益共赢多方法论：和谐社会中利益协调的解决之道［J］. 中国行政管理，2009（8）：115–120.

③ Jones C.，Hesterly W. S.．Borgatti S. P. A General Theory of Network Governance：Exchange Conditions and Social Mechanisms［J］. The Academy of Management Review，1997，22（4）：911–945；Provan K. G.，Kenis P. Modes of Network Governance：Structure，Management，and Effectiveness［J］. Journal of Public Administration Research and Theory，2008，18（2）：229–252.

续表

多元利益共赢方法	基本内容
公共政策实验	在实验室中构建模拟的利益表达和沟通平台
公民协商民主	每个公民和群体都能平等地参与政策制定过程，自由地表达自己的意见并倾听别人的观点，在理性的讨论协商中做出大家都能接受的决策。公民协商民主包括公民会议、专题小组、公民陪审团等
协商式规章制定	特别适合于解决规章制定中的利益冲突问题。协商式规章制定有组织机制设计、有程序安排
博弈—协商	见下文

　　"博弈—协商"过程主要包括六个步骤：规划与准备、公共参与和利益表达、证据与利益博弈、协商与冲突消解、共识达成—创造性共赢方案、政策确认与实施。其中，步骤三和步骤四是该程序的核心。第一步，规划与准备阶段，工作内容包括：问题界定，问题的实质是什么；利益相关者分析，政策制定和执行涉及哪些利益群体；冲突分析和评估，问题背景涉及的利益冲突是否具备协商的条件，相关利益各方是否具有协商外的其他更好选择，如果回答是肯定的话，即可进行后续步骤，否则不具备"博弈—协商"的条件。在本阶段，还要根据问题情景选择合适的共赢模式。第二步，公共参与和利益表达阶段，主要是给利益相关者提供多种参与渠道，促进利益表达。本环节有两个关键：一是为弱势的利益相关者提供公共参与渠道或在公共参与中给予必要的专业技术支持，促进公共参与和利益表达的平衡；二是组织政策分析师对公共参与和利益表达中涌现的各种观点、立场进行分析和整理，将冲突予以适当的结构化，以初步理清冲突的焦点，为后续的证据与利益博弈提供基础。第三步，证据与利益博弈阶段。组织相关利益各方的代表，在专业人员的支持下进行证据与利益博弈，从中发现政策制定中相关各方所持不同观点涉及的事实冲突（证据冲突）以及价值冲突（利益冲突）。经过本阶段，冲突得以表面化、明晰化，从而为后续的协商与冲突消解明确目标、找准焦点。第四步，协商与冲突消解阶段。利用各种共识建立、争端解决、公平分配等方法或技术，促进创造性共赢方案的提出，在组织者的引导下寻求各方利益的协调与共赢，力求取得参与协商的相关利益各方代表的认同，为冲突消解、政策制定寻求一种可行的共赢之道。第五步，达成共识—创造性共赢方案阶段。参与协商的相关利益各方代表确认创造性共赢方案框架，达成问题解决共识。对创造性共赢方案进

行细化，进行执行模拟，发现并解决其中的问题，形成细化并具备可操作性的政策方案建议。需要注意的是，这里的政策方案建议只是得到获邀参与协商的相关利益各方代表的认可，尚未得到社会中各利益群体的广泛认可。第六步，政策确认与实施阶段。向社会公开"博弈—协商"过程，解释证据冲突、利益冲突的焦点，对矛盾的证据予以澄清，公开冲突消解路径。向社会推荐创造性共赢方案，展现它在达成各方利益共赢方面的优越性，取得各利益群体的广泛理解和支持，消除疑虑。最后，政策制定者正式确认最终的政策方案，并开始实施。总之，"博弈—协商"过程的基本思路是通过"博弈—协商"寻求参与协商的利益群体即微型公众（Micro-cosm）的利益共赢之道。

2. 多元利益共赢机制模式的类型

按照政府部门在共赢过程中的作用，可以划分为政府主导型共赢模式以及政府斡旋型共赢模式。在政府主导型共赢模式的"博弈—协商"过程中，政府部门是"强势"的协商组织者，发挥积极的主导作用，同时也是协商的参与者，体现了行政主导的政策制定现实。政府斡旋型共赢模式适用于政府部门对政策问题没有预设立场的场合。在这种"博弈—协商"模式中，"博弈—协商"基本是开放的，政府部门只发挥协调者（Facilitator）或斡旋者（Mediator）的作用，甚至可以邀请中立的第三方担任"博弈—协商"的主持者。按照专业人士特别是领域专家在共赢过程中的作用，可以把共赢模式划分成专家证人模式以及讨论式对抗模式。模式选择取决于政策制定中专家意见的利益超脱程度。在上述分类的基础上，可以开发一个规范化的引导模式选择的权变模型，包括各种模式的适用条件、适用范围和模式选择评判准则，以便利地判断在某一情景下使用哪种共赢模式更为合适。

3. 协商引导和创造性共赢辅助工具

为了加快协商进程，较快地缩小不同利益群体的分歧，扩大利益交集，引导、高效地启发创造性政策方案的提出，可以构建一组协商引导和创造性共赢辅助工具，主要的方法包括协商前评估、长时段利益分析、问题细分和正交化、共赢准则确定。协商前评估是指引导协商参与者评估自身和其他各方的利益格局以及协商形势；长时段利益分析是指引导协商参与者不仅考虑当前的或短期的利益，而是更多地识别和关注长远利益，为共赢创造更大的空间；问题细分和正交化是指将每个冲突划分为可以谈判解决的多个部分，最好是将冲突的问题转化为理想的、正交的问题集合，以利于谈判交换；共赢准则确定是指通过分析确定共赢的优先准则是平等的、公正的，还是基于需求的。创造性共赢辅助工具还包括：传统的头脑风暴和 KJ 法，[①] 促进创造性方案或构思的提出；对策论方法，即通过对策论模型为局中人寻找最优策略；一体化共赢协商，促进协商参与者达成三级一体化协议；调整赢家法，通过基于效用的打分法和赢家调整过程，引导各方达成平等、无妒忌、有效率的共赢方案；多方和联盟协商方法，包括循环权衡、互惠权衡、最佳联盟策略等。上述辅助性方法或技术，应用到协商环节和创造性政策方案提出进程中，可以较快地缩小不同利益群体的分歧，扩大利益交集，启发创造性政策方案的提出，加快协商进程，促进利益相关者共赢的实现。

第六节　PPP 项目与农村水治理

正如前文所述，多中心治理中的政府与非政府的组织与个人形成合作共治的关系。而农村公共产品供应不足，需要合作共建共享，合作共建必须付出成本才能得到效益，尤其是政府预算约束增强，农村公共投入不足时，政府与社会资本合作的空间就出现了。

PPP 模式（Public-Private-Partnership）即公私合作模式，是公共基础设施中的一种项目融资模式。在该模式下，鼓励私营企业、民营资本与政府进行合作，参与公共基础设施的建设。PPP 模式的具体内涵：第一，PPP 是一种以项目为主题的新型融资模式，根据项目的预期收益、资产和政府扶持措施的力度安排融资。第二，PPP 使民营资本参与到项目中提高了效率，降低了风险。第三，政府通过给予私人投资者政策支持作为补偿，提高了民营资本的积极性。第四，减轻了政府初期建设投资负担和风险。政策实验是政策制定中的多主体参与，PPP 模式则是政策执行中的多主体参与。两者都在多主体参与的基础上分散部分政府权力，使政策从制定到执行更加科学化、民

[①] KJ 法又称 A 型图解法、亲和图法（Affinity Diagram），是新的 QC 七大手法之一。KJ 法是将未知的问题、未曾接触过领域问题的相关事实、意见或设想之类的语言文字资料收集起来，并利用其内在的相互关系作成归类合并图，以便从复杂的现象中整理出思路，抓住实质，找出解决问题的途径的一种方法。创始人是东京工人教授、人文学家川喜田二郎。其应用流程：组织团队、建立共识、定义挑战、展开脑力激荡、汇集问题、分类整理、排出顺序、责任划分、构思方案、执行计划、效果确认、标准化。

主化。从目的上说，两者都减少了政策执行中的障碍，使政策执行效果更加明显。

目前，相对于城市基础设施公共产品融资，农村基础设施融资一直面临融资难、渠道单一、融资面较窄等问题。目前，我国农村水资源治理的投资多依赖于政府，多主体、多渠道融资缺乏。农村基础设施建设 PPP 模式的引入，可以有效解决水资源治理融资问题。首先，政府可以通过 PPP 模式促进多元化的投资，改变农村融资渠道单一的情况，提高农村基础设施的投资水平和管理质量。由此，政府也可以提高公共服务和治理质量，通过风险共担的方式减轻政府建设风险，降低公共项目的全生命周期成本，提高项目的资产价值。其次，通过融资吸引社会资本进入我国农村，调动民营资本积极性，实现政府、农民、民营企业的三方获益。

一、农村水治理 PPP 模式基本流程

农村水治理 PPP 模式的基本流程如图 2-8 所示。

图 2-8　农村水治理 PPP 模式操作流程

政府与社会资本实施 PPP 项目的操作流程及事项见表 2-9。

表 2-9　PPP 操作流程及事项

流程阶段	事　项
1	技术事项、法律监管和政策框架、机构设置及其职能要求、商业财务和经济事项分析、与利益相关方的协商
2	项目发起、项目筛选、物有所值评价、财政承受能力论证
3	管理架构组建、技术准备、商业财务和经济方面的准备、邀请本地合作方与利益相关方的参与、实施方案的编制和审核
4	市场测试、资格预审、采购文件编制与响应文件评审、谈判与合同签署
5	成立项目公司、融资管理、绩效监测与支付、终期评估
6	移交准备、性能测试、资产交割、绩效评价

二、运用 PPP 模式需遵循的原则

第一，产出导向原则。PPP 项目应关注公共服务的产出绩效，而非公共服务的交付方式，建设完成后项目资产所达到的各项技术、经济标准。第二，风险最优分配原则。政府和社会资本间实现最优风险分配而非政府风险转移的最大化，不恰当的风险转移甚至还可能危及合作伙伴关系的长期稳定性。第三，全面履约原则。PPP 项目履约管理的目的包括：确定合同各方的平等主体地位，帮助政府克服相对社会资本的信息不对称；保护社会资本免受不良对手的侵扰；保护社会资本免受政府机会主义行为的困扰；激励社会资本提高绩效获得合理回报。第四，合法有效执行原则。第五，阳光运行原则。项目全程公开透明，信息公开接受政府与合约方和第三方的监督。第六，强调国际经验与国内实践相结合。借鉴国外先进经验，总结国内成功实践，积极探索，务实创新，适应当前深化投融资体制改革需要。

三、农村水治理 PPP 模式运行机理

政府与社会资本实施 PPP 项目的一般功能和运行机理见图 2-9。

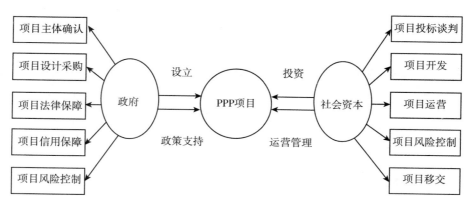

图 2-9 PPP 模式一般运行机理

四、农村水治理 PPP 模式 VFM 评价

根据产出导向原则，按照物有所值标准对 PPP 项目的经济性、效率、效能和合作等进行评价是选择 PPP 模式结构、削减风险的重要步骤。物有所值

（Value For Money，VFM），是指一个组织运用其可利用资源所能获得的长期最大利益。它是国际上普遍采用的一种评价传统上由政府提供的公共产品和服务是否可运用政府和社会资本合作模式的评估体系，旨在实现公共资源配置利用效率最优化。

当PPP模式项目通过初步可行性研究，并制定出项目实施方案及产出标准后，可由第三方独立的专业的项目咨询评估机构对项目进行VFM评估。适合我国的VFM评价方法简化后见表2-10。

表2-10　适合我国的VFM评价方法①

	影响因素	评价指标	评分	权重	评分值
1.1	风险分配能力	突发态风险分配可靠性			
1.2		控制可转移风险的能力			
1.3		风险转移给了社会资本			
2.1	全生命周期成本	社会资本产出规范程度			
2.2		合同期内履约水平			
2.3		项目运行弹性空间			
3.1	产出规范和创新	社会资本交付服务方式自由度			
3.2		项目开发运行社会资本控制力			
3.3		资产设计和施工方法创新程度			
4.1	服务收益率	社会资本提供优质服务保障率			
4.2		社会资本获得额外服务的收入			
4.3		额外收入弥补政府服务成本支出			
5.1	规模经济程度	服务市场规模化程度			
5.2		社会资本扩大服务规模的能力			
6.1	市场竞争程度	市场参与竞争者的数量			
6.2		项目全程运行的吸引力			
6.3		竞争机制下项目盈利能力			

---

① 陈辉．PPP模式手册——政府与社会资本合作理论方法与实践操作［M］．北京：知识产权出版社，2015．（原指标体系23项，本指标体系简化为17项。评分标准：0表示没有产生资金价值的余地，1表示产生一定范围的资金价值，2表示产生合理的资金价值，3表示产生很好的资金价值，其中的权重计算应依据不同类型的项目设定）

第三章 水治理政策实验技术指南

第一节 政策实验总则

一、编写意义

制定《政策实验技术指南》有利于政府树立科学和民主决策的理念，提高社会公众对政策实验的认知，增加公众的参与度，强化民主化决策水平；有利于提高政策可控性和可重复性，克服政策制定过度精英化导致的价值取向与事实冲突的现象，避免公共政策在执行过程中各种政策规避和失控风险的发生；有利于完善现有各类政策，推动各级政府公共政策的落实；有利于政府、企业、专家与公众协调共建，在多元互动决策的共同治理下形成善治机制；有利于提高政府的公信力，加强政府执政能力，使现有政府治理结构转型为协作治理，从而提高我国各级各类公共政策的民主性、科学性和可持续性。

二、适用范围

本技术指南主要适用于国家、省、市、县、乡各级政府部门，帮助其在制定公共政策时，提高决策的客观性、真实性、针对性，政策执行的有效性和规范性，政策评价的全面性、可持续性，指导政策设计、执行产生最好的政策效果，进而在各种政策实验局部成功的实例示范的基础上，结合不同地区、不同对象和政策等级差异，开创政策的区域创新、类型创新及层级创新。

三、概念解读

1. 政策实验概念内涵

政策实验（Public Policy Laboratory）是指政策执行过程中政党和政府机构为了验证其决策的正确性、可行性，并取得实验决策的具体方案而采用可控制性和可重复性技术对公共政策过程进行实验的方法。政策实验指南是指政府在政策制定、执行、监督、评价和终结过程中与其他多元主体形成互动共利机制的技术规范，是一部政策配套辅助性的技术管理工具手册。

2. 政策实验基本分类

政策实验分为标准政策实验、简易政策实验和网络政策实验。标准政策实验是指运用规范的实验方法，以齐全的局中人、完整的实验步骤和标准化的政策实验室为基础，对政策实验内容开展的详细的政策实验。简易政策实验是通过简化合并或削减实验环节，如针对委托人关注的主要矛盾开展某个环节的利益协调共赢实验；缩短实验时间、合并实验人员，如分析师兼任技术支持人员；改变局中人产生方式，如指定某些专业人员扮演使情景再现；开展简化的政策实验。网络政策实验是指利用开放或局域的互联网，吸引专业人员和公众参与政策的实验，通过信息发布、在线交互、网上研讨等方式，对关注性热点问题进行的政策实验。其具有便捷性、开放性、透明度高、信息量大、数据获取成本低、局中人征集可控、数据质量较高等优点。

3. 政策分析基本环节

政策分析过程包括政策制定、执行、监督、评价和终结5个环节。

政策制定是指包括政策问题界定、构建政策议程、政策方案规划、政策合法化的过程。其实质上是一个政治过程，包含政府官员与普通市民在利益、价值和政策诉求问题上的冲突与协调。

政策执行是指政策执行者通过建立组织机构，运用各种政治资源，采取解释、宣传、实验、协调与控制等各种行动，将政策观念的内容转化为实际效果，从而实现既定的政策目标的活动过程。或者说在政策制定完成之后，将政策由理论变为现实的过程，包括政策传播、政策分解、物质准备、组织准备、政策实验、全面实施、协调与监控等。

政策监督是指监督主体依照法定的权限和程序对公共政策运行过程进行监察和督促，以衡量并纠正公共政策偏差，实现公共政策目标。简单地说就是对政策执行过程和有效性进行诊断，把握政策偏差信息进行纠正或补救的过程。

其具有主体广泛性、客体特定性、法制性三个特点。

政策评价是指依据一定的标准、程序和方法，对公共政策的效率、效益和价值进行测量、评价的过程，主旨在于获取公共政策实行的相关信息，以作为该项政策维持、调整、终结、创新的依据。一项政策也需要有关目标问题的实质和维度的信息，以便对政策的有效性进行评价。

政策终结是指公共决策者通过慎重的政策评估之后，采取必要措施，终止那些过时、多余、无效或失败的公共政策的过程。也包括政策变更，即由原来采用的公共政策改用另一公共政策，从而转向新的政策制定过程。

四、工作目标和指标

政策实验的工作目标：提高各级各类公共政策的科学性、有效性和可持续性。政策实验评价基本指标：政策目标的明晰性、客观性；政策透明性、简洁性；政策的经济性、效率性和效益性；政策制定的参与性、政策执行力、监控力；政策实验结果可接受性、创新性、保障性和用户的满意度。

五、工作原则

1. 多元主体全程互动

构建政府主导、专家主体、公众参与的组织关系和多元互动机制。政府应担当委托人并发挥其作用，成为政策实验的需求者。专家团队承担政策实验的组织者和设计者、政策实验的技术分析者、政策实验报告的编写者和政策建议方式的提供者。全体公民要不同程度地参与到政策从制定、执行到终结的全过程，并主要担当政策实验的监督者和政策效果的评价者。

2. 政策过程系统化

将上述公共政策分析可细分为政策问题、政策制定、政策合法化、政策执行、政策监督、政策评价、政策变更和政策终结8个步骤，均分别开展公共政策单要素、单环节和多要素、多环节的实验，还可将全过程的政策实验与系统外其他因素和体系衔接以扩大政策实验的影响力，但重点应将政策实验结果纳入政府政策执行环节。

3. 实验步骤规范化

应采取以下步骤开展政策实验：实验规划与设计、实验准备与培训、局中人利益表达与沟通、综合集成支持下的利益博弈、提出和分析利益协调方案、协商与冲突消解、形成共识方案、模拟政策执行、实验评估与总结、政策确认与实施。

4. 实验考核多维度

工作的考核、政策实验的效果考核应构建政府自我考核、专家团队考核、社会公众考核的长效稳定的机制。实施政策实验过程考核、实验结果考核和实验满意度考核，并开展政策实验的资金审计，确保政策实验顺利完成。

5. 实验时空协调化

政策实验要根据政策实验目标的重要性、内容的全面性及工作难度和复杂程度，制定政策实验的开展时间，并根据我国各层级行政区的差异性，充分进行必要的区域对比和产业对比，因地制宜地设计政策实验的规划方案。

6. 实验效益长效化

政策实验的结论和报告，应尽快转化移交政府，以推动政府政策规范地实施。应将政策实验的主要程序和方法纳入各级政府行政管理和政策决策及实施过程中。对重大政策的出台和制定，为了避免太过草率和急功近利，必须经过一定时间的政策实验环节。对一些专项政策的制定，力求践行政策实验步骤后再去实施。通过政策实验，从示范到推广，从局部到全部，全面提高政策效能、效率和效益。

六、政策实验理论依据

1. 实验经济学理论

实验经济学是研究如何在可控制的实验环境下对某一经济现象，通过控制实验条件、观察实验者行为和分析实验结果，以检验、比较和完善经济理论或提供决策依据的一门学科。目前，实验经济学的研究主要涉及对个体决策理论的检验、对博弈理论的检验和对市场理论的检验三个领域。弗农·史密斯的重要论文《作为一门实验科学的微观经济学体系》中表明，市场经济或者说微观经济学是一组交换规则和行为人决策的混合物，可以通过模拟市场交易、改变市场交换制度来观察实验人员的决策行为。一项未经实验过的理论仅仅是一种假设而已，而这种理性思辨、数学思维、实验方法等科学精神，正是中国经济学界所欠缺的，甚至是中国经济学家的"软肋"。经济学由经验数据描述到科学实验的学科发展轨迹，最终实现经济学精密化、科学化、数学化、公理化、模型化、公式化、图表化、符号化是一个过程，是一个不断发展、创新、完善的过程。

2. 实验研究基本方法

实验方法概念：实验方法是由研究者对一个变量的操纵和对结果有控制的

观察和测量所构成的任何研究，是一种有控制条件下可重复的观察，其中一个或更多的独立变量受到控制，以使建立起来的假设或者假设所确定的因果关系有可能在不同情景下受到检验。

实验方法特点：能对事物做适当控制，排除无关因子干扰，运用随机程序估量各个变数变量与变异方向，探索出事物间的因果关系；可以在自然条件遇不到的情况下，扩展研究范围；可以反复地实验其结果的一致性；可以将特定因子分离出来，观察其作用效果；便于测量取得比较可靠的研究成果。

实验方法三要素：实验组与控制组、前测与后测、自变量与因变量。实验组是接受实验变量处理的对象组，接受实验刺激，通过自变量的改变，寻求因变量的变化规律；控制组也称对照组，对实验假设而言，是不接受实验变量处理的对象组。前测是指在一项实验设计中，在给予实验刺激之前的第一次测量。实验者通过在没有实验刺激之前的情况，测定因变量的现状；后测是指在一项实验设计中，在给予实验刺激之后的第二次同样测量。研究者通过比较前测和后测结果，来衡量因变量在给予刺激前后所发生的变化，揭示实验刺激对因变量产生的影响以及规律。自变量即实验的刺激，是被操作可以依据实验者的意图改变的量。其具有属性有无、强度大小、时间长短的区别，是实验最突出特征中控制的基本要素，通过对假设的自变量的改变和严格控制，导致因变量的改变。自变量必须能与其他变量分离开，形成孤立性变量，才能建立起变量之间因果的假设关系。因变量与自变量具有因果关系，由自变量的改变导致因变量的改变。

实验影响因素：一是重大的事件或政策。导致实验对象在实验前后刺激的态度、观念价值和行为改变。二是实验对象发育所造成的影响。在实验的前测与后测之间，实验对象在生理上、心理上的成熟程度变化带来的变化。三是前后测环境不一致。当实验的物质设备、实验时间、控制条件、实验标准的某些细节和条件出现差别，导致控制难度增加。四是初试与复试的干扰效应。由于前后测形式与内容完全一样，当再现实验过程时，由于思维的路径依赖和角色转型不彻底导致实验效果的影响。五是实验对象选择和缺失。六是样本数的局限。农村发展研究尽量缩小群体实验范围，克服大范围控制难度，但是人数太少也影响了实验结果的代表性。七是实验设备和条件与人力的限制。

实验控制的原则与方法：原则是排除干扰、减小误差。实验控制方法见表3-1。

表 3-1　实验控制方法

实验控制方法	内容
随机控制法	将参加实验的所有人员进行随机分组，确定实验组和控制组
物理控制法	保持实验情景条件恒定，检验刺激是否标准
排除控制法	将可能影响结果的变量预先排除在实验条件外
配对控制法	首先认定与因变量有明显关系的变量，然后决定所要控制的变量，选择同等分数或特质的受试者配对，再以随机分派方式，将其中一份分派到实验组，另一份分派到控制组
测量选择控制法	将参加实验的对象全部测量，根据结果予以合理的选择与分配，使各组的均等更接近于理想水平，求得各组的平均分数而加以比较
纳入控制法	把影响将来实验结果的某种因素当作自变量处理，将其纳入实验设计中，成为多因子实验

第一种：基本的实验设计方法。

单组实验设计：初次测验（初试、前测：IT_1）→施加实验因子(EF_1)→末次实验（末试、后测：FT_1），发生的变化(C_1)→$C_1 = FT_1 - IT_1$。若要比较两个不同因子的作用效果，则按照上述流程再操作一遍，得出变化（C_2）→$C_2 = FT_2 - IT_2$，则实验结果即为 $C_1 - C_2$。第二个实验在实验中必须不受前实验因子的影响；其他混杂因子所产生的影响，在整个实验过程中(EF_1)和(EF_2)应该是一样的。

单组实验设计方案类型包括：单组后测设计、单组前后测<实际（无控制组的前后实验）、单组相等时间样本设计、单组纵贯时间系列设计和单组多因子实验设计。单组多因子实验设计的要求是以单组作为实验对象，施加两种或两种以上的实验处理，每一种实验处理均进行前测与后测，然后比较各种实验处理效果。其统计分析，可采用相关样本平均数差异的显著性检验（$N > 30$，用 Z 检验；$N < 30$，用 t 检验）。

第二种：组别比较实验设计。

静态组比较设计，选择一个社区农民作为实验组，另一个社区作为控制组，给实验组实验处理后，检验两社区农民的结果。可检验相关样本平均数差异的显著性以判断实验处理的效果。等组前后测设计是最标准的实验设计，包含了全部要素：实验组、控制组、前测、后测、自变量、因变量以及随机指派。其步骤为：随机指派实验对象到实验组和控制组；对两个组对象同时进行第一次测试，即前测；对实验组给予实验刺激，但不对控制组实施这种刺激；对两个组的对象同时进行第二次测量，即后测；比较分析两个组前后两次测量结果之间的差别，得出实验刺激的影响。

实验刺激的影响＝实验组的差分−控制组的差分＝（后测1−前测1）−（后测2−前测2）；如果实验组的差分（绝对值）−控制组的差分（绝对值）＞0，说明实验刺激对因变量有正向影响；如果实验组的差分（绝对值）−控制组的差分（绝对值）＜0，说明实验刺激对因变量是负向影响；如果实验组的差分（绝对值）−控制组的差分（绝对值）＝0，说明实验刺激对因变量没有影响。后实验减去前实验所得控制差异不等于实验组前后实验的数据差异，不应把实验组差异全部归结为实验刺激。实验差异同时包含着实验刺激和外界因素两者的共同影响。此外的方法还有等组后测设计（两组在实验处理前都没有测验）、所罗门（Solomon）4组控制实验。[①]

七、实验角色及职能分工

本研究中的利益体系包括：政府方面：从国务院、省、市、县政府水管理部门到县、乡、村委会，从水务主管部门到涉农的国土、林业、农业、环保、科技和扶贫等部门，从财政到金融的涉农水部门；水协会方面：农户水合作组织、用水协会、农村专业合作社；公司方面：灌溉用水公司、农村水服务公司；农民方面：农业生产用水户、农村生活用水户和小组，承包地散户、种植大户、家庭农场等；研究团队方面：课题专家组、领域专家及研究成员（包括学生）。

为了进行政策实验，选择六类角色，其职能分工见表3-2。

表3-2　六类角色及职能分工

角色	职能分工
实验委托人	政策问题的拥有者和实验结果的利用者，可以是政策制定者，也可以是决策系统中的组织者或成员，都是政策实验的间接观察者

①　它是传播学中经常用到的控制实验类型之一。这种实验是把实验对象随机分成4组，对它们分别加以不同的实验条件，以对测试结果进行多方面的比较。其中包括第1组的测试1和测试2的比较，第1组的测试2与第3组的测试2的比较，第2组的测试1与第3组的测试2的比较，第3组的测试2与第4组的测试2的比较等。所罗门4组控制实验设计控制组、实验组各两组，两种类型的组中各有一组接受前测，实验结束对4组都进行后测，每组被试者随机分布，是实施后测控制组设计和前测—后测控制组设计的组合。

续表

角色	职能分工
政策研究者	政策研究团队，掌握政策实验相关的理论、方法和技巧，是政策实验设计者、参与者和局中人的组织者，政策实验方法的具体应用者，引领局中人进行利益表达和博弈，寻求共赢的协调人是整个政策实验开发机制的关键角色之一
实验局中人	受政策研究者邀请在政策实验室中参加利益博弈的各方利益的参与者，每方利益的局中人通常为多人，组成一个团队，能维护自己的利益，表达群体的观点和主张
政策分析师	运用智库优势与政策分析能力和技巧，辅助局中人确立核心利益、关键立场和主要论据论点
技术支持人员	搜集、分析、检验局中人的陈述，整理涉及的相关数据，必要时借助模型计算机技术，对政策方案进行分析，对其实施后果进行预测和评价
领域专家组	相关领域专家和技术支持人员共同组成专业团队，为局中人提供定量、定性的综合的智库技术集成支持，提取利益群体的观点和论据，是整个政策实验开发机制的关键角色之一

八、政策实验室组织体系

政策实验要按照明晰化、适用性、能控制、可操作原则构建政策实验室的组织体系，在体系中专家团队要合理区分政策实验室的边界，以便使政策实验的结论真实、客观、有效，避免实验结论偏离规划目标。其组织体系见图3-1。

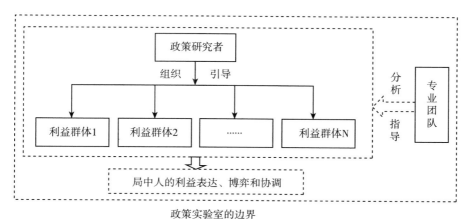

图3-1　政策实验的组织体系

九、政策实验过程子阶段

政策实验由联系紧密的各个过程组成，具体子阶段如图 3-2 所示。

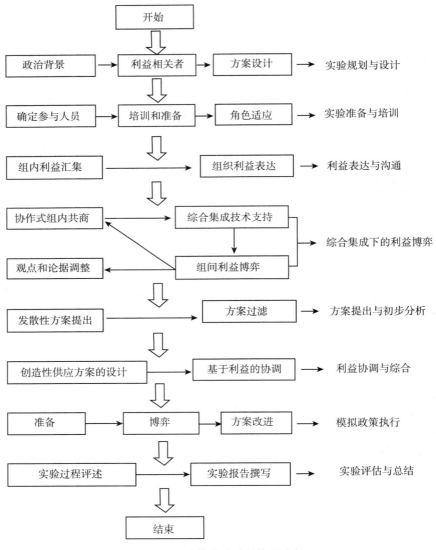

图 3-2　政策实验过程的子阶段

十、政策实验基本步骤

政策实验一般由九个步骤构成：

第一步，实验规划与设计。识别该政策问题涉及哪些利益群体，并确定哪些相关利益群体参加政策实验。工作内容包括问题界定、利益相关者分析、冲突分析和实验条件评估。

第二步，实验准备与培训。筛选或配置政策实验参与者；开展实验前的培训，让每位局中人知晓并熟悉政策实验目的、步骤和内容、行动方式和考核要点；进行资源准备；设计实验步骤。

第三步，创设问题情境，局中人利益表达。描绘问题情境，支持局中人从各自的利益视角出发，充分表达利益；局中人在问题情境中采用听证、小组辩论、问卷填写、情境语言表述等多种形式进行观点讨论，提出差异化意见和建议。本过程是利益表达和公共参与的第一步，是一个发散的过程。

第四步，综合集成支持，多次利益博弈。通过讨论式博弈、小组间辩论、听证置辩、战略假设表面化检验（SAST）等方式，展示不同利益群体的立场冲突、利益冲突和论据冲突，使局中人和政策研究者都看清利益冲突的焦点所在。在专业人员的支持下提供证据并进行利益博弈，从中发现政策制定中相关各方所持不同观点涉及的事实冲突以及价值冲突。本过程需要多个回合才能达到目标。

第五步，提出协调方案，实现利益共赢。为了实现利益均衡，应形成政府与农民参与的共治型目标下的优化政策方案。该过程不是分出输赢的辩论赛，而是发现利益冲突焦点后，协商共创出表达局中人新意愿的、能解决利益冲突的政策新方案。该过程是利益协调、实现共赢的第二步，是收敛的过程。

第六步，创新消解冲突，协商共识方案。该环节运用各种激发创新性思考的方法（如头脑风暴法），建立共识、解决争端、公平分配，扩大利益交集。将方案汇总整理，进行关键性创新，由参与协商的相关利益各方代表确认创造性共赢方案框架，达成问题解决共识，形成利益协调型和创造型共赢方案。

第七步，建立政策模型，模拟政策执行。针对"上有政策、下有对策"等政策规避行为，以初步的共识构成政策方案的输入，通过角色扮演模拟政策执行机构和目标群体对政策的反应，检验政策的可执行性，发现可能存在的漏洞，修改完善政策方案。

第八步，实验评估总结，提交实验报告。政策实验之后，应提交政策实验报告，内容包括实验过程的总结、实验中发现的主要利益冲突和消解建议、实验中涌现的主要观点和政策方案、各个方案的利弊分析、相关的调研结果，论据汇总和总体评价、实验的局限性和成立条件分析，得出政策改进建议方案。

第九步，确认政策执行，公开实施方案。首先，向社会公开"博弈—协商"过程，解释证据冲突、利益冲突的焦点，对矛盾的证据予以澄清，公开冲突消解路径。其次，向社会推荐创造性共赢方案，展现它在达成各方利益共赢方面的优越性，取得各利益群体的广泛理解和支持，提出消除各种政策规避的措施。最后，政策制定者正式确认最终的政策方案，并开始实施。可以简单概括为图3-3。

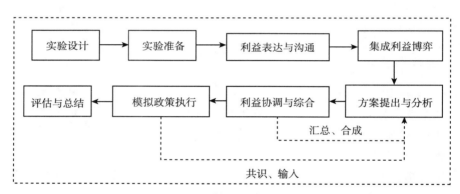

图3-3 政策实验过程的阶段关系示意

十一、开展政策预实验

预实验是正式实验必不可少的环节，可以广泛增设假设条件，创设问题情境、控制实验进程、降低实施成本，熟悉政策实验程序，发现局部问题，及时找到补救方法，构建应急预案，优化实验体系，确保一定范围和一定时间内较强的可控性和重复性，以实验室内的有限性实验效能，降低基地实地实验的操作风险。预实验包括简易型预实验、网络型预实验、价格听证型预实验（见表3-3）。

表 3-3　政策预实验类型

类型	人员	方法
简易型预实验	人员资源有限	合并实验环节，缩短实验时间，合并实验角色
网络型预实验	人员范围不受限	通过网上平台，便利局中人利益表达
价格听证型预实验	人员经过专业培训	模拟听证环节，提高政策民主性

十二、了解各类政策规避

政策规避是政策执行过程中的常见现象，政策执行主体的利益驱动和政策执行机制的缺陷是政策规避产生的主要原因。政策规避包括政策敷衍、政策附加、政策替换、政策损缺和政策照搬等（见表 3-4）。

表 3-4　政策规避的主要方式

常见方式	内容解释
政策敷衍	在政策执行中，地方和基层政府或农户故意只做表面文章，只搞政策宣传而不务实事，不落实政策组织、人员和资金，不执行相应的措施
政策损缺	地方和基层政府或农户根据自己的利益需求，对上级政策的原有精神实质或部分内容进行取舍，对自己有利的部分就贯彻执行，不利的内容弃之不用
政策附加	地方和基层政府或农户附加了不恰当的内容，使政策的目标、范围、力度超越了原政策的要求，形成"土政策"
政策替换	地方和基层政府或农户对政策精神实质或部分内容有意曲解甚至歪曲，改造政策的某些特征，使其失真或被完全替换
政策停滞	地方和基层政府或农户所属地区、部门或个人因局部利益与政策执行者利益发生冲突和严重矛盾，导致政策执行在某阶段中出现堵塞现象或使政策有始无终
政策照搬	地方和基层政府或农户不考虑本地的条件和实际情况，消极、机械、原封不动地落实政策，形成教条式政策执行
政策随意	在政府决策质量不高、政策执行中遇到阻力和干扰时，出现执行者随意终止执行，朝令夕改、半途而废的现象
政策误用	政策在执行中"走样"、"变形"，与原政策目标、力度和政策能效发生偏差
政策无能	政策执行中地方政府和基层政府采取无作为的敷衍措施，致使政策目标难以实现
政策抵抗	政策执行中地方政府出于法律、利益和政治等原因而广泛地、有意地违反某项政策的行为

十三、政策阶段因素分析

完善的政策分析体系是政策实验的重要组成部分。

1. 政策制定阶段

政策制定过程中包含四种合作类型和应对策略，具体如表3-5所示。

表3-5 政策利益相关者合作类型和应对策略

利益相关者 潜在合作程度		对政策制定机构的威胁程度	
		高度 ←	低度
	高度 ↑	混合型（合作策略）	支持型（参与策略）
	低度	反对型（防卫策略）	边际型（追踪策略）

2. 政策合法化阶段

政策合法化是政策制定过程成功的基础，公共政策只有获得合法性，才能成为具有权威性、程序正当性以及公民普遍认同的公共政策，才能为当前制度体系所容纳，为公民、社会所接受，才能使政策有效执行，并最终实现有效治理。政策合法化包括程序合法化与内容合法化，只要在程序上容纳了所有利益相关者的意志，该程序便被认为是公正的，该政策便被认为是代表了所有利益相关者的利益。一项公共政策要获得公众的认同，需要满足三个指标：合利益性，政策内容必须与公众的利益要求基本一致；合道德性，政策内容必须合乎一定的社会伦理，特别是政治道德的要求；合法律性，公共政策的内容必须符合法律的规定，尤其是符合《宪法》的规定。

3. 政策执行阶段

政策执行指政策方案被采纳以后，政策执行者通过一定的组织形式，运用各种政策资源，将政策观念形态的内容转化为现实效果，从而使既定的政策目标得以实现的过程。政策执行主体为行政机构、立法机构、司法机构、利益集团、其他组织和个人。政策执行客体为政策适用的目标群体。所有的公共政策都试图以某种方式影响和控制人类的行为，或使人们的行动与政府制定的规则或规定的目标相一致。

政策执行环节包括政策宣传、政策分解、物质准备、组织准备、政策实验、全面实施、协调与监测。政策执行影响因素有政策问题自身的性质、政策环境的特征及变化、执行机构对政策执行的影响、目标群体所掌握的政治和经济资源等。

4. 政策监督阶段

政策监督是政策监督的主体从一定制度、法规的依据出发，对政策系统的运行包括政策的制定、执行、评估及终结进行监视和督促的行为。政策监督主体为人大（法律和工作监督）、政府机关（行政、审议监督）、公众（社会监督）。政策监督客体存在于政府制定的政策及政策运行的各个环节。政策监督方式包括：构建利益团体，构成对政府的监督机构；政府进行阶段工作汇报；利用大众传媒的作用使政府工作透明化。政策监督的意义：保证政策合理高效执行；实现政策的调整与完善；促使政策终结。

5. 政策评价阶段

政策评价是依据一定的标准和程序对政策的效益、效率及价值进行判断的一种政治行为。目的在于取得有关这方面的信息，作为决定政策变化、政策改进和制定新政策的依据。（陈振明，2003）政策评价影响因素包括：评价方法（实证主义）、评价主体（多元化、独立性与专业性）、制度化、社会环境条件等。政策评价的阶段，Guba 和 Lincoln 认为有四个阶段，技术评价阶段、描述性阶段、做出判断、价值多元（众多利益相关者的利益诉求、政策伦理、政治价值被纳入考查范围）。[①] 政策评价对于决定政策去向、合理配置资源、实现公共决策科学化和民主化具有重大意义。

6. 政策终结阶段

政策终结是政策决策者对政策进行评估后，终止政策中过时的、多余的、不必要的、无效的政策行为。政策终结的特征：强制性、更替性、灵活性。政策终结原因：政策使命结束、失误政策的废止、政策失效。政策终结方式：政策替代、政策合并、政策分解、政策缩减。政策终结的障碍：利益差别、习惯性依赖、认知不足、较高的成本。政策终结的策略：政策终结时机的可预测性、政策终结过程的长短、旧政策终结与新政策出台并举。

十四、政策实验实施保障

1. 法律保障

由于政策属于体制范畴，因此必须在体制层面用法律加以保障，使政策制

---

① E. Guba & Y. Lincoln. The Countenances of Fourth Generation Evaluation: Description, Judgement, and Neogiation in D. Palumbo. （eds.）, The Politics of Program Evaluation. Beverly Hills, California: Sage, 1987.

定"有法可依"。我国学者在不同领域已提出了"政策立法"的初步构想，郭伟和（2004）指出，社会并没有从社会政策立法的背后理念和民商法的背后理念的差异性来反思我国的社会政策立法，他认为必须依靠法律来规范社会政策的制定。[①] 张源钊（2014）提出环境政策立法的内在原则为科学性与民主性相统一，合宪性和法制相统一，稳定性、持续性与适时性相统一。[②] 由此，应该建立政策制定法规，遵照一定的法律规定和程序，让政策在法律的约束下更加规范。在此基础上，政策实验可以进一步检验政策具体的可行性和操作范围，发现问题，使政策更加合理真实。

2. 人员保障

政策实验中人员保障是成败的关键。合理分工，克服"搭便车"，协同作业，形成 1+1>2 的合力效应是关键。负责人，主要负责统筹，联系地方政府，设计实验内容等；组员协助负责人开展工作，包括预调研、正式调研、进行问卷调查、整理统计数据、撰写政策实验报告等。参与人员的考核指标：一是参与度；二是效度，即实验进展顺利程度、问卷达标率、问题解决率；三是效率，花费的时间和金钱带来的成果。

3. 资金保障

资金是政策实验顺利进行的基础。对于资金的分配，要做好预算，对实验整个过程进行合理的资金规划。预实验的费用主要包括资料复印打印费、数据采集费、差旅费、劳务费、物质奖励费、管理实验室租金。对于上述费用，需要明确各自的详细用途和具体金额，并由专人负责登记（见表3-6）。

表3-6　政策实验基地建设费用明细

项目	实验基地 A		实验基地 B		实验基地 C	
	详细用途	金额	详细用途	金额	详细用途	金额
调研差旅费						
设备购置费						
会议室租用费						
图书论文						
资料复印打印费						

---

① 郭伟和. 社会政策的立法理念、程序和执行——以城市流浪乞讨人员救助政策的演变为例 [J]. 首都师范大学学报（社会科学版），2004（6）：89-94.

② 张源钊. 我国环境政策立法研究 [J]. 法制与社会，2014（6）：281-282.

续表

项目	实验基地 A		实验基地 B		实验基地 C	
	详细用途	金额	详细用途	金额	详细用途	金额
数据采集费						
劳务费						
协调管理费						

4. 物质保障

物质保障是政策实验的重要保障，涉及政策实验的各个子阶段，需要全面而细致的准备。在政策实验规划阶段，需要进行文献查阅和检索，了解相关步骤；在政策实验培训阶段，需要进行资料准备、场所准备、实验设施准备；在政策实验实施阶段，需要进行场所布置及准备用于实验的问卷和访谈纸张、笔、本、录音笔、照相机、标示条幅、展板和参与者物质报酬等；在政策实验技术分析阶段，准备计算机和相应软件用于处理数据；在政策实验总结评价阶段，安排召开评审会的打印、复印和小型资料印刷及准备成果展板等。

第二节　政策实验分则

一、政策实验的启动

本指南所指政策实验分为实验室实验和实地实验。实验室实验：在人为设定的室内环境内，严格控制各种环境条件而进行的实验，通常在有电脑与网络的技术保障条件下开展。实地实验：在试验基地比较接近现实社会条件的情况下，由实验者有目的地设置或控制一定的条件，以引起实验对象发生相应的变化，从而对实验条件和变化结果进行分析的一种调查研究方法。

实验方案设计的基本要求。首先，为了尽可能地避免实验对象之间差异性对实验结果的影响，选择的实验对象之间不能有系统的差异性；其次，根据实验目的和手段，确定恰当的实验指标；最后，实验数据应能找到相应的数理统计方法进行进一步的整理分析。

实验方案类型。一是单一实验设计，将所有实验对象，作为一个单一的实验组，通过观测记录实验指标在实验因素变化前后的差异情况，分析实验因素与实验对象之间的相互作用关系。二是对照实验设计，将实验对象分为实验组与对照组，通过控制变量研究两组之间的差异。

1. 政策实验的思路

确定政府及各方利益代表的角色，通过政府和各方利益代表的多回合博弈达到能最大限度地满足各方利益的政策。在政策实验过程中，专家团队控制实验进程，保证实验顺利进行。政策实验基本思路见图3-4。

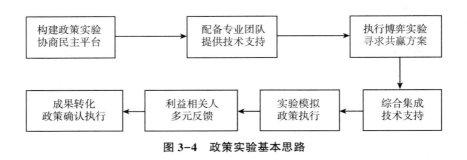

图3-4 政策实验基本思路

2. 政策实验的准备

（1）政策实验准备。

内容准备：识别该政策问题涉及哪些利益群体，并确定哪些利益群体参加政策实验。由于利益相关者的识别非常重要，政策研究者的前期研究务必要充分。

物质准备：包括场地、设备保障，如实验设施、问卷、录音笔、照相机、展牌等。

资金准备：包括政策实验所需的场地租金、展牌展标制作费、劳务费、印刷费、纸张费、问卷打印费等。

时间保障：一个完整的科研流程要经历预调研发现问题、制定实施计划、问卷设计、室外和室内政策预模拟、实地问卷调研、企业和政府访谈、统计软件录入数据、数据分析、写作研究报告、政策建议和成果转化、课题结题、科研奖励申报和成果转化等多个步骤，需要足够的时间保障。

机构准备：水政策实验涉及的水务局、农业局、科研团队所在高校的协调。

人员保障：根据六大角色，具体包括政府相关负责人、农协会负责人、课题组等研究人员、用水农户、节水农户、非水协会农户、水协会农户和政府其他人等。

（2）政策问题选择。

农村水资源环境政策问题性质、调适对象的数量及行为多样性，都影响到环境政策的有效执行。对于农村水资源、水环境政策问题进行界定，其逻辑思路是：农村水问题—资源环境问题—环境政策问题之间的关系（见表3-7）。

表3-7 政策实验基地面临问题备注（举例）

农业经济问题	社会问题	资源环境问题	水环境政策问题
年人均收入等	例如，村干部与留守老人、妇女、儿童成为农村常住人群	例如，地下水与地表水供需情况等	例如，知道水资源超采；对承载力环境容量无知；对政策法规无知

（3）利益相关者选择。

农村水政策制定和执行涉及哪些利益群体，首先包括对利益相关者和潜在的利益相关者的选取；其次要辨识利益相关者的核心利益、价值取向、立场，有无协调一致的可能性；再次要明确利益集团的划分标准、局中人的选择标准和条件；最后对利益集团的角色进行定位（见表3-8）。

表3-8 利益相关者选择

利益集团		核心利益	立场	观点	论据	组织方式
用水户	1					
	2					
	3					
农民专业合作组织						
用水协会						
地方政府						
村级社区						

（4）利益冲突分析。

冲突分析和评估中，问题背景涉及的利益冲突是否具备协商的条件，相关利益各方是否具有协商外的其他更好选择，如果回答是肯定的话，即可进行后续步骤，否则不具备"博弈—协商"的条件（见表3-9）。

表3-9　利益冲突分析

	利益行为方式	协同程度				政策方案	可能后果
		利益目标	利益冲突	论据	论据冲突		
政府（各级）							
社区							
农户							
专业合作组织							
农民水协会							
水企业							

二、政策实验的规划

1. 政策实验的研究目的

以农村水治理补偿政策为研究对象，形成以利益分析为核心的政策实验理论和操作研究报告，供政策制定实施部门参考。

由于公共政策过程的动态性、不确定性，对公共政策执行的评估和监控是必不可少的环节。其意义在于：政策评估是政策绩效的基本手段；是调整、修正、延续和终止政策的重要依据；有利于政策资源的配置并提高政策过程的科学化、民主化。其缺陷是：政策评估的不确定性；政策效果的多样性和影响的广泛性；政策行动与环境改变之因果关系的不易确定；政策信息获取数据困难；政策评估的经费不足；政府对政策分析重视不够。

2. 政策实验的应对问题

政策实验主要是为了解决什么问题，是设计政策实验规划，完成实验目标的前提条件。例如，政府节水目标与农户增收目标的分离，水补偿是明补还是暗补？采用市场手段还是政府手段补偿？二元共治机制是否优于独治？生态补偿的二元共治是否优于独治？政策的执行对政策效能的影响程度如何？政策执行影响效能的因素、途径？应对问题的甄别对选择实验模型、步骤和评估都是必不可少的。

3. 政策实验的模型选择

政策实验过程的描述随着研究不断深入。在方法形成早期，政策实验过程划分为按顺序进行的若干个阶段，并进一步将每个阶段划分为若干个子阶段。基于阶段划分的过程描述方式称为阶段模型。阶段模型，将政策实验过程划分为按顺序进行的八个阶段，分别是：实验规划与设计；实验准备与培训；利益表达与沟通；综合集成支持下的利益博弈；方案提出与初步分析；利益协调与综合；模拟政策执行；实验评估与总结。阶段模型的优点是简单直观、便于理解、容易操作；不足是缺乏灵活性。政策实验的学习模型较之更为灵活，该模型突出了逐步加深对利益关系认识的"学习"过程，强调通过政策实验来实现委托人、研究者、局中人的共同"学习"。在实际运用中，政策试验的两种模型可以互补使用。

4. 政策实验的评估方法

政策实验评估采用量化评估与质化评估结合的方法。量化评估指评价政策实验时，将其进行若干的数字分类，然后进行同类的对比，或与要求的指标对比，从而反映其优劣的程度。量化的评价是把复杂的政策现象加以简化或只评价简单的现象，它不仅无法从本质上保证对客观性的承诺，而且往往丢失了政策评估中最有意义、最根本的内容。质化评价是借助于社会科学研究中的质性研究方法，不是对量化评价的简单舍弃，而是对量化研究的一种反思批判和革新。它是为了更逼真地反映政策现象，因此，它从本质上并不排斥量化评价，而是把它整合于自身，在适当的评价内容或场景中使用量化的方式进行评价。

政策实验评估的一般方法主要有：一是定性方法。如专家判断法、对象评定法。二是定量方法。如统计分析法、计量模型等。三是政策实验方法。如政策实施前后对比法，包括简单前—后对比分析、投射—实施后对比分析、有—无政策对比分析、控制对象—实验对象对比分析。四是政策成本—收益分析法。五是传统的民意调查法，包括问卷、访谈、讨论等。

5. 政策实验可行性分析

政策实验可行性分析包括社会可行性、经济可行性、技术可行性三方面的分析（见表3-10）。

表 3-10   可行性分析

	优势	不足	影响因素	突破条件	判断结论
经济可行性					
社会可行性					
技术可行性					

6. 政策实验参与者类别配置

政策实验参与人员以及角色配置见表 3-11。

表 3-11   政策实验参与者类别配置

名称	人员		职责
委托人	水务局代表		政策制定者，政策调整的实验者，政策问题的拥有者和实验结果的利用者，决策系统中的组织者或成员，政策实验的间接观察者
局中人	参与问卷调查后选出的农户代表、村委会代表、水协会代表		政策实验室的局中人，参加利益博弈的参与者，维护自己的利益，表达本方群体的观点和主张
政策研究者	课题研究团队	政策分析师	运用政策实验相关理论、方法设计政策实验，组织参与者和局中人确立核心利益、关键立场和主要论据论点；应用政策实验方法，引领局中人进行利益表达，协调博弈寻求共赢，运用智库优势进行政策分析。是整个政策实验开发机制的关键角色之一
		技术支持人员	一是搜集、分析、检验局中人的陈述，提取利益群体的观点和论据，整理涉及的相关数据；二是实验后期借助于模型计算机技术，对政策方案进行分析，对其实施后果进行预测和评价
本领域专家	政策实验专家		为专业团队提供政策实验开发机制，为政策实验提供定量、定性、综合的智库技术集成支持

政策规划过程与立法主要受到规划过程中的冲突程度、因果关联有效程度、象征性行动程度、受到广泛注意的程度四个因素的影响。

执行过程主要受到组织与组织间的执行行为、基层官僚行为、标的团体行为三项因素的影响，执行结果主要受到执行过程的影响。政策规划过程和立法过程也通过政策执行过程的中介作用，间接影响政策执行的结果。

7. 政策实验规划阶段的总结

政策实验规划阶段需深入思考很多问题，如实验的目的是否明确？假设的严密性？基地选取的代表性？规划过程中能否客观认定利益相关者的意见？问题界定是否受到多方的支持？政策目标是否具有共识？目标设计是否正确？方案是否包含多元价值？

政策评估的类型：定量方法（社会指标、民意调查、回归分析），定性方法（专家评断法、主观评鉴法），预评估（可行性评估、可达性评估、影响性评估）。政策实验根据不同阶段、需要、目的，采用不同的评估方法。其中，预评估的作用不容忽视。预评估基于三大理由：由于决策者、管理人员和政策利害关系人的抗拒或不合作态度，使政策方案的评估相当困难；评估的结果往往不被决策者作为修正政策方案的依据；倘若某项政策方案在执行过程中已有偏失，待执行完成后再进行评估，对现有政策的修正并无助益，而应于结果评估之前进行，如此可先建立全面性结果评估的基础，同时在效用上也可探究政策方案的执行现状及初步结果是否符合政策的原先设计及运作程序，若有偏差则决策者可依据预评估的结果进行修正。但是预评估往往不被决策者接受。因此，预评估最好具备三项要件：政策目的和绩效指标应该有良好的界定、政策方案的内容应与预期的结果有因果关联、决策者和管理人员有相当的可能性来使用这项评估信息以促进政策的绩效。因此，预评估对决策者而言，不仅是一项评估技术，更是一种管理决策过程，以帮助管理者奠定政策方案成功的先决条件。

三、政策实验的展开

1. 实验相关者利益表达与博弈

政策实验的相关者有政府、农户、合作组织、非政府组织、水企业。他们利益表达和博弈的过程中需要事先明确各自的角色以及他们之间的相互关系和评价，具体内容见表3-12。

表3-12　水治理项目的利益相关者

实验角色	利益靶标	潜在可能合作利益集团	与政策分析师关系	与技术支持人员关系	各自政策方案	方案自我评价	相关方评价
政府							
农户							

实验角色	利益靶标	潜在可能合作利益集团	与政策分析师关系	与技术支持人员关系	各自政策方案	方案自我评价	相关方评价
合作组织							
水协会							
水企业							

2. 实验相关者利益协调与共赢

各利益相关者经过几轮的博弈后，确定出可能的方案及每个方案中各自的利益来源、产出、后果，并对方案做出评价，如表3-13所示。

表3-13　相关者利益的协调

	可能的方案	获利来源、方式	协同程度	产出可能后果	评价
政府					
农户					
合作组织					
水协会					
水企业					

3. 利益协调方案的提出与筛选

相关者利益协调后，还需要对各方提出的方案进行过滤，主要考虑：经济可行性，资金有来源、可运转以及有效率；技术可行性，有专家小组进行评价指标的设定以及政策实验的设计；执行可行性，有执行人员、执行的政策环境等，如表3-14所示。

表3-14　政策实验的可行性分析

	障碍	核心问题	突破的条件
经济可行性			
技术可行性			
执行可行性			

4. 政策实验开展阶段的评估

针对政策分析师与技术支持人员参与利益分析、表达、协调的立场、程度、方案，获取利益集团的一致性和主观、客观接受程度。关于公共政策的评估，国内外学者各有不同的观点，陈振明（2003）主张，依据一定的程序对效率、效益、价值进行判断，取得相关信息，作为政策改进和制定新政策的依据；[1] 陈世香、王笑含（2009）认为，应使评估主体多元化，加强评估的专业性和独立性，促使政策评估向实证主义改进；[2] 谢明（2010）认为，公共政策评估是检验政策效果的基本途径，是决定政策变化和政策终结的基础依据，是缓解社会矛盾的有限途径。[3] 托马斯·戴伊（Thomas R. Dye）在《理解公共政策》一书中列举了八种模型：制度主义、过程理论、理性主义、渐进主义、团体理论、精英理论、公共选择理论和博弈理论。

5. 政策实验的执行

政策实验的关键对象是政策执行。通常政府部门一旦界定公共问题，则确立政策目标，进行政策方案的规划，然后经过政策合法化的过程，取得公共政策的权威性，配置执行政策的经费预算，就形成了公共政策。政策执行可看成三个交互依赖的阶段：一是确定执行纲领，将法律规范的内容转化成执行政策的优先顺序；二是细化配套方案，将执行政策纲领转化为更细致的行动方案，包括人力配置、经费配置、物资配置和工作流程等；三是执行的监督评估过程，包括财务状况的审核、政策成效评估。

然而，实验经济学认为，新公共管理必须对政策执行进行政策实验。完善的政策制定必须依赖于务实的政策执行。不过政策制定者的意图、目标与理想常常受到多种因素的影响。

四、政策实验执行的影响因素

1. 政策实验设计的执行标准

政策对象的复杂程度、政策解决问题的目标、政策执行的规则范式、政策利益关系的倾向、制定政策的技术手段都会影响政策制定的完善程度。当利益关系不清晰，水政策问题复杂，水政策调适对象的行为种类多，就难以制定具体而明确的规则。水政策调适对象的数量、调适对象的行为、调适幅度也影响

① 陈振明. 公共政策分析 [M]. 北京：中国人民大学出版社，2003.
② 陈世香，王笑含. 中国公共政策评估：回顾与展望 [J]. 理论月刊，2009（9）：135-138.
③ 谢明. 公共政策分析 [M]. 北京：首都经济贸易大学出版社，2010.

到政策执行的效果，调适幅度越大则执行难度越大。政策技术条件也影响政策制定和执行，信息网络的建立和普及有利于支撑政策实验的网络参与和实验执行。

2. 政策实验组织间的结构功能

每一项政策执行都需要组织间从上至下的行为传递，当这种组织利益耦合、结构完整并且协调有力时，政策执行后果就利于实现政策目标。组织结构越简单，层级越少，则执行效果越好；组织结构越复杂，政策传递中的信息衰减越多，政策被扭曲就越明显，政策可达性就越差。如果政策的组织结构横向结构比纵向结构复杂，容易导致与横向其他机关、单位或个人的关联纠缠，事权不清，则政策的执行速度减慢，形成合力的条件增多。

3. 政策实验基层官员行为取向

政策的目标与执行在组织内传递的过程中，需要各层级组织中人的行为按照法律约束和规范程序执行，才能到达基层，并通过政策认同产生政策规定的目标行为。正式的政策法令并不能保证政策的执行，基层官员才是决定政策执行的关键因素，基层的执行者足以决定政策规避的程度，影响政策效能和效益。其内在动力是基层对上级政策中利益流的共识和政策执行者彼此之间相互妥协。当上级官员能充分掌握利益取向链，并获悉执行者的操守清廉、高效时，在信息对称下的政策制定和执行就会顺畅，这时政策标准规范发生约束作用，政策执行会在渠道内高效地传递信息流、利益流和能量流而产生政策目标期望的效果。

4. 政策实验标的团体行为取向

无论是由上至下或由下至上模式，标的团体的行为是决定政策执行成败的重要因素。凡是能够面向标的团体服务并让标的团体得到好处的政策就是好政策，在执行过程中比较顺利。相反，当政策使标的团体利益受到限制和管制，则政策目标较难以实现。当政策执行中疏于各利益方的协调时，若标的组织自身的利益诉求被政策拒绝，则体系内部纠错调控制衡机制失灵。影响因素还有：基层对政策目标有异议、上级政策内涵模糊不清、政策运作范式不确定、执行程序烦琐复杂、传递的权利与既得利益不一致、公众参与非理性、政治利益有争议和冲突等。

5. 政策实验中的利益关系

政策实验中的利益关系调整是最为复杂和困难的影响因素。利益关系的调整幅度越大，政策执行难度也就越大；政策调适对象的行为种类越多，越难以制定具体明确的规则进行行为约束；政策调适对象的数量也影响政策执行，政策涉及的人员数量越少，利益关系越简单明了，政策执行就越容易，政策效果就越好，反之，政策执行就越困难。

影响政策实验执行的因素有很多，表3-15中的因素需要再考虑，并应当制定到政策实验中。

表3-15 政策实验执行影响因素一览

政策问题可处理程度				政策以外的社会因素			执行的信息反馈		
调试人数	行为调试度	技术执行难度	调试对象的行为多元化	整体发展水平	外部资助	上级的态度	公众信息传递	媒体参与	机构执行能力

综上所述，上述影响政策实验执行的影响因素，都应当在政策实验设计时考虑。

五、政策实验执行的调整

政策执行绝非政策制定的结束，一方面，政策执行是科层制的控制过程，政策与执行是相互独立、上下从属的关系，上层为决策的设计者，下层为贯彻政策意图的执行者。另一方面，政策执行是上下层级的互动过程，上级制定的、要求下属必须执行的政策标准，只是对于执行者的一种忠告，不具任何规范性与影响力，基层的执行者才足以决定政策目标是否能够实现。政策的目标与实现该目标的手段都可能被执行阶段中的执行问题所改变，中层协调者与监督者可能成为政策执行成败的重要因素。

政策实验执行过程的影响因素除上文提到的组织间的执行行为、实验基层官员行为、实验标的团体行为及社会、经济环境因素外，还有组织结构形成的教条模型、发挥模型、逆向选择模型。教条模型是指政策被完全执行，即完全按照政策制定进行工作；发挥模型是指政策在执行过程中发生变形，即实际工作没有完全按照政策开展；逆向选择模型是指政策完全没有被执行，即实际工作完全脱离既定政策而进行。

政策实施过程中，一方面可能强调政策制定者的功能与地位，但忽略政策执行者可能曲解或抵制政策本身；另一方面过分关注基层执行者的技巧、态度与意向对于政策成败的重要性，忽略了上层的意图与规划蓝图的完美性。

总之，各方对于政策目标有不同意见、政策内涵模糊不清、实际运作上充满不确定性、程序的繁复性、拥有权力与既存问题之间的不一致性及来自于公众参与、压力团体活动与政治争议的冲突都会影响政策的执行。

六、政策实验执行的简易评估

政策实验执行简易评估是指系统地探讨政策实验计划执行过程中内部动态，包括政策运作是否照原定设计进行、政策是否确实到达标的群体、政策方案各部分如何配合等。因此，政策执行评估也就是监测政策方案在执行阶段是否有缺失、行政机关的作业流程是否有效率、资源分配是否经济、政策执行人员的态度以及其所运用的标的团体是否恰当、执行标准是否清晰、政策执行中的服从度等问题。政策实验执行简易评估项目如表3-16所示。

表3-16 政策实验执行简易评估项目

	效果等级	原因
实验运作遵照原定设计进行		
实验是否确实到达标的群体		
实验方案各部分的配合程度		
行政机关执行流程效率如何		
实验各类资源分配是否经济		

七、政策实验的终结

1. 研究问题与环境的转变

建立实验基地资源与环境项目利用统计，有利于判断政策实验的可行性和评判政策效果，统计内容如表3-17所示。

表3-17 实验基地资源与环境利用统计

实验基地	土地面积	水资源	农作物结构	耗水作物比重	现收入结构	农业收入比重

2. 政策延伸、替代与终结

资源与环境问题是否变化？是否有替代的项目或政策？环境问题依旧的原因是社会原因，政策原因，还是政策目标、执行、技术的原因？对上述问题予以回答，是做出政策延伸、替代和终结的重要依据，如表 3-18 所示。

表 3-18 政策的判断与影响

判断内容	判断结论	具体影响关键词
是否出现新环境问题		
是否有替代的项目或政策		
环境问题本身是否有变化		

八、政策实验的评估

政策实验评估是利用科学的方法和技术，依据一定的价值标准和事实标准，通过一定的程序和步骤，对政策实验实施中的价值因素和事实因素进行分析，以对政策执行达到预期的效果和各个方案以及未来走向做出基本的判断，并通过反馈机理，调整、修正原有的政策，并优化和完善制定新政策的过程。其包括政策方案的评估、政策执行的评估和政策结果的评估。

1. 政策实验的评估类型

政策实验评估的基本类型：一是事实性层面的政策实验评估，不涉及价值冲突。二是价值层面的政策实验评估，通过政策实验以特定的价值标准来判断政策的影响，比如，以不同利益主体的价值标准来判断政策的公平性、有效性、民主性等。此外，根据政策属性、政策职能、评估形式、执行阶段、评估机构归属进行的政策实验类型的内容及特点，如表 3-19 所示。

表 3-19 政策实验评估类型

分类依据	评估类型	含义	内容及特点
政策属性	事实性评估	评估的目的是向人们说明一些事实，不涉及价值冲突	政策结果、政策目标、政策因果关系、政策的成本及效率
	价值层面	以特定的价值标准来判断政策的影响	公平性、充分性、回应性、民主性

分类依据	评估类型	含义	内容及特点
政策职能	政策效能评估	政策具体执行后对政策制定的期望结果达到的程度，政策完成的效果	体现在政策能力、效率、质量、效益四个方面
	政策效益评估	政策执行后所产生的实际效果和利益价值	经济效益、社会效益、生态效益和政治效益
	政策影响评估	对政策环境产生的预期和非预期的改变、相关利益者行为与态度的改变进行评估	标的群体得到服务后，行为与态度的变化状况
评估形式	正式评估	制定详细的评估方案，严格按程序和内容执行，由专业的评估者进行评估	在政策评估中占据主导地位，其结论是政府部门考察政策的主要依据
	非正式评估	指对评估者、评估形式、评估内容和评估结论没有严格规定的评估	评估主要标准比较定性、宽泛
执行阶段	事前评估	政策执行前的评价	政策实施方案的预评估，预测性的，可用模型模拟
	执行评估	政策执行中的评价	获取资料即时、具体，评估结论真实可靠，过渡性、暂时性、可调整性
	事后评估	政策执行后的评价	最终评估结果、全过程、全面翔实
评估机构归属	内部评估	由行政机构内部的评估者所完成的评估	由体制内操作人员自己实施的评估
	外部评估	由行政机构外的评估者所完成的评估	由第三方专职评估人员实施的评估

政策实验评估指标体系的构建应遵循一定的原则：多元公平参与、信息公开化、系统性与层次性相结合、可行性与可操作性相结合、动态性与静态性相结合。而对政策制定环节的政策实验评估具体包括政策制定的必要性、政策目标的合理性、政策方案的科学性、决策程序的科学合理性、政策手段的有效性以及政策效能、政策效益、公众参与度等多方面。

2. 政策实验的评估指标

采用适合的评估指标体系、评估方法并按照一定的程序，政策实验的评估可以揭示出政策实验过程中的哪个环节出了问题，进而及时采取对策，逐步实现政策实验有效性的目的。

政策评估指标体系应根据评估内容、评估目标确定。在分析过程中，要注重政策执行主体与客体的确定。其中，政策资源是政策执行的必要条件，意识形态和社会习俗对政策执行也具有潜移默化的影响。

政策实验结果评估包括政策影响评估、政策效益和效能评估。其中政策效益评估主要是看其投入产出，如表3-20所示。

表3-20　水资源环境政策项目分析

项目	环境政策行为		环境政策结果	
	投入	过程	产出	影响

九、政策实验基地建设

1. 建设目标

实验基地的建设目的是可以进行政策实验。一方面要进行节水实验的平台建设，创造出政府可以和农户进行博弈谈判的条件。另一方面相关设施要配套齐全。硬件设施包括位置固定且功能定向的基地平台、计算机、打印机等；软件设施包括基地运行规则、政策实验详细步骤、各方参与主体（政府、用水户、企业、第三方），确保每方参与的公平性和积极性。同时，建立定量化实验数据库，在互利机理下开展农村水资源与水环境政策模拟、试点实施、验证评价、反馈调节、示范推广等政策实验。在设施完善的情况下保障实验结果的准确性、无偏性。最终实现节水政策上从政府"一元独治"到政府和用水户双方协调的"二元共治"，再到多方参与、利益均沾的"多元善治"模式的转变。

2. 建设内容

实验基地是配合政策研究而搭建的以实现实验目的为目标的实地和室内场所。

建设目标。①总体目标：对补偿理念下政府的农村水资源和水环境政策的"三条红线"、"以奖促治（污）、以奖促节"政策，进行政府和农户之间的二元互利共治机制理论上政策对比实验和政策模拟。②具体目标：建立农村水资源与环境政策实验定量化数据库，建设农村水资源与环境政策实验基地，开展政策模拟、验证评价、反馈调节、试点实施和示范推广等政策实验。

建设内容。建立农村水资源与环境政策实验基地和数据库。第一，搜集国内外农村水资源与环境政策演替的典型案例，建立政策案例库。第二，组建传统公共行政一元治理与新治理模式二元治理的政策对照组。通过政策模拟和"善治"要素评价，进行政策优选，实现由冲突到协作并存。第三，选取农业节水和治理污水的典型乡村，分别构建生态补偿机制影响下的农村水资源政策和水环境政策基础数据库，使政策实验基地化、数据定量化以及政策可优选。

拟突破的重点和难点。不同类型农村水资源与环境政策的实验基地。建立定量化实验数据库，在互利机理下开展农村水资源与水环境政策模拟、试点实施、验证评价、反馈调节、示范推广等政策实验。实验应重点考虑以下几个问题：例如，一是衡水"提补"节水政策在不同节水耗水户间正负净利均衡点为何？生态补偿机制怎样调整横向共利来实现激励相容？二是白洋淀"征补共治"环境政策怎样实现农民利益优先下征得适度和奖补充分，使财政收支与农民利益在纵向调整中实现最优？三是坝上环首都生态屏障与贫困交织下农村节水跨界补偿型政策如何优化实施？

3. 技术程序

政策实验基地是指利用实验室室内科研条件和实地资源完成的政策实验项目的管理和建设全过程，其本质是政策实验的项目管理。项目管理是在项目活动中运用知识、技能、工具和技术，以达到项目的目标需求，实现项目的价值。这就需要平衡实验范围、实验时间、实验成本、实验风险和实验质量之间以及实验利益相关者之间不同需求和期望的冲突。

政策实验基地建设的阶段。按照项目生命期理论，政策实验基地建设包括以下几个阶段：第一，启动阶段，包括项目需求分析、项目识别与选定、项目建议书和可行性研究、项目资金筹集等。第二，规划阶段，包括项目团队组建、项目工作分解、项目计划制定、预算资源分配等。第三，执行阶段，包括项目实施准备、项目计划执行、项目控制等。第四，收尾阶段，包括项目成果核实、项目合同结算、项目评估、项目移交等。

政策实验基地建设实施挣值管理。挣值管理体系在西方国家是测量项目综合绩效最常用的方法。政策实验基地建设项目管理也引进并采用该管理体系，达到基本的项目管理的目的。挣值（EV）是一种与进度、技术绩效有关的资源规划管理技术，它是项目实施过程中某阶段实际完成工作量及按预算定额计算出来的工时（或费用）之积。挣值管理概念、评价指标、评价结果详见表3-21、表3-22和表3-23。

表3-21　政策实验基地挣值管理概念

名称	含义	公式
挣值 （Earned Value，EV）	已完成工作量的预算成本（BCWP，Budgeted Cost for Work Performed）	EV＝BCWP＝已完成工作量×预算定额
计划价值 （Planned Value，PV）	计划工作预算成本（Budgeted Cost Work Scheduled，BCWS）	PV＝计划要完成的工作量×预算单价
实际成本 （Actual Cost，AC）	已完成工作实际成本（Actual Cost Work Performed，ACWP）	AC＝实际已完成的工作量×实际单价
建设完工预算 （Budget at Completion，BAC）	整个项目建设的成本基准，建设完工预算不会变化	

表3-22　政策实验基地建设挣值管理评价指标

指标	含义	评价
进度偏差 （Schedule Variance，SV）	检查日期EV和PV之间的差异	当SV为正值时，表示进度提前；当SV等于零时，表示实际与计划相符；当SV为负值时，表示进度延误
成本偏差 （Cost Variance，CV）	检查期间EV和AC之间的差异	当CV为正值时，实际消耗的费用低于预算值；当CV等于零时，表示实际消耗的费用等于预算值；当CV为负值时，表示实际消耗的费用超出预算值
费用绩效指数 （Cost Performed Index，CPI）	预算费用与实际费用之比	当CPI>1时，表示低于预算；当CPI＝1时，表示实际费用与预算费用吻合；当CPI<1时，表示超出预算
进度绩效指数 （Schedule Performed Index，SPI）	项目挣值与计划值之比	当SPI>1时，表示进度超前；当SPI＝1时，表示实际进度与计划进度相同；当SPI<1时，表示进度延误

表 3-23　政策实验基地建设挣值管理评价

条件	评价	解释	最终结果	对策
CPI>1.0，SPI>1.0	优秀	成本较低且进度超前	支出和时间的净节约	全面继续保持
CPI>1.0，SPI=1.0	良好	成本有节约且进度正常	成本有节约且进度正常	保持成本，适度加快
CPI=1.0，SPI>1.0	良好	成本正常并且进度超前	成本正常且超前完成	保持进度，降低成本
CPI=1.0，SPI=1.0	可接受	成本正常和进度绩效运行正常	按照预定成本按时完成	保持现状，协调同步
CPI>1.0，SPI<1.0	未定	成本有节约但进度落后	按照预定成本进行，但完成时间推后	加快进度，保持成本
CPI=1.0，SPI<1.0	未定	成本正常但进度落后	按照预定成本进行，但完成时间推后	加快进度，保持成本
CPI<1.0，SPI=1.0	较差	成本超支但进度正常	按时完成但成本超支	采取激励措施提高效率
CPI<1.0，SPI<1.0	最差	项目成本超支且进度落后	难以完成	采取应急措施纠正风险

政策实验基地建设风险管控。按照识别风险、分析风险、规划风险、跟踪和控制风险的步骤，开展风险管控。第一，在启动阶段的风险主要有：基地场地的条件禀赋难以支撑实验，政策实验的对象和边界不清晰，缺少相应专业的专家，对政策委托需求不足，研究目标不清楚、不现实，没有做实验条件的可行性分析，地方政府与农户的协调不利等；第二，在计划阶段的风险有：没有风险管理计划，项目团队分工协作没有章法，职能界定不清，激励与约束机制不健全等；第三，在实施阶段的风险有：人员不就岗误工、经费现金流问题、室内数据资料和硬件问题，室外天气影响，项目因故改变计划和技术路线，此阶段风险等级较高；第四，在收尾阶段的风险有：实验结果与预期目标偏离，政策模拟的结果与现实偏差较大，现金流支出较大，研究进度缓慢或停滞，成员涣散、推诿、搭便车和懈怠，委托方改变需求等。为此，应构建持续的风险管控措施体系及时规避风险。

4. 评估指标

农村水资源与环境政策基地建设的评估指标是在公共政策评估指标的基础上修改细化而来，具体见表 3-24。

表 3-24　水治理政策基地建设项目评估指标

类型	内容	目标	解释	主要指标	权重	总评分
投入指标	组织体系	多元性	政府部门、村两委、企业、农村专业组织、水协会、用水农户共同参与	多元化占比		
		规则性	产权明晰、任务分解、目标管理、协同完成、合同定责	合同签约率		
	资源基础	物质保障	场地、设备、水、电、暖气等	保障率		
		资金保障	劳务费、协作费、通信费、差旅费	到位率		
	规章体系	完备性	物质和资金保障、时间、理论、方法、指南、方案	指南掌握率		
		权威性	政策实验结果提交政府后执行有效	农户支持率		
	事权体系	关联性	政策制定、执行、监督、评估和终结的衔接性	环节清晰率		
		和谐性	多元主体、多种手段、多种目标的协调程度	因子协调率		
	职能体系	效能性	政策实验实施能完成实验目标的能力	可达性		
		达标性	政策实验实施能完成实验目标的程度	达标率		
运行指标	价值体系	基础能力	基地被测试者对政策知晓，掌握政策执行要领	政策知晓率		
		挣值管理	CPI 与 SPI 匹配评价等（见上文）	CP/ISPI		
	财务状况	公开性	财务信息面向相关利益人和审计的监督	公开比例		
		风控性	财务风险的分析与防范	有风险预案		
	运行绩效	效率性	全部或单项政策投入和产出	投入产出比		
		可达性	政策实验结果达到预期目标的程度	目标完成率		
	科研价值	定量化	政策实验内容有统计数据支撑	可量化率		
		可得性	政策实验的数据具体化有可获取载体	可获得率		
	服务能力	转化性	政策实验的结果转化被政府采纳	政策采纳率		
		普遍性	非政府主体参与政策制定并有回应	公民参与率		
	风险体系	识别性	来源、产生条件、特征、影响力	安全系数		
		处置力	规避、削减、转移、接受	处置系数		
		监控力	跟踪已识别、监测残余、识别新生	预警等级		

5. 形成数据库

将课题科研内容分类归档，包括实施方案、调研问卷、分析数据、实验数据、文献资料、理论库、典型国内外案例、研究报告、检查成果等。

第四章　农村水治理问题辨析

要从问题之源来认识水问题，就要分辨事物的属性并分析因果关系。目前，中国农业和农村普遍性的水问题总体表现在：水资源短缺、时空差异大、供水相对稀缺、水资源持续低价、地表地下取水无限、地下水超采无度、农村生活排水肆虐分散随意，导致农业生产用水浪费，农业用水低效率，农村水环境恶化，因农业水缺、低效、水脏，导致农村水生态不安全等问题。

全国水资源总量减少，农业用水需求量上升。全国水资源总量从 2000 年的 27700.8 亿 m^3 下降到 2014 年的 27266.9 亿 m^3，人均水资源量也从 2000 年的 2193.9 m^3/人下降到 2014 年的 1998.6 m^3/人，尤其是地下水资源总量从 2000 年的 8501.9 亿 m^3 下降到 2014 年的 7745 亿 m^3。我国 2000~2014 年的水资源量变化见表 4-1。

表 4-1　我国的水资源量变化概况

总量（亿 m^3）	2000 年	2005 年	2006 年	2008 年	2010 年	2013 年	2014 年
水资源总量（亿 m^3）	27700.8	28053.1	25330.1	27434.3	30906.4	27957.9	27266.9
地表水水资源（亿 m^3）	26561.9	26982.4	24358.1	26377.0	29797.6	26839.5	26263.9
地下水水资源（亿 m^3）	8501.9	8091.1	7642.9	8122.0	8417.0	8081.1	7745.0
人均水资源（m^3/人）	2193.9	2151.8	1932.1	2071.1	2310.4	2059.7	1998.6

资料来源：《中国水资源公报》（2000，2003，2005，2008，2010，2013，2014）。

我国总需水量从 2000 年的 5497.6 亿 m^3 增长到 2014 年的 6095 亿 m^3，呈上升态势。其中工业用水、农业用水、城镇生活用水以及生态用水需求量都呈上升趋势。供水量与需水量差距越来越小，说明我国水资源供需基本可以达到平衡状态。在需水量结构中，农业需水量所占比例最大为 64% 左右，虽然从

2000 年的 68.8% 下降到 2014 年的 63.5%，但总量波动上升，从 2000 年的 3783.5 亿 m³ 上升到 2013 年的 3870.3 亿 m³，见表 4-2。

表 4-2　我国用水供需量变化概况

年份		2000	2003	2005	2008	2010	2013	2014
总供水量（亿 m³）		5530.7	5320.4	5633.0	5910.0	6022.0	6183.4	6095.0
地表水供水量（亿 m³）		4440.4	4288.2	4572.2	4796.4	4881.6	5007.3	4921.0
地下水供水（亿 m³）		1069.2	1016.2	1038.8	1084.8	1107.3	1126.2	1117.0
总需水量（亿 m³）		5497.6	5320.4	5633.0	5910.0	6022.0	6183.4	6095.0
工业用水需求	总量（亿 m³）	1139.1	1175.8	1285.2	1390.9	1447.3	1406.4	1353.0
	占比（%）	20.7	22.1	22.8	23.5	24.0	22.7	22.2
农业用水需求	总量（亿 m³）	3783.5	3431.0	3580.0	3663.5	3689.1	3921.5	3870.0
	占比（%）	68.8	64.5	63.6	61.5	61.3	63.4	63.5
城镇生活用水需求	总量（亿 m³）	574.9	633.1	675.1	729.3	765.8	750.1	768.0
	占比（%）	10.5	11.9	12.0	12.3	12.7	12.1	12.6
生态用水需求	总量（亿 m³）	0	79.8	92.7	120.2	119.8	105.4	103.6
	占比（%）	0	1.5	1.6	2.0	2.0	1.7	1.7

资料来源：《中国水资源公报》（2000，2003，2005，2008，2010，2013，2014）。

从全国地下水水质变化看，地下水水质优良与较差的比例有所减小，从 2010 年的 42.8∶57.2 减小到 2014 年的 38.5∶61.5，反映我国近几年的地下水环境质量趋于变差，见表 4-3。

表 4-3　全国水环境概况

年份	用水消耗总量（亿 m³）	废污水排放量①（亿吨）	农业耗水率（%）	地下水水质②优良∶较差（%）
2005	2960	717	76.2	—
2006	3042	731	75.7	—

----

①　废污水排放量指工业、第三产业和城镇居民生活等用水户排放的水量，但不包括火电直流冷却水排放量和矿坑排水量。

②　此处水质标准采用 GB/T 5750 生活饮用水标准检验方法（GB/T 5750.1-2006~GB/T 5750.13-2006）。

续表

年份	用水消耗总量 （亿 m³）	废污水排放量 （亿吨）	农业耗水率 （%）	地下水水质 优良∶较差 （%）
2007	3022	750	74.6	—
2008	3110	758	74.7	—
2009	3155	768	75.1	—
2010	3182.2	792	73.6	42.8∶57.2
2011	3201.8	807	73.7	45∶55
2012	3244.5	785	63.0	42.7∶57.3
2013	3263.4	775	65.0	40.4∶59.6
2014	3222.0	771	65.0	38.5∶61.5

资料来源：《中国环境状况公报》（2005~2014）。

表4-4　2011~2014年全国废水中主要污染物排放量

年份	化学需氧量（万吨）					氨氮（万吨）				
	排放总量	工业源	生活源	农业源	集中源	排放总量	工业源	生活源	农业源	集中源
2014	2294.6	311.3	864.4	1102.4	16.5	238.5	23.2	138.1	75.5	1.7
2013	2352.7	319.5	889.8	1125.7	17.7	245.7	24.6	141.4	77.9	1.8
2012	2423.7	338.5	912.7	1153.8	18.7	253.6	26.4	144.7	80.6	1.9
2011	2499.9	355.5	938.2	1186.1	20.1	260.4	28.2	147.6	82.6	2.0

资料来源：《中国环境状况公报》（2011~2014）。

从表4-4可以看出，2011~2014年化学需氧量排放总量由2499.9万吨下降至2294.6万吨，氨氮排放总量由260.4万吨下降至238.5万吨。从工业源、生活源、农业源、集中源四个方面来看，化学需氧量和氨氮都呈下降趋势。从所占比例来看，化学需氧量农业源占排放总量的比例2011年为47.4%，2012年为47.6%，2013年为47.8%，2014年为48.0%，呈逐年上升的趋势。农业源氨氮排放占排放总量的比例2011年为31.7%，2012年为31.8%，2013年为31.7%，2014年为31.7%，总体趋势较平稳。

农村水问题是水资源问题的重点。在农村中，农业用水是主体，取水不受限制、用水多，节水能力较差和用水效率较低，排水不受重视，农村水资源管理粗放，水资源的耗损远远高于城市用水和工业用水。

表 4-5　2010~2013 年全国水资源构成以及农业用水变化

年份	全国水资源总量（亿 m³）	耕地实际灌溉亩均用水量（m³）	农田灌溉水有效利用系数	农村居民人均生活用水量（L/d）	全国总用水量（亿 m³）	生活用水（%）	工业用水（%）	农业用水（%）	生态环境补水（%）
2013	27957.9	418	0.523	80	6183.4	14.1	24.8	63.4	1.7
2012	29528.8	404	0.516	79	6131.2	14.1	24.5	63.6	1.8
2011	23256.7	415	0.510	82	6107.2	14.9	23.9	61.3	1.9
2010	30906.4	421	0.500	83	6024.0	14.7	24.0	61.3	4.0

资料来源：《中国环境状况公报》（2010~2013）。

表 4-5 中的农田灌溉水有效利用系数从 2010~2013 年逐年递增，但 2013 年仅为 0.523。按照 2011 年"中央一号"文件要求，到 2020 年，农田灌溉水有效利用系数提高到 0.55 以上，到 2030 年，农田灌溉水有效利用系数提高到 0.6 以上。

我国农村地下水水质超标和污染形势十分严峻。以饮用水为例，据水利部的统计数据，在饮用水基本为地下水的农村，约 3 亿人饮用水存在安全隐患，其中 6300 万人饮用高氟水，3800 万人饮用苦咸水，200 万人饮用高砷水，1.9 亿人饮用有害物质超标的污染水。其主要原因：一是农业面源污染。根据农业部门调查，由于多数农民没有掌握科学施肥技术，化肥的有效利用率仅为 30%~40%，约有 70% 的化肥残留在土壤、水体和大气中；各种施药方式暴露于环境，其中 10%~20% 的农药附着在植物体，80%~90% 的农药残留进入土壤、水体，漂游在大气中。[1][2] 二是村办企业的工业污染。受资金、技术的制约，村办企业大量工业污水直接排放地表，在灌水和降水等淋溶作用下进入地下，污染地下水。三是畜禽养殖污染。农村养殖中产生的禽畜粪便通常不经处

① 刘桂平，周永春，方炎，尚琪，陈洁. 我国农业污染的现状分析及应对建议 [J]. 国际技术经济研究，2006（4）：17-21.

② 张咏，郝英群. 农村环境保护 [M]. 北京：中国环境科学出版社，2003.

理便直接排放，渗入地下或进入地表水，使水环境中硝态氮、硬度和细菌总数超标。四是生活污水和生活垃圾污染。由于公共基础设施建设滞后，农村大量的室外茅厕和居民的生活污水、生活垃圾随意倾倒丢弃，渗滤和淋溶，加剧了对地下水环境的污染。

河北省地下水超采严重，成为全国节水的重点地区。河北省2013年人均水资源量仅为240m³，远低于人均1000m³的国际公认基本生存标准和人均500m³的国际极度缺水标准。我国南方省份地表水供水量占其总供水量比重均在88%以上，而北方省份地下水供水量则占有相当大的比例，其中河北、北京、河南、山西和内蒙古5个省（自治区、直辖市）地下水供水量占总供水量的一半以上。2013年，全国人均综合用水量456m³，农村居民人均生活用水量80L/d。耕地实际灌溉亩均用水量418m³，农田灌溉水有效利用系数0.523。① 河北省地下水超采最严重的黑龙港流域，包括衡水、沧州、邢台、邯郸4市的49个县（市、区），全部涵盖了冀枣衡（冀州、枣强、衡水桃城区）、沧州、南宫三大深层地下水漏斗区。试点区土地面积3.6万km²、耕地面积3370万亩、有效灌溉面积2712万亩、地下水年超采量27亿m³、深层地下水年超采量21.5亿m³，分别占全省的19%、34%、40%、45%和70%。② 其中沧州地下水多年来一直处于超采状态，已形成多处地下水降落漏斗。漏斗中心位于肃宁县垣城南，该漏斗1983年形成，到1990年漏斗面积达986.4km²，中心漏斗最大水位埋深15.6m。2000年漏斗面积2979km²，漏斗中心的肃宁县垣城南最大水位埋深为27.89m。2008年漏斗面积4222km²，漏斗中心水位埋深29.8m。漏斗面积逐年扩大，漏斗中心水位埋深逐年加深，由于长期掠夺性开采和地下水的补给严重不足，以上漏斗已全部发展成为常年性漏斗。③

河北省水资源短缺，农业节水重在地下水。河北省地下水水质适用于各种用途的Ⅰ～Ⅱ类监测井占评价监测井总数的4.4%，适合集中式生活饮用水水源及工农业用水的Ⅲ类监测井占20.5%，适合除饮用外其他用途的Ⅳ～Ⅴ类监测井占77.1%。河北省水利厅《水资源简报》显示，全省2014年上半年预测可供水量为121.65亿m³，需水量为154.74亿m³，缺水量为33.09亿m³。超

① 中华人民共和国水利部公布的《中国水资源公报》（2013）。
② 张庆伟．强力推进地下水超采综合治理［J］．河北水利，2014（10）：4-5．
③ 张可义．沧州市地下水超采现状及对策分析［J］．地下水，2011（3）：55-56．

出部分来源于水库库容消耗、地下水超采、再生水利用以及境外调水。20 世纪 50 年代到现在，全省用水量增加了 5 倍，已经超出了本省水力资源负担能力。由于河北省地表水严重匮乏，呈现"有河皆干"的情况，而且农业用水占总用水量的 65% 以上，故主要依赖地下水进行农业灌溉。但是作为全国粮食产能大省，为保证每年生产 5 亿斤以上的粮食，开采地下水是主要用水方式。通过农业节水，2014 年河北省农田耗水系数提高到 0.65，超过了我国农业灌溉有效利用系数的水平。

综上所述，我国水资源短缺，农业用水比重大，需求量上升，农田灌溉水有效利用系数低，表明农村节水的重点关键在农业。河北省地下水超采严重，农业节水重点在地下水，河北省理应成为全国节水的重点地区，同时农村水环境恶化，也不容小觑。河北省从 2014 年开始了以衡水为试点的地下水"节、引、蓄、调、管"综合治理，并力求水权水价改革实现机制创新，完善政府主导、市场运作、公众参与的治理格局。①②

为了可持续而精准地解决农村水问题，采用不同视角辨析不同的问题，发现各异的规律，采取路径有别的治理，才能求人水和谐之大同，存因地制宜之施策有别，构建农业农村之生态水文明。

第一节　"二元水循环论"视角的辨析

在农业活动和农村生活中，水资源取自地表水和地下水，通过管网基础设施用于农业灌溉、农村生活饮用和牲畜畜禽养殖，排放废弃水进入河湖土壤和地下。因此构成取水、供水、用水、排水和回用的连续系统，以保持水生态系统平衡。农业节水可以维系水生态持续平衡，巩固农业基础地位，协调农业与工业和城镇用水平衡。没有水就没有农业，农业节水关系着农民收入稳定，农村污水治理关系农村生活质量和社会稳定。农业节水可以缓解人与水的供需矛盾，改善局部气候，减少因地下水超采而产生的地下漏斗引发的一系列问题。

---

① 汪洋在河北考察地下水超采综合治理试点工作 [EB/NL]. 河北日报，2014-04-09.
② 河北地下水超采综合治理试点推进会召开，张庆伟出席 [EB/OL]. 河北日报，2015-09-29.

一、二元水循环原理

"自然—社会"二元水循环模式认为，由于"降水—坡面—河道—地下自然水循环"与"取水—用水—耗水—排水—再生利用"社会侧支水循环的耦合作用，应构建"以耗水（ET）管理为核心，以七大总量控制为约束"的水资源管理模式，以及综合考虑水资源量、质、效三个方面，协调好生产、生活和生态用水的水资源综合管理。以"ET管理"为核心的水资源管理理念中的"节水"，是从水资源消耗效用出发，不仅重视循环末端的节水量，而且依据水循环过程中每一环节中用水量的消耗效用进行的水资源量的节约。因此，只有依据相关原则明确水资源在循环过程中的消耗结构和相应的消耗效用，以减少无效消耗量、提高有效消耗为目的，才能立足于水循环系统，使区域有限的水资源利用效率最大化，才能明确区域水资源高效利用下水资源的净亏缺量，明确供水与耗水之间"真实"的节水量。

农村水资源自然循环与供水、取水、用水、节水、排水环节构成"自然—社会"二元水循环模式（简称二元水循环体系），涉及农村饮用水安全、农业灌溉条件、农产品品质、人居环境的舒适性，还关系农民的参与性和水文明修养的提高。农村水量、水效和水质问题的利益矛盾常引发争水和污染纠纷。描述社会水循环的参数体系，应包括需水量、供水量、耗水量、回归量、管网漏失率、虚拟水、用水效益与效率等体现社会水循环特征的参数。显然，驱动水分配和服务的四个内在驱动机制：一是兼顾用水重要性等级、社会公平与和谐的需求进行公平分配的机制；二是在利益驱动下，水一般由经济效益低的区域和部门流向经济效益高的区域和部门；三是出于提高承载力的需求，用水效率低的部门将受到制约而被迫提高用水效率或进行用水转让等；四是出于区域主体功能或宏观战略等原因决定水的分配或流向的国家机制。"自然—社会"二元水循环体系见图4-1。

在驱动力、过程、通量耦合的综合作用下，二元水循环系统产生资源、生态、环境、社会、经济五维反馈效应，见图4-2。

按照二元循环耦合机制的人工耦合模块，宏观主体政府与微观主体用水农户，可以通过管理手段进行人工驱动，通过调整开采量实现过程耦合，通过用水量实现通量耦合，通过经济效应和社会效应反馈二元循环机制实现ET管理下的循环末端节水目的。

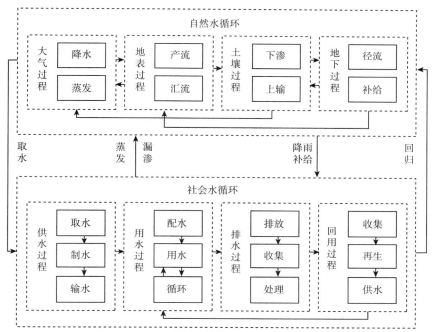

图 4-1 二元水循环的基本过程与耦合关系①

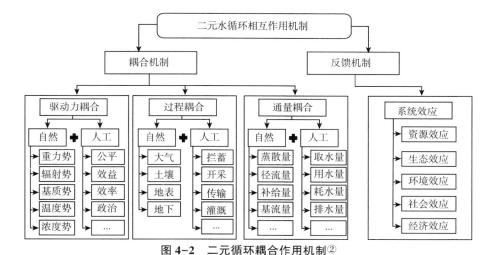

图 4-2 二元循环耦合作用机制②

① 王浩，杨贵羽. 二元水循环条件下水资源管理理念的初步探索 [J]. 自然杂志，2010 (3)：130-133.
② 秦大庸，陆垂裕，刘家宏，王浩等. 流域"自然—社会"二元水循环理论框架 [J]. 科学通报，2014 (4-5)：419-427.

二、二元水循环体系与农村水治理

从空间结构看，我国北方干旱半干旱地区，地下水成为重要的甚至唯一的水源。北方地区的地下水资源仅占全国地下水资源总量的 29%，平原区地下水资源比其周围山丘区丰富，平原区地下水资源主要分布在北方，山区地下水资源主要分布在南方。南方山丘区地下水资源量占全国山丘区地下水资源量的79%，而北方平原区地下水资源量占全国平原区地下水资源量的 78%，我国农村地下水资源开发利用程度呈现北高南低的态势。地下水是北方地区农村的主要供水水源，如河北省的农业用水中地下水供水比例为 75%。按照二元循环机制 ET 管理，北方的节水重点是管住输出端，即地下水的开采。

1. 农业节水重点是减少地下水开采量

以海河流域为例，自 20 世纪 80 年代以来，地下水成为海河流域的主要供水水源，开采量不断增大，1980 年总开采量为 20 亿 m^3，2002 年达到 270.2 亿 m^3，2005 年为 253.1 亿 m^3，2009 年为 236 亿 m^3，2011 年地下水供水量为 234.3 亿 m^3，2013 年为 224.6 亿 m^3。其中农业用水量在总用水量中的占比由 1980 年的52% 增至 2006 年的 66%，2011 年为 64.6%，2013 年为 65.9%。与全国相比，2011 年和 2013 年全国农业用水占总用水量的比例分别为 61.3% 和 63.4%。可知，海河流域的供水量主要依赖地下水，农业用水比例高于全国水平。因此，海河流域农业节水的重点是减少地下水的供水量和用水量，实施耗水管理（ET）的重点是农业地下水节水。全国和海河流域农业用水比重与变化见表 4-6。

表 4-6　全国和海河流域农业用水比重与变化

| 区域 | 年份 | 水资源总量 | 供水量（亿 m^3） | | | 用水量（亿 m^3） | | | | | 农业用水占比（%） |
			地表水	地下水	总供水量	生活	工业	农业	生态环境	总用水量	
全国	2013	27957.1	5007.3	1126.2	6183.4	750.1	1406.4	3921.5	105.4	6183.4	63.4
	2011	23256.7	4953.3	1109.1	6107.2	789.9	1461.8	3743.6	111.9	6107.2	61.3
	2009	24180.2	4839.5	1094.5	5965.2	751.6	1389.9	3724.3	101.4	5965.2	62.4
海河	2013	356.3	129.9	224.6	370.9	58.1	55.5	244.3	15.0	370.9	65.9
	2011	297.9	124.9	234.3	369.1	64.7	55.0	238.6	14.6	369.1	64.6

资料来源：《中国水资源公报》（2011，2013）。

2. 农业节水关键是提高用水效率

以海河流域为例，2012 年海河流域总耗水量为 258.18 亿 m³，耗水率 69.4%。其中农业、工业、生活和生态环境耗水量占比分别为 71.9%、11%、12.5% 和 4.6%，耗水率分别为 77.6%、51.6%、51.3% 和 82.3%。2013 年海河流域总耗水量为 254.52 亿 m³，耗水率为 68.6%。其中农业、工业、生活和生态环境耗水量占比分别为 71.9%、10.6%、12.6% 和 4.9%，耗水率分别为 77.5%、48.5%、49.9% 和 83.7%。由以上数据可以看出，农业耗水量所占的比例最高，且没有下降趋势。我国农田灌溉水有效利用系数 2011 年为 0.45，2015 年达到 0.53，在此基础上，若到 2020 年要实现 0.55 以上的目标，海河流域农业节水的关键是提高用水效率。

提高农业用水效率的基本途径。2002 年出台的《中华人民共和国水法》、2010 年出台的《节水型社会建设"十二五"规划》以及 2012 年出台的《农业部关于推进节水农业发展的意见》提出：节水包括工程节水、生物节水、农艺节水、化学节水、管理节水 5 种措施。其中农业节水三大基本途径：一是农艺节水途径，如调整农业结构、作物结构、改进作物布局及改善耕作制度（调整熟制、发展间套作等）、改进耕作技术（整地、覆盖等）和培育耐旱品种等。二是工程节水途径，包括输水工程和灌溉工程，如喷灌、滴灌和微灌等。三是管理节水途径，包括管理措施、管理体制改革、水费奖补等经济手段、流域用水调配控制等。三种途径各有利弊，实践中往往结合使用，三者的比较见表 4-7。

表 4-7 农业节水三种途径的比较

项目	农艺节水	工程节水	管理节水
对象	农业科学技艺全过程	基础设施	用水户取、用、排水行为
主要技术	作物结构调整、农田保蓄水、节水耕种、节水栽培、适水种植、水肥耦合、抗旱作物筛选、培肥地力、坐水种；抗蒸腾剂、保水剂	输水工程：渠道防渗、管道输水 灌水工程：微灌、喷灌、膜上灌、波涌灌溉 集水工程 蓄水工程和集水场：塘坝工程、拦河引水、方塘、大口井、场院、棚面、屋面、坡面	墒情监测、用水调度、调整水价 组织管理：成立灌区管委会、乡（镇）水管站、村水利队和井长三级管理、灌溉公司 工程管理：承包责任制、设施控制与养护 经营管理：以人护井、水费补助、定额、节奖超罚、阶梯水价 规划管理

项目	农艺节水	工程节水	管理节水
投资成本	较少	较大	最少
管理单位	以家庭为单位	以政府为主、集体为辅	政府+乡村级集体+农户+用水协会
节水效果	合理耕种水肥耦合，坐水种可节水 30%~50%	50%~70%	潜力巨大
示范性	微观操作，易推广普及	中微观条件约束强	宏观+微观环境复杂，需因地制宜

3. 农村水治理重点是生活污水

以海河流域为例，2012 年海河流域废污水排放总量为 53.63 亿吨，其中城镇居民生活污水排放量为 15.63 亿吨，占 29.1%；2013 年海河流域废污水排放总量为 55.04 亿吨，其中城镇居民生活污水排放总量为 18 亿吨，占废污水排放总量的 32.7%。在农村，由于污水公共基础设施建设滞后，农村大量人畜排泄及粪便冲洗、厨房、洗衣家庭清洁和洗澡等生活污水，以及室外简易茅厕和生活垃圾随意倾倒丢弃后渗滤液，常严重污染农村土壤浅层和地下水环境；部分工业废水直接向农村排放，其中富含磷的污水排入农村地表水体会导致农村地表水富营养化。农村乡镇和村级污水处理设施因技术、经济和管理等原因，建设严重滞后。农村水污染趋势尚未得到普遍而明显地遏制。

我国治理农村水污染的手段可以分为三大类：技术治理、工程治理和管理治理。农村污水处理技术手段和模式见表 4-8。

表 4-8 农村污水处理技术手段和模式

技术分类	主要方法	主要模式
物理方法	重力沉淀、气浮、筛滤节流法、重力分离法、离心沉淀法、高梯度磁分离法	
化学方法	化学沉淀法、氧化法、还原法、氧化还原法	集中式处理、分散式处理、庭院式处理、接入市政管网统一处理
生物方法	生物膜法、活性污泥法、序批式间歇活性污泥法（SBR）、化粪池法、氧化沟法、	
物理化学方法	离子交换、萃取、吸附、膜分离	
物理生物方法	家庭生活污水净化槽、地埋式无动力厌氧处理、无动力高效组合式厌氧生物膜反应器	

续表

技术分类	主要方法	主要模式
生物化学方法	好氧生物膜法、生物氧化塘、土地处理系统、厌氧生物滤池、污水净化沼气池、接触氧化法、复合厌氧处理法、高效藻类塘处理法、自回流生物转盘/植物滤床工艺	集中式处理、分散式处理、庭院式处理、接入市政管网统一处理
生态系统组合处理方法	稳定塘、滴滤池人工湿地组合工艺、地下土壤渗滤系统、地埋式一体化生物滤池工艺、家庭人工湿地组合系统、分散式农村生活污水处理集成工艺、蚯蚓生态滤池处理系统、厌氧—跌水充氧接触氧化—水生蔬菜型人工湿地、地下系统连续处理工艺	

农村污水治理的主要管理措施可以归纳为表 4-9。

表 4-9　农村生活污水治理管理保障措施简介

一般环境管理保障关键词	农村水污染治理措施
组织职能：一主多元的治理体系，党政同责、人大监督、环保部门监管、多部门协同、公众参与 决策制度：公众参与、专家论证、风险评估、合法性审查、集体讨论决定 执法效能：部门内执法，部门间协调，执法合力 政策法规：增强规划权威，体系配套，多规合一 政策手段：行政管制式、利益诱导式和社会制衡式兼用 资金保障：提高环保财政支出，投资主体多元化 科技保障：构建科技创新平台，注重成果转化率 社会保障：信息公开、公众参与、监督机制、教育和宣传 考核机制：后督察机制、问责追责、诫勉会谈、一票否决、第三方评价、生态考核	（1）多元参与制定农村生活污水治理政策与规划； 推进城乡水务和治水管理一体化及红线管理； 因地制宜、技术集成、示范推广污水处理模式； 经济发达乡镇建设雨污分流系统纳入城市管网 （2）"政府主导、企业主体、社会参与"投入机制； 发挥社区和村民理事会自我管理节水减排能力； 实施"以奖代补"政策并资助农村污水治理； 匹配乡、村级农村污水治理事权、财权和人权； 提高农村生活污水的管理社会化专业服务水平； 加大节水减排科普宣传力度，增强节水减排技能 （3）实施用水计量，超用超排加价，节水减排补贴； 对农村污水处理循环回用技术和管理生态补偿； 对严重的取水、用水、排水不良行为违规处罚

农业污水灌溉的技术与管理措施见表 4-10。

表 4-10　农业污水灌溉的技术与管理措施简介①

污灌益处	污灌危害	技术和管理措施
污水中含有大量的氮、磷、钾和有机质等植物营养元素，在一定量内进入农田，改良土壤，提高作物产量；污水可成为北方干旱、半干旱地区农业用水的可靠水源；农业土壤具有一定的自净能力	全国污水灌溉面积仍在扩大，对水肥资源的污水处理技术及能力不足，污水排放超标较多，大部分农业灌溉的地面水源不符合《农田灌溉水质标准》的要求；积累到超过土壤容量，对土壤和农作物产生危害；污水中汞、镉等有毒重金属对人和动物的毒害往往比对作物更强烈	构建企业排污超标土壤污染追责体系；开展污灌区水质定期监测和环境预警；总量控制，差异管理；沙质漏水地严禁污灌，污染严重的耕地适当采用清污轮灌，大田作物污灌作物扬花期禁灌；污染土壤改良：施有机肥，实行水旱轮作，客土换土，选用抗性强的中、迟熟良种，增施石灰和硫、磷肥料等；合理利用污泥；灌溉用水应符合农田灌溉水水质标准；及时调整种植结构加强灌溉水水质管理；改变耕作制度，调整作物品种；实行喷灌、滴灌与清污混灌相结合，水压清洗土壤技术等；开展重金属污染和生物修复技术专项研究，重视分析测试技术；构建全国性环境污染治理修复网络，信息公开，多部门协同，政府与公众互动

4. 农村水资源管理"一元独治"的模式形成分析

二元循环耦合及人工模块耦合机制提出：实施耗水管理（ET），确定以区域/流域有限水资源的可消耗量为上限，在保证农业基本效益的前提下，采取各种工程或非工程措施，最终实现水资源的高效利用。实施七大总量控制为约束（取水总量控制、地下水可开采量、生态环境用水量、国民经济用水量、水资源消耗量、出境水量/入海水量、排污总量）。根据"流域水资源二元演化模型的基本结构"、"坡面—河道"主循环过程和以"供—用—耗—排"为基本环节的人工侧支循环过程，二者的耦合主要通过水量平衡和循环要素项之间的水力联系来实现。② 其中，农业用水输入端要通过雨水直接利用、地下取水、地表水综合调控，输出端要通过灌溉输水耗损、用水渗漏、土壤渗漏和植物蒸发综合调控。

政府管理水资源路径归纳为四大职能：一是公权管理。政府是水资源公权的管制者、控制者和配置者，对水权的所有、经营、收益、处置进行调配。二是政策执行。在政策制定、执行、监督、评价到终止的全过程中，政府可以全部控制制定、执行、监督、评价和终结，也可以分离部分功能给非政府组织或

---

① 环保部自然生态保护司. 农村环境保护实用技术［M］. 北京：中国环境科学出版社，2008；吴东雷，陈声明等. 农业生态环境保护［M］. 北京：化学工业出版社，2005.

② 王浩，王建华，秦大庸，贾仰文. 基于二元水循环模式的水资源评价理论方法［J］. 水利学报，2006（12）：130-132.

公民。三是水市场管理。政府是水市场构建者和维护者，是水交易规则的参与制定者，基本水资源和排污费价格的评估决策者和价格调控者，水争端的调解者和仲裁者。四是公共服务管理。政府实现公共服务均等化的措施主要有：流域调控与治理、对弱势群体进行补偿、向节水农民和水污染处理公司运营提供部分财政补贴、流域跨区域的转移支付等。

基于二元水循环理论，我国水资源管理存在以下问题：

第一，因条块分割和政出多门，与二元水循环的功能尚存不衔接和不兼容现象。自然循环中，大气过程降水和蒸发归气象部门管理，地表过程产流汇流归水利部门管理，土壤下渗漏和汇流归农业部门管理，地下径流与补给归国土部门管理。例如，地下水管理与气象部门管理的沟通，存在协同管理不够，使丰水年与枯水年地下水位变化对超采的禁止和限制政策缺少动态弹性。大气—地表水—土壤水—地下水的分部门管理，供用耗排、用水过程与自然水循环、地表用水和地下用水、用水量与用水效率和效益都缺乏统一评价，既影响用水评价的精度，同时也影响流域水资源的有效管理。① 第二，近年来不同涉水部门管理政策和法规有所加强，但各部门政策法规体系建立步伐不同步、协调性不足。水行政主管部门政策法规出台频繁、更新较快，而涉及排水的环保和公共事业管理相对滞后；到了基层这种政策落地呈现软、散、慢，效力不足和不匹配。第三，执行力度刚性不够、权威不强、各部门差异明显。例如，从监测功能看，水利部门持续性流量集中的水量监测能力强于分散性质量监测的环保部门，并且形成两套水质监测数据；从处罚力度看，农业部门水管理执法相对较软。第四，水资源环境管理政策手段、行政手段与利益诱导和社会制衡手段的匹配力度不均衡。例如，农业部门具有庞大而翔实的财政补贴体系，涉水的补贴已经刚性纳入生产性补贴体系中，有力地推动农业节水，而涉及水质管理的农业和农村环保的涉水补偿和补贴，主要有"以奖促治、以奖代补"政策，双补品种少、不稳定，且多采用后补贴制，不利于推动农业和农村水环境治理。可见，因缺乏政府各部门在全过程、全周期水管理的协调贯通，使功能各异、对象统一的水管理效能发挥受限，二元水循环动态平衡调控难度加大。

政府管理部门在水资源管理上是统与分多重有限职责的结合。关于统一化宏观管理。因为水资源的流动性、贯通性，宏微观的取水、用水、节水、排水

---

① 周祖昊，王浩，贾仰文，张学成，庞金城. 基于二元水循环理论的用水评价方法探析［J］. 水文，2011（1）：9–12.

和回用，水资源组织结构应与水形态相匹配，即根据水形态尺度由上到下的配置，可称为流域化的统一调控，甚至根据宏观经济发展条件，经过政策实验试点成功后实施大部制水管理。关于水管理的分权化管理，建议按照"水管理形态与水利用形态相匹配"原则，形成横向与纵向关系组合的水管理体制。将水管理分为三个层次：一是水资源的宏观管理交由国家及政府部门、流域机构制进行管理、配置、保护、调控，并赋予制定法律法规制度权"顶层设计"；二是水系统的管理，由特定的部门或机构对水利设施进行管理运营，向用水部门供水；三是水部门的管理，由用水部门对水资源和水利工程等的配置权进行有效的管理。纵向水管理形态见表4-11。

表4-11 水资源纵向管理形态分类构想

水管理形态	含 义
统治型水管理	政府部门把控水管理责任与绝对权力，用水者不参与水管理的形态
自治型水管理	用水者同时作为管理者平等参与水资源分配、设施维护管理、纷争调停解决等，独立完善的自主管理
契约型水管理	持有管理责任与权限的管理者与用水者之间通过明确的权利与义务的界定，按定价供水，靠市场运作
信托型水管理	在用水者持有水权的前提下，用水者的集合体将水的管理委托给专门技术集团并使之按照用水的目的和要求进行市场化管理

水管理边界、市场边界与水资源边界交混重叠。其中，供需双方的水市场和权力束的多组分，政府若采用独大包揽、国家一统的单一结构，取消市场机制，并不能高效率地利用水资源，应当根据水资源的流动性与边界固定性的土地和水治理基础设施的多主体属性相结合后，向微观多个主体开放水权市场，按照多个主体需求重新配置。但是政府的条块、科层体系，使水资源的统一管理在理解和执行中变成了一统的、单一的或分散的管理。例如，从我国城乡现状看，城镇取水供水归水利部门管理，节水由农业和水利部门共管，城镇排水由公共事业局管理，污水治理归环保部门管理。乡镇饮水工程和灌溉工程归水利水务部门管理，农村排水和治污归环保部门管，灌溉用电归电力部门管，农村水资源管理被多部门分割，各管一段，各自收费，出现事权重叠和公共服务空白。到了村级作为水资源管理的末端，由于基层水与地权的交织，地权改革尚未完成到位，基层事权与财权融合关系瓦解，只好由村两委包揽农村取水、

用水、节水和排水以及循环利用的全过程，形成以政府为主导配置的水治理或管理模式。经济条件差的村，由于集体治污职责推诿扯皮，管理落实不到位，治污费用收取尚存困难，污水处理技术程序繁杂，村庄环境设施残缺不全；经济条件好的村集体替代农民缴费，取消农户参与节水和治污与政府的互动。多数私利短视的农民考虑到自己治理成本过高还会为别人提供"搭便车"的机会，因此不愿意参与缴费和治理，而直接将污水随意泼洒，造成政府节水和治污目标与农民增收利益冲突加剧，呈现水管理"两委办事难、官民离散快、政策常走偏"的现象。目前，在农村基层水管理"一元独治"模式步入困境，未能实现提升水资源利用效率，保障农民增收的双重目标。

第二节　水权交易论视角的辨析

在农业产权不清晰的条件下，水的所有权与使用权分离，处置权与收益权相互割裂并分离，经济效益与社会效益相分离不匹配。

一、产权交易论概述

产权（Property Rights）是指在人与物的关系基础上人与人的关系，它规定着一个人受益或受损的权利。作为经济主体之间对财产享有的权利有一组或一束权利，包括所有权、占有权、使用权、收益权和处置权等。

产权的性质：一是排他性，决定谁能以一定的方式占有、使用稀缺资源的权利，而排除他人占有、使用的权利。二是可分割性，从层次上分割为私有产权、共有产权和公共产权，还可以分割为私有权、使用权、处置权和收益权等。产权的分割可以拓展产权构造以及人们选择空间，促进资源的有效利用。三是可转让性或可处置性，产权的可交易性有助于增强产权主体的收益预期。四是产权的有限性，不同经济主体、不同类型的产权有明确的边界，任何产权必须有特定权利的数量边界。

产权的功能：一是减少不确定性。明确的产权边界能够保障产权人产生稳定预期，增加对资产专用性投资的信心。二是外部性内部化。产权明晰了相关利益主体的利益边界和责任边界，使行为施加方获得相应的收益或支付相应的成本。三是激励效应。拥有某种资源能够获得一定收益的权利并激励对资源进行资产性投资，从而提高资源开发的获利能力。四是激励效应约束。明晰的产权会使产权主体约束自己的经济行为，明确自己的成本与收益的决策边界。五是优化资源配置。产权的资源配置功能能引导产权主体把资源配置到效率更高的经济活动中去。六是降低交易成本。产权不同安排产生不同的效率。产权模糊的共有产权往往导致私人边际成本小于社会边际成本，每个人会转嫁成本追求收益，出现社会边际成本增加的"公地悲剧"；同时投资者无法预期其未来收益，竞争压力鼓励短期行为，投资激励被削弱。七是收益分配的依据。产权决定其收益的归属，明晰的产权有助于经济主体之间进行公平交易并规范收益预期。

产权不清晰的经济后果：一是公共产权的主体虚化或缺位导致私人对公共资源需求无限膨胀、过度利用，公共产品供给严重不足；二是经济活动产生负外部性，增加社会成本，导致整个经济效率的下降；三是降低了人们对未来经济发展预期，增加了不确定性，产生经济决策的短视行为；四是"搭便车"行为盛行，激发机会主义倾向；五是公共资源管理成为"内部人控制"，公共产权收益受到侵蚀，当管理者缺乏有效约束时，寻租行为不可避免。

资源优化配置的原理。科斯第一定律指出：如果交易成本为零，不管初始产权是谁的，都不影响资源配置效率，或者说都是有效的，即市场机制会自动地驱使人们谈判，实现资源配置的帕累托最优。科斯第二定理进一步指出：若交易成本不为零，那么初始产权状况将会决定资源配置效率，即在不同的产权制度下，交易成本不同，从而对资源配置的效率有不同的影响。所以，为了优化资源配置，法律制度对产权的初始安排和重新安排的选择很重要。

解决产权问题的途径。一是自愿谈判。当参与的各方数量较少时，只要各方出于自愿，并知晓产权界定的制度，谈判双方付出足够的搜寻信息的成本，明晰谈判各方可识别性数量，采取公允的谈判方式，都可以通过自愿谈判达成交易，实现资源有效配置，明确一方对另一方产生的外部性提供补偿，取得双方都满意的结果，达到经济的最优均衡。二是缔约。通过一种文本式的合约来约束交易各方的行为，划清交易各方在交易活动中的权利和责任。这种合约会受到法律保护，并得到强制执行。缔约的过程是一个利益相关方博弈的过程，谈判各方个别偏好的考察和对产权制度背后政治交易细节的考虑，对于资源产权创新是很有必要的。要想减少合约事后的实施成本，就需要充分考虑产权变更后利益受损者的阻力。三是合并。把原来分属不同利益主体的资源进行合并，达到产权主体一致。合并后，组织内的资源配置不再像市场交易那样由价格机制决定，而是由组织内的规则和组织管理者进行行政性配置。

二、农村水权交易问题

1. 政府难以构建水权市场

2002 年，我国颁布了《中华人民共和国水法》，确立了单一的水资源国家所有制，摒弃了水资源集体所有权制度，实现了水资源权属与土地所有权的第一层次的分离。其中，第三条中所限定的农村集体经济组织的水塘和由农村集体经济组织修建管理的水库中的水，不需要向国家申请用水许可证，也不需要缴纳水资源费。第三十六条表述为在地下水超采地区，县级以上地方人民政府应当采取措施，严格控制开采地下水。在地下水严重超采地区，经省、自治区、直辖市人民政府批准，可以划定地下水禁止开采或者限制开采区。该表述在重视地表水的同时，对地下水的禁采、限采不严厉，埋下了发生"公共池塘困境"的隐患。

基于产权交易理论和公共物品理论，政府代表国家享有农村水资源所有权，依法对农村水资源的使用权、收益权和分配权进行宏观配置。配置的基础工作是创建水权市场，公开提供交易信息、明晰交易规则、激励和约束用水户参与水交易。由市场交易使受让人通过支付相应的对价获取水权，对水资源有偿配置。当市场失灵出现垄断、信息失灵、外部性、公共物品供给缺位等现象时，政府运用公权力对市场失灵进行适度的干预。适度就是立法界定的政府干预的范围和边界，限制权力滥用。

农村水权市场要素包括：一是农村水权市场的主体。农村水权市场的主体主要有农户、集体经济组织、中介机构如用水户协会等。随着农村水权制度的改革，大量农户和农村集体经济组织将成为市场主体参与市场交易。二是农村水权市场的客体。水权市场交易的客体是水资源使用权。水资源使用权是财产权，权利主体可以将节余的水资源通过水权市场进行交易。水权交易的方式包括转让、出租、互换、入股、交易、水银行和虚拟水贸易等。其属性特征见表4-12。

表 4-12 农村水权交易主要类型

类型	含 义	水权特征
转让	原水资源使用权人将水资源的使用权转让给新使用权人，可分为协议转让、拍卖转让和招标转让，全部转让和部分转让，短期转让、长期转让和永久性转让	所有权属性未变 收益权改变
出租	使用权人将使用权出租给需水主体使用，承租人向出租人支付租金	仅使用权让渡产生效益
互换	指两位或者两位以上的使用权人就其享有的权利所特定的水域的水量进行互换	所有权属性未变

类型	含　义	水权特征
入股	水资源产权按照国家、集体、个人配置进行股份化,进入水权市场进行使用权流转	收益权按比例分享
交易	场内交易是交易者在正规水权交易市场的协助下达成交易。场外交易是交易者不通过正规市场,而是自己直接搜寻交易对手,通过私下交易地点和交易时间协商达成交易,又分为行业间交易和行业内交易	收益权、使用权改变
水银行	国家水的行政主管部门建立的以水资源为服务对象、以企业化运作的机构,它是水资源法人,卖方与买方集中统一的购销中介机构	水银行通过买卖获取差价,储蓄者获取收益
虚拟水贸易	缺水国家或地区通过贸易方式从富水国家或地区购买水密集产品来缓解本国或本地区的水资源压力,实现当地水资源安全	间接使用权转移

2. 农村水权市场构架设想

水市场的基本构成是以国家、用水地区、部门单位和个人为主体,以国有水资源的使用权和经营权为交易对象,交易方式为国家作为水权的终极所有者,将一定数量的水权出让给用水户,用水户按照最大化原则对水权的使用做出决策,一是自留自用,二是把水权再次转让给他人。国家设立必要的行政部门对水权转让和使用进行监督和管理。水市场的基本框架如图4-3所示。

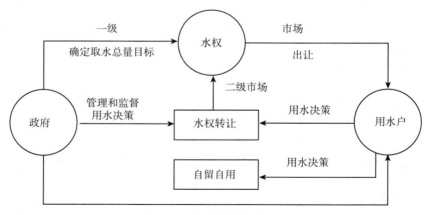

图4-3　水市场的基本框架

资料来源:刘伟.中国水制度的经济分析[M].上海:上海人民出版社,2005.

我国水权市场的基本构成也可以区分为一级市场和二级市场。其中一级水权市场即水权出让市场，所进行的是水资源所有者——国家和用水户之间的初始水权分配；二级水权市场即水权交易市场，所进行的是用水户之间的二次水权交易（再转让）。当水权市场发育到较高的程度时，可以进一步构建水权金融市场（水权抵押市场）。此外，污水排放权市场也可以分为一级市场和二级市场。为了确保水权交易市场的有序运行，政府还应该成立一定的管理机构对用水户的水权转让行为进行必要的管理和监督。

目前，我国水行政主管部门允许并鼓励实行水权交易。根据中共十八届三中全会决定，我国将发展环保市场，推行碳排放权、排污权、水权交易制度，建立吸引社会资本投入生态环境保护的市场化机制，推行环境污染第三方治理。另外，我国将在"十三五"期间建立水权交易所，全面助力水权改革提速。实际上，水权交易市场在一些国家已经运行多年。2014年水利部印发的《关于深化水利改革的指导意见》也将水权市场建设作为未来水利改革的重要事项。由于我国水权交易刚开始尝试，水权交易中还存在交易价格扭曲的现象，所以解决水权交易中的价格问题意义重大。本书中的水权单指水资源使用权，不包括水资源所有权、经营权等其他权利。水权交易价格是水资源使用者为了获得水资源使用权而需要支付给水权持有者的一定费用，是水权持有者因付出水资源使用权而获得的一种补偿，是水资源有偿使用的具体表现。

3. 农村水权交易定价原则

公平性原则。制定水权交易价格要实现三方面公平：一是考虑水资源价值结构和稀缺性；二是考虑用水户农民收入和支付能力，并且因地制宜，随时间长期稳步涨价以体现水资源的稀缺性；三是政府出于公共目的维护水权交易市场双方的公平性，对用水农户的弱势群体购买水权行为和各类灌溉节水成本进行一定比例的补偿，通过引导机制吸引农户能参与到水权市场来。

成本回收与合理利润原则。合理水权交易价格应考虑对节水工程等工程设施成本的回收，以保证水利工程的建设投资、运行管理费用得到回收，并能有足够的流通资金来维护运行管理、大修与设备更新等。同时，制定水权交易价格时还应适当考虑合理的利润，以鼓励其他资金对水资源开发利用的投入，否则将无法保证水资源的可持续开发利用。

流域定价原则。我国幅员辽阔，流域面积广阔，各流域的水资源时空分布及相应的经济社会发展状况不尽相同，对不同流域的水权实行差异化定价以体现出流域的特点。

时效性原则。目前，我国水权市场还处于发展初期阶段，尚未完善，水权定价主要以政府为主。随着水权市场不断完善，水权定价将与一般商品定价接近，水权交易价格由市场决定，反映供需变化。

可持续性原则。水权交易价格必须保证水资源的可持续开发利用。按照可持续发展原则确定的水价中应包含水资源开发利用的外部成本，水权定价应包括污水治理等生态补偿成本，否则对水环境保护不利，会造成环境污染，从而产生负效应。[①]

除了上述普遍原则外，水权交易原则还包括保障生态用水原则，按照优先原则对生态用水进行全额分配，其目标是保障生态环境的良性循环；保障生活用水原则，初始水权分配必须要在生产、生态生活用水之间进行平衡，以保证弱势群体的基本用水；高效性原则，在初始水权分配时考虑改革方案的效率；考虑外部性原则，在初始水权分配中考虑水资源无序开采和污染严重的外部性问题，统筹考虑水价和水量。[②]

4. 农村水权定价基本模型

对自然资源产权定价的模型很多，完全成本定价法以其准确性和易操作性在实际操作中应用广泛。在全面深入分析水权成本的基础上，采用完全成本法对水权进行定价，通过计算水权交易各种成本投入与补偿，最终计算水权交易价格。

关于水权定价模型的几点思考：第一，由于通常水权交易期限较长，故应考虑资金的时间价值。对于工程成本中的工程建设成本是在水权交易初期一次性支出的，故它是现值；工程运行维护成本按照工程投资现值的一定比例提取，故也是现值；风险补偿成本、生态补偿成本和经济补偿成本也都直接以现值计算。而对于工程成本中的工程更新改造成本则是在工程设施寿命结束后投入的成本，是未来发生的现金流，必须对它折现。第二，如果区域内工程条件相近，则可实行同一区域统一水权交易价格制度。即在同一区域应对同一产业内部水权交易、不同产业之间水权交易分别实行统一水权交易价格，但对于某些条件特殊的供水工程则需要采用单独定价原则。第三，目前，我国同一地区内部的水权交易工程成本主要发生在节水工程，而且不包括经济补偿成本。因此，同一地区内部水权交易价格相对较低，在同一流域内的不同地区之间的水权交易成本主要发生在输水工程，由于两个地区距离较远，输水工程较长，产

① 陈洁，郑卓. 基于成本补偿的水权定价模型研究［J］. 价值工程，2008（12）：20-23.
② 鲍淑君. 我国水权机制架构与配置关键技术研究［D］. 中国水利水电科学研究院，2013.

生的成本在所有工程成本中占的比重最高。所以，不同地区之间水权交易的工程成本主要考虑输水工程成本。不同地区之间水权交易给水权出让地区带来一定的损失，应对水权出让方进行经济补偿。因此，水权交易涉及的成本除了同一地区水权交易共同涉及的工程成本、风险补偿成本和生态补偿成本外，还涉及经济补偿成本。第四，一般商品的交易价格都是由市场上的供给和需求决定的，反映了用户之间的经济关系。而由于水资源是一种公共性、基础性资源，所以水权市场只能是一种不完全市场，水权交易价格不能完全由市场决定，还需要政府宏观调控，应体现水权交易政策体制因素。通过政策调整系数 α 反映水权交易政策体制对水权交易价格的影响。若当前水权交易相关政策体制或具体水权交易规则有利于水权交易达成，则水权交易成本降低，水权交易价格应偏低，此时 α 取较小数值，否则 α 取大值。另外，为鼓励水权卖方节水积极性，应允许其合理收益，利益调整系数由 β 表示。由于一般自然资源收益率在 8%~10%，这里确定 β ∈ [8%，12%]，而政策调整系数不应高于利益调整系数，通过对有关专家调研，确定 α ∈ [2%，6%]。①

5. 农村水资源交易权配置

农村水资源问题本质是农村水权如何配置。当水资源从自然状态地表水和地下水，按照用水主体的需求进行取水后，即从自然属性中分离进入水权的客体属性。农村水权就是指国家运用行政或市场的手段对农村水资源的使用权、取水权和收益权在农村不同区域或农户之间进行重新分配和流转以实现高效利用的过程。农村水资源配置的基本原则：一是生活用水优先。水资源在农村的用途分为基本生活用水、农业灌溉、乡镇企业等生产用水和生态用水。《水法》第二十一条指出，开发、利用水资源，应当首先满足城乡居民生活用水，并兼顾农业、工业、生态环境用水以及航运等需要。二是有偿使用。《水法》第四十八条指出，直接从江河、湖泊或者地下取用水资源的单位和个人，应当按照国家取水许可制度和水资源有偿使用制度的规定，向水行政主管部门或者流域管理机构申请领取取水许可证，并缴纳水资源费，取得取水权。农业用水有偿使用有利于体现水资源的价值、有利于建立水权市场、有利于农户节约用水、有利于政府调控水权。三是政府与市场双调节。政府依靠行政力量调节，

---

① 陈洁，郑卓. 基于成本补偿的水权定价模型研究 [J]. 价值工程，2008 (12)：21-22. 该文作者提出水交易价格公式 $P(Q)=C(Q)×T×(1+α)×(1+β)/Q$，$P(Q)$ 为水权交易价格（元/m³）；$C(Q)$ 为水权交易成本（元/年）；T 为水权交易期限（年）；Q 为水权交易量（m³）；α 为政策调整系数；β 为利益调整系数。

可以增加强制性农村水资源二元循环之间的有效衔接，尤其是克服外部性导致的环境污染等市场失灵方面具有优势，而市场机制可以在培育水权市场中，通过价格机制提高水资源的利用效率。

农村水权的政府配置有两个层次。根据《水法》第四十四条、第四十五条和第四十八条的规定，一是各级政府及主管部门负责对全国水资源的宏观规划和调配，二是国家以无偿或有偿的方式出让水权给各用水主体。农村水权在农户或农村集体经济组织间配置经营权和取水权两项。目前，我国现行水权制度改革不彻底，水资源产权的配置结构不清晰，确立的农村取水权必须是付费有偿获取。我国目前公共水权制度特征是所有权与使用权分离，即水资源属国家所有，但个人和单位可以拥有水资源的使用权。在农村，政府缺乏对农村居民地下水资源使用权的管理，水务部门尚未建立完善的水务管理体制。在大部分农村中，政府部门对居民私自打井的行为没有进行管理约束，管理真空或不足使农村地下水资源的开发利用长期处于混乱无序的状态。农村水资源的供应，仅关注农户开采地下水机井或地表水管道取水来源是不够的，还要关注取水方式背后的生产关系，即水资源权属关系及所有权、使用权、收益权的分配和水权如何转移。研究取水量与水价的影响关系（是政府定价还是市场定价，定价是按量取水还是按照打井电价等），不能忽视污灌输入是否达标，排灌导致的土壤修复成本对农业作物产量和质量的影响，还需重视不同土壤对污灌和承载力关系等。由此可拓展到从取水、用水、节水到排水的自然—社会二元水循环中的技术、资金和管理的要素匹配形成的水权管理体系。

6. 农村水权公与私的转换

长期以来，水利建设都是"国家拿钱，水利干事，农民受益"，农民已形成了"等、靠、养"的思想。完善农村公共资源的管理与使用必须从产权、制度和法律三个方面着手。划清政府和农户的权利与义务，并建立公共资源管理者监督机制，对激励农户的生产积极性具有重要意义。费孝通先生在《乡土中国》一书中提及："中国传统的农村社区是差序格局式的，在此，社会关系是以私人为中心的由内向外的社会联系的增加，在这一涟漪式的社会关系体系中，个人处于中心地位，而其边界是模糊的，在个人、群体与社会间，个人利益取向具有以己为中心的内向性"。① 近代的梁启超、梁漱溟、鲁迅等曾指出：中国人缺乏公共精神、团体意识，人人各怀其私，如一盘散沙。在某种意

---

① 费孝通. 乡土中国 [M]. 南京：江苏文艺出版社，2004.

义上，传统乡土社会是以"私"为本的社会，传统伦理中"天下为公"的道德理念和政治理念更多是庙堂之上的一种理想预设。[①] 中国农民公私观念有着明显的历史烙印，传统时期的公私相对、有公有私，再分配时期的崇公抑私、公私模糊，转型时期的强私弱公、公私分明。当前农民由于过于强调眼前的、狭隘的家庭私利而不能很好地合作起来。由于农村水资源既有公共物品属性，又有较强的外部性，其开采利用必然存在着公与私的转换。作为一种公共资源的非排他性与私权支配下利益最大化的占有欲望，导致水资源与人的需求之间的稀缺性紧张、排他性和竞争性，私人自利的后果是要付出更大的社会成本，当私人成本小于社会成本时，公地悲剧趋于发生。在更多情境下，私人会将其成本转嫁，通过外部性实现超量开采地下水、跨界迁移污水、跨界夺水等。农村水利纠纷频繁不能仅仅归结为水资源短缺，问题的关键原因在于水权，即水的所有权和使用权。使用者不明确，监督者缺位，责、权、利不明是目前水权制度的缺陷。因此，解决农村农业用水的"公共池塘资源困境"一要创新配置所有权和使用权。二要清晰划分使用产权。三要建立制度约束，让使用者付费成为乡村规约、农民公德和法律底线。由村委会、村民和村中精英群体构成的社会网络，通过协调互动共同管理农村水资源，促使村民节约用水。村民是构成农村社区的基本群体，村民直接参与到水资源管理中来，不仅直接反映资源使用者的各种意见，更重要的是使村民改变角色，从被管理者变为主动管理者，提高管理的民主性和参与资源管理的积极性。

第三节　水价结构视角的辨析

一、水资源价值论及农村水价结构

古典政治经济学创始人威廉·配第（William Petty，1623～1687）价值论提出：强调财富主要是生产（当时主要是农业生产，离不开土地）创造出来的，而不是流通创造出来的。他提出了著名的论断——"劳动是财富之父，土地是财富之母"，这个论断把人们从"财富就是金银""要增加财富就要多卖

---

① 刘畅．中国公私观念研究综述［J］．南开学报，2003（4）：73-82.

少买"的重商主义直觉中解放出来。亚当·斯密的价值理论认为：在没有资本积累和土地公有的情况下，商品价值是由劳动时间决定的，而在有资本积累和土地私有的情况下，则是由工资、利润和地租决定的。价值论实际上是劳动价值论（无资本积累和土地公有的情况下，土地是资源的代表）和要素价值论即收入价值论（有资本积累和资源私有的情况下）的双重价值论。马克思劳动价值论认为：价值是凝结在商品中的一般人类劳动，商品价值只取决于生产商品的劳动时间，当然不是简单的劳动时间，而是按照一般人类劳动来计算的时间。价值又分解为工资、利润和地租。

效用价值论认为商品价值取决于其带给人的作用，即效用。一般效用价值论站在消费的角度来考虑价值问题，认为总效用是指消费者在一定时间内从一定数量的商品的消费所得到的效用量的总和。边际效用是指消费者在一定时间内增加一单位商品的消费所得到的效用量的增量。所谓边际效用价值论（William Stanley Jevons，1835~1882）认为商品的价值是由其边际效用决定的，不是由其总效用决定的。物品的边际效用随着商品消费的增加而减少，即边际效用递减定律。稀缺价值论认为物品越稀缺价值越高。供求价值论认为商品价值是由供给和需求同时决定的，即由需求者和生产者同时决定，也称均衡价值论。补偿价值论认为资源的价值可以用补偿、恢复的代价来衡量，即可再生资源的价值是补偿、恢复其原有状态所需要的代价。机会成本理论被广泛地用于自然资源定价。

边际机会成本 MOC 理论认为，自然资源的消耗使用应包括三种成本。边际生产成本（MPC）是指为了获得资源，必须投入的直接费用；边际使用者成本（MUC），即将来使用此资源的人所放弃的净效益；边际外部成本（MEC）是指在资源开发利用过程中对外部环境造成的损失，这种损失包括目前或者将来的损失。上述三项可以用式（4-1）来表示：

$$MOC = MPC + MUC + MEC \qquad (4-1)$$

该理论认为：MOC 表示由社会所承担的消耗一种自然资源的全部费用，在理论上应是使用者为资源消耗行为所付出的价格 P，即 P = MOC。而当 P<MOC 时则会刺激资源过度使用，P>MOC 时会抑制非正常的消费。

根据边际机会成本理论，由于农村地下水打井取水用于饮用和农业灌溉，在华北旱作区井深已经穿越潜水层达到地下承压层，进入耗竭性资源及不可再生的水矿脉。因此，应提高耗竭性资源开采的可持续利用价值，即高于地表水取水的水资源价格。国务院 2015 年新的水政策正式明确了"地下水水资源费征收标准应高于地表水，超采地区地下水水资源费征收标准应高于非超采地区"，并且强调农业用水取水必须缴纳水资源费的法律强制性。

学术界认为一般水价主要由水资源费、工程水价、环境水价三部分组成（成红，2010；胡育荣，2012）。而近10年来，采用两部制水价的主张越来越多，并逐步被接受和应用。基本水价按用水户的用水需求量或工程供水容量收取，用于对供水工程设施成本进行补偿。这种补偿应按补偿供水直接工资、管理费用和50%的折旧费、修理费的原则核定。计量水价按计量点的实际供水量收取，按补偿基本水价以外的水资源费、材料费等其他成本、费用以及计入规定利润和税金的原则核定。农村水价计算公式通常有两种通用模式：第一种通用模式是容量水价与计量水价相结合的两部制水价。容量水价=容量水费/年分配水量；计量水价=（总水费−容量水费）/年取水量。其中，容量水费=年固定资产折旧额+年固定资产投资利息，总水费=成本+费用+利润+税金。两部制水价计费=（容量水费+计量水价）×年实际供水量。第二种通用模式是基本水价与计量水价相结合的两部制水价。计量水价=（总水费−基本水费）/年供水量，两部制水价计费=（基本水费+计量水价）×年实际供水量。按《水价办法》规定，核算农业用水两部制水价是不计利润的。

二、农村水费征收困境与"二元失灵"

农村水价征收是增加了农民负担的负向政策，执行主要是能让农民知晓其必要性，使农民认可政策。

1. 农村水价征收的一般原则

一是资源有偿使用原则。根据我国《水法》（2002）第七条要求，国家对水资源依法实行取水许可制度和有偿使用制度。但是，农村集体经济组织及其成员使用本集体经济组织的水塘、水库中的水除外。在市场经济条件下，有偿使用水资源是保护水资源与环境的有效手段。按照外部性原理和成本内部化原理，造成外部不经济或负外部性是因边际私人成本小于边际社会成本，或者边际私人收益大于边际社会收益，使生产者或者消费者产生外部费用，进入生产者或消费者决策行为，并由生产者或者消费者来承担外部成本，只有实施外部成本内部化，才能优化配置。因此，应将包括外部成本内部化的费用纳入农村水价结构。

二是资源优化配置的原则。由于水资源的地表水、地下水、生物水和天然降水等多来源性，农业、工业、生活多用途性，气候干湿冷暖的区域差异性，尤其是时间的季节性等，导致水资源开发利用形式和成本有所差别。因此，如果不分区域条件和贫富状况，对所有的水资源统一收费，是有失效率和公平的，不符合因地制宜的资源开发基本原则。因此，农业用水价格不应是同一而论。

三是农民缴费义务与可承受原则。在实施有偿使用农业用水，强制性缴费政策时，兼顾农民收入水平与地区性差异，向干旱区和贫困地区农户征收水费要实施优惠倾斜。统筹财政安排的水管单位公益性人员基本支出和工程公益性部分维修养护经费、农业灌排工程运行管理费、农田水利工程设施维修养护补助、调水费用补助、高扬程抽水电费补贴、有关农业奖补资金等，落实节水奖励资金来源后实施精准补贴。这一点很重要，水价从农户视角和从政府视角是不同的。农业灌溉具有一定的公益性和流域水权的垄断性，使农民被动接受包括两部制水价在内的单纯的政府定价，容易导致灌溉供水部门寻找农民的最高支付能力，增加农民的负担，包括灌溉投入成本占农业生产成本的比例、生产利润以及粮食自给率、水费占总产值的比率、水费占生产成本的比率、水费支出占农业收入的比重，使农民生存与发展受到影响（廖永松，2005；王浩等，2003）。农民对水价的心理承受能力小于实际承受能力（王建平，2011），目前的水价已经达到农户承受力的最高点（唐增等，2009）。渠灌区农民对农业水价承受能力的调查发现：当农业水费占到年收入的 4%~6%（支出的 6%~8%），占到农业投入的 10%~12% 和产出的 8%~10% 时，农民普遍认为水价合理或者基本合理；当水费占到年均收入的比例大于 6% 时，会有部分农民认为水价偏高；若超过 8%，大部分受调查的农民认为水价过高，难以承受（卓汉文、王卫民等，2005）[①]。

2. 农村水价传统定价方法

首先，从 20 世纪 80 年代，针对水资源供不应求，又存在大量低效率和浪费，政府由于对水资源的市场价值体系演化不清楚和渐进的保守改革束缚，实施了行政指导定价，远低于水管单位供水服务的成本价格，政府给予补贴来达到市场均衡价格，收取的农业水费难以抵消农田灌溉供水服务的设施损耗、运行维护和管理成本及基本的水资源费成本。这反映了行政主导下，市场化和企业化改革不彻底，体现了中央政府、地方政府、水务部门与用水农户间上下利益冲突，政府存在缺位与越位现象。其次，家庭承包成为主要的土地经营模

---

① 卓汉文，王卫民，宋实等. 农民对农业水价承受能力研究 [J]. 中国农村水利水电，2005 (11)：1-5.

式，这种模式也彻底改变了农户用水的观念，曾经建立在集体经济基础上或人民公社时期的大量农田水利设施产权模糊、用水规章制定内容不严格且可操作性差，导致无偿占用公共水资源。为了自身利益最大化，农户大水漫灌，从心眼里只愿意无成本或低成本付费取水，不愿意承担农田水利的维护管理的公共责任。于是政府依靠行政命令，直接制定和强制推行农村水价，甚至叠加上行政本位自利性，行政过度干预农村水资源定价，取代市场化运作，排斥农户的参与定价权力。最后，目前我国农田灌溉水有效利用系数低于0.55，远低于0.7~0.8的世界先进水平。农户的生产目的、收入水平及来源、种植业能力等家庭特征，配水、输水设施条件与灌溉方式等生产条件与价格水平，水权安排等用水管理制度因素是导致农户灌溉用水效率差异的主要原因。[①] 因此，根据供需市场化，构建"政府水管部门+集体+用水农户+用水协会"合作定价并共治水利，可以弥合政府与农户的定价目标的心理鸿沟，并且使其组织成本和协调费用低于合作共治的收益，实现政府的节水目标和农户不减少收入的目标。

3. 水价分担与水资源费改税

第一，两部制水价较好地解决了农业供水成本的分担机制。多年来，农业水价仅占供水成本的43%左右，农田水利工程设施老化失修，导致农业用水效率不高。农业水价合理分担是指由国家、地方政府、农民及农业用水受益者等组织或个人共同合理负担农业供水成本。实践表明，农业水价合理分担有利于促进农业节水，改善灌溉用水的投入机制。目前，我国农业水价形成机制中最大的缺陷是将不应该由农民承担的公益性成本也让农民来承担，最终导致农业水价成本分担缺乏合理性[②]。农村生产和生活性用水没有真正反映水商品的全部合理价值，甚至部分成本价值也未体现。同时，对供水行业提水的电价按工业性质征收，高于农村照明用电价格，给农民带来较多负担。根据我国水利工程供水特点和用水户承受能力，实行两部制水价制度有利于供水生产成本费用的均衡补偿（郑通汉，2008）。两部制水价实质就是将由供水生产成本、费用、利润和税金构成的供水价格分成两部分，分别由基本水价和计量水价补偿的一种科学计价方式。实行两部制水价，有利于缓解水利工程供水的成本压力，可以使工程供水在丰枯年度（或丰枯季节）能及时得到均衡且足额的补偿，有利于水利供水工程长期稳定运行；有利于用水户在工程建设前提出合理

① 赵连阁，王学渊. 农户灌溉用水的效率差异——基于甘肃、内蒙古两个典型灌区实地调查的比较分析 [J]. 农业经济问题，2010（3）：71.

② 姜文来等. 农业水价合理分担研究进展 [J]. 水利水电科技进展，2015（5）.

的需水请求，在工程项目论证中合理确定用水量，从而准确核定水利工程的供水规模；可以使供水经营者在一定基本水费保证下，增强其在实行管养分离后经费自给的能力；因为投资回报的改善，可以提高吸引投资者兴办供水工程的积极性。

第二，农村水资源费与税的改革。2006年国家取消农业税，虽然灌溉带来明显的农户增收，但农业水费在农业生产成本中的比例不断上升。农业水资源费该不该收？是不缴、免缴还是低标准缴纳？国务院在2006年颁布了《取水许可和水资源费征收管理条例》（国务院令第460号）（以下简称《条例》），规定要开征农业生产用水水资源费，但其征收步骤和范围由各省、自治区、直辖市人民政府根据当地水资源条件、农村经济发展状况和促进农业节约用水需要制定。由于农业用水量大，牵涉到农民减负增收核心利益，在该政策执行中各地都应慎之又慎。首先，要处理好农业生产用水定额与农业生产用水限额的关系，农业生产用水限额是开征农业生产用水水资源费的前提条件，是水资源费起征点的用水量，用水定额即规定生产单位产品或提供一项服务的具体用水数量。实施取水许可的前提条件是用水定额和用水限额，两者概念、类属及方式不同，都是为了农业节水。其次，要处理好直接取水和使用供水工程的水关系。《条例》第三十三条规定：直接从江河、湖泊或者地下取用水资源从事农业生产的，对超过省、自治区、直辖市规定的农业生产用水限额部分的水资源，由取水单位或者个人根据取水口所在地水资源费征收标准和实际取水量缴纳水资源费；符合规定的农业生产用水限额的取水，不缴纳水资源费。取用供水工程的水从事农业生产的，由用水单位或者个人按照实际用水量向供水工程单位缴纳水费，由供水工程单位统一缴纳水资源费；水资源费计入供水成本。由于限额起征点的存在，用水农民和供水公司会少用地表水，大量超量抽取地下水，这与第二十九条规定：统筹地表水和地下水的合理开发利用，防止地下水过量开采，地下水的水资源费标准应高于地表水水资源费标准有所相悖。最后，征收井灌区的水资源费要耗费大量的人力、物力，但用水限额外需征收的水资源费数额少，使用供水工程的水从事农业生产应缴纳水费已经形成了制度性规定，基本不增加人力和物力。① 虽然考虑农民经济负担问题，设定征收前提，只有当农业生产出现了超定额用水时才征收水资源费，并实行财政

① 戚笃胜，徐辉. 征收农业生产用水水资源费的两个问题探析［J］. 农业科技与信息，2008（8）：24-25.

补贴，根据种粮面积直接支付给农民。① 但是，目前面临北方地下水超采的严峻形势，为了体现政策公平和执行的一致性，按照同一原则，应按照实际用水量征收水资源费，对农业生产用水尤其是地下取水，应降低农户取水的限额比例直至取消，加大取用地下水水资源费征收强度，使其大于取用地表水用于农业生产的水资源费征收强度，更利于我国北方地下水超采治理和农业节水。

相对于费而言，税收是较为稳定的财政收入形式，将水资源费改税，可以充分发挥税收刚性以及税收杠杆调控作用。水资源税征收的三个原则：受益原则、公平原则和效率原则。水资源税的经济内涵包括资源地租、绝对地租和级差地租、经济调节手段。② 2016 年 7 月 1 日起财政部开始在河北省实施水资源费改税的试点，③ 将地表水和地下水纳入征税范围，对一般性取用水按实际取用水量计征，设置最低税额标准，地表水平均不低于每立方米 0.4 元，地下水平均不低于每立方米 1.5 元。具体取用水分类及适用税额标准，严格控制地下水过量开采，抑制不合理需求，对高耗水行业、超计划用水以及在地下水超采地区取用地下水，从高制定税额标准。正常生产生活用水维持原有负担水平不变。可见，在我国进行农村水资源税费改革对农业节水影响巨大，而配合建立合理的补偿机制才能够使农村水价改革更有效、更公平和更科学。

第四节　基于生态补偿视角的辨析

一、生态补偿基本原理

1. 生态补偿手段及方式

目前，农业生态补偿分为政府主导型和市场交易型。政府补偿主要通过政府财政转移支付、差异化区域政策、实施生态保护项目、生态税、生态补偿金

---

① 丁民. 对农业水资源费和水费问题的思考与建议 [J]. 水利财务与经济，2007（4）.

② 沈大军，阮本清，张志诚. 水资源税征收的理论依据分析 [J]. 水利学报，2002（10）：124-128.

③ 财政部、国家税务总局、水利部联合制定了《水资源税改革试点暂行办法》，水资源税仍按水资源费中央与地方 1：9 的分成比例不变。河北省在缴纳南水北调工程基金期间，水资源税收入全部留给该省；试点采取水资源费改税方式，具体取用水分类及适用税额标准由河北省政府提出建议，报财政部会同有关部门确定核准。

等手段进行。其中政府财政转移支付包括中央财政转移支付、地方政府转移支付、各级政府的专项基金、税负优惠、税收返还、财政援助、财政补贴、财政奖励、信贷优惠、收费减免、区域经济合作、项目扶贫以及生态移民安置等（转移支付数额=地方财政收入-全国平均财政收入-税收）；差异化区域政策包括税收减免优惠的税收政策和绿色信贷政策，建立生态补偿基金，实施生态优先的绩效考核，优先安排生态功能重要区的基础设施和生态环境保护项目投资，制定鼓励绿色产业发展的政策等；实施生态保护项目包括生态保护与建设项目和开发性项目。市场补偿主要通过公共支付、一对一交易、市场贸易、生态标记等手段进行。

2. 生态补偿的目的及效果

生态补偿的目的：一是维护社会公平。通过生态补偿，减少政府和农户之间的公私利益矛盾，维护各方利益，协调区域关系。秉承"谁获益谁补偿"的原则，如果一个主体对其他主体提供了生态服务的正外部性，那么获益的主体应该给予施益者一定数量的补偿。这样受益者可以享受正外部性，施益者更乐于提供正外部性，于是就形成正向的循环机制。二是促进可持续发展。通过生态补偿，增强民众节水意识，减缓地下水超采、地面沉降的速度；明晰主体的责任和义务，矫正"负外部性"，有利于建设资源节约型、环境友好型社会和"美丽乡村"。

生态补偿的效果：一是我国在生态补偿方面目前仍存在一定的政策空缺，缺乏国家层面更加详细的法律依据和政策指引，各地补偿标准和方式等方面较为混乱，同时也遇到政出多门、条块分割和地方保护等诸多体制上的限制。二是执行人员懒政，疏于职守，使得生态补偿资金下发不及时或下发具有偏向性。三是事权下移，财权上移，使得基层政府的部分职能受到限制，生态补偿的微观操作达不到预期效果。

3. 生态补偿评价和控制

评价过程具体包括明确评价主体（利益相关方的政府、农民、企业以及非利益相关方的第三方机构和社会公众）、评估客体（农民个体、基层政府、农民合作组织和协会等），辨析评估对象（影响经济社会发展的公共政策），优选评价方法（预测方法、定量化技术、对比分析方法、逻辑框架法、经济评估法、经验分析法、问卷调查法、360度反馈评价），构建评估指标（完善性、参与性、执行力、环境效益、经济效益），评价和监督（控制），如图4-4所示。

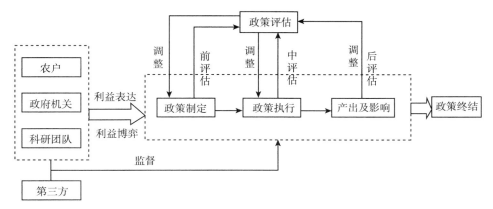

图 4-4 生态补偿评估与监督

在补偿实施过程中，运用边际效用原理、外部性原理、生态可持续原理等进行阶段性评价，及时采取控制措施，如转移补偿对象、丰富补偿手段、通过多方融资扩大资金来源、加强公众民主参与、健全公众参与和监督机制、维护公民的生态建设受益权、提高民众对生态补偿的认可度和支持度、注重补偿绩效评估。

二、农村水补偿制度有待完善

首先，由于农业节水工程是财务效益低的生态工程，以种植业为主的农民属于弱势群体，农产品的低价格和务农的低收入，难以承担更多的水费维护和投资灌溉节水工程。其次，一家一户的小规模经营，限制了先进节水技术的规模化普及，更增加了微观农户投资建水利的难度。因此，具有公共产品性质的农业节水，不论是工程节水还是农艺节水和管理节水，都应构建起政府补贴和补偿的正向激励机制。最后，根据调查，现行水价一般为农业成本水价的30%～60%。[①] 为了弥补农业成本水价而提高水价，单纯地提高农业水价会带来负面效益。例如，受益少的作物干脆停止灌溉、拖欠水费等。在上述补偿依据下，遵循"受益者负担、受损者补偿、外部成本内部化、投资者拥有"原则，构建起包括补偿主体、补偿客体、补偿方式和补偿标准的农业节水补偿机制。

1. 补偿资金的渠道有待拓展

补偿资金的渠道可以多元化、多层次、多渠道，归纳起来主要来源见表4-13。

---

① 丰景春，高蕾. 我国农业水费改革及建议［J］. 水利经济，2008，26（5）：45-48.

表 4-13 农业节水补偿提取来源构想

农业节水基金来源分类	按比例提取专项资金来源	提价比例
政府财政型	各级政府基本建设资金、技术改造资金、财政支农资金、小农水事业费、水利建设基金、水资源费、农业综合开发资金、扶贫资金、水利设施征地补偿、房地产耕地占用税、城市土地出让金、集体建设用地流转	较高
城镇居民生活型	城镇居民生活水费、阶梯式累进加价、社会募捐、节水型公益彩票	
工业生产型	工业年用水量、排污费和水污染防治费	
服务业单位型	各单位超计划用水加价收费	
用水农户型	生活用水资源费、农业用基础水费	较低

2. 补贴和补偿机制仍需细化体系

国家层面的农业农村补贴和补偿机制逐步健全。公益类水利项目补偿制度有：2002 年的《水法》第五十五条指出，使用水工程供应的水，应当按照国家规定向供水单位缴纳水费。供水价格应当按照补偿成本、合理收益、优质优价、公平负担的原则确定。2004 年国家颁布的《水利工程供水价格管理办法》规定：农业用水价格按补偿供水生产成本、费用的原则核定，不计利润和税金。2004 年国务院提出水价改革的目标：一是供水单位良性发展与节水设施建设相结合，合理补偿供水单位成本费用，促进节水工程建设和节水技术推广。二是逐步提高水利工程水价。将非农业用水价格尽快调整到补偿成本、合理盈利的水平。完善水费计收机制，取消不合理加价和收费，并在降低管理成本基础上，合理调整农业用水价格，逐步达到保本水平。① 2005 年水利部水资源司《深化水务管理体制改革指导意见》（水资源司〔2005〕49 号）提出：建立完善特许经营管理办法，建立健全水价调整与听证程序、产品与服务价格审核程序，建立政策性损害的利益补偿机制。《国家农业节水纲要（2012-2020年）》（国办发〔2012〕55 号）指出：研究支持农田水利特别是发展节水灌溉的长效机制，进一步完善占用农业灌溉水源和灌排工程设施补偿制度；扩大节水和抗旱机具购置补贴范围。2011 年"中央一号"文件提出：按照促进节约用水、降低农民水费支出、保障灌排工程良性运行的原则，推进农业水价综合

---

① 国务院办公厅《关于推进水价改革促进节约用水保护水资源的通知》（国办发〔2004〕36号），2004 年 4 月 19 日。

改革，农业灌排工程运行管理费用由财政适当补助。2012 年国务院《关于实行最严格水资源管理制度的意见》（国发〔2012〕3 号）提出：加大农业节水力度，完善和落实节水灌溉的产业支持、技术服务、财政补贴等政策措施，大力发展管道输水、喷灌、微灌等高效节水灌溉。2011 年《全国地下水污染防治规划（2011~2020 年)》（环发〔2011〕128 号）提出：严格控制地下水饮用水水源补给区农业面源污染。通过工程技术、生态补偿等综合措施，在水源补给区内科学合理使用化肥和农药，积极发展生态及有机农业。建立地下水污染责任终身追究制，建立健全地下水污染责任认定、损失核算以及补偿等机制，严格执行污染物排放总量控制制度及排污许可证制度。从高制定地下水水资源费征收标准，完善差别水价等政策，加大征收力度，限制地下水过量开采。探索建立受益地区对地下水饮用水水源保护区的生态补偿机制。

上述提出补偿概念居多，而细化补偿主体、客体、标准、方式和周期尚无体系化的详细阐述，尚未对现实中补偿政策执行中发生的问题提及处置办法。例如，我国目前的水费征收制度是多级制，即灌（库）区征收到乡镇、乡镇征收到村、村征收到人。这种多层级收费制度带来了较为严重的问题。首先，增加了征收的中间环节，为乡、镇、村截留、挪用、挤占水费创造了条件。其次，个别乡镇、村隐瞒灌溉面积和所收水费总额，给当地供水单位造成损失。这是造成供水单位亏损的两个最主要原因。为了弥补亏损，灌区供水单位不得不提高水价，从而间接地增加了农民负担。上述政策中未见提出用补偿办法解决的相关政策表述。

3. 补偿与补贴尚需综合集成

生态补偿与补贴是两个有差异而又联系的概念，在此以农水补贴和农水生态补偿予以区分，见表 4-14。

表 4-14 补偿补贴对照

	农水补贴	农水生态补偿
含义	财政对用水和节水治污设施投入或对用水户收入提供的支持、捐助和税费减免行为	各级政府或市场主体对农村各类涉水生态建设工程及要素占用等各类损失的抵消损耗偿付行为
主体	政府或公共机构，包括水务、农业、环保、国土、林业、扶贫部门	各级政府、农业用水受益者、农村污水治理者

	农水补贴	农水生态补偿
对象	用水农户、水协会、水企业和下级涉水部门	各级政府、农业用水受益者、农村污水治理者
方式	价格支持、实物援助、技术服务、智力扶持和税收减免	政府主导型、市场主导型、社区协商性
影响因素	财政政策、市场供需变化、农户收入差异等	直接成本、机会成本、发展成本

节水补偿和节水补贴的机理差异见图4-5和图4-6。

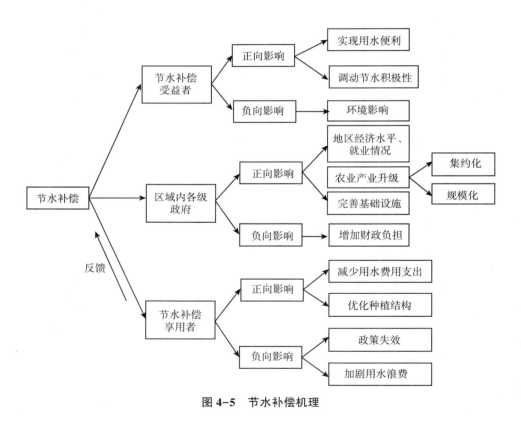

图4-5 节水补偿机理

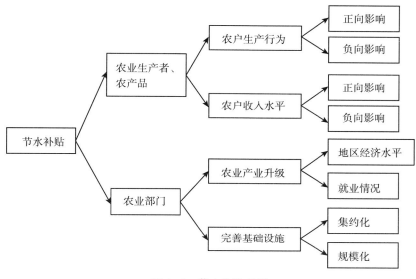

图 4-6 节水补贴机理

4. 补贴和补偿方式还需优化

我国学者提出农业水价合理分担基础上的水价补贴和补偿。农业水价合理分担是指由国家、地方政府、农民及农业用水受益者等组织或个人共同合理负担农业供水成本（姜文来，2012）。[1] 关于优化水价补贴和补偿的方式，一些学者提出了以下思路。近期应尽快建立农业水费财政补贴机制（郭小军，2009）；[2] 坚持补偿成本是农业水价改革的核心原则（冯广志，2010）[3]；先实行有数量限制的暗补，再逐步过渡到全部实行明补的阶段（王克强等，2009）；[4] 建立灌区农业供水成本补偿，由财政补贴没有达到成本部分的水价成本（刘宏让，2010）；[5] 应构建农业用水户、政府、非农业用水户和水管单位参与农业水价分担的模式（徐璇等，2013）。[6] 实际上，农业水价分担不仅是财政补偿（补贴），还包括农业用水利益相关者如何合理分担，从本质上看，农业水价补偿（补贴）也是农业水价分担的一种方式。其基本公式是农

① 姜文来. 农业水价合理分担研究 [J]. 中国市场，2012（16）：45-51.
② 郭小军. 泾惠渠灌区用水的调查与思考 [J]. 陕西水利，2009（4）：133-134.
③ 冯广志. 完善农业水价形成机制若干问题的思考 [J]. 水利发展研究，2010（8）：26-32.
④ 王克强，刘红梅. 中国农业水权流转的制约因素分析 [J]. 农业经济问题，2009（10）：7-11.
⑤ 刘宏让. 灌区农业水价成本补偿机制探究 [J]. 中国水利，2010（12）：29-32.
⑥ 徐璇，毛春梅. 我国农业水价分担模式探讨 [J]. 水利经济，2013（2）：19-26.

户每单位农业用水的实际支付和边际供水成本或全部成本价之间的差额。

5. 补偿标准仍是关键和难点

如何确定节水激励补偿标准是关键和难点。郭巧玲等（2007）提出以补偿供水成本为目的的水价模型为：可持续发展水价＝资源水价＋（工程水价＋环境水价）/多年平均供水量，以及 $P = C/W + P_u$（式中，C 为供水生产成本，W 为多年平均供水量，P_u 为节水水价奖罚项)[1]，后者公式指明水价中补偿成分。李永根（2004）提出了制定节水水价应该考虑供水生产成本、供水生产利润、供水税金、节水调控金以及用户承受力，[2] 后两个因素指明水价补偿的两个关键。张掖市水价管理办法[3]设计了亩次用水量占比达到用水定额指标的比例来决定奖励性减价或惩罚性加价的幅度。考虑农户承受能力建议奖罚项应改为激励补偿项为宜。喻玉清、罗金耀（2005）提出的水价＝基本水价＋计量水价的可持续条件下的农业水价方法，[4] 最接近两部制水价的基本构成。李永根（2004）提出，节水公式中用节水调节控制金显示补偿的地位。$P_J = \mathrm{Min}$ (P_L, P_C)；$P_L = C + T_L + T_S + T_T$。式中：$P_J$ 为节水水价，P_L 为理论水价，P_C 为农户承受水价，C 为节水生产成本，T_L 为供水生产利润，T_S 为供水税金，T_T 为节水调控金。[5]

综上所述，对通过建立节水调节基金作为农业节水的补偿源，来源以政府财政为主；必须因地制宜充分考虑农户承受能力；节水补偿应与两部制水价实施、总量限额控制以及累进加价政策相匹配。

补偿应有上限和下限的边界限制，底线应补偿到工程供水的基本水价，上限应达到总量限额水量，超出总量限额水量实施惩罚性计量水价，只惩罚不补偿。上述观点可用图 4-7 说明。

图中横坐标 Q 为农户用水量，P 为纵坐标表示水价及补偿费，P_j 为基本水价，P_m 为农户计量水价，P_1 为节水补偿费的下限最小值，P_2 为节水补偿费的上限最大值，Q_2 为补偿下限最小值时的农户用水量，Q_1 为补偿上限最大值

① 郭巧玲，冯起，杨云松．黑河中游灌区可持续发展水价研究［J］．人民黄河，2007（12）：65-68.

②⑤ 李永根．节水水价制定理论与方法初探［J］．南水北调与水利科技，2004（5）：40-42.

③ 张掖市节水型社会试点建设领导小组办公室．张掖市节水型社会试点建设制度汇编［M］．北京：中国水利水电出版社，2004.

④ 喻玉清，罗金耀．在可持续发展条件下的农业水价制定研究［J］．灌溉排水学报，2005（4）：77-80.

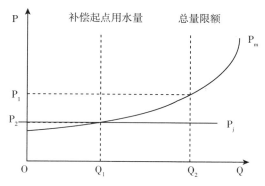

图 4-7 两部制机理下农业节水补偿上下限

时的农户用水量。图中，基本水价 P_j 因为供水工程的固定成本，虽有因时间耗损的折旧以及物价波动，但长期较为稳定，弹性可以忽略不计；计量水价的实际供水量收费按照阶梯性（图中为简化未画阶梯曲线）累进加价的方式，呈现斜率递增的上升曲线。图 4-7 中，Q_1 较小时 $P_{2（补偿）}$ 较高，Q_2 较高时 $P_{1（补偿）}$ 较低，补偿范围是 P_1-P_2，接近基本水价用水量的补偿标准较高，接近总量限额水价用水量的补偿标准较低。此外，当超出了总量限额时不补偿，实施行政处罚性的高价措施。同时，必须保证农户具有一定的起始点用水量，使 P_m 起点不为零。因此，发挥补偿反向调控用水量，起到节奖超罚的作用。

三、农村水补偿机制仍需健全

农村水政策执行中衰减、"走样"或出现逆向选择，一个重要原因是缺少激励机制。政治过程和制度之所以对代理人问题总是处理不好，其原因就是激励不足。[①] 解决的办法是设计一个合理的激励机制，控制代理人的行为偏差，必须向代理人提供足够的租金，建立租金与信息之间的联系，以提供正确的边际激励。[②] 而在农水治理上的激励机制中一个重要的范式是补偿机制。

一般而言，生态补偿体系包括补偿主体、补偿客体、补偿对象、补偿方式、补偿标准和补偿周期。

1. 补偿主体不清晰

从农业节水和农村生活污水角度看，横向补偿是指农业节水者与耗水者之

---

① 阿维那什·迪克西特. 经济政策的制定 [M]. 北京：中国人民大学出版社，2004.
② 黄新华. 政治过程—交易成本与治理机制 [J]. 厦门大学学报（哲学社会科学版），2010（1）：16-24.

间，农村污水排放者与农村环境受害者之间，根据获益者付费、受害者受补偿的原则补偿。主体不清晰，是指节水主体和治污之间，不同取水、用水和排水地区之间的补偿主体因产权的所有权、处置权不清晰，使成本与收益权归属不清晰，导致的补偿关系不明确、补偿行为难以实施的状态。例如，地表水与地下水分别被工业、城市和农业取水，城乡、工农、农业节水户与耗水户、农村排污者与环境受害者之间，在用水紧张和环境稀缺的状况下，工业和城市抽采地下水，对农户用水具有替代作用下的损耗，由于地下与地表水权难以界定，工业和城市过量用水，难以对农户进行补贴。纵向补偿不清晰主要指政府上级对下级部门的转移性支付或政府对非政府组织的水协会或农户形成补偿责任不清晰，事权下移、财权上移或治理目标分离造成的补偿政策执行低效甚或扭曲的状态。例如，节水或治污政策执行中，上级政府事权下移实施生态补偿性转移支付，而政府节水和治污目标与基层的治理能力和现状脱节。目前，由于下级政府在得到上级政府的生态补偿资金后，存在各种政策规避，产生"上有政策、下有对策"的现象，难以构建起纵向稳定的、公平且公开的、有效而有监督的生态补偿机制。

2. 补偿客体不精准

由于下级政府部门财政预算能力局限，尤其是基层农村财政职能缺失，在补偿政策实施过程中，由于资金稀缺不能遍及所有需要者，尤其是节水户与耗水农户的界定标准困难，或政府独断补偿指标的界定依据，使补偿目标和客体模糊，政策效果大打折扣。例如，农村以电费代替水费，衡量节水程度的指标比较单一；小农参与意识不强，补偿政策信息不对称；农户对自身是否符合补偿条件不明确，难以形成建议权和行使自身利益申述权。

3. 补偿对象不清晰

本书所指的农业生态补偿仅指对农业二元水循环中的各环节水过程补偿，尤其是农业节水和排水形成的治理污水。但是在补偿政策指南方案中较少见到贯穿于取水、用水、节水和排水回用全过程的条款。学术界对补偿对象的各种设计指标比较纷杂，尚未形成权威的政策，试点推广的范围还不广泛。例如，农村分散面源外部性污染，补偿应按照一定比例将外部成本内部化，但是外部性和内部化的定量化尚难明确。

4. 补偿方式显粗糙

农业生态补偿的适用方式有政策补偿、资金补偿、实物补偿、技术和智力补偿。各类补偿相互补充，构成一个有机的、多样化的生态补偿方式。政策补偿主要通过中央政府、省级政府、市级政府层层转移，这种由上至下的补偿方式，由于受到技术水平以及农户参与度的限制，很难衡量预算金额，使补偿金额的衡量显得粗糙空泛。针对水资源和环境最刚性的税收缺乏，补偿资金筹集源不健全、不稳定带来补偿困难。实物补偿缺乏统一的补偿衡量标准。技术和智力补偿分散、集成强度不够，科技转化不彻底和低效益。政策补偿地区适应性不强，效果不明显，且难以协调各方利益，埋藏的矛盾易冲突。

5. 补偿标准不满意

学术界已经为生态补偿提供了各种补偿标准的思路和建议；但是，因为农民是弱势群体，在水治理利用方面的权益保障不足；农业是低收入产业，带给农户的利益有限；农业水资源是需求弹性低的生产要素，刚性上涨的趋势使农业生产成本增加；农村环境是农民生活质量的标志，屋内现代化难以自然改变屋外脏乱差。从政府看，生态补偿涉及农业、水利、环保等多个部门，补偿标准的制定多元利益需求不同，补偿机制在调整利益配置中，受到政出多门影响，受到当前农民的小农意识落后的影响。社会福利与社会政治相连，治水、治政相连，管水、管政府和管农民尺度有别，难以达到社会福利均衡，不同立场下对农户的补偿的评判水平不同，所以，补偿标准往往是对不同的主体和客体相对满意。因此，需要用政策学相关理论评估生态补偿的实施效果。

在调研中，农户的意愿是补偿水平应高于提价水平。例如，对已经实施10年"一提一补"水价政策的衡水桃城区的调研显示，在"压采"政策推行下，是否愿意继续接受新的"一提一补"水价政策也表现出了不同的态度。针对这个问题，制作了关于农村"一提一补"水价政策，进行了前测—培训—后测的调查对比分析，见表4-15。

表4-15 农村"一提一补"水价政策调查问卷

1. 您在压采、限采、禁采和南水北调通水的背景下，对"一提一补"政策的看法？
A. 完全接受　　B. 改进后接受　　C. 改进后不接受　　D. 完全反对
结果：完全接受的由8%增到22%，改进后接受的由28%增到50%，改进后不接受的由34%降到15%，完全反对的由30%降到13%。
2. 您认为地下水超采综合治理补贴标准哪个最合适？
A. 耕作面积　　B. 户籍人口　　C. 实际用水量　　D. 节水量　　E. 都补
结果：培训前，对于地下水超采治理补贴按什么补，10%的人认为按土地，15%的人认为按人口，25%的人认为按用水，30%的人认为按节水，20%的人认为都补。培训后，25%的人认为按土地，10%的人认为按人口，15%的人认为按用水，35%的人认为按节水，10%的人认为都补。

3. 如果参加农村"一提一补"节水，您最担心的是什么问题？

A. 不能及时领到补偿的钱　　　B. 农村种植结构调整有风险　　　C. 农业各种政策变化快

D. 因节水增收不能保证　　　　E. 导致村民关系紧张

结果：培训前，50%的人认为不能及时领到补偿的钱，10%的人担心农村种植结构调整，15%的人担心农业各种政策变化快，20%的人担心因节水增收不能保证，5%的人担心导致村民关系紧张。培训后，30%的人认为不能及时领到补偿的钱，10%的人担心农村种植结构调整，15%的人担心农业各种政策变化快，35%的人担心因节水增收不能保证，10%的人担心导致村民关系紧张。

关于实现地下水超采治理农户最满意的补贴标准的调查见表4-16。

表4-16　实现地下水超采治理最满意的补贴标准

	前测占比（%）	后测占比（%）
每年大田旱作物与耗水作物的最好收成下两者的价格差	55.0	35.0
每年大田旱作物节水量与耗水作物节水量的电费差	15.0	20.0
因禁采地下水导致封井带来的打井成本的年均损失	15.0	10.0
因压采地下水导致限制开采地下水导致的水量年均损失	10.0	35.0
其他	5.0	0.0

培训前后的问卷显示：每年大田旱作物与耗水作物的最好收成下两者的价格差由55%降低到35%；每年大田旱作物节水量与耗水作物节水量的电费差由15%提高到20%；因禁采地下水导致封井带来的打井成本的年均损失由15%降低到10%；因压采地下水导致限制开采地下水导致的水量年均损失由10%提高到35%。可见，农民最关心的一是价格决定下的收入，二是用水量的年均损失。

表4-17　政府与农户之间最好的合作状态

	前测占比（%）	后测占比（%）
政府包揽（一元独治）	15.0	20.0
协会主导（倾向农户）	20.0	30.0
农民自主（村民一事一议）	65.0	50.0

由表4-17可知，培训前后的问卷显示：政府包办由15%提高到20%；协会主导由20%提高到30%；农民自主由65%降低到50%。可见，农民对与政府合作的态度，尽管经过前后测后农民自主的比例有所下降，政府包揽的比例有所上升，但农民的民主意识增强，倾向于农民自主即村民一事一议。

综上所述，在压采、限采、禁采和南水北调通水的背景下改进后才接受"一提一补"政策，较多的农民认为按节水量补偿，关注价格决定下的收入和用水量的年均损失，最关心的是节水与增收的冲突。此外，农民对"将提取水价多收的资金按耕地面积平均补贴，多收的钱和补贴的钱作为节水调节基金，每半年按公示的承包地面积平均发放"的做法尚存在质疑；对于政府、集体、个人三方各承担农村"一提一补"基金中，"提"的费用该是多少存在争议；对于实行阶梯式奖罚的浮动定额控制存在异议；农户对政府"一提一补"政策尚认识不全面，但不论采用何种方式和标准，农民总体态度是，只要补偿能得到更多的利益就说节水政策好。

第五节　公共管理视角的辨析

一、公共产品理论

公共产品是指可提供公共使用或消费的社会产品和劳务，它在同一时间里具有共享性、非竞争性和非排他性，无法依靠市场力量实现有效配置。共享性也称效用的不可分割性，是指同一时间里人人消费产生效用。非排他性是指公共物品不可能排除任何人对它的消费和受益。非竞争性是指公共品没有必要排斥任何人对它的消费，因为该物品消费者的增加并不引起边际成本的任何增加，边际拥挤成本为零。公共产品可分为纯公共产品、准公共产品和私人产品。公共产品产生的原因是市场失灵，即因产权不明确或产权主体缺位，内部功能性和外部条件缺陷引起的市场机制在资源配置某些领域中的运作无效率。

公共产品供给是不足的。公共产品的有效供给与私人产品的供给有很大区别，反映在两者的需求曲线不同。私有物品的总需求是所有个人需求量的水平的数量加总，在图4-8（a）中就是曲线BEF；公共物品的总体需求曲线是个人需求支付意愿的垂直加总，即图4-8（b）中的曲线HGD。在图4-8（b）

中，AD 与 BC 分别是两个人对某公共产品的需求曲线，这与他们消费公共产品所得到的满足（边际效用）相一致。萨缪尔森称其为"虚假的需求曲线"。在实际生活中，人们一般不会明确表示他们消费一定量的公共产品的边际效用是多少，更不愿意按照市场化私人产品边际支付意愿的斜率去支付公共产品的价格，因此，公共产品总是供不应求的状态。

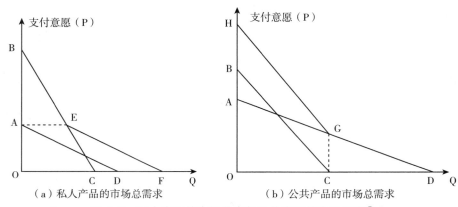

图 4-8　私人产品的市场需求与公共产品的市场需求①

　　由于提供公共物品需要大量的财力、物力，私人既不愿提供公共产品，也缺乏提供公共产品的能力，生产者的投资行为无利可图，这时，公共产品的提供自然应当主要由政府来承担，即通过一定的征税以取得财政收入，然后再以财政支出方式投资于公共产品的生产。我国农村水资源包括农村生活用水、农业生产用水和生态环境用水。其中，环境用水是纯公共产品，改善环境带来的福利的共享性，应当由公权责任人政府供应。而农村的生活用水和农业生产用水逐步开始转变为准公共产品，产权可分割的属性使市场逐步可以介入水资源的配置，公权力在保留公共环境用水份额的前提下，可以向用水地区、供水单位、用户等再分配水权，使这些主体对其各自份额享有使用、转让和处置的权利，从而实现了对水资源准公共产品来自政府和农户的第二层次的分离并通过市场实现其高效利用。上述农村水资源公共产品供给方面，政府与农户只有共同参与配置和管理水资源，按照比例分摊边际成本与边际收益，才能有利于实现公共产品利用的帕累托最优。可以通过讨价还价的协商博弈来决定公共产品

　　①　王军，杨雪峰，赵金龙，江激宇. 资源与环境经济学［M］. 北京：中国农业大学出版社，2010.

的供给水平以及它们之间各自应负担的成本分配比例，即林达尔均衡（Lindahl Equilibrium，又被称为维—林模型），见图4-9。其经济学意义是应通过"讨价还价"过程中主体间的互动，进行信息传播、个体互动、知识交流，通过此种多边谈判的动态过程，实现公共产品和服务供给的最优决策。

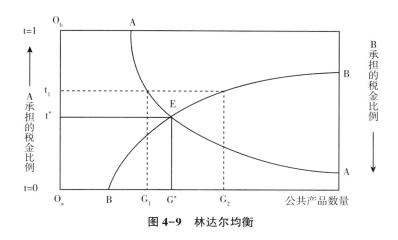

图4-9　林达尔均衡

农村公共物品和服务供给不足主要表现为：

第一，农业基础设施建设不足。在农业供水方面，我国农村生活饮用水以地下水为主，水源占74.87%，饮用集中式供水的人口占55.10%，饮用未达标水的人口占44.36%。我国缺乏灌溉条件或设施的"望天田"达11.1亿亩，建成灌溉面积8.38亿亩，实际灌溉面积7亿多亩，且2/3是沿用传统落后的灌溉方法。农田水利设施投入不足、维护薄弱、老化失修严重。其原因主要有：一是财政投入不足。1978~1998年，全国农业基建投资仅994亿元，占同期各行业基建投资的1.5%。农村小型基础设施由当地政府财政投入，大型基建由上级政府转移支付。据统计，我国农田水利建设投资由2002年的819.2亿元增加到2010年的2319.9亿元，2015年（2014年10月至2015年3月底）为3467亿元，呈逐年上升趋势。由于取消农村义务工和劳动积累工，农民投入劳工日大幅减少，难以弥补资金缺口。[1][2]二是农民劳工投入减少。农村税费改革取消统一的劳动积累工和义务工后，农田水利投入下滑。据统计，

---

① 根据2002年、2010年水利统计公报等整理。
② 去冬今春我国农田水利建设完成投资3467亿元［EB/OL］. 新华网，2015-04-14.

2004~2005 年全国农田水利基本建设的农民投工比 1998~1999 年下降近 70%，减少 700 亿元。全国农民在水利建设方面的投工已从 20 世纪 90 年代最高年份的 102 亿个工日，下降至 31 亿个工日，锐减近七成。折合计算，相当于减少了 710 亿元的水田水利建设投资。由于小型农田水利具有基础性、公益性的特点，决定了政府应承担更多的责任。据测算，水利对粮食增产的贡献率为 44% 左右，其中，小型农田水利设施为 37%。小型农田水利设施具有正外部性，盈利能力非常有限，政府必须在农田水利投资中发挥主体作用。①

第二，中央、地方政府分权不明晰。一项公共产品或服务由哪一级政府提供，关键是权衡该公共产品随生产规模带来的收益和成本，有效的分权建立在地方与中央政府、不同地方政府、政府与私人之间合理的分工合作基础上。分权虽然可以降低决策成本和外部强制成本，满足不同居民的偏好和需求水平。但是，单一的分权将失去规模经济，导致社会收益和成本外溢，并带来税制低效、税收转移、管理成本提高等问题。所以，向地方分权应有一定限度，否则，容易造成农村公共产品的供给降低，交易成本和外部强制成本高昂。

二、乡村水治理体系分析

1. 乡村水治理主客体模糊

主体模糊。市场经济下的公共财政的原则是事权与财权相对称。政府间财政支出按照以下原则实行：一是受益原则，当受益对象是全国民众时支出属于中央政府，受益对象是地方居民，则支出应属地方政府；二是行动原则，公共物品是统一规划和行动的，则支出应属于中央政府，当实施中需要因地制宜的领域，则支出属于地方政府；三是技术原则，凡是公共建设规模庞大，需要较高技术才能完成的项目，支出应属中央政府，规模较小时，则支出属于地方政府（高培勇，2011）。② 由于我国是中央统一集权型国家，分税制改革后，不但中央政府与地方事权与财权不匹配，而且农村公共物品供给政府缺位，基本上是由农民自己负担，集体经济薄弱地区实际负担率要相对高于经济发达地区。根据上述原则，应明晰并理顺中央与地方到基层政府的事权，依据各自的权责确定包括转移支付的相匹配的财权。合理界定政府与市场的边界，政府要保证市场进入自由、契约自由、司法公正，保护消费者权益和环境，从而让市

① 韩俊，何宇鹏，王宾. 加快推进我国小型农田水利发展 [R]. 中国经济报告，2011：6-13.
② 高培勇，崔军. 公共部门经济学 [M]. 北京：中国人民大学出版社，2011.

场正常发挥资源配置决定性作用。政府主要提供公共产品，同时可推行私人建设经营、政府监管的运营模式（楼继伟，2014）。[①]

客体模糊。由于水的流动性，地下水的边界难以勘定，造成水权交易客体模糊，除非是地表有水库或大坝的边界。我国灌区水权不明晰也间接造成了水权交易市场模糊，在很多灌区内农户用水，管理机构收水费，用得越多，水费越多，水价上涨。农户用水量下降，管理机构的公共收入下降，阻碍了节水公共管理的财力，水利基础设施等公共投入不足，灌区水权模糊，灌区用水收益权无保障，灌区用水难以拥有转让权，农村水资源的浪费和水效率下降在所难免。

针对上述问题，解决措施如下：一是要明确政府在农村公共产品供给中的责任。对大多数的农村公共产品来说，如大江大河的治理、水利和防洪工程的建设，由于其投资金额大，具有外部性、不可分割性，市场机制发挥不了作用；许多农村公共产品，如节水治污的科学普及和教育培训、农业生态环境保护、防洪工程设施等，其效用不仅惠及农村地区，而且还外溢释放到城市去。因此，政府应承担起为农村提供公共产品的责任。二是重新界定各级政府的职责。地方政府由于对本地区居民的偏好更为了解，因此，地方性公共产品的供给职责应由地方政府来承担。当政府的供给无法满足农村公共物品需求时，应引入社会资本，实现农村公共物品的供给主体与供给方式的多元化。农村纯公共物品可由政府来提供，对于农村混合物品即准公共物品，可由政府和私人混合提供，政府适度补贴。根据这一理论，在我国农村纯公共物品应根据公共物品的服务能力和范围由中央政府来独立提供；农村准公共物品按地方政府财政补贴和受益人投资相结合的方式来提供；小范围受益的公共物品可以通过将农民组织起来形成法人组织性质的农民合作经济组织，或农民自愿合作的农民水协会或环境治理协会解决；提高乡政府提供公共物品的能力和动力，并与村级政府形成良性的互动机制，来实现农村公共物品的有效供给。三是通过预算明确政府公共责任。由于财政资源的有限性，预算过程中的资源配置决策实际上反映了政治权力的分配（马俊，2015）。[②]

2. 农户参与水治理不充分

公众参与水治理研究现状。在水环境保护与治理的参与主体方面，由于我

①　楼继伟. 中国政府间财政关系存在的主要问题及改革对策［EB/OL］. 中国宏观经济信息网，2014-07-10.

②　马俊. 新预算法下如何做好事业单位预算管理工作［J］. 经济研究导刊，2015（18）：158-159.

国农村历史上民主观念不强，农户习惯了"听从"，对参与决策表示怀疑，参与意识较低，多为政府集权管理（刘红梅，2006）。公众参与过程中存在以下问题：第一，非制度采用导致社会失序行为。第二，公众缺乏参与热情。第三，被动地参与使公众缺乏责任意识。第四，公众参与的渠道单一（李拓，2010）。① 近年来，社会公共管理实践中出现了一股浪潮，即以政府管制为基础，结合市场和社会力量的多元共治模式，这种包括政府社会性管制在内的多元共治模式必然以善治作为它的追求目标，从而更好地推动社会公共管理的发展（刘鹏，2003）。因此，在水资源治理研究方面也表现出由政府一元治理向强调公众参与的多元共治转变。

公众参与的重要性。公众参与是政府获取信息最基本的方式，减少信息的扭曲，降低政府搜寻、辨别公共政策问题的成本，可以弥补政府决策的有限理性；公众参与可以弥补传统公共决策中参与层次低、范围小、参与方式简单、忽略多数人的利益价值观和意愿的缺陷；公民参与决策使公众表达出利益需求；公众参与保障了公众的知情权、参与权、发言权，体现了对公众的尊重，保障公民权利的实现；明晰政府和公众的权利和责任边界，增强公众政府权威的认同；平衡了利益集团与弱势群体之间的利益；政府通过公众参与激发群众智慧，可以有效降低政府行政风险；可以有效防止公共权利的滥用；广泛的公民参与是公众的政治参与，是现代民主政治的基础；公民参与有利于促进社会稳定，培养公众的合作精神，增进政治认同。

公众参与节水灌溉的依据。依据外部性理论，公众参与节水灌溉可以带来正外部性，如果每个人都带来正外部性，可以缓解政府财政压力；根据资源产权理论，产权明晰可以调动农户节水积极性；根据公共财产理论和公共管理理论，公共资源需要多方参与管理，制定相应规则进行约束；按照利益相关者理论，治理体系中要尊重每一个利益相关者的发言权；根据自然资源三维说，自然资源时间、空间和数量有限，要处理好代际关系，保证资源可持续利用；按照社会嵌入理论，任何理性经济行为都不会离开社会关系单独存在。

公众参与水管理的制约因素。从微观层面上讲，农民的主体参与意识有待提高。中国传统的集体主义，重视一致性，并不利于培养合适的公众参与者。从中观层面上讲，公众参与的媒介——民间组织稀缺和低效。中国用水者协会等民间组织少，其合法性长时间得不到认可，活动也得不到政府的支持。节水

① 李拓. 论正确处理民主决策与科学决策的关系 [J]. 北京行政学院学报，2012（1）：38-41.

灌溉的信息缺乏，农民对来自电视、书刊杂志、广播、节水宣传等方面的节水知识理解比较模糊。信息缺乏导致双向恶性循环，由于信息渠道不畅，农民对政策不了解，在参与预调查中，热情不高，态度冷淡，导致结论与预期偏差，影响政策制定。从宏观层面上讲，社区教育不完善；文化宣传不到位；法律亟待健全，司法保障不足，对违反法律、不征求公众意见或者不吸收公众参与水资源管理的行为所应该承担的法律责任都没有具体的规定。

公众参与水资源治理的意愿分析。对农户参与农村水资源与环境二元共治机制意愿分析的相关文献较少。国内研究多集中于农户参与农业节水的意愿及影响因素分析，研究方法多采用 Logit 计量模型。郭雅楠（2012）以衡水桃城区为例，通过构建 Logit 计量模型从内外部因素两方面分析对农户参与农业节水意愿的影响，结果表明，农户是否务农、劳动力数量、家庭耕地面积、风险偏好、村社设施状况和工程信息宣传对农户参与农业节水的意愿具有显著影响。孙伟等（2011）运用 Logit 模型，基于陕西、新疆、内蒙古和黑龙江的调研数据，分析农户参与节水灌溉的意愿及影响因素，结果显示，农户家庭收入、平均每块耕地面积、灌溉方式、节水意愿、政府扶持、村科技能人或者农业大户以及订单企业的宣传资料等对农户采用节水灌溉技术有显著的作用。[①]基于政策试验方法研究公众参与水资源治理的文献较少。同时，在对公众参与水资源治理的意愿分析时没有把政府主导下的生态补偿、以奖促治、以考促治等作为重要因素考虑。

公众参与水资源治理的方式。一是公众参加听证会，这是比较传统的公众参与方式。对于听证的研究较多，学术界总体意见认为这种传统方式不能广泛覆盖公众，只有少部分人能够参与，因此体现公众利益的作用有限，在某些时候，往往流于形式（Cupps，1977；Kathlene and Martin，1991）。二是环境辩论方法，即经过调解、政治对话以及规则协商最终达成一致意见的大众参与方式。这依赖于愿意谈判的利益团体之间针对多方都能接受的方案达成共识（刘红梅，2006）。三是农民用水协会，用水协会在提高灌溉用水效率、增强用水户的民主管理和民主决策意识、减少水事纠纷、节约农业劳动力投入、改善渠道质量、提高弱势群体灌溉用水的获得性、增强农户节水意识、保证水费上缴和减轻干部工作压力等方面发挥着重要作用。四是财政以民主参与的方法

---

① 孙伟，孟军. 农业节水与农户行为的互动框架：影响因素及模式分析［J］. 哈尔滨工业大学学报（社会科学版），2011（2）：95-96.

实施"参与式预算"，在预算初审、小组讨论、大会审议等过程中，征求人大代表和民众的意见来编制预算，通过交流，修正政府预算，实现理性妥协、改变偏好、调整政府内部以及农户自身利益关系，最终达成一致意见，并将政府收支置于人民及其代表机构和公众的监督下运行公共预算支出行动，使政府预算能实现公共责任。

3. 农村水协会组织小、软、散

所谓农民用水协会是以某一灌溉区域为范围，由农民自愿组织起来的，实行自我服务、民主管理的农村用水合作组织，它属于农村专业经济合作组织的一种，是具有法人资格，实行自主经营、独立核算、非营利性的群众性社团组织。农民用水协会的作用：推进支渠以下的设施维修和管护工作，保障重点水利工程效益的发挥；提高灌溉用水效率；增强用水户的民主管理和民主决策意识；规范用水秩序，减少水事纠纷；节约农业劳动力投入；改善渠道质量；提高弱势群体灌溉用水的获得性；增强农户节水意识；保证水费上缴和减轻各级政府部门干部工作压力等。

农民用水协会的管理职责有：制定协会运行管理的各项规章制度；编报用水计划，负责与供水单位签订供用水合同或协议；负责本协会内的灌溉管理，协调各用水小组及会员之间的利益关系；负责协会辖区内灌排设施的运行管理与维护，组织会员对辖区灌排工程进行更新改造、扩建和维修；实行节约用水，采用先进合理的灌水技术和方法，提高水的利用率；核算水价，制定有关水费收取与使用的管理办法，并按用水量向供水单位缴纳水费；按规定进行财务管理，独立会计核算，实行财务公开；依法开展为会员服务的其他活动等。管理目标有：满足用水户用水要求，优化水资源配置，降低灌溉成本，提高用水效率；增强用水户自主、自立的观念，提高参与灌溉管理与工程维护的积极性，提高水费收取率；建立稳定和谐的用水秩序，保障弱势群体平等的用水权利；使灌区资产保值增值，确保工程持续高效运行，逐步实现良性运行和可持续发展。

但是在实际情况中，农民用水协会的作用发挥却不尽如人意。具体表现为：一是管理规模权限小。农村水协会对多数新建农田水利工程设施建设的决定权不足，对大部分已建成的年久失修的设施工程维护权限小，仅能在斗渠、毛渠范围有一定的权利，对大型渠的建设没有参与决策权。二是水费收支不合理，水费实收低。受农民承受能力极其低下的影响，许多灌区水费收入用于发工资，大部分乡镇也未将这些经费用于维修费用和管理费用。水管部门为了提高水费征收率，将水费中的 30%～50% 返还给乡、镇、村，用于支渠、斗渠、农渠、毛渠的田间工程维修投入不足。据 2010 年统计，河北省坝上地区 70 多个乡镇中，仅有不到 20% 的乡镇建立了水管站，技术和人员配备有限。约80% 的水管部门经费自收自支，且半数以上经费无固定来源。三是管理能力不够。水协会制度体系不完善。包括用水管理制度、工程管理制度、财务制度、执委会工作制度、奖惩和补偿制度、劳资结合水利制度等在内的规章制度不健全，并且执行不力。在水费征收方面难以形成复杂而科学的核算体系，往往采用按亩定费取代了以水量计费，对节水调节基金的使用无详细的规章；对电力系统的预交电费或趸交制，降低了农民自己管水的积极性。水协会发挥不了更多维护用水户的能力。四是结构功能松散。水协会在地域发展上不平衡且绩效上参差不齐；调动农民参与程度普遍较低，难以实现参与式管理；与农户信息不对称；协会成员业务素质不高；协会与政府、协会主管部门关系不协调；管理主体与用水主体矛盾激烈。五是依附性强。在调查过程中，有的挂靠在水利行政部门，与市县级的供水公司、乡镇水利站没有清晰地分开，大部分水协会被村党委替代，"村党委一套班子，几个头衔"。因此，决策能力低下，形不成独立核算机构，没有实权。此外，水协会多与农村农业协会相融合，目的转移到农户增加收入维护私利上，失去了保护水资源及平衡政府和农户两方面公共服务效能的作用。

解决上述问题的主要措施：调动企业和用水农户的参与积极性，共同筹集资金，前提是保障其权益，从而使工程设施基础设施日趋完善；一定要自下而上建立水协会，明确其定位和职权范围，规范其组织结构，打消农户参与的心理戒备；用水农户联合，建立真正除政府外独立核算第三方的用水协会，协会内部可以采取先进的公司化或合作组织的治理模式（依实际情况而定）；按照规模经济的理论，应该扩大水协会的影响范围，一方面可以降低水治理成本，另一方面可以形成与政府谈判的伟大力量，保障大多数人的利益；应该扩充职能，形成其影响力，如对协会成员行为形成规范条约，监督、制定、执行三权分立，从而使水协会搜集信息、规范管理、谈判等的作用更加明显。

4. 农村水管理呈"二元分治"

本书提出的"二元分治"是指政府与农民两个主体之间，在政策的制定、传播、执行、监督和评价过程中，政策传导和执行产生扭曲、政府与农民等互动不足、水政策目标不能完全实现、农民难以持续获得利益的状态。政府是由中央、地方、基层村委会构成的官僚体系；农民是包括个体农户、乡村企业、农村合作社、协会和企业精英等的整体。

由于政策自上而下制定，地方政府仅负责上传下达，无视农户需求，往往无法满足大多数人的利益。政府擅自提高水价，导致农户种植成本上升，收入相应减少。尤其对于种植耗水作物的农户来说，此种做法的负面作用更为明显。因此，"二元分治"加剧了地方政府和农户的对立关系，农户对政策产生抵触情绪，导致政策执行效果不明显，治水成果不显著，甚至可能由社会问题引发政治问题。另外，分治导致了执行力的低下，造成工作的低效率。在"二元分治"的治理结构下，权力分散，出现问题时极易产生推诿扯皮的现象，而不能及时有效地去解决。

影响因子。生态补偿政策能否被顺利执行，政策本身的可行性是首要因素。政策是不是保障了农户利益，是否真正迎合了农户需要，能不能有效解决农户面临的问题都会影响政策施行效果。其次，生态补偿的资金来源是又一影响因素。要想使政策运行得当，补偿资金就要充足并落实到位。为达到这一目的，事先对资金进行全面预算就具有必要性。另外，在生态补偿政策实行中，水协会应明确自身定位，扮演好自己的角色，真正起到减少水事纠纷、协调农户与政府关系的作用。再次，企业也是一个影响因子。企业作为用水一方，只有在其自身权益得到保障的前提下才会有效参与进来，发挥作用。最后，政府在政策实验中采取的博弈方法也会影响生态补偿政策。在博弈过程中，如何让农户真正参与进来，提高政策的民主性，使补偿标准切合农户需要，同时避免执行者徇私舞弊，都需要方法的正确选择。

二元矛盾积累的解决方法。一是转变补贴方式。由直接补贴转变为间接补贴，使补贴政策由对水的补贴逐步转化为对农户种植作物的补贴，实现补贴对象的逐步过渡，进而达到转变补贴方式的目的，化解二元主体矛盾。二是政府对农户进行补偿。由于政府的节水措施使农户利益受损，政府行为给农户带来了负外部性。要想扭转这一局面，可通过政府补偿的方式使外部性内化，明确政府责任，让政府肩负起补偿农户损失的责任，达到缓解两者矛盾的目的。三是使农业经济对农业生态产生正外部性。二元主体的矛盾来自于政府节水目的与农户增收需求之间的利益冲突。如果政府能够将补偿转化为补贴，将"一提一补"的补偿政策转化为直接对种植作物的补贴，使农户减少对政府节水政策的抵触，达到减缓矛盾的目的，也就是通过经济方式实现对农业生态的积极影响，实现农业经济对农业生态产生正外部性。

第五章　国内外农村水治理典型案例

联合国开发计划署（UNDP）将水治理的概念定义为：政府、私人部门和公民社会通过程序和机构对使用、分配、开发和管理水资源进行决策。治理包括：涵盖民众和利益集团等利益相关者的机制、过程和机构。经济合作与发展组织（OECD）认为：水治理是一套行政系统，由正式制度（法律和官方政策）、非正式制度（权力关系和实践）和组织结构及其效率构成，包括组织架构、机制设计和治理实施三个层面。本章从国内外农业农村水资源与环境管理和治理的经验选择中，提炼对我国农村水治理方式的有益经验。

第一节　国外农村水资源环境治理经验与启示

一、澳大利亚农业水治理经验及启示

澳大利亚是干旱的大陆，河流稀疏，农业及畜牧业非常发达，农业和畜牧业用水占全国用水总量的 60%~70%。19 世纪后期，农畜业迅猛发展，主要农业区 Murray-Darling 流域水资源供需矛盾尖锐。又因为过度灌溉造成大量土地盐碱化和水污染，土地、水和生态严重退化。从 1995 年开始，政府对全国用水和管理实行了全面改革。

第一，明确了水权等级。采用联邦政府、州政府和水管局三个层次分级管理，实行严格的水量定额分配制度和水务管理市场化运作。由联邦政府牵头组成的墨累—达令流域厅长理事会，作为全国水资源管理的协调机构，决定有关水量控制、分配和价格等重大政策；州政府是水的拥有者，包括地表水和地下

水；在州政府授权下，水资源管理局是水配额的管理者，负责城市和农村水资源的管理；农村水资源管理局负责农业灌溉用水的分配和保护。同时，各州实现了水权与土地权的分离，建立了水权所属关系、水量、可靠性、可转让性及水质综合体系。各州政府拥有水的分配权。按照本州《水法》的规定，根据某一河流多年（10 年左右）的来水和用水记录以及土地的拥有情况等确定一个额度，分给个人（农牧场主）或公司，在额度内，使用者需交纳水费，各州水费标准有所区别。

第二，地下水资源实行特殊保护制度。澳大利亚法律规定用户不得私自建坝、打井灌溉。在灌溉用水方面，水资源管理机构根据农场主拥有的农用地面积确定用水配额，农场主在用水配额范围内可申请用水。同时，政府允许不同用户之间相互有偿转让用水额度，实行水资源商品化，即通过市场调节配置水资源。

第三，实施两部制灌溉水价。主要根据用户的用水量、作物种类及水质等因素确定，一般实行基本费用加计量费用的两部制，在农业水费方面，澳大利亚全国要求实现农业用水的全成本回收。[①] 灌溉工程斗渠以上的部分由政府投资兴建，并成立专门机构管理；农场内部设施由农场主自己负责；农业用水水价虽不以营利为目的，但采取完全收回成本水价的累进水价；政府承担的对其他经济部门的关税补贴向农民转移，鼓励农场改造灌溉渠道，推广应用先进的微、喷、滴灌节水技术，州政府向农场主补助 30% 的灌溉系统设备费用。

第四，水权交易类型多样并总量控制。澳大利亚核心环境配水以及为生态系统健康、水质和依赖地下水的生态系统保留用水不得交易。一些家庭人畜用水、城镇供水以及多数地下水同样是不可交易的。跨州河流水资源的使用，在联邦政府的协调下，由有关各州达成分水协议；重视环境生态用水，在生态环境用水得到保证的前提下，再确定可供消费水量；水权从州到城镇到灌区到农户被层层分解，注重社区的广泛参与和公众的支持。其重要途径是让用水户、利益团体和一般社区成员参与到影响水权分配与管理的流域规划过程，以及开展与水权分配及水权交易有关的公众咨询工作和水交易的程序。水权交易分为永久性和临时性两种，水权交易的方式可分为私下交易、通过经纪人交易和通过交易所交易三种。州政府提供法律和法规框架、建立水权制度和技术标准、规定环境流量、监测制度、发布信息、规范私营代理机构的权限等。水权管理

---

① Seamus P. , Robert S. Agricultural Water Pricing：Australia ［R］. Paris：OECD, 2010.

机构对年水权交易量进行控制，一般不超过水资源总量的2%，并提前公布近期允许交易的水量。

第五，地表水和地下水的协同使用。澳大利亚水资委员会和澳大利亚资源能源部，1965年强调地下水不应作为独立于地表水的资源来看待，应当同时规划两种资源的开发利用和保护。1976年提出"在评价一个地区的水资源时，水资源总量并不是单独的地表水和地下水量简单叠加。"1983年鼓励地表水和地下水的协同使用。

第六，完善农业用水许可等制度。以墨累—达令流域为例：政府对整个盆地的水资源实行总量控制，全流域120亿 m^3 的水，每年使用量不得超过100亿 m^3 。农民只有申请到用水许可证，才能"量水种地"。制定农业灌溉和农业节水指标体系；安装计量设施，超量用水要罚款；遏制偷水；每年按供水成本定价收费；长期拖欠水费的将吊销用水许可证并上市拍卖。

第七，20世纪80年代以后，政府推行地表水水权私有化改革。建立健全水体水质"反退化"制度；2003年发布国家水行动倡议，推广水市场和水权交易。水权从地权中剥离出来，明确水权，开放水市场，允许永久和临时性的农业水权交易，农业用水户可以将富余的、不用的水量出售盈利，也可将取水权永久卖掉。1989年新南威尔士州征收水环保税，同时，居民饮用水逐步实施雨水净化利用，大力发展雨养牧业，地下水得到保护。

第八，提出协同式水管理和公众参与治理模式。采取以下的流程框架：识别管理环境、调查和评估、总结和预测、制定管理目标、制定和实施管理政策、监控和评价实施情况。灌溉工程斗渠以上的部分由政府投资兴建，并成立专门机构管理；农场内部设施由农场主自己负责。

第九，流域治理向大部制改革。1987年成立了墨累—达令流域部长级委员会，墨累—达令河流域委员会对之负责。2007年澳大利亚总理希望联邦政府接管河流系统的管理。2010年，澳大利亚的可持续发展·环境·水利·人口和社区部成立，实现了由委员会向大部制的改革，避免了垂直分级管理、横向多头管理等问题，是促使外部性得以内部化的一种组织结构调整。

第十，重视水资源管理评估。从2006~2007财年起，每两年评价一次水事产业在澳大利亚水资源管理和利用方面（例如，水价、水资源管理成本和灌溉效率）的情况，并根据全国性标准和2004年制定的《关于国家水资源行动计划的政府间协议》，对缔约方的联邦、各州和地区水资源可持续管理对国家利益的贡献程度进行评估，评价协议实施对地区、农村和城市社区的影响，以及调控水量以达到计划要求的程度。政府对供水公司的管理是通过具有法律效应的授权及财务审查来体现的，并依据评价结果向澳大利亚政府理事会提供咨询意见，同时向社会公布和公开征求意见。

二、以色列水治理经验与启示

以色列是一个位于西亚黎凡特地区的国家，位于地中海的东南方向，作为一个水资源稀缺的国家，它的农业却有很好的发展，以色列的节水农业已经成为其一大特点。

以色列有相对完备的节水法律制度，节水立法也采取多部单行法共同规范水资源使用的模式。[①] 1959 年，以色列颁布了《水资源法》，专门设立了水资源委员会，负责水资源定价、调拨和监管，并根据用水量和水质来确定水价和供水量。《水资源法》对用水权、用水额度、水费征收、控制等均有详细规定：以色列境内所有水资源均归国家所有，由国家统一调拨使用，任何单位或个人不得随意汲取地下水；水源利用和地下水开采方面，对主要水源加利利湖规定水资源限制线，对水量和用水质量制定配给量；政府有权对某些缺水的特殊地区实施指令性"配给"，根据不同的用途、用水量、用水条件和用水质量标准规定供水配给量；所有用水户都必须安装水表，实施计量收费；以色列城镇居民的用水价不仅比农民用水价高很多，而且政府还向城镇居民另收取污水处理费。此外，以色列还制定了《水灌溉控制法》《排水及雨水控制法》《量水法》《水计量法》《水井控制法》等一系列法规，鼓励农民节约用水。

1. 以色列水资源概况

以色列处于从撒哈拉沙漠绵延到戈甲沙 7500km² 的广袤干旱地带的中心。全国一半以上土地位于干旱和半干旱地区。其余国土的大部分为山地和森林，只有地中海沿岸一条狭窄的地带和内陆的一些河谷有适宜耕作的土地。以色列人均占有淡水资源总量仅为 320 亿 m³，是世界人均水平的 1/30，是中国人均水平的 1/7。以色列北部地区年平均降水量为 700~800mm，中部地区为 400~600mm。占全国土地一半以上的内盖夫沙漠地区年降水量只有 25mm，给农业生产带来极大困难。

---

① 立法法体模式主要有以下三种类型：第一种是采取制定一部总的、纲领式的、综合性法律的模式；第二种是采取由多部单行法组成，共同规范水资源使用的模式；第三种是单行性的立法模式，即制定专门的节水法律。

2. 以色列水资源管理体制

以色列水资源管理经验：建立核心的水法（《水资源法》及其修正案）管理体系；严格控制水污染；建立严格的许可制度，强化水权；开源节流措施；推广节水新技术，提高水资源利用率；利用经济手段管理水资源。以色列政府在水法的制定中强调水环境管理、供水可操作性，强调了水资源属于公共资源，规定国家必须对水资源实行统一管理，重要的水资源均被纳入国家输水系统，私人不得拥有水资源，但可以拥有使用权。《水资源法》为后续的一些水权交易、水源收费政策实施奠定了法律基础。

以色列实行全国统一水价，通过建立补偿基金（通过对用户用水配额实行征税筹措）对不同地区进行水费补贴。① 农业生产用水量大，为鼓励农民节约用水，政府给农民用水规定了阶梯价格：在用水额度 60% 以内水价最低，用水量超过额度 80% 以上水价最高。同时，不同部门的供水实行不同的价格，用较高的水价和严格的奖罚措施促进节水灌溉。以色列国家供水工程投资全部由国家分担，供水系统的运行维护费用，用水者负担主要部分（70%），政府负担小部分（30%）。②

3. 以色列的节水措施

滴灌技术。滴灌技术在以色列取得了很大的成功。滴灌技术基于简单的原理，最大限度地利用有限的水量，通过塑料管道将水滴到植物根部直接吸收水的位置，它限制蒸发，将水浪费的程度降到最小。目前国际滴灌技术的市场估计值为 20 亿美元，以色列公司处于领先地位，占 40% 的市场份额。

废水回收和再利用技术。以色列是世界上最大的水回收利用国家，回收率达 75%。第二大的是西班牙，再利用率为 12%。废水回收和再利用技术是水资源的革新，废水回收可以解决很多问题。通过回收使用过的水，淡水被"解放"出来满足国内需要，这比开发新的水资源要廉价很多。另外，水回收可以解决废物处理问题，减少肥料要求，可谓一举多得。

海水淡化技术。以色列的海水淡化技术也位于世界前沿。IDE 是一家领先的以色列淡化公司，建立了世界上最大的海水反渗透淡化工厂。该工厂每天 32 万 m^3 的生产能力，满足约 13% 的国内消费者的需求，相当于以色列对水资源总需求的 5%~6%。除 Ashkelon Hadera，Sorek 外，以色列在南部还有 30 多

---

① 周晓花，程瓦. 国外农业节水政策综述 [J]. 水利发展研究，2002（7）：43-45.

② Organization for Economic Co-operation and Development. Agricultural Policies in Non-OECD Countries [R]. Paris：OECD，2007.

家小型淡化工厂，2005~2009 年每年生产 1.6 亿 m³ 的淡水。以色列现在有 55%的国内用水来自海水淡化。①

高效的管理体制和运行机制。以色列政府高度重视生态环境建设和农业生产的协调统一，制定了水土保持法律，并严格执法。推广保护性耕作，并采取了传达指令计划和相应的政策性补贴相结合，农业部每年组织实施。加上政府注重节水的宣传，提高了农民的环保意识，政府的计划都能得到很好的落实。在农业水资源管理上，农户生产用水计划由农业生产计划部门与农业部门统一协调，把生产与用水结合起来，把节水的公益性、政府行为变成农民按市场规律受益的自觉行动。以色列的水价十分昂贵，平均每立方米水价格为 0.35 美元。以色列在水价制定上促使农民设法节水，农民在政府制定的配水额的 60%以内的水为基本价，60%~80%梯度的水加价 20%，80%~100%梯度的水加价 60%，超过配额要 200%付费，而且影响下年度的配水。同时，生活用水较农业用水的水价高 4~5 倍。

4. 结论及启示

结论：以色列政府在解决面临的水问题方面取得了很大的成功，关键在于形成了一个较为完善的系统。它在农业方面的成功尤引人注目，从 2007 年开始，以色列的水源可以达到供过于求。

对中国的启示：以色列建立了以水法为核心的、强调可操作性的比较完整的法律体系；建立系统性的水管理体系，依照法律各司其职，职权划分明确，减少部门之间的扯皮现象；在供给方面，大力拓展污水回用、海水淡化，拓展供水来源，减轻对自然水源的需求压力。

三、美国干旱区农业灌溉管理经验

1. 水资源管理政策呈阶段性变化

美国水资源管理政策的变化就其目标和途径可以划分为以下几个阶段：1776~1933 年为开发期，1934~1943 年为新纪元期，1944~1960 年为稳定控制期，1961~1980 年为环境保护期，1981 年至今为流域综合管理阶段。在流域综合管理阶段，联邦政府的水资源政策是控制兴建新的水利工程，重视管理现有水利工程。强调联邦政府和地方政府协作，开展流域范围资源和环境的综合

---

① Rowan Jacobsen，Ensia. com. 以色列这个曾是世上最干燥的国家现在正水流四溢 ［EB/OL］. https：//zht. globalvoices. org/2016/09/04/19935.

管理，水资源管理权限移交州政府，生态用水需求得到保护。例如，国会1992 年通过的开垦项目拨款及修订案，减少加州中部灌溉工程农业灌溉用水量的 20%，用于满足鱼类和野生动物的用水需求。200 多年来水资源政策和法令的变化可以得出以下特点：重视生态环境用水，强调改进流域生态系统的整体功能，由重治理转为重预防，重视非工程措施在水资源管理中的应用，重视水资源数据和情报的利用及分享，重视湿地的保护与利用，重视面源污染控制，强调政府、企业和公众在水资源管理上的协作，重视水资源教育，强调流域范围内水、空气和生态资源的综合管理。

2. 西部的灌溉水由农民拥有并运行

在美国西部干旱地区早期大部分的灌溉工程都被私人水公司所拥有，以盈利为目的，但往往经济效益不好，不能生存。后来加利福尼亚州通过并发布了一系列灌区法而形成现代灌区，规定：建立一种由农民拥有并且运行的灌区模式，在特定的条件下不用缴税，并被赋予一些政府拥有的特权。例如，可以将收取的土地税用于灌溉管理。1902 年的《垦务行动法》颁布，美国垦务局成立，并被授予权力以促进农民对灌区的管理。美国垦务局在修建大型水利设施（大坝）之前要与买方（灌区和农民）签订合同，以利于农民参与灌区管理。今天，几乎所有送到美国西部的灌溉水都是由农民拥有并运行的，尽管大部分灌区在从政府的水坝和输水干渠买水时，经常享受较大的补贴，但其都能做到工程经费自行解决。

3. 水权制度多元化，干旱区排他性

美国的地表水权呈现多元化特点，中西部较干旱缺水地区，实施先占原则，适用于中西部 19 个州；东部湿润水资源丰富地区，实施岸边权原则，适用于东部 31 个州。中西部维护的水权具有排他性、让与性、可执行性，水权是真正的私人物品。中西部也已经建立了世界上最发达的水市场，交易对象是永久性水权、季节性水权、合同水权、临时水权。作为私人物品，水权的交易主要是取水权交易。东部维护的水权缺乏排他性，但是它正在转变为先占原则。先占原则的精髓是"先到者权优先"。丰水季节，先于其他水权的水权占用者首先得到满足；枯水季节仅仅在后的部分水权人被剥夺用水权，即"一损从后损、一荣从前荣"。政府用行政手段供应私人物品的时代已经基本结束了。东部水权制度，表现为排他功能的欠缺，公共物品、私人物品的界限不能在私权框架内划定。目前各级政府已经把主要工作转变为认领，主张水权中的公共物品份额，许可证成为公权力分配新水权的唯一方式。此外，还有公共水权制度及混合水权制度。

4. "服务成本+用户承受能力"定价模式

美国东部水资源较丰富，农业灌溉用水采用"服务成本+用户承受能力"定价模式，根据联邦法律，农民能够通过三种途径获得农业用水补贴：一是水利工程建设成本的无利息偿还；二是依据农民的偿还能力减少偿还义务；三是在特定情况下减少偿还义务。[①] 美国过去由于水便宜，农民采用大水漫灌，耗水量达需水量的6倍多，经过调整水价产生了很好的效果，考虑农民承受能力的基础上实行定额用水，超额用水则按百分比进行加价。当灌溉水价由 4.7 美分/m³ 提高 1 倍达到 9.4 美分/m³ 的时候，灌溉效率由 40% 提高到 60%。除少数地区采用固定费率的水价结构外，大部分地区实行两部制水价，即固定服务费和计量水费。水务公司常常采用多种水价结构。常用的水价结构有固定费率水价结构、统一费率水价结构、递减式阶梯水价结构、递增式阶梯水价结构、季节性水价结构和单一水价结构。在选择水价结构时，水务公司主要考虑成本收回、水价的稳定性、水价的可预测性、用户数量、用户群体、用水量和用户需求等因素。

5. 农业用水与城市用水权可以转换

美国是实行水权较早的国家，水权由法律确认或授予，是一种财产权利，可以继承、有偿出售转让，有的地方还可以存入"水银行"。为缓解 20 世纪八九十年代的干旱，1991 年 2 月水银行被提了出来。水银行主要负责购买自愿出售水的用户的水，然后卖给急需用水的其他用户。美国地下水权附属于土地，因此称为地下水的绝对所有权。而农业用水与城市用水之间的水权转换实践在 20 世纪 80 年代开始，对转换水权数量、期限、价格予以明确，在市场监管和水银行等市场环境条件方面取得了成效。美国在水资源的使用权评审方面，要求水资源的使用者要合理并持续利用水资源，否则将剥夺其使用权。

6. 水银行另一功能是地下水回灌

水银行在丰水年购买低价水回灌到地下，利用地下水库蓄水，干旱年缺少水时再抽出来灌溉农田。水银行的建设与运行费用由受益的各个灌区分摊，由灌区组成董事会，董事会再聘请管理人员。例如，科尔县设有 4 处水银行，面积达 1.01 万 hm²，从 1995～1998 年共回灌地下水量 17.76 亿 m³，回灌水价为 0.058 美元/m³，抽取水价为 0.081 美元/m³，并且在运行时尽可能购买便宜水回灌（0.081～0.162 美元/m³）。这一做法以丰补欠，合理调度水资源，提高

---

① Wichelns D. Agricultural Water Pricing: United States [R]. Paris: OECD, 2010.

了灌区农田灌溉保证率。

7. 水资源补偿与水环境保护融资

水务局协商确定流域上下游水资源与水环境保护的责任与补偿标准，并通过征收附加税、发行公债及信托基金等方式筹集补偿资金。美国循环基金（SRF）包括清洁水州循环基金（CWSRF）和饮用水州循环基金（DWSRF）。资金来源以政府投入为主，债券收益、利息偿还的持续回流保障了资金渠道的稳定性。向水环境项目提供资金的联邦政府转移支付项目，基金以联邦政府和州政府按照5∶1的比例投入资本金，稳定的资金渠道确保了基金的持续性。基金主要采用低息贷款、购买地方债务或为地方债务提供担保、无偿补助等方式向水环境保护项目提供资金支持。循环资助基金项目类别明确，资助的重点对象是小型和贫困社区。在基金的管理上，美国环保署负责基金的整体调控和监督，各州设立专门的基金办公室负责项目的申请和资金拨款等事项。各州通过确立评估系统与政策来确保基金遵从工程的预期用途规划，与所提交的拨款申请一致。

8. 加州水权制度体系

将水权划分为河岸所有权、优先占有权、惯例水权，河岸权属于私人水权，归与河道相毗邻的土地所有者所有，流域水资源处于公共领域，用户没有所有权，但拥有对水的用益权；1991年加州政府水储备和转让系统"水银行"，以股份制形式对水权进行管理；联邦工程灌溉用水水价，只要求偿还工程建设费用，不支付利息；加州政府建设的水利工程灌溉用水，农户必须支付全部的运行费、所分摊的投资和利息及其他费用；灌区水管部门从水利工程处购水再卖给灌溉用水户，灌溉用水费除水利工程购水费外，还包括灌区水管部门的配水系统成本、运行维护费、行政管理费等；实施双轨水价制度，规定水量中的一部分按供水成本收费，其余部分水价由市场决定。农民使用处理后的废水（可达到地表水Ⅲ类标准）发展喷灌、灌溉牧地等，只需支付正常地表水供水价格；提供长期低息或无息贷款、给予补助性投资、免交水利工程税负等，扶持兴建各种水利工程，在还清工程贷款后，工程产权则归农民所有；加州水利工程的建设投资来自多种渠道，主要包括发行债券、联邦防洪工程拨款、加州水基金、加州旅游工程拨款、水合同预付款等。

美国水资源管理经历了私有化—公有化—私有化途径，20世纪90年代起私有化加剧，水资源数量和质量管理机构分离。因总统和国会的选举换届及国会议员为自己选区利益的追求，联邦水资源政策持续性差。

四、墨西哥水治理经验及启示

墨西哥拥有 600 万 hm^2 的灌溉面积，其中 400 万 hm^2 靠地表水，200 万 hm^2 靠地下水，约 330 万 hm^2 位于 81 个大型灌区之内，改革之前由政府管理。1990 年前后，政府已经认识到既没有能力也没有资金对灌区进行管理，因此着手进行改革试点。1991 年在试点的基础上，在政府的高度承诺和大力支持下，墨西哥通过建立大量的农民用水者协会（WUA），将灌区移交给农民管理。迄今为止，约 58 个灌区 300 万 hm^2 灌溉面积已移交给供水公司（WSC）。事实证明，大部分供水公司都能够对其灌区（甚至面积高达 5 万 hm^2 的灌区）进行高效的运行和维护。对渠道的维护修理和运行，实行专业化操作并按计划进行。资金也能及时足量到位，同时还能引进高效的现代技术。因此，灌溉系统运行得到了改善，供水更符合农民的需求，排水系统也良好运行。

五、南非水治理经验及启示

南非是一个半干旱的国家，水资源极度缺乏。年平均降水量低于世界平均水平，而且分布不均，从东部的 1000mm 逐渐减少到西部的 60mm，全国人均可利用淡水量为 1200m^3。南非水资源的使用量已经超过可用水量的一半以上，全国只有 8.6% 的降水量可以被利用。地表径流量为 3 亿 m^3/年，其中 80% 集中在东部沿海地区。

新修订的南非《水法》规定：平等获得水的权利；水资源是公共资源，在国家控制原则下使用；其他组织或个人没有拥有权只有使用权，包括环境和人类使用的权利；土地所有者附近的水资源没有优先使用的权利，河岸原则在这里不适用；引水管理机构要尽可能简化、有实效和可操作；开发、分配和管理可利用的水资源的责任由流域和地方政府承担；保证利益相关群体参加水资源管理；系统中受益的单位应该对维护水资源和流域做出贡献。

南非设水务与林业部，负责水资源的统一管理。南非新修订的《水法》规定，中央政府是国家水资源的管护机构，对公共资源的分配和使用以及在不同流域中调水、国际河流水事务的管理具有绝对权力。作为国家的水资源管护机构，中央政府要保证在开发、分配、管理和使用资源的过程中实施公共标准，保证其可持续性、公平性、有效性。南非水务与林业部在全国 19 个省设有不隶属于省政府的办公室，直接由中央政府管辖，负责水资源的开发、利用、分配、保护，在水环境管理方面与南非环境部门有一些交叉，从横向角度看，部门之间的矛盾并不突出。

总之，国外水治理的经验包括：明晰农业水权，允许水权转让，政府扶持与农民参与相结合，建立健全农业节水投入机制；制定合理的水价政策体系，利用经济杠杆促进农业节水；用水户参与灌溉管理，提高灌溉用水效率；大多提出了农业水价补偿（补贴）的必要性或者建议；重视农业节水科学研究，建立健全农业节水科研推广机制。国外较早实行对水资源征税，分为两种，第一种是对水资源开采和使用而征税，例如，丹麦对所有自来水课税，荷兰从1995年起开征地下水资源税等。第二种是因为污染而征收的税，如水污染税，荷兰从1969年开始征收地表水污染税，德国已经建立了完善的水污染税征收制度等。其他国家节水治理措施与启示汇总见表5-1。

表5-1　其他国家节水治理措施与启示

国家	方法	启示
日本	①通过法律将水资源变为一种公共财产，私有土地下的地下水归土地的所有者所有；②水权是一种使用权，不能改变所规定的用途；③水资源费在日本以水权费的形式征收，依使用目的的不同划分不同水权费	①探索适合我国国情的水权转换组合形式，统一水资源管理体制；②确定用水总量并做出合理的分水方案，保证水权许可程序的公正性与透明性，实现水权经济性；③完善的水权规定、政府控股下的股份制运作及企业化管理是实现水权交易下生态补偿的关键；④建立公众参与的水市场规则；⑤建立政府扶持与农民参与相结合的农业节水投入机制；⑥制定合理的水价政策体系，利用经济杠杆促进农业节水；⑦建立健全农业节水科研推广机制；⑧建立和培育水权市场，根据供水能力签订永久性的水资源分享协议，以定量的形式明确各省的水权，改善流域的生态环境
法国	水权交易下的流域生态补偿形式不仅有货币补偿，还有技术补偿	
智利	①通过从农户那里租用地下水来满足水源需求，进而保证了城市居民用水；②建立比例水权体系，按照一定认可的比例和体现公平的原则，将河道或渠道里的水分配给所有相关的用水户	

六、国外水环境治理的几点启示

1. 理念上从管理提高到治理层次

由于"水资源综合管理"是一个缺乏实用性、操作性的概念（Biswas，2010），[①]

---

① Biswas A., Tortajada C. Future Water Governance: Problems and Perspectives [J]. International Journal of Water Resources Development，2010，26（2）：129-139；Tortajada C. Water Governance: Some Critical Issues [J]. International Journal of Water Resources Development，2010，26（2）：297-307.

"综合管理"意味着更大、更缓慢、更官僚的机构，难以解决所有的政策问题（Pahl-Wostl，2007）。[①] 水环境治理的定义已经被赋予更深层次的内涵。"水环境可持续管理"和"水资源综合管理"等概念主导的"水管理"时代已经结束，取而代之的是"水治理"（Water Governance）理念。[②]

2. 政策企业家参与的多维网络治理

国外水环境治理的若干趋势：组织架构已从流域"委员会"转向更高层级的"大部制"，在一些发达国家，治理水环境的机构完成了以统一治理模式为导向的政府部门重组；机制设计已从政府强制主导的非合作博弈转向政策企业家利益诱导的合作博弈，使得各方实现利益相容和治理目标一致；治理实施已从一元行政管制转向多维网络治理，治理演化为从网络整体利益出发的自发性协同。对我国的启示：以"大部制"改革为契机，引导水环境治理相关部门的机构重组，积极开展国内外合作，通过利益诱导引导各类"政策企业家"加入开拓网络治理渠道，引导公众广泛参与。政策企业家指的是有较强的掌握资源和运用资源的能力，积极主动参与并对公共政策过程发挥作用和影响的个体和组织。根据 Kingdon 的多元流程模式，政策企业家通过将问题流、政策流和政治流结合起来，将问题和解决方案结合并进入实质的讨论中，成为"政策话语权的控制者"，并通过某一领域的政策实验来促进政策变化。其中，问题流是在外部压力驱动下，通过聚焦事件和问题，明确核心变量；政策流指讨论各种方案和技术的适用性和预期效果；政治流则是针对政府部门、官员和利益团体做出的调整和约束。三股流综合考虑了各个利益相关者的目标和约束，当三股流发生汇聚时，等待合适的政策窗口，政府管理部门和政策企业家将一起参与治理过程。[③]

3. 探索实施了自主管理灌排区和参与式灌溉管理

自主管理灌排区（SIDD）是一种新型的农业灌溉管理模式，它通过组建供水管理单位（WSO）或供水公司（WSC）和用水者协会（WUA），建立符合市场机制的供、用水管理制度，实现用水者自主管理灌排区水利设施和有偿用水，保证灌区的良性运行。参与式灌溉管理就是让用水户更多地参与到灌溉管理中

① Pahl-Wostl C., Craps M., Dewulf A., Mostert E., Tabara D., Taillieu T. Social Learning and Water Resources Management [J]. Ecology and Society, 2007, 12 (2): 5.

② Biswas A., Tortajada C. Future Water Governance: Problems and Perspectives [J]. International Journal of Water Resources Development, 2010, 26 (2): 129-139; Tortajada C. Water Governance: Some Critical Issues [J]. International Journal of Water Resources Development, 2010, 26 (2): 297-307.

③ 张宗庆，杨煜. 国外水环境治理趋势研究 [J]. 世界经济与政治论坛，2012 (6)：160-170.

来，把政府包揽的管理职责，部分或全部移交给用水户，由用水户组成有法人地位的社团组织，如用水户协会等，自主管理，减少行政干预，政府所属的专管机构对用水户协会给予技术、设备等方面的指导和支持。从 20 世纪 80 年代中后期开始，许多国家逐步采取了将灌溉系统的权责从政府向农民协会和其他私人组织转移的办法进行改革，其目的主要是减轻国家的财政负担，提高水利工程的运行效率和水资源的利用率，解决水资源危机，基于参与式灌溉管理概念将灌溉管理权移交给用水者的改革已经扩展到约 43 个发展中国家。在一些发展中国家，世界银行通过对项目的融资来支持农民参与灌溉管理。我国 20 世纪 90 年代，在辽宁省沈阳市、河北省石津灌区、湖北省漳河灌区、山东省跋山灌区、陕西省泾惠灌区、安徽淠史杭灌区、甘肃靖会灌区和引大黑石川灌区等推行用水户参与灌溉管理的试点。实践表明，参与式灌溉管理可以有效地化解灌溉管理中的用水户浇地费用居高不下、水的有效利用系数不高、田间工程得不到及时维修、灌区效益衰减等许多矛盾，使灌区得到了巩固和发展，用水户也得到了实惠。

4. 水务管理集成了水资源与水环境管理

在西方发达国家，水务是供水、排水以及水控制等事项的总称，包括与水资源可持续发展紧密相关各类涉水事务工作，水务机构是以供水服务为目标，以供水系统发展为关键，由受政府调控和监督的按照流域自然边界原则划分辖域的责任机构，实现其对水量和水质的统一管理。其总体特征：一是中央政府在水务管理中起着主导作用；二是水务责任机构的法律地位清楚明晰；三是水务责任机构辖域按照流域自然边界原则划分，其管辖区域往往是跨行政区域的，各流域委员会或者流域管理局负责本流域内水资源的统一规划和统一管理；四是水务责任机构统一管理水质和水量，包括地下水管理、水污染控制、水费征收、防洪等。国外水务管理措施见表 5-2。

表 5-2　美国和日本水务综合管理措施

国家	水务管理特点
美国	①美国利用规划和调控的手段来解决农业面源污染：一方面是从农业面源污染的监测不确定性的角度出发，另一方面是从照顾薄利的农业经济的角度考虑。具体而言可分为自愿性方案、市场性方案、税费管制方案。②通过海水淡化和污水处理再生利用水资源使得农业水资源来源除了直接的地表径流淡水以及地下水，还有海水淡化和污水处理。③兴建大型的引水灌溉工程，保障农业灌溉用水。④工程计划方面优先安排灌溉工程项目；给予农民长期低息或无息贷款；向农民赠款建设工程。⑤所征收的财产税中的一部分收入用于偿还水利贷款

续表

国家	水务管理特点
日本	①城市部门提供部分灌溉设施改造费用，提高灌溉用水效率，节约下来的水则由提供投资的城市部门使用，通过间接的改变用途的水权转让促进了节水农业的发展，保护了农民利益。②中央政府负责修建大型灌溉设施，地方政府负责修建向农田供水的支渠，用水户协会负责毛渠的修建。各级政府对灌溉工程设施给予相当大的财政支持

第二节　国内农村水资源环境治理案例分析

如前所述，中国地表水短缺，地下水超采，在水资源短缺的严峻形势下，农业用水量大，农业生产用水浪费、用水效率低，水价没有体现水价值，技术滞后，治理和管理不健全，进而发生过取水与排水冲突（如漳河水、拒马河水之争）、用水与节水冲突（大量的被调查区）及农村水利益中的官民利益之争等。既说明农村饮水与生产用水安全值得关注，节水推广举步维艰，微观农村水治理低效，又说明流域治理难以统一，跨界污染纠纷不断形势下的宏观管理的低效率、不协调。为此，选取国内农业典型区域农业用水、节水、水污染治理以及农业面源污染下流域水治理适用案例，总结在补偿机理下二元共治的管理改革探索中的经验。

一、甘肃省张掖市干旱地区节水综合改革试点

1. 节水型社会试点建设背景

张掖市是内陆严重缺水地区，黑河流域是典型农业灌溉区，得益于黑河水的润泽，10 多年来，甘肃省以 5% 的耕地，提供了全省 35% 的商品粮，成为我国西部重要的粮食生产基地。但是黑河水资源危机已经严重困扰经济社会可持续发展。具体表现为：一是水资源严重短缺。径流年内分配不均，来水与需水过程不协调，供需矛盾突出，区内人均水量为 $1250m^3$，亩均水量为 $511m^3$，分别是全国平均水平的 57% 和 29%。二是水资源利用率低，用水结构不合理。单方水 GDP 产出仅为 2.18 万元，远远低于全国平均水平。现状农业、工业、生活、生态用水比例为 87.7 : 2.8 : 2.2 : 7.3（全国为 63.7 : 20.7 : 10.1 : 7.5），

农业用水比例过大，占总用水量的 87.7%。据测算，种一亩粮食过去至少要用去 700m³ 的水量，远高于全国的平均水平。三是水资源利用效率与水资源形势不匹配。黑河干流没有骨干调蓄工程，中游段的 63 处口门中 48 处多为无坝引水，干支斗三级渠道衬砌率 35%，田间配套 25%，现状农田灌溉定额 670m³/亩。部分土渠年久失修，破烂不堪，水量损失比较大。2000~2004 年的黑河流域连续分水，下游生态好转，却累计 240 多万亩农田受旱减产，农户损失 4 亿元。每年 5~6 月，"卡脖子"旱期间中游地区县与县、乡与乡、村与村之间相互争水、抢水、破坏水利工程的水事纠纷和违法案件经常发生。农业水资源紧缺的窘境引起了中央的重视。2006 年的一份统计显示，张掖市农业消耗了全部水资源的 90%，创造的 GDP 仅为 42%；工业用水仅占水资源的 3%，却创造了 29% 的 GDP，农业单方水的产出效益是工业的 1/30。2001 年国务院正式批复《黑河流域近期治理规划》，2002 年水利部正式批复张掖为全国第一个节水型社会建设试点。

2. 节水型社会试点建设具体措施

第一，出台以节水用水效率为目标的规范性文件，构建政府调控、市场引导、公众参与的制度体系。张掖市依据国家《水法》等法律法规并结合当地农业情况制定了一系列的规范性文件。例如，《黑河干流水量分配方案》《张掖市 2004 年黑河干流甘、临、高三县（区）水资源配置方案》《张掖市水价管理办法》《张掖市农业用水交易指导意见》《农民用水者协会章程》《张掖市农业用水定额指标》和《张掖市节水型社会建设试点方案》等。

第二，明晰政府调控职能，加强调控与投入。具体措施为：一是实施总量控制和定额管理制度；二是根据节水型社会的评价体系和本行政区域内的发展计划，制定各类用水定额，明晰各级水权，确定用水控制指标，依据水管部门再逐级分配到各区县、乡镇、村落，层层实行总量控制，推行以供定产；三是实施差异化水价；四是实施定额管理，配水到户制度；五是政府加强技术支持和提供工程设施。

第三，发挥市场配置水资源基础作用。一是培育水市场，鼓励水权交易；二是建立水价制度；三是实行"水票制"。全市可利用的水资源量作为水权，逐级分配到各县区、乡镇、村社、用水户（企业）和国民经济各部门，确定各级水权，实行以水定产业、以水定结构、以水定规模、以水定灌溉面积，核定单位产品、人口、灌溉面积的用水定额和基本水价。每个用水户通过用水定额明确初始水权，管理部门通过定额管理掌握用水户节水指标，将用水量控制在年用水指标之内。形成了"总量控制、定额管理、以水定地、配水到户、公众参与、水量交易、水票运转、城乡一体"的一整套节水型社会运行机制。

第四，构建宏观控制体系和定额管理体系。水资源的宏观控制体系，即在现有水资源总量 26 亿多 m³ 的基础上，削减 5.8 亿 m³ 的黑河引水量，保证正常年份黑河向下游输水 9.5 亿 m³。其余水量作为张掖市总的可用水量，也就是全市的水权总量，由政府进行总量控制，不得超标使用。定额管理体系，即依据张掖全市的水权总量，核定单位工业产品、人口、灌溉面积和生态的用水定额。对农户来说，在人畜用水以及每亩地的用水定额确定后，便可根据每户人畜量和承包地面积分到水权。

第五，实施水票制，完成水权交易。按照"以水权定水资源，以水票定用水量，农民一手握水权，一手持水票"，现在张掖每个农户都有一本"水权证"，清楚地记录着自己每年可使用多少水资源，分配到水权后，农民便可按照标明的水量去水务部门购买水票，用水时先交水票后浇水，用不完的水票，农民可通过水市场进行出卖，完成水权交易。

第六，禁种新的高耗水作物，压缩已有的高耗水作物，扩大林草面积，扩大经济作物面积，扩大低耗水作物面积，腾出 3%~5% 的耕地种植牧草，种植和喂养用水少、效益高的果蔬、草畜等，选用耐旱作物品种与蓄水耕作技术，覆盖保墒。

第七，建立用水户协会，强化公众参与。在灌区内以村为单位，成立用水户协会。水协会的主要任务是：参与水权、水量、水价和水票的监督和管理，并收取水费；由村级用水户协会配置集体享有的水权，配水到户；维护和管理斗渠以下的水利工程，调处水事纠纷等。

3. 节水型社会试点综合改革成效

经过 2001~2003 年的近期治理和 2004~2010 年的综合治理，通过工程、经济、技术、行政四大手段，形成了"总量控制、定额管理、以水定地、配额到户、公众参与、水量交易、水票运转、城乡一体"的运行机制，减少了黑河水 3 亿多 m³ 的浪费。每亩年节水 50m³，农民人均年收入提高了 100~150元。实现了东居延海自 2004 年 8 月以来连续 7 年不干涸的历史性突破，最大水域面积达 45km²；以草地、胡杨林和灌木林为主的下游绿洲面积增加了40.16km²，地下水位回升 0.22~0.79 米。

4. 近些年发现的问题与探索

由于地下水权制度滞后，水权难以界定，现行地下水 0.01 元/m³ 水资源费标准偏低，水价偏离供水成本，供水成本得不到补偿，地下水超采严重，水利工程负债运行。为此，推进地下水取水计量、总量控制、定额管理工作，并公开当前成本水价、水权信息和定价过程；积极搭建水权转让平台；强化机井计量设施的安装，并建立地下水银行；补偿标准有政府间转移支付、上下游横向补偿、生态移民补偿、污染治理奖励补贴等，补偿方式大体划分为政府主导型、市场主导型、社区协调型三类；提高农户对政府的信任程度，如组织由村民参与的生态补偿管理委员会、补偿标准公开、补偿金额公开等；健全基层村民自治制度，使乡镇政府和村民委员会真正成为农民服务的主体，进而减少实施生态补偿的政策成本；真正实现民主的社会监督，提高社会资本的使用效率，降低工程实施过程中的交易成本；农户要扩大社会关系网络，加强与异质群体的交往，从而提高对生态补偿的参与意愿；在制定生态补偿的相关政策时要充分考虑到农户的经济利益诉求；提高补偿标准低于实施成本，提高项目吸引力。

二、太湖流域常州市农村水环境治理分析

国内外许多实践证明，建立流域生态补偿机制，使水生态服务从公共物品转变为可交易商品，使水环境外部污染内部化，是促进流域水环境改善的有效措施。广义上的流域生态补偿，是指以经济激励为主要手段，以鼓励或者限制直接或者间接主体的行为，保护流域生态环境为目标，协调相关利益主体的制度安排。狭义上的流域生态补偿，是指对流域生态保护者（直接参与流域活动），提供额外的直接补偿，或者是流域污染者对受害者的直接赔偿。

1. 常州市农村治理背景分析

常州市地处太湖流域苏南经济发达地区，当地城市化、工业化进程和农村经济迅猛发展，城镇居民生活污水和工业废水的排放量超过现有污水处理厂的处理能力，农村生活污水的产生量已远远超出了现有河流、湖泊的自净能力，集中式污水处理没有能力处理农村生活污水，又因现有自然村数量多，分布密度大，要将农村生活污水全部接入镇污水处理厂处理，工程量太大、投资额过高，在现阶段乃至相当一段时期内是不可能的。2007年严重的"太湖蓝藻事件"是典型的流域内城市化和农村工业化的外部性导致的公共产品的公地悲剧。此后，常州市作为太湖流域农业面源污染防治的重点地域，省、市两级政府都加大了对乡村生活污水的治理力度，希望遏制太湖流域的污染加剧。

2. 常州市农村治理污染主要措施

建立农业生态补偿机制。第一，出台上下游及农业污染生态补偿政策。2007 年，江苏省出台了《江苏省环境资源区域生态补偿办法（试行）》：凡断面当月水质指标值超过控制目标的，河流上游地区设区的市应当给予下游地区设区的市相应的环境资源区域补偿资金，如果是直接排入太湖湖体的河流，则所在地设区的市将补偿资金交省级财政。第二，针对农业面源污染控制和退耕还林还湖制定了生态补偿办法。《2007 年江苏省商品有机肥推广补贴应用试点实施方案》指出，通过改变农业种植结构和农业生产方式两个途径实现对农业面源污染源头控制，具体包括：一是对改变农业种植结构的生态补偿。为了减少化肥的施用，实施商品有机肥厂商价格补贴，压低有机肥出厂价格（每吨压低 200 元），让农民购得价格更便宜的有机肥。二是建立全过程、全方位的断面水质水量自动监测系统。三是明确跨界污染补偿标准，按照《江苏省环境区域生态补偿方法（试行）》进行操作，实现对污染地区的生态补偿。四是规范跨界污染生态补偿金的使用。综合治理委员会应当督促有关设区的市人民政府在收到补偿资金通报后 10 个工作日内完成生态补偿资金的拨付。第三，依托龙头企业发展绿色农业。通过生态标记的生态补偿方法引导和激励农民从传统的生产方式转向少用或者不用化肥农药的环境友好型生产方式。第四，建立信息实时发布机制和法律保障体系。从法律上明确生态补偿责任和不同经济主体的义务，依据补偿依据、补偿要素、补偿范围、补偿标准、补偿支付模式等缴纳补偿资金，并最大限度地使信息不完全、不对称治理工作规范化、权威化。第五，鼓励非政府组织（NGO）参与、监督。引导和鼓励非政府中介组织参与生态补偿工作可以大大节约交易成本。非政府组织还可以扮演流域生态建设者的角色，辅助政府部门进行流域水环境管理与生态建设。

政府与农户协同治理机制。首先，政府与农户建立协同治理机制的着手点。由于太湖化学污染严重，治理太湖水污染需要从管理农户化肥施用量入手。影响太湖流域农业面源污染农户化肥投入的微观因素包括受教育程度、土地资源禀赋、人均耕地面积、农村劳动力机会成本、耕作制度；宏观因素包括农村土地产权、经济政策和科学引导等。政府应通过稳定产权激励农户增加对土地的投资；通过税收管制或补贴，改变农户的生产行为；科学引导农业产业结构调整，优化农业空间布局措施，达到与农户协同治理的目的，有效解决水污染问题。其次，太湖流域水污染政府与农户协同机制的政策选择。科学引导农业产业结构调整，要由传统的稻麦向蔬菜、花卉苗木等经济作物转变；稳定土地权，促进土地流转；适度提高对环境友好型农业资料与技术的价格补贴；完善农业技术推广体系，提高农民受教育水平；逐步完善农业面源污染控制和管理的政策体系，并给予有力的法律、制度、资金和技术保障。

太湖流域农业面源污染控制和管理政策设计思路。第一，开展农业面源污染普查与评估，重新进行战略定位。第二，构建污染总量控制下的点源与面源污染综合治理体系。第三，实行事前、事中和事后多方位综合管理。既要重视水体修复和水生态系统重构，更要重视对陆域土地利用的引导与控制；既要关注结果（污染物排放量和水环境质量），更应关注过程（农户和农业企业生产方式与行为）。第四，灵活应用各种政策工具。包括市场交易机制、补贴、教育、激励和行为标准等。不能仅仅依靠一种政策工具，需因地制宜地综合利用税收—补贴政策工具、命令—控制政策工具（主要是法规/标准）、教育与技术推广工具等，才能建立起有效的面源污染控制与管理机制。

太湖流域农业面源污染控制和管理政策体系。第一，完善太湖流域农业面源污染控制法律体系。包括：水污染源管理；农业面源污染监督管理；建立点源和面源污染目标责任制度；建立水体保护政务公开制度；群众参与监督制度；法律责任制度。第二，推广机插秧技术可采用价格补贴政策：增加对插秧机购置农户的价格补贴力度，同时，地方各级政府对购机农户或服务组织给予资金或信贷支持；对使用机插秧的农户给予一定的补贴；鼓励建立地方专业机插秧服务组织，并给予服务组织适度的税收优惠。第三，完善太湖流域农业面源污染监测与奖惩机制。建立定位监测点，适时采集监测数据，定期观察农业面源污染的动态变化，建立农业面源污染监控系统。在不同地区设立定位监测点，对监测点的土壤环境及面源污染情况进行定位监测。监测污染源主要包括化肥、农药、畜禽粪便、作物秸秆等，指标主要包括地表径流、淋溶中的COD、总氮、总磷等，要扩大定位监测点数量、合理布局，利用农业环境监测网络、依据相关的标准和评价模型进行环境质量评估预测。在监测结果的基础上，建立基于环境结果的奖惩机制，对于超出预定环境污染水平的进行惩罚，对于小于预定环境污染水平的进行奖励。

三、河北省干旱地区农村水资源管理经验

1. 河北省典型地区水治理工作概况

河北省典型地区水治理工作情况见表5-3。

表 5-3　河北省典型地区水治理情况

	思路	管护模式	前期投入	推进措施	效果
邯郸市	让种植大户资金参与节水灌溉建设	专业化公司+农民用水合作组织+用水组;基层水利站+用水协会+水管员	4个政策支撑文件、2000万元专项资金	对流转面积千亩以上规模主体给予奖补;自投资金建设节水设施纳入专项资金支持	累计发展高效节水灌溉面积29.7万亩;形成压采地下水能力8000万 m³
冀州市	高标准井改渠、地表水替代地下水、分段招标、机械设备和施工工艺创新	专家顾问全程监督、监理公司全程监督、受益群众参与	征地、伐树、拆建筑、移线路等,迁移费用355万元	征地农户按该村土地流转价格每年给予补偿;伐树群众优先承包渠道两侧林地,延长承包年限	每年减少深层地下水开采量2500多万 m³;减少水费支出120多万元;项目区节省人工2.6万人,省工效益达200万元以上
献县	国家资金和县自筹资金构建"四网合一"地表灌溉体系	在4条骨干河渠沿线各建一处管理所,由水利部门和村庄群众共同维护	征地1100多亩、修沿河路80km、共投入资金1004万元	政府购买社会服务方式委托公司经营管理;政府提供树苗,沿线村庄负责栽种,产权归群众所有	河渠蓄水量达到8000多万 m³;修沿河路80余 km;解决河道淤积、渠道绿化、地表水灌溉、用电等问题
吴桥县	调整灌溉水结构、建设地埋式喷灌系统;智能监控节约深层淡水开采量40%以上;发展地埋式喷灌4000多亩;减少灌溉费用,增加效益				
东光县	由村农田水利灌溉协会组织沟渠清淤、坑塘改造;自建自管、先建后补由农田水利灌溉协会作为主体;工程总投资1664.2万元,"三省一增一促一落实"节约资金12万元左右,弃土增值2.4万元;促进灌溉设施配套建设				
成安县	水价节水水资源确权;水费由扬水站点、机电井管理者负责征收;总量控制、定额管理、分水到站、节奖超罚;降低灌溉成本34%以上				
邱县	组建城乡水利设施管理咨询服务有限公司,构建"四位一体"的服务管理机制				
泊头市	建设"110"公共服务水利平台;110万元服务队经费/年、15辆维修服务车、300万元物资储备明确服务范围,建章立制维修人饮工程270处、节水灌溉工程40处、机井水泵170处				
馆陶县	农户用水者协会全面参与灌溉管理				
大曹庄管理区	集团管理、全民参与;集团化管理,统一经营管理、统一种植结构、统一机械维修;每年增加经济效益487万元,减少开采地下水400多万 m³				

2. 张家口坝上地区节水农业模式

张家口市属严重的资源型缺水地区,水资源总量 5.29 亿 m³,其中地表水资源量 2.34 亿 m³,地下水资源量 3.77 亿 m³,地表水地下水重复计算量 0.82

亿 m³，人均水资源占有量 399m³，不足全国人均的 1/5，且远低于国际公认极度缺水地区人均占有量 500m³ 的标准。张家口地区节水灌溉工程以防渗渠和管道输水为主，由于防渗渠多建于 20 世纪末，建设标准偏低，目前已进入寿命中后期，老化失修，灌溉水进入田间后仍然采用漫灌形式，水利用率较低。膜下滴灌、喷灌等高标准的节水灌溉工程普及率低，仅占节水灌溉面积的 1/5，各类节水灌溉工程建成、使用年限不同，部分工程由于达到或超过设计使用年限而部分失去其功能，实际真正发挥作用的节水灌溉工程不足节水灌溉面积的 1/2。张家口市地下水质类型虽然比较稳定，但水质正在变差。根据目前公布的情况，一类水井已不存在，二类地下水占 6.4%，三类水占 27.5%，其余均为四类以上水质。影响张家口市地下水质的主要污染物有硝酸盐、氨氮溶解性固体等，氟化物也是地下水重要污染物之一。

张家口市农业节水灌溉情况。近几年因地制宜积极推进了渠道防渗、管灌、喷灌、微灌和膜下滴等多种节水技术，建成了坝上地区等多个农业高效节水典型示范区。

表 5-4　张家口坝上地区农业节水灌溉面积

单位：万亩

县（区）	灌溉面积	节水灌溉面积				
		管灌	喷灌	防渗渠	膜下滴灌	小计
张北县	35.24	7.57	3.72	3.90	0.49	15.68
康保县	21.86	4.61	3.95	2.06	1.20	11.82
沽源县	25.09	2.97	8.23	2.10	1.20	14.50
尚义县	18.75	3.80	3.56	3.36	2.37	13.09
察北管理区	6.20	0.38	3.03	0.44	0	3.85
塞北管理区	7.10	0	4.16	0	0	4.16
合计	114.24	19.33	26.65	11.86	5.26	63.10

资料来源：河北省水利科学研究院、张家口水务局：《张家口坝上地区高效节水灌溉区域推进试点规划》，2012 年 1 月，第 7 页。

张北县馒头营乡高效节水灌溉区。张北县馒头营乡围绕规模经营、节水增效，充分整合土地、水利资源，在张化线两侧打造高效节水农业种植园区，引进福建超大、青岛浩丰种植企业 5 家，发展种植大户 52 户，实现公司+基地+农户的生产模式，按照"规模化生产，园区化管理，品牌化经营，市场化运作"的方式，初步形成了 8 个规模种植区域。全乡种植蔬菜 2 万亩、甜菜 1.2 万亩、马铃薯 1 万亩，实施节水灌溉技术 2.75 万亩，其中膜下滴灌 1 万亩，微喷灌 0.65 万亩，半固定式喷灌 0.3 万亩，管灌 0.8 万亩，经过监测，作物综合灌溉定额 150m³/亩均，用水量减少 70%。2011 年重点实施了万亩膜下滴灌水利工程和 5000 亩农业高效、节水开发项目工程，项目工程涉及 11 个行政村，直接受益农民达 8700 人，每年可增加农民人均纯收入 900 元，提高了农业抵御风险的能力。

尚义县膜下滴灌示范区。尚义县自 2006 年引进膜下滴灌技术以来，在技术和管理方面取得了巨大成功：一是共建成膜下滴灌面积 5 万亩，亩均增收 1000 元。膜下滴灌工程的实施由传统的"浇地"向"浇作物"转变，有效控制水分蒸发，节省水源。长白菜种植采用膜下滴灌技术比土渠、畦浇灌亩均节水 390m³，节水率为 78%。大棵西芹种植节水率为 64.3%。二是由向作物"输水"向"输液"（化肥、农药随水注入）转变，比常规灌溉省肥 30%。三是由一年一熟向一年两熟转变。突出了"一个减少"、"四个节约"、"五个提高"的优点，即减少病虫害发生，节约水资源，节约肥料，节约电费，节约用工，提高了蔬菜产量和质量，提高了复种指数，提高了土地利用率，提高了土壤质量，提高了经济效益。

塞北管理区喷灌示范区。塞北管理区围绕奶业和马铃薯产业，采取规模化种植、集约化经营、企业化管理的运营模式，大力发展以喷灌为主的节水工程。目前，全区安装使用圆形指针式喷灌机 58 台（套），控制节水灌溉面积 11430 亩，轮作种植马铃薯、青玉米、青莜麦。马铃薯每亩比管灌亩均节水 210m³。种植青玉米，亩用水 60m³。薯草轮作既节水，又有利于种薯繁育，促进奶业发展。

张家口市对水资源开发利用进行了进一步规划：全市总用水量 2011 年已经控制在 10 亿 m³ 以内，农业灌溉水利用系数提高到 0.67 以上。到 2015 年农业灌溉用水量从 1.85 亿 m³ 控制在 1.70 亿 m³ 以内。节水目标：坝上地区高效节水灌溉区域推进试点规划，井灌区灌溉用水系数从现状的 0.63 左右提高到 0.83 左右。蔬菜种植面积由现状的 65.48 万亩，压缩到 60.04 万亩，其中设施蔬菜种植面积增加到 16.29 万亩，即蔬菜种植规模从占灌溉面积的 57% 减少到 53%，设施蔬菜占蔬菜种植规模的 25% 以上。

张家口地区农业节水主要管理措施有：严格总量控制；转变灌溉方式；调整农业结构；规范打井秩序；建立农民用水者协会和组织等方式进行规范管理。在节水试点工作落实过程中，各个县形成了不同的水价机制。张北县形成了"总量控制、水权交易"农业水价模式。坝上地区农业高效用水区域推进规划如图5-1所示。

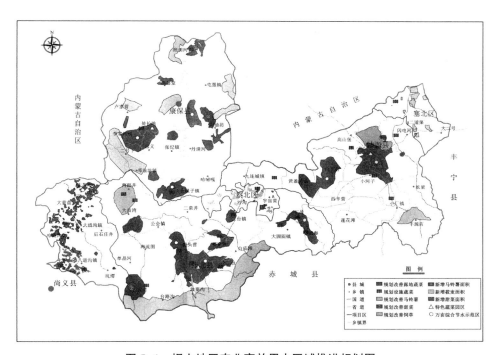

图5-1 坝上地区农业高效用水区域推进规划图

在节水试点工作中,坚持统筹兼顾、勇于创新、尊重民意、公众参与、上下协调的原则;实行最严格的水资源管理制度;自上而下将水资源使用权依次分配给各行业、乡镇及农户,将总量控制、定额管理落到实处;颁布不同保证率年份灌溉定额,实行"全面征收、定量取水、超支加价"的阶梯式水费征收制度,积极促进农业节水灌溉。

第一,种植业结构调整成果显著。调整优化农业种植结构,已形成蔬菜、玉米、马铃薯、食用菌、杂粮杂豆、燕麦等特色主导产业。2006~2010年,全市马铃薯播种面积由120.5万亩增加到近150万亩,杂交谷子由小面积的试验、示范发展到80多万亩,蔬菜已稳定成为种植业增效的最好作物,蔬菜产值由30多亿元增加到61亿元,占种植业总产值的47.71%、占农林牧渔总产值的22.31%,成为农民的主要收入来源之一。食用菌、甜菜等高效作物的种植规模不断扩大，全市食用菌栽培面积由 300 万 m² 发展到 450 万 m²。张北及周边县区副菜种植面积已稳定在 20 万亩左右，已完全由主要产区的鲜食玉米规模发展到 5 万亩左右，加工量近 2 亿穗。

第二，特色农业发展迅猛。主要包括夏秋错季蔬菜、马铃薯产业、食用菌、燕麦、杂交谷子。目前张家口已形成四个蔬菜优势产业带：一是坝上无公害错季菜生产区，以发展露地和地膜栽培为主，春秋大棚正在逐步兴起，主栽大白菜、菜花、甘蓝、西芹等；二是坝下丘陵区无公害错季菜生产区，主栽甜椒、豆角、茄子等；三是城镇郊区、河川区无公害设施菜生产区，以温室、大中小棚，地膜蔬菜生产为主，主栽黄瓜、番茄、食用菌等；四是崇礼、怀安、赤城及张北、沽源部分区域的无公害特色菜生产区，以引进发展新、优、特菜的栽培为主，主栽西兰花、生菜、彩椒等品种。目前，蔬菜产业已是张家口农业重要的支柱产业，是名副其实的第一特色富民产业。

第三，节水灌溉方面成果显著。一是节水灌溉全面推进，2011 年以后蔬菜种植全部实现节水灌溉。二是品种结构优化，减少坝上地区高耗水、低产值作物的种植面积，扩大坝下地区外向型彩椒和硬果番茄等高效蔬菜的种植。三是大力发展设施蔬菜。发展绿色有机蔬菜种植和蔬菜深加工，扩大销售渠道，增加附加值。四是大力发展蔬菜合作组织，以示范村为重点，建设相应的合作社或协会。五是加强信息平台建设，充分利用市农业信息网等信息平台，建立电子商务和信息体系，及时掌握和发布蔬菜市场供求。六是积极推进蔬菜品牌建设，重点打造"坝上蔬菜"品牌，提高全市蔬菜品牌的知名度和市场占有率。

3. 衡水桃城区农业节水"一提一补"调控机制

河北省衡水市桃城区 2004 年 4 月被河北省水利厅确定为省级节水型社会建设试点后，先后提出了固定总量+微调、浮动总量、浮动定额等节水制度。2005 年 8 月又创造性地提出了"一提一补"节水制度，实现了从水量控制到水价控制的转变。最初的实施方法是以村试点进行，2008 年开始以乡镇进行整体推进后该区已发展试点 40 多个（包括后来肖家村区划调整前最多统计数据为 52 个）。同年，桃城区被确定为全国第三批节水型社会建设试点，试点期间继续推行该制度。2014 年根据国务院部署和要求，在衡水、沧州、邢台、邯郸 4 市 49 个县（市、区）开展地下水超采综合治理试点工作，通过调整种植结构、加强水利工程建设、加快体制机制创新、严格地下水管理等措施，逐步构建适水发展的农业种植体系、高效节水灌溉工程体系、引排得当的水系连通体系、良性运行的管理服务体系、实时可靠的水资源监控体系，提高农业用水效率，控制地下水开采，修复地下水生态，实现水资源可持续利用。

"一提一补"水价政策调控机制与公式模型。"一提一补"概念就是"提价+补贴"。提价就是将各种水源的价格提高，由于各种水源的重要程度不同，价格提高的幅度也不一样；补贴就是将因价格提高而多收的那一部分资金按不同的用水单位进行平均补贴。"一提一补"调控机制也可以理解为"资源、生态环境税+补贴"，提价部分是对使用者征收资源、生态环境税，然后将税收按用水单位平均补贴。用水单位是指人口或土地面积等。

"一提一补"水价调控机制的水费计算公式：

$$W = j_2 \times X - (j_2 - j_1) \times \overline{X} \quad\quad (5-1)$$

式中，W 为某用水户人均用水费用，j_2 为提价后的水价，j_1 为提价前的水价，X 为某用水户人均用水量，$\overline{X}$ 为区域内人均用水量。在水费公式中：当 $X = \overline{X}$ 时，$W = j_1 \times X$，当某用水户的人均用水量和区域内人均用水量相同时，其用水费用和改制前相同；当 $X > \overline{X}$ 时，$W > j_1 \times X$，当某用水户的人均用水量大于区域内人均用水量时，其用水费用比改制前增加了；当 $X < \overline{X}$ 时，$W < j_1 \times X$，当某用水户的人均用水量小于区域内人均用水量时，其用水费用比改制前减少了。如果把 $(j_2 - j_1) \times \overline{X}$ 看成一个固定值，则是给予区域内全体用水者的用水补贴，可以看出，水费就是按改制后的水价而形成的水费，也就是说水价提高了。

"一提一补"调控机制水价影响因素分析。实行"一提一补"调控机制后的实际水价一般计算公式：

$$J_{实际} = j_2 - (j_2 - j_1) \times \overline{X} / X（水价公式） \quad\quad (5-2)$$

式中，$J_{实际}$ 为某用水户实际水价，j_2 为提价后的水价，j_1 为提价前水价，$\overline{X}$ 为区域人均用水量，X 为用水户人均用水量。在水价公式中：当 $X = \overline{X}$ 时，$J_{实际} = j_1$，当某用水户的人均用水量和区域内人均用水量相同时，其用水价格和改制前相同；当 $X > \overline{X}$ 时，$J_{实际} > j_1$，当某用水户的人均用水量大于区域内人均用水量时，其用水水价大于改制前水价；当 $X < \overline{X}$ 时，$J_{实际} < j_1$，当某用水户的人均用水量小于区域内人均用水量时，其用水水价小于改制前水价。综合水价是各种水价的加权平均值。"一提一补"调控机制可以理解为，以区域的平均单位用水量为基数，进行节奖超罚的一种机制。

"一提一补"调控机制应用中的有关问题。关于实施区域的选择：应该选择水源情况基本一致的地区作为"一提一补"调控机制的实施区域。如果水源情况差别很大，造成区域内的用水状况严重不平衡，一部分用水户因为水源的原因可能受益，另一部分用水户可能受损，在用水户协会推行这种制度时，用水者可能产生抵触情绪，不利于制度的实施。关于提价，在实施"一提一补"调控机制时，应考虑提价的幅度。提价的幅度受以下几个因素的影响：一是水资源的重要程度。在一个地区同时有多种水源时，应区别各种水源的重要程度来确定其价格，各种水源之间应拉大价格差距。二是承受能力。提价的目的是引导用水者对节约用水的重视，但是对不同的用水对象不能一概而论。在提价方面还应该遵循工业和生活用水高一些、农业灌溉用水要低一些的原则。

"一提一补"调控机制的三种最基本模式：

A 模式：提价＝补贴（提价多收的资金＝补贴资金）。A 模式是最基本的模式，也是"一提一补"调控机制的基本概念，其特点是，受益户和受损户各占 50%；先提价后补贴，用提价多收的资金来发放补贴；由于提价多收的资金等于补贴的资金，所以不需要另外再给予资金补贴。这种方法公开透明、易于操作，不易出现不可预料的问题；可能会给非常贫困的阶层造成一些暂时的困难；较适合于行政管理强的区域。

B 模式：提价＜补贴（提价多收的资金＜补贴资金）。B 模式的特点是，适合用水者协会管理；适用于农业灌溉用水管理；政府必须拿出一部分资金对制度直补；先提价，后补贴；受益用水户大于 50%，受损用水户小于 50%。B 模式是桃城区在农业用水中普遍采用的一种模式。在 A 模式中，对某一实施制度的区域，受益、受损的用水户各占 50%，行政管理没有问题，但是如果在试点阶段，通过用水户协会管理来推动 B 模式困难就大一些，毕竟有 50% 的用水户不太满意。可以通过制度直补的方式，适当给予一些资金补贴，相应地提高受益户的比例，协会便于管理，制度便于实施。

C 模式：提价＞补贴（提价多收的资金＞补贴资金）。这也是适合行政管理的一种模式，C 模式可以预先确定补贴的标准，适用于工业和城市生活用水，补贴标准一般根据用水定额确定。由于用水定额是变化的，因此 C 模式必须经过充分的调查论证，否则可能出现因为节水很多，提价多收的资金不够补贴的情况。C 模式的特点是，适合行政管理；政府不需要拿出资金对制度直补；提价和补贴可以同时进行；受损用水户大于 50%，受益用水户小于 50%。

"一提一补"调控机制的实施优点："一提一补"调控机制制度简单，协会操作方便，政府易于监督、检查和管理，操作及运行成本低廉，容易推广。

这种机制不仅适用于农业，也适用于工业；不仅适用于农村，也适用于城市；不仅适用于水资源管理，其理念也适用于其他公共资源的管理。它提出了对水资源公平占用的新理念。目前我国大部分水资源的价格都是供水的运行成本，即工程价值，这是不合理的。而"一提一补"调控机制通过管理手段，完善了水价构成，不仅有工程价值，同时体现了水资源的约束和激励机制的结合，更好地起到节水的效果。

"一提一补"制度实施效果。制度实施过程中自动实现以亩均用水量为标准进行节奖超罚。"一提一补"制度包含了水权水市场理论、总量控制和定额管理的内容，符合节水型社会制度建设的要求。"一提一补"制度具有群众易于接受、适用多个领域、内含长效节水竞争机制、体现公平用水理念及操作简便、易于实施、节水效果明显等特性，具有示范性和可推广性。各个村的实施方案见表5-5。

表5-5　衡水桃城区实施提补水价村庄实施方案

实施村庄	项目	内容	执行机构
邓庄乡速流村	实施时间	2007年10月1日起	区水务局
	补贴承诺	每年分两次按照该村当时收取的节水调节资金数量的1/3给予补贴（只补贴农业灌溉用电）；节水调节资金足额收取；节水调节基金的发放一年分两次进行，经公示无异议后即可发放	
	水价调整	实施时间：自2011年1月1日起实施 速流村1队、6队农业电价由现在的综合电价0.68元调整到0.88元；2队、5队农业电价由现在的综合电价0.63元调整到0.83元；3队、4队农业电价由现在的综合电价0.66元调整到0.86元；7队农业电价由现在的综合电价0.65元调整到0.85元 农业灌溉用电，不包括照明和其他用电。原电价按原规定的收支渠道不变，以增加的电价0.2元作为节水调节基金	农民用水者协会
	节水调节基金	每度电增加的0.2元和区水务局承诺的每度电补贴的0.1元，两项合计每度电0.3元 节水调节基金按2011年1月1日公示的承包地面积平均发放 节水调节基金的计算时段为当年的1月1日至6月30日和当年的7月1日至当年的12月31日 节水调节基金每年公示两次，发放前5日为公示期	
	监督管理	方案监督管理由农民用水者协会负责 节水调节基金由村委会和用水者协会共同委托三人小组负责管理 每月末将当月的节水调节基金交由三人小组保管，交接时用水者协会应指定专人进行核对和监督	

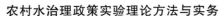

续表

实施村庄	项目	内容	执行机构
邓庄镇东邢疃村	实施时间	2013 年 6 月 1 日至 2014 年 5 月 31 日	区水务局
	节水补贴	2013 年 6 月 15~20 日和 12 月 15~20 日，经公示发放节水补贴。补贴额度为 5 元/月/人，每户人数按协会核定并经公示的人数	
	水价调整	2013 年 6 月 1 日至 2014 年 5 月 31 日，村内自来水价格由现在的 2 元/m³ 提高到 6 元/m³，提高的 4 元作为节水调节基金，由协会收取后交到桃城区水务局	农民用水者协会
	监督管理	每个月的月末村用水者协会须将当月各用水户的用水量及村总表数报给桃城区水务局，并将收取的节水调节基金交给桃城区水务局，交接时由用水者协会指定专人与桃城区水务局工作人员进行核对和监督	
河沿镇国家庄	实施时间	2005 年 8 月 1 日至 2006 年 8 月 10 日	区水务局
	补贴承诺	2006 年 1 月 10 日和 2006 年 8 月 10 日两次按照该村当时的节水调节基金数量的 1/3 给予补贴	
	机井管理责任制	按照"建管并重"管理 5 眼机井，一定人员；二定保浇面积（1 号机井张某管理保浇面积 285 亩，2 号机井张某管理保浇面积 200 亩，3 号机井张某管理保浇面积 210 亩，4 号机井李某管理保浇面积 150 亩，5 号机井李某管理保浇面积 150 亩）；三定职责（成立维修专业队，常年固定管理责任人，订立合同，村委会和管理责任人各持一份，负责管道、机泵维修，收缴电费和节水调节基金，开井时昼夜值班，填写随井浇地记录）；四定维修专业队（负责维修管道和机泵）；五定报酬（机手报酬和维修费均以机井用电量为收费基数，机手报酬每度电提 0.04 元，维修费每度电提 0.09 元，维修费结余时结转下年使用，不足时召开村民代表大会一事一议解决）	农民用水者协会
	农民用水者协会章程（要点）	宗旨：在水行政主管部门和地方政府的支持、指导、协调下组织会员改善灌溉条件，节约用水、科学用水，提高水的利用率，降低灌溉成本，减轻农民负担。业务范围：向会员供水并收费；节水调节基金的管理和使用；享有用水权和向协会反映意见与建议的权利；履行维修和保护水利工程设施的义务；按时足额缴费的义务。组织职权：划分协会用水小组；调解和处理浇地用水中的纠纷；会员代表大会每届 3 年	
	水价调整	由现在的综合电价 0.7 元调整到 1.0 元；只调整农业灌溉用电，不包括照明和其他用电。原电价每度 0.7 元仍按原规定的收支渠道不变，增加的电价 0.3 元作为节水调节基金	

续表

实施村庄	项目	内容	执行机构
河沿镇国家庄	节水调节基金	每度电增加的 0.3 元和区水务局承诺的每度电补贴的 0.1 元，两项合计每度电 0.4 元 节水调节基金按 2005 年 8 月 1 日公示的承包地面积平均发放 节水调节基金的计算时段为当年的 7 月 31 日至 12 月 30 日和当年的 12 月 31 日至次年的 7 月 30 日 节水调节基金每年公示两次，即每年的 1 月 5 日和 8 月 5 日 节水调节基金的发放一年分两次进行，具体时间是每年的 1 月 10 日和 8 月 10 日	区水务局
	监督管理	水价改革方案的监督管理工作由农民用水者协会负责 节水调节基金由村委会和用水者协会共同委托三人小组负责管理 每个月的月末机手须将当月的节水调节基金交由三人小组保管，交接时用水者协会应指定专人进行核对和监督	农民用水者协会
麻森乡肖家村	实施时间	2006 年 1 月 1 日起	农民用水者协会
	水价调整	灌溉用水由原先按电计费改为按水计费 根据现状所有机井出水量和用电量测算，现状电价 0.63 元/度，折合水价为深井 0.35 元/m³ 调整后水价如下：深井水 0.5 元/m³ 地表水维持 0.14 元/m³ 水价不变	
	节水调节基金	深井每立方米增加的 0.15 元和水务局补助的 0.05 元，合计为 0.2 元/m³ 节水调节基金按 2006 年 1 月 1 日公示的承包地面积平均发放 节水调节基金的计算时段为每年的 1 月 1 日至 8 月 31 日和 9 月 1 日至 12 月 31 日；公示时间为每年 1 月 5 日和 9 月 5 日；发放时间为每年 1 月 10 日和 9 月 10 日	
	监督管理	水价改革方案的监督管理工作由村用水者协会负责 节水调节基金由村委会和用水者协会共同委托三人小组负责管理，三人小组由肖景辉（监督）、肖文合（现金保管）、肖满良（会计）组成 每个月的月末机手须将当月的节水调节基金交由三人小组保管，交接时用水者协会应指定专人进行核对和监督	

资料来源：根据衡水实地调研整理。

4. 白洋淀农村水资源与环境管理探索

白洋淀是我国华北平原最大的湿地，被誉为"华北之肾"。长期承担着以渔苇为主，兼顾缓洪滞沥、农田灌溉、水运交通、旅行游览和乡村人居功能。近60年来，气候变暖导致水源自然补给减少，人口增长和经济发展导致水资源消耗增多，致使白洋淀流域水资源量赤字加剧，白洋淀干淀化趋势明显。为解决白洋淀极度缺水的状况，中央和地方政府采取生态应急补水工程，多次从周边调水上亿 m³ 补充白洋淀。从长远看，白洋淀干涸威胁将长期存在，目前应急补水并不能解决干涸问题。白洋淀水位 6.5m 被确定为干淀水位，7.3m 为生态水位，1956~1988 年 13 次干淀，1983~1988 年 5 年连续干淀最为严重，1988 年夏华北暴雨使白洋淀重蓄获清水，2002 年汛期蓄水后大部分年份水位高程也在 7m 以下，实际水面面积仅有 100 多 km²，远低于 366km² 的淀区生态系统良性循环的水平。白洋淀污染治理 30 余年，从内外源污染物控制、生态湿地修复到跨流域调补水，运用了工程、管理、法律等多种手段综合治理。2008 年环保部设立了国家科技重大项目，"水体污染控制与治理科技重大专项"（简称水专项）分三个阶段组织实施：第一阶段目标主要突破水体"控源减排"关键技术，第二阶段目标主要突破水体"减负修复"关键技术，第三阶段目标主要是突破流域水环境"综合调控"成套关键技术。2014 年开始抓好"引"、"控"、"管"，连片建设美丽乡村。

关于白洋淀引调水机制。杨志峰（2011）提出了白洋淀水生态综合调控决策支持系统，集水生态系统健康诊断、水生态安全预警与应急、水量调控、污染物控制、淀区净化、综合调控、知识库子系统于一体的白洋淀水生态综合调控决策支持系统。王慧敏（2014）指出应建立流域水环境治理联席会议制度，流域各区域协商治污。通过定期召开联席会议，以利益相关者合作协商的方式对流域水环境治理中的问题进行协调。周亦凡和阎广聚（2012）指出要建立白洋淀供水保障系统，只有跨流域引黄补淀才能保障淀区最低生态环境需水量的要求，建立引黄补淀长效机制，形成本流域，海河南系和跨引黄等多水源补淀水量保障系统。梁宝成（2005）指出要增加入淀水量，一是库淀联合运用，水库补水入淀；二是引岳济淀生态应急补水工程。关涛等（2007）提到要对渠道开源，广辟水源包括跨流域调水、处理污水、改变水库调度方式及建立生态调度模式。

关于白洋淀农业用水管理机制。第一，农业生产用水管理。刘文具（2007）针对白洋淀地面水灌区的灌溉有效利用系数只有 0.405，井灌区仅为 0.608，多大水漫灌现象，提出山区节水高产生产模式、淀西平原区丰产节水生产模式和淀东平原区节水抗旱生产模式。张金杰（1988）指出要提高渠系水的利用率，做好灌区配套防渗工程和技术改造，改进灌水方法和灌水技术，推行科学用水。制定合理水费标准，改革税费征收办法。康爱荣（2007）提出要加强农艺节水措施，积极引进培育旱作物品种，发展设施农业、生态农业和特色农业。全力推进农业结构调整，扩大优质果蔬、花卉、食用菌、药材、优质牧草等种植面积。周晓平和王援军等（1995）提出可以利用农业和工业的生产生活污水对淀区进行灌溉，提高污水的循环利用和循环回用。第二，养殖业用水管理。陈新永（2010）指出在维持水体良好生态环境的前提下，合理规划"三网"分布和水产养殖密度。立足生态养殖，发展集约化养殖。轮换养殖区，合理划分养殖水域。梁淑轩等（2011）提出要对淀内鱼虾和鸭养殖进行合理规划和控制防范，发展以滤食性鱼类为主的养殖方式，淘汰落后养殖技术，逐渐转变水产养殖方式，加强水产养殖清洁生产技术应用。

关于白洋淀水环境管理研究。王军（2011，2014）提出了白洋淀生态建设要做"减法"，农村环境治理可以探索实施"征补共治"机制，强调了政府与农户之间的共利互动，改变农户的排水行为，推动农村污水治理二元社会循环。刘秀娟（2012）指出要建立流域管理协商平台和公众参与平台。叶军红（2012）提出白洋淀生态补偿途径主要有政府主导型、市场主导型和博弈协商型，补偿标准有转移支付、流域上下游补偿、农村环保"征补共治"、生态移民以及跨界断面类型。孟晶（2011）提出政府应采取激励政策，使农民获得的效益高于其所付出的成本，应建立农民参与决策、监督、治理的激励机制，建立白洋淀流域污染信息发布系统。陈岩（2013）指出要实行农业生产规模化和节水化，迅速调整以承包经营权关系为核心的农业生产，推行以参与为主的农业用水合作组织。吴新玲（2013）提出推进地方立法，出台《白洋淀管理条例》。

2015年课题组对白洋淀淀内村东田庄、淀边村大田庄和赵庄子三个村展开了农村水环境治理调研。重点从政府与农民的关系分析了水环境政策执行情况。第一，政策目标度量困难。由于政策制定主观性强，村庄环境设施建设的政策执行效果的边界难以区分，企业与村委和农民的责、权、利难以辨清晰，村庄各组织权责界定不清晰。例如，负责党务工作的村党支部与村委会都有对村中经济工作的领导功能，在具体工作划分上可能会产生分歧，不能有效贯彻落实农村政策；没有建立农民参与式的政策执行机制。第二，基层政府主导的职能不清晰、政府发挥职能的条件不充分。第三，农民收入增长缓慢，政策了解意识薄弱，针对白洋淀的水环境政策实施受阻。第四，淀区农村生活、农业、村庄工业和乡村旅游业都存在不同程度的污染，但其管理责任人很不到位。

针对上述问题，当前优化白洋淀水环境治理的对策有：一是设计便于操作度量的政策执行、监督和评价指标。二是赋予基层环保事权、财权，强化村级两委公共管理职能。三是做好政府生态管理的五个职能。政府是引导者：通过发布公告、开听证会的形式将政策传达给农民，保证农民参政议政的权利；政府是组织者：组织专家对相关政策进行讨论，将农户组织起来促进政策的落实；政府是支持者：为污水处理设施建设提供资金支持；政府是奖励者："征补共治"政策下，政府对治理效果好的村庄进行奖励；政府是监督者：以公平公正的眼光对政策执行效果进行评定。

四、沈阳市农业自主管理灌排区成效与推广

1. 实施背景

沈阳市位于辽宁省中部，有耕地面积 57.753 万 hm^2，其中水田 11.867 万 hm^2，旱田 41.813 万 hm^2，菜田 4.228 万 hm^2。沈阳市人均水资源占有量 341m^3，仅为全国人均占有量的 1/9，而农业用水占到全市总用水量的 60% 左右，但灌溉水的有效利用率仅为 30%~40%。

沈阳市的水利灌溉设施经过几十年的运行，大都严重老化失修，功能退化，灌溉效益呈下降趋势；由于水费达不到供水成本，绝大多数灌溉管理单位处于亏损经营状态，无法对工程进行有效的管理维修，无法大修，更谈不上提取折旧基金用于工程的更新改造；灌溉体制与灌区管理单位的内部运行机制不适应市场经济和农村经济结构的变化，灌区管理按行政边界条块分割，难以提高水资源的利用率；征收灌溉水费的流程复杂，容易在中途被截留挪用，真正用于灌溉管理的比例减少；斗渠及其以下渠道的产权、管理权、运行维护资金等均无明确的政策划定，灌区管理单位和农民都无法对其实施有效的管理与维护。

1998 年，沈阳市作为中国利用世界银行贷款发展节水灌溉项目的子项目区，计划利用 5 年时间（2001~2006 年）发展节水灌溉面积 59.575 万亩，其中喷灌 13.7 万亩、管灌 5.015 万亩、微灌 13.1 万亩，灌区改造及渠道防渗 27.76 万亩。项目在引进先进的灌溉设施的同时，也要引进先进的管理经验，改变过去节水灌溉工程重建轻管的状况。到 2015 年，完成 6 座大中型灌区续建配套和节水改造任务，新增节水灌溉面积 140 万亩，建设高标准旱涝保收田 300 万亩，农田灌溉水有效利用系数达到 0.6；维修改造灌排站（闸）264 座、万亩桥 225 座，干支渠清淤 5000km。

2. 主要措施

第一，建立健全组织机构。在沈阳市项目领导小组的指导下，成立沈阳市世界银行贷款发展节水灌溉项目办公室，派专人负责全市 SIDD① 工作，并要求每个县区到乡村委员会成立 SIDD。成立市领导小组、项目办公室和县区项目领导小组，主要成员参加专题培训和专题会议，项目办多次召开建立供水公司和用水者协会的讲解实施 SIDD 试点意义和步骤方法。扶持农民成立用水者协会，市水利局发挥其组织职能和技术方面的优势，指导区县水利局开展农民用水者协会组织工作，在区县水利局成立农民用水者总协会，同时在协会内又开展水利新技术的培训，让农民掌握先进的节水灌溉新技术。

第二，制订项目发展计划。在项目开始之前，依照国家政策法规中有关规定（国家在搞活水利经营体制方面也提倡农民自己经营管理小型水利工程，以减轻国家的财政负担），沈阳市制订了"沈阳市利用世界银行贷款发展节水灌溉项目 SIDD 发展计划"，包括试点区规划、推广计划、效益预测、监测评价等项内容，并将该计划作为项目实施计划（PIP 报告）的一个附件，成为项目实施过程应遵照的法律文本。各地相应出台了一些关于小型水利设施产权改革的实施办法。

第三，完整的组织保证。各区县在组织成立农民用水者协会时，都相应成立了 SIDD 建设领导小组，由县主管世界银行项目的领导和区县水利局、乡镇领导组成，主要负责协会成立前的准备工作。农村农民用水者协会的成立与运行必须紧紧依靠村委会来完成，村委会和农民用水者协会在组织职能方面相互支撑、互为补充。根据项目水系分布，勘定水文边界，分不同区域划分协会；召开农民代表座谈会，广泛听取农民对协会划分和协会筹备组人员的意见。协会筹备组成员应包括：当地乡（镇）、村干部，灌区管理机构人员，供水单位或供水公司人员和农户代表。其中农户代表人数不得少于总人数的 1/2。

第四，各部门协调配合。世界银行节水灌溉项目本身就是一个集水利、农业、林业、财政等多部门配合的综合项目，置身子项目建设之中的 SIDD 建设，同样也得到了各部门的大力帮助，尤其是民政部门在社团登记上给予的帮助，农业、畜牧、环保等部门也积极配合，为 SIDD 整个项目的建设起到了促进作用。

第五，开展调研培训。为使广大受益农户充分理解 SIDD 的先进性和有效

---

① SIDD：自主管理灌排区（Self-management Irrigation and Drainage District）是一种自主管理的农业灌溉管理制度，组建用水者协会和供水公司，让用水户分担灌溉管理更多权力和责任，利用市场机制，有偿用水，用水者自主管理。

性，提高农民自觉参与的意识，市项目办首先组织各县区负责 SIDD 工作的领导及工作人员进行了多次培训，再由县项目办对用水者协会有关人员进行培训，详细讲解 SIDD 的概念、目的、意义、运行机制等，市项目办还多次派流动专家组深入到试点区为农民讲解农业节水、科学灌溉等指导协会制定章程、建立组织机构等。

第六，摸清协会情况，划分用水组。根据划定的地域范围摸清协会所属的基本情况，编写基本情况报告。内容包括：农户、人口、劳动力数、土地、耕地面积、各种作物分布情况、种植面积、灌排工程现状、经济和社会情况等。收集农民申请入会登记卡。根据地理位置、历史状况、人际关系等因素，在协会范围内以斗渠或农渠的水文边界划分若干个用水组。筹备组与乡（镇）、村干部协商并广泛征求群众意见，以用水组为单位推荐 1~3 名用水者代表候选人。

第七，召开用水者代表大会。委托并协助村民组长以用水组为单位召开用水组全体会员大会，广泛听取用水者代表及广大群众意见，推荐用水者协会执委会成员候选人。召开用水者代表大会。由领导小组组织或协助用水者协会筹备组召开协会用水者代表大会。采用无记名投票、差额选举的选举方法，选出执委会成员，并安排分工，一般设协会主席 1 名，副主席 1~2 名，其他成员（工程、财务、行政管理委员）2~3 名，也可由副主席兼任。

第八，制定协会章程和制度并登记。明确协会宗旨、业务范围、组织机构、资产管理、用水组和会员的权利与义务等、灌溉管理制度、员工管理制度、财务管理制度、奖惩制度等，为协会的正常运行提供保证。到民政部门登记注册，签订有关的合同、协议，使水协会运行合法化，章程制度生效。

第九，制定科学灌溉制度，执行核定水费。水协会征求会员意愿，调整种植结构、确定灌溉方式，制定科学灌溉制度。用水者协会成立后首先要召开会员代表大会，广泛征求农民意愿，研究确定种植结构，并填写农民意愿调查表，通过专家分析、论证确定灌溉方式，制定科学灌溉制度。计算成本水价，核定水费。实现按方收费，逐步达到成本水价。协会成立后要对当地的运行成本水价和全部成本水价进行估算，并制定水费征收的时间表，使协会征收的水价逐步达到运行成本水价。征收水价与管理是 SIDD 良性运行的关键。沈阳市世界银行贷款节水灌溉项目区不同灌溉方式下的运行成本水价初步估算为：管灌 0.32 元/m³，滴灌 0.38 元/m³，喷灌 0.3 元/m³，槽灌 0.18 元/m³。

第十，重视验收和评估。协会执委会在全部组建工作完成并备齐了所有验收资料后，即可向领导小组提交验收申请报告。申请报告内容应包括：协会组建过程及结果，协会基本情况和组织情况，协会范围内灌排工程情况，协会规章制度情况，投入运行的计划安排以及验收的准备工作情况等。遵循全面性、客观性、可操作性及定量考核与定性考核相结合、目标考核与过程考核相结合原则，具体考核标准见表5-6。

表 5-6 沈阳 SIDD 项目用水者协会成立的考核标准

考核大类	考核项目	备注	指标
用水者协会成立	农户参加水协会比例	参加用水协会农户占农户总数比例	90%以上
	协会人员对章程认知率	执委会成员	100%
		首席代表	80%
		用水户	60%
	组织健全程度	用水户人数及协会的会长、副会长、财务、出纳人员齐备有职责	
	章程制度	用水户代表通过率	
	灌溉设施	灌溉设施建设完好率	
	工程档案	有专人负责工程档案保存率	
	用户登记卡信息	灌溉面积等信息完整率	
	财务账目	供水公司向农户征收的水费信息完整率	
	各类合同	供水公司与农户签约合同完整率	
用水者协会运行	合同管理	已与用水户签订了供水合同，供水合同的内容完整、准确；能全面执行供水合同；供水合同的变更有可靠的依据并经执委会讨论通过	
	供水管理	具有完善的供水计划，并严格执行供水计划；供水计量率在95%以上，配水合理，供水保证程度高	
	工程管理	工程设施的定期检查，维修率在90%以上，能及时处理工程上出现的问题，能定期检查、校准量水设施，检查、维修有详尽的书面记录	
	水费收取	水费收取手续完备，严格按收费程序进行收费，做到"开票到户"式收费，用水户清楚所缴水费的计价方法	
	财务管理	财务收支手续齐全，能及时编制财务报告并定期向用水者代表大会汇报，能定期进行财务审计并向用水者代表大会报告审计结果	
	参与管理	用水户积极参与工程的规划、设计和日常用水管理工作，用水者代表的到会率高，用水户能积极参与协会工作，财务透明度高	
	档案管理	具有健全的档案资料管理制度，资料存档及时、保存完整	

资料来源：根据《沈阳市实施 SIDD 模式项目实施过程——考核与评估》整理。

第十一，世界银行 SIDD 项目资金保证。世界银行节水灌溉项目通过维护更新节水灌溉设施，使农业的灌溉生产条件发生了根本性变化，调整农业种植结构成为现实，由原来的雨养型农业转变成设施高效农业，农业生产效益得到大幅提高。同时，帮助建立了完整的组织体系及保证了农民用水者协会在经济上的自我独立。

第六章　农村水资源与环境治理机制构建

2014 年我国农田灌溉水有效利用系数 0.530，与世界先进水平的 0.7~0.8 有较大差距。[①] 如何提高农村水资源利用效率，成为降低水资源压力的必然选择。在公共物品供应不足的情况下，农村水资源与环境治理机制是在包括地表水与地下水联通互动系统中，取水、供水、节水和排水形成的"自然—社会二元社会循环"。在现有水资源与环境的政策法规体系下，水权、组织、政策目标和利益如何配置？政府与农户博弈互动中的利益协调关键在于水价怎样体现以人为本及以农民利益为本。农民水协会组织地位如何发挥作用？政府在强势主导政策执行力下，政策执行目标与农民利益怎样兼顾？补偿和补贴机制政策目标怎样与农户目标融合？根据制度经济学理论，当制度变迁的收益与转型成本和跨时成本实现供求均衡的出清状态时，制度变迁就会发生。[②] 基于此，对农村水资源与环境治理体系进行经济学结构性分析，构建农村水资源与环境补偿共治机制，推进农村水管理和水治理由"一元独治"，经过"二元共治"并向"多元善治"的路径发展是必要且可行的。

---

① 根据中华人民共和国水利部《2014 年中国水资源公报》和水利部：中国水资源短缺、水污染严重等问题突出［EB/OL］. http://www.chinabaike.com/z/shenghuo/kp/2012/0216/1063802.html.

② 制度变迁是指新制度结构产生、替代或改变旧制度的动态过程，是一种制度替代、转换、交换的过程。制度变迁包括两个类型：诱致性制度变迁（也称需求主导型制度变迁）和强制性制度变迁（也称供给主导型制度变迁）。诱致性制度变迁的特点有：改革主体来自基层，程序为自下而上，具有边际革命和增量调整性质，在改革成本的分摊上向后推移，先易后难、先试点后推广，先经济体制改革后政治体制改革，从外围向核心突破相结合，改革的路径是渐进的。强制性制度变迁的特点有：政府为制度变迁的主体，程序是自上而下的，激进性质，具有存量革命性质。出清：市场出清意味着供求均衡。

第一节 农村水资源与环境治理体系分析

综观全球水制度演进的共同特征是：第一，重心由开发转向配置。即开发时代官僚体系封闭的决策以政治和工程考虑作主导，配置时代需要公开协商和民众参与的决策过程，以配置资源与环境完成经济、社会和生态目标。第二，重视分权和私有化。建立流域组织（RBO）、灌溉管理转移（IMT）和城市水行业同类组织，灌溉行业以 IMT（Irrigation Management Transfer）方式分权，即依靠用户持股者主动参与流域和项目，把系统维修、回收成本管理责任转移给合法组建的用水户组织。第三，推行水资源整体化管理。多数国家正在推动机构重组，把环境问题纳入水管理中。第四，重视经济自立和自然可持续性。所有国家力求全部回收运行和维护成本的目标。

综合国际水制度演进大趋势，对我国农村水制度进行评价。

一、农村水资源产权体系不完善

农村水资源社会水循环包括取水、供水、用水、节水和排水回用。其中，农村用水包括农业生产性灌溉、农村生产性人畜饮用、生产性排水（畜禽养殖等）和生活污水排水。上述环节中，围绕水权涉及管理相关者包括：从中央到地方乡镇的五级政府，涉及发展改革、水利、农业、国土、环保、城建和扶贫多个政府部门，还有农民水协会组织、乡村用水企业以及社会资本投资人，最重要的是基层广大的用水农户。这些单元从不同的职能、利益和目标出发，对水治理和管理事权存有不同的相关利益。为此，农村节水除了技术手段、工程手段和农艺手段外，管理手段的节水和治水的关键是治权，它决定了人、财、物的支配权利，进而影响水资源与环境的服务职能，不仅影响农户的用水利益，还影响到服务于国家的功能。

我国农村水权包括了农业生产性灌溉用水、渔业和畜禽养殖用水、生活方面的居民饮用水。其中，生产灌溉用水和农村生活用水占比较大，成为研究的重点。目前，我国农村水资源环境产权体系不完善的主要表现是：

1. 农村水权公共产品供给不足

农村公共产品供给总量不足源于政府服务供给不足。根据公共产品理论，纯公共产品因其同时具备消费的非竞争性和受益的非排他性，依靠政府提供能保证有效的供给；混合公共产品的提供者可以通过收费来收回公共产品的生产成本并获取一定利润，所以可以由市场提供，也可以由政府公共提供或由志愿者提供；私人产品因具有排他性和竞争性，而必须由市场提供。有的学者对中国农村公共产品供给提出一体化战略和多元化战略，认为应实行政府提供模式。受中国现实文化传统及其路径依赖意识的影响，现阶段政府依然是农村公共产品提供的绝对主体，不可能像公民社会理论的倡导者萨尔蒙等所说的完全摆脱政府强制机制和市场私利机制，以自愿谋公利的方式完全解决资源在各种产品中的配置和使用效率，而是由政府、社区、志愿和市场模式共同提供公共产品。有的学者认为：我国的农村公共产品应由政府提供、农民自给提供、志愿提供以及混合四种公共产品提供模式。政府提供模式所指的政府不仅包括中央、省、市、县、乡五级政府，还包括村一级自治组织。因为，村一级如果有村集体，对应的村集体财产收入，也应该列入国有资产投资收益中，归为政府范畴。农民自给提供模式是由政府用城乡一体化税收之外对农民强加的任何收费所获得的收入来提供公共产品的模式，或者由农民自发提供一些本应由政府提供的公共产品。志愿提供模式是指社会非营利性组织提供的公共产品，其资金来源包括本村的经济能人的自愿捐赠。混合提供模式是指政府和农民混合提供公共产品模式，其本质是一种农村公共产品的成本分担机制，即某一种农村公共产品的成本根据其公共性的纯度在政府和农民之间合理划分的机制。总的来说，每年的政府广义涉农支出远低于当年的农民负担，国家通过财政支出为农民提供的农村公共产品远少于农民的非私人产品支出可以提供的农村公共产品。当前，农村公共产品供给总量不足的主要原因在于政府供给不足。

强国家强社会的混合经济模式更适用于我国当前新常态下供给侧改革背景下的农村水治理。我国水资源供给的总量绝对稀缺和时空相对稀缺。当取水和用水冲突时，具有排他性的水权就可以作为解决冲突的制度工具。随着政策服务导向和市场机制的不断完善，产品的排他性成本提高，公共产品的提供模式也应顺势改变，准公共产品和私人资本应能进入水权市场，使水权具有财产权和用益权双属性。我国超量开采地下水和渠灌地表水的北方旱地农业，弹性较小的取供水和弹性较大而多样化的用水消费，使水利服务兼具私人物品和公共物品混合属性。因此，在供水设施生产中尽管按照"谁投资，谁受益"的原则逐步引入了私人部门，并通过招标、拍卖、租赁、承包等形式参与建设，以弥补财政支出的不足，但是在管理其他环节尚未降低社会参与的门槛。所以，小型水利工程建设和运行应扩大到私人投资的参与。在国家与社会关系理论所划分的强国家弱社会、弱国家强社会和强国家强社会三种类型；从世界各国的实践历程来看，较为普遍的是强国家弱社会状态，强国家强社会状态，弱国家强社会状态是绝少长期存在的。政府应当从全能政府回归本位，"让渡空间"，沿着政企分开、政事分开、公共服务和社会管理四个方向展开，使社会诸要素都有自主发挥能量的机会和平台。借鉴国外非营利组织与政府补缺型、互补型、对手型的三种关系，对分散农户进行用水组织化行动，即将水协会与农业合作组织和各类协会进行关联，镶嵌到农村水治理的体系中。

2. 农村水资源环境产权界限不清

（1）水权与土地产权的改革具有不同的属性要求。目前，中国农村土地按照其权属及主体功能分为三种，即农村生产承包地、宅基地和集体建设用地。宅基地归集体所有，农户长期居住，生产承包地归农户使用承包期 30 年或更长，集体建设用地归集体支配。目前，我国土地的"三权分置"政策，"坚持集体所有权，落实农户承包权，放活土地经营权"。① 因地表水和地下水资源附着在土地上，居民饮用、牲畜饮用、农业灌溉和农村生活用水与土地既权属分离又空间镶嵌，依照现有《土地法》和《水法》的规定：农村水资源归集体所有。但是，目前我国集体组织和权责利的虚化，使农村水权界定不清。由于水资源的流动性，边界难分割，使水消费具有相当的共享性，使农村水资源的利用具有法律意义的公共产品属性。农民的自私理性，大多数人的意愿是地表灌溉水、抽取地下水，尤其是生活饮用水长期免费和低水价，集体内的每个成员都有去侵占以谋取自身利益最大化的动机，并通过外部性效应，浪费水资源、忽视灌溉效率，肆意排放生活污水，导致水污染，出现农村和农业水生态退化的"公地悲剧"或称"公共池塘困境"。

（2）地表水存在上下游之间的水资源利用和污染迁移的跨界外部性现象。从流域看，上游引水漫灌浪费，导致下游干旱缺水，作为公共产品的水资源，上游农户缺少节水的激励。因为农户建造节水设施需付出成本，过低的水价使自身获取的收益无法弥补节水成本，并且节余的水不属于自己，节水的水收益

由他人分享，作为一个理性的人，农户自然会选择放弃节水，而引水漫灌。农户上游引水漫灌的成本却由下游承担，水资源领域存在严重的外部性（赵海林，2004）。另外，政府水务部门管理农业水资源，一般只在灌溉系统的干渠和支渠层次上，管理的粗放有时也干涉个体农民用水的时间、地点和灌溉方式，从而稀释了本应"顺水形态界定产权"的灌区水权归属，模糊了水协会及农民所拥有的共同产权与私人产权的协商分割权。

（3）农业水资源产权模糊导致渠道失修，资源攫取蔓延。对灌溉资产的生产与拥有，包括取水、输水系统、水泵设施等，灌溉者之间的联系是灌溉者在执行各种灌溉任务中集体行动的社会基础。由于水权长期模糊，追求自身利益最大化的农户必然争相"攫取"水资源而不受法律约束，导致水资源被过度使用而短缺，水利设施因失修而输水效率下降，渗漏损耗大，农灌用水效率降低。

运用资源经济学方法分析攫取效应，包括取水在内的灌区供水的边际成本 MC_1 上升为 MC_2，渠道失修又导致农民所获得的水量、水质等服务下降，从而影响用水农民缴纳水费的主动性，出现收费难、水费收取率低等问题，灌区的边际收益由 MR_1 下降为 MR_2；灌区供水量也由 Q_1 下降为 Q_2，水价由 P_1 上升到 P_2。为了增加收益，产权主体会进一步粗放地开发（如过度打井、河道截流等）、抢夺地表水和地下水资源，产生长期攫取效应，加剧农村水资源枯竭。虽然水资源的流动性导致产权界定困难，但是地表水有井渠实物依托，地下水有水泵和输水设备依托又使产权界定成为可能。农村水资源水权模糊的长期攫取效应见图6-1。

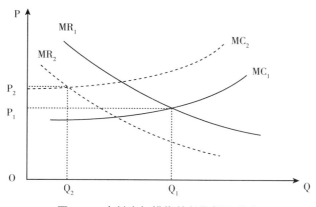

图6-1　农村水权模糊的长期攫取效应

（4）农业地表水与地下水贯通，产权不清晰。农业灌溉用水水权是指按照承包土地面积核定用水户灌溉用水限额，该水资源使用权可以通过水权登记、监测、计量、收费来界定。农业灌溉用水水权在适宜范围内可以开展水权交易和流转，农业灌溉水权的明晰是市场化配置水资源的前提条件，是农业水资源治理目标方式和运行机理的关键依据。关于农业地下水权，目前仍无法律依据，导致地下水超采严重，形成政府压采节水与农户之间打井超采的激烈矛盾。

（5）农业水资源管理相关利益者产权不清。各级政府水利部门、各类灌区、供用水企业、农民用水协会、用水小组以及用水分散农户，是在不同权责层面上的水权决策者。因其各自水权行为范围和边界不明晰，裁量权主要归政府，难以给水权持有者稳定的水权收益，配置效率和经营风险等各类预期导致相关利益者忽视对水资源使用权、处置权和收益权的区分，更加剧了农村水资源的不合理利用。为此，在《水法》等水权政策体系不断加强市场机制的趋势下，推动水权国有资产和集体资产属性边界在实物依托下的所有权与使用权分离，灌区政府行政管理权与灌区法人财产权的分离成为优化政策的选项。政府将灌区一定量的水资源使用权有偿转让给灌区供水组织、农民用水协会和用水小组等用水决策者，允许其在法律范围内享有水资源的自主开发使用、交易、转让，以提高农业灌溉效率和各方收益最大化，应成为未来发展的趋势。

3. 农村地表水与地下水资源产权功能不全

首先，生产、生活、生态用水产权不清。农村水资源能提供人畜饮水、农业灌溉、生活饮用、生态安全和景观美化多种功能。由于农村水资源生产、生活性和排水生态性用水产权不清，出现相互侵占，低效率替代，灌溉用水浪费，畜禽养殖用水肆意排放，养殖业用水未经许可取水，生态用水缺少，景观用水不足等不合理开发利用现象。多数农民仅停留在对前三个用途的认识阶段，现有政策法规的不健全，使政府的宏观管理也相应偏重于前三者的管理，对后两者的宏观管理严重不足。导致农业和农村水生态严重恶化，北方农区出现地表水普遍干涸。

其次，地下水与地表水水权功能不清晰。我国农业灌溉用水占可利用水资源的 60%～70%，农业灌溉水的 33% 主要来自地下水。[①] 地下水多分布于地质承压矿层内，目前，我国北方农业灌溉区主要依靠开采地下水，地下水打井深度日趋加深，由 30 年前的数十米，下降到现在的 300m 或更深，加剧了恶性

---

① 《全国地下水污染防治规划（2011～2020）》。

超采。另外，人畜饮用水与农作物争水严重，共用优质性、耗竭性的地下水资源加剧了地下水位下降。由于农作物和土壤对不同水质的吸收生态净化能力和耐受性均高于人类，依靠地下水进行农作物灌溉是对水资源功能属性的严重浪费。地下水严重超采导致地面塌陷，机井报废，泉水断流，沟渠失修，水利设施老化而失去功能。因此，根据成本与效用的优质化配置原理，优质的承压深层地下水应仅能人畜饮用，包气带内与地表水贯通的非承压水或浅层地下水应提供农业用水。

4. 农村水权现状难显全部价值

农村水价低廉或无价削弱资源有价论的权威性。资源的价值有以下两种观点：一类是资源无价值论学派，主要是劳动价值理论下唯劳动生产的商品和交换才产生价值；另一类是资源有价值论学派，包括边际效用价值论、稀缺价值论、地租理论、供求价值理论和机会成本价值论。按照边际价值构成原理，农业水价应体现边际生产成本（开采、输水、用电、设备等）+边际利用成本+机会成本，通过产权使用、交易性和可转让性使其价值实现。我国现行水权管理体制下，农业和农村水资源价值尚未全价值体现。水资源产权使用主要是通过行政性强制手段和计划手段调配丰缺，处置水量分配，并非真正的产权和投资主体，没有实质性经营权和收益权，也无须承担经营风险和责任。虽然《水法》规定水资源使用权经批准可以转让，但是由于目前农村水价低廉、各种水权不清，水市场发展严重滞后，导致灌区水权交易难以实施，制约了灌区建设的高效布局、水资源使用、水量调配、水权转让空间；弱化了灌区高效用水、节约用水的利益激励；制约了水资源增值和向高效率方向转移的机会，其经济社会等全价值也难以充分体现。政府也就难以设计出一个近似市场标准的绩效评价和信息反馈机制，经营者向政府要政策、争利益，有的"包盈不包亏"，出现盈亏责任不对称现象，难以实现农村水资源利用在多元主体之间的帕累托最优。

发达国家对水权实施分类管理与调控。水权是水价制定的基础和水权交易的前提。从西方国家产权制度变迁的历史来看，大体上经历了共有产权、排他性共有产权和私有产权三个阶段。西方国家供水业已逐步实行私有化经营，不同的流域和地区的水源，不同的投资经营主体提供不同的水服务标准，水价收费标准都有较大的差异。欧美等发达国家在确定水商品的价格和收费体系时，一般遵循成本补偿、合理利润、反映市场变化、及时调整价格、公平承担、提高资源配置效率等原则。例如，英国的水价为资源价值、服务成本、合理利润三者之和。国家只对水价设定一个价格上限并进行宏观调控，每5年审定调整一次。随着通货膨胀率浮动，充分考虑用户的承受能力，保护了用户的合法权益，使供水者盈利，用水者高效用，生态水能存留。美国的水价是不以营利为目的，但是水利工程投资及更新维护能进行市场定价。一般地，联邦和各级政府部门所属的水利工程，其水价的制定能满足成本支出的需要，并能按计划收回投资；私人企业和各供水公司，按照企业经营的一般原则制定水价，包括了合理利润和税金。法国的水价必须保证成本的回收，无论是企业化管理的污水处理，还是其他公营用水机构，都以保证成本为前提；水权转让的价格不包括工程建设投入、更新改造、运行维护费和生态补偿等费用，水权转让要制定合理的年限。

水权配置的管理方式和东阳与义乌案例。水权配置分为以下两个层次：一级水权由国家配置到地方政府，二级水权由地方政府分配到用水户。一方面，一级水权由中央政府根据可利用水量和各地需水量以流域为单元配置给流域内各个省，并进行平水年、枯水年供需综合平衡，确保下游用水和河道内生态环境、航运以及河流生态用水量。另一方面，行政区域内以取水许可制度为基础向水用户配置水权，制定各类用水的定额标准，经过各用水户用水类型和规模申请用水量，水行政主管部门进行可用水量综合平衡后，确定不同保证率下各个用户的用水权，并按照一定程序发放取水许可证。2000年我国首例水权交易典型的案例是浙江省东阳和义乌有偿转让用水权。首先，此案例是两市间水利部门和政府五大班子的大力推动协商谈判的成果；其次，东阳和义乌转让的水权是使用权，是工程性商品水的使用权而非水资源的使用权即取水权，是在尚无水市场下自愿协商的结果；最后，水资源向着最有效率的地方流转的同时，受水方义乌提供了生态补偿资金为东阳新建引供水工程。该案例突破了当时法律依据下国家长期垄断包括地方的水资源的配置权的限制，开辟了运用市场机制优化配置水资源的先河。

5. 农村水权水价补偿（贴）机制不健全

农业水资源长期免费或极低收费、低补贴或免补偿供应导致水政策常常失效。目前，中国很多农村生活饮用水费是免费的，灌溉水也只是象征性地收取很低的水费。我国政府实行价格手段进行水价管制，最初是为了弥补"预算缺口"，筹集水利设施开发和运行资金，体现收回成本原则，后来的诱因又增加了对水需求调节供需平衡（刘伟，2005）。水价制度改革是一种由政府主导的强制性制度变迁，属于外生性制度变迁，农民长期存在的"水是公家的，不用白不用"的传统用水观念形成的是内生性非正式制度，两种制度之间具有较大差异，导致了较大的制度变迁的实施成本。村集体出于对农民利益的保障，在执行上级政策中往往替农民交水费，也替农民交水污染处理费，强化了农民用水对公权侵占有理的心态。在政府补贴和补偿行为中也存在着简化执行，标准和依据不科学的状况，往往导致水补贴政策在政策执行中扭曲走样，灌溉效率不高，灌溉水费收缴率不高，水总量控制不理想以及污水治理不力，其本质是农村水资源与水环境治理二元分离。

公权与私权，政府与农户利益，农业补贴水资源和水利财政农水支出体系中结构性问题突显。目前，我国农业政策性补贴支出是指用于粮棉油等产品的价格补贴支出，主要包括粮、棉、油差价补贴、肉食价格补贴、平抑物价和储备糖补贴、农业生产资料价差补贴、粮食风险基金，可以归为农业价格补贴支出等。我国农业生产资料补贴政策主要有良种补贴、农业机械购置补贴和农业生产资料综合补贴。其中，我国农业补贴主体部分是将支援农业生产支出和农林水、气各部门事业费归为一大类。支援农村生产支出指国家财政支援农村集体各项生产的支出，包括对农村举办的小型农田水利和打井、喷灌等的补助费，农村水土保持措施的补助费，农村举办的小水电站的补助费，特大抗旱的补助费等，但涉水补贴所占比例很低。农业水权还缺少以来自政府间转移支付为核心的纵向转让补偿制度的顶层设计。

农业水权横向转让补偿制度是指在确保农业基本用水需求和国家粮食安全且水权交易市场不成熟、水价不是全价值的前提下，农水政府管理部门、农业用水供水企业、城镇工业生产用水及城镇生活用水的用水户之间，通过交易合同的形式转让部分水资源的使用权，或对水价的各类差异进行相应补偿的制度。但是由于农村水资源全价值难以反映，水权定价难以分类确定、水权交易市场难以建立，政府在模糊的水权体系中，补偿的对象、标准、方式和效果在政策执行中也大打折扣。

二、农村水价反映水权利益冲突

1. 中国水定价制度尚存体系性问题[1]

第一，价格水平仍然没有达到供水成本。多数农业灌区的现行水价只有供水成本的50%~60%，水费只占农业生产成本的5%，处于较低的水平，对农

---

① 刘伟.中国水制度的经济学分析［M］.上海：上海人民出版社，2005.

民收入构不成影响。因此，具有提高水价的空间（田圃德、张春玲，2003）。第二，农业水费收取率不同区域之间的差别也很大，北方农业用水的平均实收率达84%，南方为68%。第三，末级渠系水价秩序混乱，中间加价和搭车收费现象严重。第四，供水普遍没有实行计量收费。绝大部分缺乏农用水计量设施的地区农业水费实行按亩收费的办法，既不利于农民调整种植结构，也不利于横向的节水户与耗水户的转移性补偿，更不利于水资源商品意识的形成，却助长了水资源浪费和"搭便车"行为。第五，灌区工程状况恶化，渠系水利用系数低。大中型灌区多数是在20世纪五六十年代兴建的，建设标准低，运行年限长，工程设施普遍老化失修，渠道渗漏严重，大部分灌区渠系利用系数只有40%左右。第六，水价对水资源配置的调节作用尚未充分发挥。当前，由于对农业用水不征收水资源费特别是地下水水资源费，北方许多地方不用水利工程供应的地表水，而改用成本更低的地下水，有些地方的农民甚至直接在灌区渠道附近打井取水，导致地下水井眼泛滥，无序超采现象严重。而地表水灌溉面积萎缩，工程效益锐减。第七，水价管理事权划分不清。如许多省尚未进行水价事权划分，仍实行全省统一的供水价格。第八，水价调整机制欠缺灵活性。受节水认识观念和农民承受能力低等因素的影响，水价特别是农业水价定价、调价难，一旦确定多年不变，直接导致当前供水价格低于成本；水权不清收益难料使社会资本投资水源工程无利可图，完全依靠国家投资建设水源工程的局面难以得到根本转变。第九，水价计价方式单一。大部分水管单位的水价计价方式仍是单一的水价标准，较为复杂而科学的两部制水价、超定额用水累进加价、枯季节弹性水价等科学的计价方式没有得到实施。只有少部分灌区在农业供水中试行了基本水价和计量水价相结合的两部制水价，少数地方实行了超计划用水加价。第十，水管单位人员膨胀，管理水平较低，不合理的成本增长较快。

综上所述，我国农村水权界定公私不清、水权功能发挥不健全，农村水权产品供应不足、价值不明，导致农村水权利益配置不合理，水资源利用低效率，外部性水体污染频发；因为农村水权价值不明、利益不清，导致市场私人利益与公权冲突，难以得到帕累托最优的配置；农村水权不清，又难以构建市场进行水权交易，基层水资源管理就会混乱，政府实施补偿政策和价格调控可能就会被滥用；政府水权管理的公信力就可能会被蓄意扭曲，政策就会常常失效。

2. 农村水价政策执行与利益失衡

《辞海》中"利益"被解释为"好处"，即对个人是有效用和有价值，对企业是有利润，对国家是有福利。"二元"通常是指在一个特定的社会时期存在两类不同的主体而在同一个环境条件下生存和发展的过程和状态。

第一，农业两部制水价中潜藏着二元利益分离。当奥斯特罗姆多中心理论引入中国后，两部制水价的第一种通用模式是容量水价与计量水价相结合的两部制水价。其特点是不论用水户是否用水，都要缴纳包括全部固定成本在内的容量水费。容量水价＝容量水费/年分配水量，计量水价＝（总水费−容量水费）/年取水量，两部制水价计费＝容量水费＋计量水价×年实际供水量。第二种通用模式是基本水价与计量水价相结合的两部制水价，其特点是不论用水户是否用水都要缴纳包括部分固定成本在内的基本水费；供水经营者在向用水户收取基本水费时，必须提供相应的基本水量；基本水价与计量水价的比例趋于合理，易被用水户接受。基本水价＝基本水费/基本水量，计量水价＝（总水费−基本水费）/（年供水量−基本水量），其中：基本水费＝直接工资＋管理费＋0.5×（折旧费＋修理费），两部制水价计费＝基本水费＋计量水价×（年实际供水量−基本水量）。[①] 可见，两部制水价中潜在的政府供水与农户用水者的利益分离已经显现。

第二，政府制定水价要衡量农民用水成本承受能力。农民用水成本承受能力由支付能力（Ability To Pay，ATP）和支付愿意（Willingness To Pay，WTP）构成。其中，占主导地位的是支付能力，它是农民能否负担用水成本上升的决定因素。以农业水费占农民家庭纯收入的比例作为衡量农民水价承受能力的主要判定标准。根据调研，当农业水费占农民纯收入比为 4%~6%，占农业成本比为 10%~12%，占总产值比为 8%~10% 时，农民认为水费基本合理且可以接受。可见，农户倾向于压低水价后支付水价的意愿。

对于农户水价承受能力，国内学者有不同看法。王浩等（2003）认为水价承受能力是指用水户能够承受某种水价水平下的水费支付能力[②]；廖永松（2005）认为农业灌溉水价承受能力的决定因素是灌溉投入成本占农业生产成本的比例、生产利润以及粮食自给率等[③]；姜文来（2003）提出了承载力水价的概念，指出承受力是制定水价的重要指标，水价只有在用户承受力范围之内，用户才能接受。如果水价超过承受力，就会引起各种问题[④]。现利用衡水桃城区前后测问卷调研数据，进一步分析农户对水价的承受能力。

① 李华，徐存寿，季云 . 关于农业两部制水价制定方法的探讨——对可持续发展条件下的农业水价制定研究一文的不同看法 [J]. 水利经济，2006（3）：37.

② 王浩，阮本清，沈大军 . 面向可持续发展的水价理论与实际 [M]. 北京：科学出版社，2003.

③ 廖永松 . 中国灌溉用水与粮食安全 [M]. 北京：中国水利水电出版社，2005.

④ 姜文来 . 农业水价承载力研究 [J]. 中国水利，2003（6）：41-43.

表 6-1　农户对水价承受能力

问卷及选择项	前测（%）	后测（%）
现在对农业的用水费用的态度 （可承受：该费用较低：无所谓）	90：5：5	85：15：0
实施农业灌溉用水定额的态度 （非常同意：同意：不同意：非常不同意）	5：35：55：5	35：65：0：0
节水应获补偿的态度 （非常同意：同意：不同意：非常不同意）	35：65：0：0	36.8：63.2：0：0
政府补贴，采用管道灌溉的意愿 （愿意：不愿意）	95：5	100：0
政府、集体、个人三方各承担"一提一补"水价的1/3 （非常愿意：愿意：不愿意）	0：65：35	5：95：0

资料来源：根据 2014 年 8 月衡水市桃城区政策实验前后测问卷调研数据整理。

从表 6-1 中可以看出，对于现在农业用水费用的态度，可承受、费用较低与无所谓的前后测问卷统计分别为 90：5：5、85：15：0，说明现行农业用水费用在农户可承受范围之内；对于用水定额制度的态度，前后测态度中非常同意、同意、不同意与非常不同意的比值分别为 5：35：55：5 和 35：65：0：0，反映出农户对该政策可承受能力增强；在节水应获补偿的态度上，非常同意和同意的百分比比值从前测 35：65 变化为后测 36.8：63.2，说明大多数农户希望得到补偿；对于如果政府补贴，采用管道灌溉方式，愿意与不愿意的前后测比值分别为 95：5 和 100：0，说明农户希望得到政府的补贴；在政府、集体、个人三方各承担"一提一补"水价 1/3 的意愿中，非常愿意、愿意和不愿意的前后测比值分别为 0：65：35 和 5：95：0，说明绝大部分农户希望政府和集体承担部分"一提一补"费用，得到政府补贴。综上所述，农户对于水价的承受能力不高，因此水价涨幅要小；同时，政府应通过给予农户补偿的方式保障农户利益。

第三，推行适用的农民用水成本补偿模式。农民用水成本补偿通常有两种方式：一是以补偿灌区水管单位的传统暗补模式。该模式可以降低农业水价，减少农民用水成本，但是造成水资源价格远离价值，易引起水资源浪费。二是财政支出直接补贴农民个人成为其收入的明补模式，补贴对象和水费承担主体均为农民自身。该方式会大幅提高水价，有利于激励农民节水，但若没有节水户和耗水户差异化操作就会造成不公平。河北省衡水市桃城区的"一提一补"水价模式，采用总量控制、定额管理、节奖超罚、协会自制、政府引导、公众参与的形式，以村为基本核算单元，将全村的农业取水价格按某一幅度统一提高，没有安装计量设施的可以将电量换算成水量，将水价折算成电价，按用水量（或电量）收取水费，将提高水价而多收的那部分资金，形成节水调节基金，统一按基本核算单元内承包地面积平均返还给农户。模式的优点在于以电量为换算量，既适用于有计量设施的井灌区，更适用于没有计量设施的井灌区，操作简单易行。缺点是比较简化的"按方提水，按亩补偿"操作中容易忽略同等地块因降水的年变率以及市场价格对各类作物耗水属性的影响，也忽视因作物结构调整形成的节水能力进而影响提补水价的客观性和公正性。未来，随着农村家庭各类收入包括种植性收入、个体经营性收入、工资性收入和转移性收入构成的总收入的不断提高，尤其是水资源价值被逐步认清认可，由以暗补为主过渡到完全明补阶段是必然趋势。

第四，"压采"新政下构建共赢水价体系思路。在河北省地下水综合治理的"压采"新政策执行过程中，将"二元共治"管理理念纳入"最严格的水资源管理制度"中，按照"农户参与、民生优先，成本补偿，奖罚并用，动态推进"原则，使农业管理节水与农艺节水和工程节水措施相互密切配合。水价变化的政策要充分考虑农民利益和承受能力，实施用水总量控制、定额管理、节奖超罚、阶梯水价制度应与提补水价制度相耦合。使水价充分反映水利工程建设成本、间接成本和机会成本。水政策要对农民节水损益实施成本补偿，使农户能承受合理的水价。发挥"以奖促治、以奖代补"机制，通过农户深度参与配合水价改革制定、执行和监督，逐步改善政府"独治"管理观念。伴随水权改革和农村事权、财权改革，逐步构建水市场机制，让农民参与能力和民主平台建设，实施独治转型共治的政策试点，推广提补水价制度，创造多渠道的利益表达机制，构建双方平等对话的平台，通过农户参与政策全过程，使农户在能承受能力内接受合理上涨的水资源价格，反馈调节农业耗水量，提高用水效率。

3. 水定价制度改革的几个趋势

（1）供水管理体制的水权改革加快。第一，改革农业供水管理体制，明确定价模式和收费环节，政府价格主管部门相应实行国有水利工程水价加末级渠系水价的定价模式，即定价到户。第二，试行小型水利工程产权制度改革，形成纵向从中央、省、市、县，横向由全国性、区域性与中小型水利工程分层级相匹配的水权管理体系（见表6-2）。对乡村输水渠道进行公开租赁或承包，将农业灌溉管理经营权移交给农民，同时由政府的水利行业和电力部门，根据流域水量供需水平，确定承包者对农户的最终水价，并通过管理权力和责任的挂钩，调动农民维修渠道和节约用水的积极性。第三，逐步推广和规范农民用水合作组织。逐步建立用水者协会等形式的农民用水合作组织，让农民自己参与管水，负责末级渠系的水量分配、水费收取和渠系维修等工作。第四，加强国有水管单位体制改革，精减人员，杜绝不合理的成本开支。

表6-2　我国水权管理体系布局构想

	全国性水利工程	跨区域水利工程	中型水利工程	小型水利工程
中央政府	制定宏观水利政策并执行、监督	跨省市审批价格	可委托供水企业经营	可委托水协会管理
省级政府	本地区水价分级管理权限	审批跨市工程价格	市、县两级水利部门协调管理	放开民营中小型水利工程建设权，经营者与用水户协商定价
市级政府	本地区水价分级管理权限	管理市内工程	管控本区域并处置水权	有一定的协调权
县级政府	服从上级协调	服从上级管理	具有一定的协调权	有较强的控制权

（2）水价调价机制更加多元化。第一，合理进行事权划分，适当下放权限。第二，推行按区域平均供水成本定价的办法。政府物价部门、水行政主管部门、用水企业、水协会和基层农户，共同制定区域供水平均成本核算方法并接受社会监督。第三，调整价格管理形式，逐步推行最高限价。水利工程供水总体上实行政府定价，中小型工程可由当地物价部门会同水利部门并会同当地水协会参与制定最高限价，根据年度水量变化情况、作物调整情况与用水户协商确定结算价格。

开展全成本水价及两部制水价。推行超定额累进加价制度，按区域平均供水成本定价，农户承担灌区内按两部制水价方案的农业供水成本定价方案，因地制宜地实行丰枯季节水价或季节浮动水价。同时，加强对水末级渠系水价管理。消除末级渠系水价乱加价、乱收费，减轻用水农民负担，推行"终端水价"制，鼓励用水户协会民主定价，建立农业供水价格和财政"双向补偿"机制。

三、水价制定原则仍需持续完善

1. 农村初始水权定价基本原则

第一，界定农村水权是水价改革的前提。水权界定有利于水资源定价，当没有完全的所有权，用户取水灌溉没有计量、节水灌溉技术落后、信息不完整的情况下，农业水资源定价成本往往较高。对于小型水利工程，可实行政府指导价，经营者与农民用水协商定价。第二，政府与市场分功能定价。农业灌溉工程的兴建，政府扮演主导、主体角色，在管理使用上，农民起着主体作用。水权交易价格放开的前提下，对已实行产权改革的民办民营中、小型水利工程，可实行政府指导价，经营者与农民用水协商定价。同时，必须考虑农民收入的承受能力，以及用水协会和农户支付能力，农村水价在一定幅度内成为福利性水价，向农民利益倾斜。第三，确保成本回收与合理利润。一方面确保两部制水价中基本水价作为交易价的底线价格。由于基本水价是农业灌溉设施建设具有共同利用的权属性，权属应归管理水坝和水渠的公益法人，灌溉基础设施管理者应分配给区域的全体用水权利，用水者理应支付一定的基本费用，确保对节水工程建设成本的回收，以保证水利工程的建设投资、运行管理费用得到回收。在此基础上，实施用水量的实际用水量计价征收，能有足够的流通资金来维护运行管理、大修与设备更新等。另一方面适当考虑合理的利润，以鼓励社会资金对水利设施的投入，并取得合理回报。通过河道和水库等取水的自流灌区，可实行国有水管单位供水价格加上末级渠系维护费的定价模式，末级渠系维护费按照补偿乡镇及以下供水渠系维护管理合理成本的原则核定；高扬程、机电井灌区渠道条件较好，国有水管部门的管理已延伸到了农民田头，水价可核定到农户，水费由水管单位直接收取。[①] 政府应构建基于成本补偿的水权定价模型，补偿水权卖方的生产部分成本，补贴农村排污企业的部分污水治理成本。第四，实施供水地区差异化时效性价格。根据农业水资源季节性强、区域性强、随机性强的特点，水权交易价格由市场决定，反映供需变化，以体现水资源的时空配置公平性。

2. 实施农村水价全成本定价的困难

水资源因其公共物品属性，对其定价有较多限制。具体来说，水资源的定价约束条件包括：一是现有公权属性配置成本较高。与地表水是可再生性不

---

① 刘伟. 中国水制度的经济学分析 [M]. 上海：上海人民出版社，2005.

同，地下水资源具有不可再生性和不可分割性，使其难以界定。因此，可以作为纯公共产品对待，实施共有产权政府绝对控制，避免私有化。政府配置公共水定价机制的优点是贯彻平等原则，但主要缺点有：昂贵的补贴、不真实价格、无效率的漏失，很少有可变性。二是实施成本较高。实施成本是三项之和，包括工程设施建设的生产成本、行政管理执行成本、运行维护成本。三是信息成本较高。信息不对称将导致信息成本增加，当用水户拥有他所使用水的边际价值私人性质的完全信息，而在水管理部门无法得知的情况下，信息不对称将导致信息成本增加，理性的个人就可以利用他的私人信息提高自己的利益，增加了水管理部门的监督成本以及博弈成本。四是稀缺性（Scarcity）使定价存在变数。无论是因水资源供不应求导致的绝对稀缺，还是因时空配置不均导致的相对稀缺，在具备储水条件下，一般有水库和水窖并实施定额总量分配时，就产生结余水量和临时短缺水量，这时，水企业、水组织和农户之间就有依据市场化原则定价并交易水权的潜在动力，也可以按照水银行的方式运行。

不同专家学者对于农村水资源定价方法有不同看法：祝燕君（2008）认为对水资源的定价除了要考虑政府、水厂、用水户消费者之间的利益关系外，还应该考虑污水厂与三者的关系[1]；秦长海等（2012）从供给角度分析水资源价格应体现其产权、劳动、补偿价值，分别通过水资源费、生产成本和水环境补偿费来体现，三者之和为供给价格[2]；王建瑞等（2004）认为水价由资源水价、工程水价和环境水价构成，水价制定除了体现上述三部分之外，还要考虑供水企业的水价约束与合理用水户的承受能力[3]；梁金文等（2009）认为，具体到农业水价计费，应将两部制水价的基本水价并入水资源费，实行两费合一[4]。目前，从水资源供给角度，我国城市水价定价方法主要有完全成本定价、边际成本定价和阶梯式定价。其中，成本定价方法的核心是成本加利润[5]。这种全成本水价的定价方法对农村水资源定价具有十分重要的借鉴意义。

经济学认为当农村水资源价格反映了所有成本时，可以实现社会福利最大

① 祝燕君. 水资源的定价——基于杭州水价的实证分析 [J]. 中国物价，2008（8）：8-12.
② 秦长海，甘泓，张小娟等. 水资源定价方法与实践研究：海河流域水价探析 [J]. 水利学报，2012（4）：429-436.
③ 王建瑞，白云. 水商品定价研究 [J]. 经济师，2004（6）：59-61.
④ 罗斌，梁金文. 农业水费计收和管理的调查与思考 [J]. 中国水利，2009（20）：23-64.
⑤ 姜翔程，周迅，宋夏阳. 我国城市水价定价方法研究进展 [J]. 河海大学学报（哲学社会科学版），2013（3）：51-55.

化。全成本是指进行物品和服务生产和消费的完全社会成本，包括实际生产成本、管理成本和环境社会成本。全成本水价涵盖了水服务的全部成本，包括农业灌溉用水和农村生活自来水输配管网成本、污水收集与排放管网成本以及中水回收管网的投资成本，是用户长期服务支出水平的最低水价。对于全成本水价，祝燕君（2008）认为，完全成本由利用水资源的机会成本、内部成本和外部成本构成。[①] 全成本水价更符合水的商品属性，能促进水资源利用效率的提高，实现水资源可持续利用。马改艳等（2013）认为，所谓全成本水价是指包含水资源在社会循环过程中所发生的全部成本的水价，具体来说就是在一定时间、一定空间把在自然界循环的水供给到用户手中整个过程所发生的所有费用都计入水价中[②]。关于农村水价可借鉴城市水价结构，郭锐（2010）认为，从社会的角度看，完全成本水价中的城市水务服务的全部成本包括提供水务服务的成本、开发利用水资源的机会成本以及城市水务服务的经济、社会和环境外部成本，可以从全部供给成本、全部经济成本、全部社会成本几个层次来理解[③]。

按照资源全产权理论，农村水资源的完全成本包括六个构成部分，可表达为：

$$P = C_1 + C_2 + C_3 + C_4 + E + T \qquad (6-1)$$

式中，P 为全成本水价；C_1 为运行维护成本；C_2 为资本成本；C_3 为经济外部性成本；C_4 为环境外部性成本；还包括利润 E 和税收 T。其中运行维护成本和资本成本构成了供水成本；供水成本和经济外部性成本构成了水生产成本；水生产成本和水环境外部性成本构成了全部成本。

在此基础上，在水价中体现可持续发展理念，可持续发展水价是在全成本水价的基础上对运行维护成本进行修正，即对水管单位进行约束，计算时按水利工程供水区域的水平均成本；对资本成本进行修正，即工程建设资金的折旧率由水管理部门统一规定，利息按照实际利率计算；对经济外部性成本的修正，即根据供水能力确定经济外部性成本，增设资源影响系数 α，水资源越短缺 α 越大；对环境外部性成本进行修正，要体现水资源的治理和保护成本，引进 β 系数（0≤β≤1），具体取值由当地物价部门与水利部门和水质管理机构确定。修正后水价模型为：

①　祝燕君. 水资源的定价——基于杭州水价的实证分析 [J]. 中国物价，2008（8）：8-12.
②　马改艳，徐学荣. 基于可持续发展的全成本水价机制研究 [J]. 长春理工大学学报（哲学社会科学版），2013（8）：91-93.
③　郭锐. 浅论全成本水价 [J]. 价值工程，2010（4）：14-18.

$$P = C_1 + C_2 + \alpha C_3 + \beta C_4 + E + T^{①} \qquad (6-2)$$

边际机会成本 MOC 表示消耗一种自然资源由社会承担的全部费用，在理论上应是使用者为消耗自然资源付出的价格 P。计算公式为：$P = MOC = MPC + MUC + MEC$，其中 MPC 是边际生产成本，指单位新增资源生产过程中所支付的生产费用；MUC 是边际使用者成本，指单位新增不可更新资源且由于今天的使用导致未来无法使用而造成的收益损失；MEC 是边际外部成本，指单位新增资源的使用对他人造成的损失②。

具体的水定价方法归纳为计量定价法、非计量定价法、市场定价法、配额定价法四类。

第一类，计量定价法。是通过计量已经消费的水量来收取水费。在没有水市场的情况下，需要由水管理部门或水用户协会协商定价、监督使用、收集水费。水费结构形式主要有以下三种：一是单一费率定价。即对不同水用户所使用的水按照统一的水价收取水费；二是累进加价，也称为多费率定价。即对于超定额用水阶梯加价，用水量越大，价格就越高；三是两部制定价。即按照容量价格和计量价格进行定价，容量价格是水用户固定许可费，包括部分水供应固定成本；计量价格是按实际使用水量收取的费用。

第二类，非计量定价法。是间接通过影响用水量的相关要素来作为水量计价的方法。包括：产出定价、投入定价、面积定价和维修征税定价。产出定价法按水用户生产的单位产出支付水费。根据农作物的耗水系数以及农业作物全部的产量折算出的用水量。投入定价法是通过把水费加在生产建设和用户的水消费设施投入。例如，定价考虑农业灌溉工程所需的工程设施投入费用、化肥使用量投入费用。面积定价是用户按单位灌溉面积付水费，水价通常是由作物类型、灌溉范围、灌溉方法和灌溉季节决定。因该方法适合连续使用的灌溉系统，一般只需要土地、作物方面基本信息，计量设施不完善，管理成本低，操作简单化，而被广泛使用。在全世界有 60% 多的农民用水是按亩收费的。河北省桃城区的"一提一补"按方取水，按亩补贴，也属于这种类型。

第三类，市场定价法。是指从市场出发，由市场的销售价格减去成本等于利润。公式为：售价−成本＝利润。其中，成本是指个别成本，税收不加在成本内。市场定价法的客观依据有价值规律、供求规律、竞争规律等。

① 刘伟. 中国水制度的经济学分析［M］. 上海：上海人民出版社，2005.
② 中国环境与发展委员会. 中国自然资源定价研究［M］. 北京：中国环境科学出版社，1997.

第四类，配额定价法。当考虑到水的稀缺价值时，以边际成本定价往往是无效率的。这是因为由于水资源的稀缺，按照边际成本定价会使小型低效率的农户放弃农业生产，导致此方法无效。这时，就可以采用配额的办法解决由于水市场或边际成本定价引起的节水问题，进而促进水资源的有效配置。

3. 目前农村水价基本构成

自《中华人民共和国水法》（以下简称《水法》）（2002）颁布实施以来：水资源实行有偿使用制度，用水实行计量收费和超定额累进加价制度。我国水利工程供水实行分类定价，再考虑用水户的承受能力，水利工程供水价格按供水对象分为农业用水价格和非农业用水价格。农业用水价格是指由农田灌溉水利工程直接供应的粮食作物、经济作物用水和水产养殖用水形成的价格。非农业用水价格是指由水利工程直接供应的工业、自来水厂、水力发电和其他用水形成的价格。

农业用水价格核定原则：一是农业用水要实现补偿供水生产成本，不计利润税金。二是推行两部制水价，即基本水价和计量水价相结合。基本水价按补偿供水直接工资、管理费用和50%的折旧费、修理费的原则核定，由水管理部门核算确定；计量水价是要依照《水法》强制用水户缴纳水资源使用费，用水实行计量收费和超定额累进加价制度。三是区分不同投资主体的工程水价。国家建设的工程只包括利息和折旧，贷款部分考虑还本；集体建设的工程应该考虑除公共投资部分外的全部资本成本，暂不计算环境外部性成本、利润和税金。目前，我国水利工程供水价是指供水经营者通过拦、蓄、引、提等水利工程设施销售给用户的天然水价格。其构成主要按照生产成本、生产费用、利润、税金来划分，如表6-3所示。水利工程供水价格构成揭示出政府应当鼓励发展的民办民营水利工程的可行性。四是非农用水价确保盈利。非农业用水价格在补偿供水生产成本、费用和依法计税的基础上，按供水净资产计提利润，利润率按国内商业银行长期贷款利率加2~3个百分点确定。五是实施农业终端水价。渠灌与井灌区计量设施完善，实行农业终端是水价的技术保障。采用斗（农）口计量、计时到户、按时收费的形式，分别计算各用水户田间进水口的进水时间和所有用水户斗口总的运行时间，核算用水户应支付水费。该模式适用于渠系防渗工程完善的自流灌区和提水灌溉区。六是农业水价刚性上升。随着人均收入的提高，对水资源定价机制的认识加深，尤其是缺水地区水资源的稀缺性增强，无论从政府、企业到农户，不论是农业用水还是工业和城市用水，水价上升是大势所趋。从河北省水价政策的不断调整可略见一斑（见表6-4）。

表 6-3　农田水利工程供水价格构成

	分类	构成
水利工程供水价格	生产成本	生产直接工资
		直接材料费
		其他直接支出
		固定资产折旧费
		固定资产修理费
		水资源费
	生产费用	销售费用
		管理费用
		财务费用
	利润	供水生产经营收益按资产利润率核定
	税金	按《水法》规定缴纳可计入水价

资料来源：根据国家发改委和水利部联合颁布的《水利工程供水价格管理办法》（2004.1.1）。

表 6-4　河北省农业农村水价变化政策脉络

河北省文件	农业农村水价	工业城市和城镇水价
《河北省水利工程水费征收使用和管理办法》（冀政〔1983〕64 号）	农业用水 0.005～0.008 元/m³	工业用水 0.04～0.05 元/m³
《河北省水利工程水费计收管理规定》（冀政〔1985〕51 号）	农业水费提高到 0.03 元/m³	工业水费提高到 0.13 元/m³
《关于调整河北省水利工程供水价格的通知》（冀政〔1997〕48 号）	农业和农村生活用水由现行 0.03 元/m³ 调为 0.075 元/m³	工业消耗水由现行 0.13 元/m³ 调为 0.23 元/m³；城市和城镇自来水饮用水确定为 0.15 元/m³
《河北省水价办法》（冀政〔2002〕51 号）	农业用水全省统一为 0.10 元/m³	跨流域工程，工业消耗用水及城市自来水厂用水 0.51～0.85 元/m³，其他水利工程，工业消耗用水及城市自来水厂用水 0.32～0.55 元/m³
《关于深化水价改革促进节约用水保护水资源的实施意见》（冀政〔2005〕66 号）	以农业用水计量收费为方向，推行面向农民的终端水价制度，逐步提高农业用水价格	2005 年全省居民生活用水价格达到 3.0 元/m³ 左右，2010 年达到 4.5 元/m³ 左右（含污水处理费、水资源费）

续表

河北省文件	农业农村水价	工业城市和城镇水价
《农业水价改革及奖补办法》（冀水财〔2015〕84 号）	"一提一补"在现行水价基础上，农业灌溉用水加收 0.2 元/m³；"超用加价"在农业用水户水权额度内按现行水价执行，超过水权额度用水在现行农业水价基础上加价不低于 20%	
《水资源税改革试点暂行办法》（财税〔2016〕55 号）	水资源税实行从量计征。应纳税额计算公式：应纳税额 = 取水口所在地税额标准×实际取用水量	对水力发电和火力发电贯流式以外的取用水设置最低税额标准，地表水平均不低于 0.4 元/m³，地下水平均不低于 1.5 元/m³

河北省农业水价由 1983 年的 0.005~0.008 元/m³ 上调到 2002 年的 0.1 元/m³，2005 年以农业用水计量收费为方向，推行面向农民的终端水价制度，逐步提高农业用水价格。此后，对农业水价实行奖补，推出了"一提一补"和"超用加价"的措施。2016 年对水资源税实行从量计征，实行水资源税改革。总体来看，农业农村水价不断上调，呈增长的趋势。

农村水资源价格其他的定价方法：

一是供求价格法。美国詹姆斯（L. D. Tanes）和李（R. R. Lee）提出的供求价格法公式为：

$$Q_2 = Q_1 P_1 / P_2^e \qquad (6-3)$$

式中，Q_2 为调整价格后的用水量，Q_1 为调整价格前的用水量，P_1 为调整前的水资源价格，P_2 为调整后的水资源价格，e 为水资源需求价格弹性系数。该方法的优点是比较简单，数据容易获得，适应产权明晰的市场环境，但缺点是没有考虑用水功能性差异导致的稀缺价值不同而无法改进节用水措施。

二是边际机会成本定价法。边际机会成本（MOC）表示社会每消耗单位水资源由社会承担的全部费用。在理论上，若使社会福利最大化，必然应使水资源的边际成本（MC）与其边际机会成本（MOC）相等，即 MC = MOC。当 MC<MOC 时，会刺激水资源的过度使用；当 MC>MOC 时，会抑制水资源的合理使用。边际生产成本（MPC）是指单位新增水资源生产过程中所支付的直接生产费用，包括打井、修坝、修渠、取水、输水、排水管道的投资成本及水处理运行费用。边际使用成本（MUC）是指单位新增不可再生资源（地下水）由于今天的使用导致未来无法使用而造成的收益损失。由于预测时间太长而难以统计，故常用边际替代成本代替。边际外部成本（MEC）是指由于水资源使用的外部负效应造成的各种外部损失，削减个人成本和社会成本之间的差距，可以实施外部成本内部化，按照"污染者付费"和"谁受益，谁付费"两个原则，将污染治理费纳入生产者和消费者的支出成本中。水资源的边际机会成本为上述 3 个边际成本的总和：

$$MOC = MPC + MUC + MEC \tag{6-4}$$

目前，我国的水资源费、水利工程费、自来水处理费和污水处理费基本构成了完全成本水价。由于水资源具有生命维持、生产维系、景观美学、环境净化、生态循环、资源和能源的载体与应用等多样性功能，这种价值的多元性决定了目前的水资源费仍然没有完全体现水资源的多功能价值。

三是收益还原法。又称收益资本化法（Revenue Capitalizati），水资源的收益价格就等于未来年间不断取得的纯收益以适当的还原利率折算为现值的总额。它依据替代与预测原理，着眼于未来的预期收益，以适当的还原利率折为现值。其基本公式是：

$$V = \frac{a}{r} \left[1 - \frac{1}{(1+r)^t} \right] \tag{6-5}$$

且当 $t = \infty$，$V = a \cdot r^{-1}$

式中，V 为水资源的价格；a 为已建水利工程平均期望年净收益；r 为年收益资本化过程中采用的还原率，一般采用银行一年期存款利率，加上风险调整值，扣除通货膨胀因素；t 为使用年限。

四是灌溉区最优水价[①]。灌溉区水价最优的条件被公认为：水文界限清晰、水资源相对独立的灌区上建立一个逐渐减少并最终消除对政府依赖，达到自负盈亏和自主经营的经济实体。按照"谁受益，谁付费"的原则，自主经营、独立核算，形成经济自立灌排区（Self-Financial Irrigation and Drainage District，SIDD），供水公司自我维持，管理与服务相结合，具有一定营利性的企业性质的供水公司，包括下设的农民用水者协会，根据经济自立灌排区的性质、经营状况和用水供需情况，合理确定水价。SIDD 是中国开发的一种参与式灌溉管理（简称 PIM）的综合形式。

由于 SIDD 用水主要是以农业用水为管理对象，局部供水需求曲线与供水的整个市场需求曲线完全相同，农业用水可采用需求弹性法来推导供水需求函数，进而从供水需求函数中推导出最优水价模型，最优农业供水价同绝对需水

---

① 中国农业科学院农业经济与发展研究所. 国家农业政策分析平台与决策支持系统农业经济计量模型分析与应用［M］. 北京：中国农业出版社，2008：209-211.

量和变动成本成正比，同需水对水价的敏感程度成反比。

设农业水价为 P，当前农业用水供水价格为 P_0，相应的日平均用水需水量为 Q_0，供水需求弹性为 E_0。并设农业用水需求函数为：$Q_d = A_0 - SP$

经过对 P 求导，并用水弹性代入等计算，可导出农业用水需求函数（过程略）：

$$Q_d = (1 + E_0) Q_0 - (E_0 Q_0 p) / p_0 \qquad (6-6)$$

式中，Q_d 为农业用水需求量，Q_0 为平均供水量，E_0 为农业用水需求弹性，p_0 为当前农业水价。

然后，确定最优水价模型。SIDD 最优供水价格公式为：$Q_d = A_0 - SP$，SIDD 下供水公司收益函数为：

$$R = Q_d P + R_0 = A_0 P - SP^2 + R_0 \qquad (6-7)$$

式中，R_0 是 SIDD 为社会创造的效益所带来的补偿性收入，表现在政府的投资、奖励和补贴以及部分人员的工资及工程的配套经费等。$S = -dQ_d / dP$，$A_0 = (1 + E_0) Q_0$。

设单位供水量可变成本为 C_V，反映随着供水量而成正比例变化的各项费用，经过成本函数、利润函数计算（过程略），得出最优灌区水价 P^*：

$$P^* = 1/2 (P_0 / E_0) + P_0 + C_V / 2 \qquad (6-8)$$

四、农村水政策过程农民参与不够

1. 农民参与农村水政策的表现及原因

一是农村农业水资源与环境管理事权没有放权到基层。权力集中、控制严密的科层制将农业农村多龙治水的行政格局延伸到基层两委会，呈现"块条分割"导致农村节水和治污的管理事权基层责任不明确，尤其是财权、事权与人权不匹配，基层水组织培育不够，管理权几乎放弃，管理不灵活，决策很被动，行政效率低，难以适应基层微观农业、农村水资源与环境各类纷杂的水问题管理，更不适合现代网络大数据时代对基层行政管理的新要求。二是我国公众参与刚刚起步，多以事发后举报、受害者举报的"维权式"和告知性参与的"被动式"末端参与为主，缺少真正的自觉、主动和全程化的参与。公民参与的实质都是"为了私人利益而从事公共事务"，[①] 参与的被动性和农民

---

① Barber，Benjamin. Strong Democracy，Parcipatory Politics for a New Age［M］. University of California Press，1986.

的自利性使政策执行的成本加大。三是我国资源和环境产权制度缺失，信息严重不对称，农民缺乏环境伦理和主动节水和减排的意识。四是一些村庄的村委会虽然制定了节水和环保的村规民约，但缺乏强制性，没有奖惩措施，农民的小农意识和邻里间人情关系削弱了水管理中的监督和评价功能，导致对农业水价制定、水费计收与使用中工作不透明，监管力度小，中间环节搭车收费，上级政府补贴被截留挪用。五是农村政策的法律权威不强，立法不完善，导致激励不务实、处罚不严厉、诱导机制难生效，最终导致农户参与水管理不积极。

2. 农民参与农村水政策的基本措施

一是需要政府将部分水管理权限授权给基层的水组织和农户成员，可以使被授权者权益得到尊重而更设身处地地考虑农村基层的水问题。包括：水权界定权、水资源定价权、社会服务权、评价政策和监督水管理权。二是发挥农民的主体作用。鼓励农民建立用水户协会等多种形式的农民用水合作组织，让农民广泛地参与农业节水工程的建设和管理，对用水、节水中的问题进行民主协商、自主决策。通过政策引导、项目带动、"一事一议"、财政奖补、技术指导、制度约束、信息服务等形式，调动农民节水积极性，让农民得到实实在在的经济利益。① 三是建立公益性农民水资源与环境教育及培训制度。政府应与民间环保组织、高校、相关研究所合作，组织人员定期以对口扶贫、政策解读或课题调研等方式深入农村基层，关心农民生产和生活，了解农民诉求和愿望。四是建立农村水资源与环境信息发布系统，加强政府监测预警能力建设，做到发布政策法规信息细则全面，动态监测系统数据连续真实，保障农民对水资源与环境充分的知情权；及时回应反馈农户对政策执行实施监督的效果；提供多样的农户维权案例。五是当地政府积极推动节水型和绿色生态农业模式，并对达标示范农户给予经济奖励或补贴，产生节水且增收的示范作用。六是全面建立农民参与的水政策决策机制。基层农村要充分发布政策基本信息，遵循合理的决策程序，尊重农民的主体性地位，建立参与制度化平台和渠道，充分发挥多媒体和个人 APP 终端让农民表达意见，进入决策、执行过程，可通过逐级和直通模式，通过农民—村委会—乡镇政府或直接到县级政府的政策运行反馈机制，转变过去单一的自上而下为上下互动、协调联动的政策信息传递过程。七是强化政府公共服务职能归位的转变，避免专权，增强公共服务精神，重视公民的权利，推进政府、社会、农民上下互动，通过合作、协商建立水治

---

① 国务院办公厅《国家农业节水纲要（2012~2020 年)》（国办发〔2012〕55 号）。

理伙伴关系，逐步形成以认知趋利互动共赢为目标的水治理格局。

五、农村水合作组织职能化危机

农村水合作组织也称为水协会，是农村非政府民间组织的一种形态，其职能定位和演化反映了中国非政府组织（NGO）的现状。

1. 我国民间组织的特征分析

第一，功能定位上，具有明显的官民双重性。中国的民间组织绝大多数是由政府创建，并受政府的主导，尤其是那些经过合法登记的有重要影响的民间组织，如各种行业组织、同业组织、研究团体、利益团体等。虽然政府力图增大民间组织的自主性，屡屡发布文件，规定党政权力部门现职领导人不得担任各种民间组织和民办非企业单位的领导职务，但是，政府对重要民间组织的主导始终是中国公民社会的显著特点。

政府对公民社会的主导性是通过以下四种途径得以实现的：其一，根据政府有关民间组织登记和管理条例的规定，任何民间组织的登记注册都必须挂靠某一个党政权力机关，作为主管机关的权力机关必须对该民间组织负政治领导责任。从中央到地方的各级商会也是官办的社会组织，编制由政府制定，工作人员拥有政府公务员身份。商会与其他政府机构一样设有党组织，人员的级别与待遇比照政府公务员，并可在商会、政府和党的机关之间流动（刘军宁，2000）。其二，绝大多数有重要社会影响的民间组织都是由政府自己创立的，尽管它们最后从组织上逐渐脱离了其创办者，但两者之间依然有着极为紧密的联系，创办者照例通常是这些民间组织的主管部门。这些行业协会通过以下两种途径受其主管部门的节制：协会的成员企业在行政上受政府主管部门领导，而不是受协会领导；行业协会本身在组织人事、活动经费和业务上也要受政府主管机关的制约（孙炳耀，2000）。其三，1998年中央政府发布文件规定现职处以上党政机关干部不得担任民间组织的主要领导，但是几乎所有重要的社团组织的主要领导都由从现职领导职位退下来或由机构改革后分流出来的原政府党政官员担任。农村的情况也类似，像老年协会这样势力较大的村民组织，会长通常由退下来的村党支部书记或村长担任（俞可平，2000）。其四，按照政府的有关规定，民间组织的经费原则上由自己筹集，但事实上至今还有一些重要非政府组织的活动经费由政府财政拨款，在经济上完全依赖于政府。上述四个原因决定了中国目前的民间组织从总体上来说，是政府主导型的民间组织，其对政府机关的依赖程度要高于西方的民间组织，而其自主程度则要低于西方社会。

第二，形成机制上，具有结构和职能的过渡性。我国绝大多数民间组织都是在 20 世纪 80 年代中期以后成长起来的，无论是其结构还是功能都还没有定型，与西方国家的民间组织相比，它还很不成熟，其典型特征如自主性、志愿性、非政府性等还不十分明显。一方面，按照最新的政府规定，所有民间组织都必须与党政机关脱钩；另一方面，政府通过民间组织的挂靠机关主导着它们的重要活动。另一些民间组织则完全是公民自发组建的，甚至根本没有向政府部门登记，也不接受政府部门的领导和指导，这些组织享有极高的自主性和自愿性，也走向了另一个极端。民间组织的这种过渡性是与包括公民社会在内的整个中国社会目前正处于转轨时期这种宏观背景相一致的，也是社会转轨过程在民间组织中的具体体现。

第三，组织管理，民间组织还很不规范。虽然 1998 年民政部修订颁布了试图规范民间组织的新的管理条例，但这一规范过程才刚刚开始，远没有结束。从组织体制上看，目前至少有如下几类民间组织：①高度行政化的社团。它们不受社团登记管理条例的约束，直接接受各级党政机关的领导，享受一定的行政级别，其领导人的任免由同级党委决定。②相当行政化的社团组织，如工商联、消费者协会等各种行业管理协会，它们有一定的编制并享有一定的级别，承担部分行政管理职能，其主要领导人实际上也由各级党政部门任免，享受干部待遇。③基本上民间化的学术性社团，如各种学会、研究会等，它们中的绝大多数没有专职的人员编制，其主要领导由学会自己推选产生并报经主管机关批准，不享受行政级别。但这些学会、研究会或协会中极少数也享有人员编制和行政级别的待遇。④民办非企业单位。这是一类特殊的民间组织，没有行政级别，行政化程度很低，它们除了进行专业研究和交流外，还为社会提供某种专业性的服务，如中国管理研究院、中国开发研究院、中国文化研究院等。

第四，经济来源，民间组织分为以下三种情况：一是所有经费完全由国家财政拨款；二是部分经费由政府拨款，部分由其自筹的。三是完全自筹资金的，例如大多数学会、研究会、商会、同业组织和所有民办非企业单位。政府对这些完全自筹资金的民间组织往往给予税收政策上的优惠。这些特惠政策事实上也成为众多的公民在近些年中纷纷申请成立民办非企业单位的直接动因。

第五，发展布局上，民间组织的发展很不平衡。不同的民间组织之间在社会政治经济影响和地位方面差距很大。在基层的农村和街道，影响最大、威信最高的民间组织是村委会、居委会和某些社区组织如老年协会等，传统上影响很大的妇代会等的影响和作用非常微弱。在中央和省市层面，行业协会、管理协会、慈善组织、职业性组织和民办非企业单位相对来说影响正日益增大。造成这种差距的主要原因是：①法律地位不同。一些民间组织的地位由国家的法律加以明确规定，如《宪法》、《村民委员会组织法》、《居民委员会组织法》和中共中央的有关文件，对村委会、居委会的职能、地位和性质都有专门的规定，而一般的民间组织都不享有特殊的法律地位。②传统文化基础不同。例如，中华民族有尊敬老人的传统，也有宗族认同的传统，老年协会的威信即源于此。③经济实力不同。没有较强的经济实力，就很难吸引其成员，也不能为成员办实事，就不容易得到社会的重视。④领导威望不同，没有一个强有力的领导，即使具备上述条件，民间组织也极难有很大的影响和势力。无论是基层的民间组织还是全国性的社团协会，多数具有影响力的组织的主要领导往往拥有很高的个人威信。他们或是从权力机关中离退休下来的资深老干部，或是本身能力很强的专家能人。⑤经济体制不同。中国正在实行的是一种以公有制为主的混合所有制，政治体制的重心仍然是中央的核心权威和党的领导，与这样一种现实的政治和经济体制相适应的公民社会，不可避免地会带有严重的官方性和政府主导性，甚至事实上往往成为党和政府伸向公民社会的"触角"。大多数农村村民自治作用受到当地党政权力机关的极大限制。有的"村务公开民主管理备查备案"内容就寥寥几条，很难反映整个村的财务收支和村干部的公共费用。某些民间组织对其成员的强制性程度相当高，成员自由选择的空间则非常小，许多农村的村规民约和计生协会章程中很少有保护其成员权利的条文，相反全部都是"禁止"、"不许"等规定成员义务的条款（俞可平，2000）。

从总体上说，中国民间组织的自主性、独立性和自愿性程度还不是很高，还存在着许多问题。

2. 农民水协会的现状特征分析

农民水协会是农民用水户自发组织起来的，直接以水组织方式或依托农业专业经济合作组织形成的一种社员共同体，其成员按照章程进出自由、平等协商，对农村水资源在农业灌溉、人畜饮水、生活污水处理等涉水事务方面实施民主管理。涉水事务包括：水设施建设、水费征收、补贴补偿发放、盈余返还、资本运作等。政府涉水管理部门是以利用科层制管理体系和严格等级制组织形成的集中决策、层级分解、命令管控、强制执行为组织特征的组织。农民合作组织性质的构建与选择存在三类：完全独立于政府组织的组织，称为独立式；隶属于政府组织的组织，称为依附式；介于上述两类组织之间的组织，称为混合式。我国的民间组织正在形成之中，具有某种过渡性。典型特征如自主性、志愿性、非政府性和非营利性等，普遍特征还不十分明显。现阶段，我国水协会的发展演化应符合从依附式经混合式向独立式演化的趋势，但是实际情况却并非如此，原因如下：

第一，我国水协会内部仍主要为自上而下的行政化管理。科层式官僚政权体系向下过密过细，一直延伸到农村村组一级，限制了自主自立的民间社会经济组织的发展。一是作为灌区群众管理组织的斗渠委员会或灌水小组（毛渠农户组织），本应由全体用水户民主选举产生，但实际上管理人员基本由政府组织的工作人员兼任，水协会的政府属性倾向使行政权威影响力进入合作组织和水协会内部，形成自上而下的行政机制管理和决策机制，缺乏自下而上引导农民参与决策制度性激励。二是水协会仍存在水管理责任权限、财务融资管理、人事任免配置等行政化准隶属关系。我国农民合作组织中，36.18%是由政府职能部门牵头组建的（任大鹏等，2008）。管理人员基本由政府组织、村委会、村党组织成员担任，绝大多数群管组织的负责人直接由村、乡长兼任。虽然用管制型的行政机制替代了协调、谈判的市场化机制，可以降低体制内协调成本，并且政府机制的特征之一是在最短的时间内动员最大限度的社会资源并取得最显著的政策绩效（斯蒂格利茨，1998），但是由于缺乏基层用水户组织广泛的民主参与以及监督，一定程度甚至存在着政府指定或暗箱操作，形成了基层政府对农户水管理的实际控制和强迫，导致当前灌区水利经营单位改革动力不足、效益低下，用水纠纷不断。三是被政府化或被村委党委同化和弱化，包括节水目标在内的农村各项事务，一定程度成为维持和稳固政权层级化的手段，从节水到保财政收入的人头费以及任期制约，很难具备进行长期的农村水治理发展的规划，从而对公共事务的漠然和追求短期任职效应。现阶段，农业水协会和农民合作组织异质化明显，行政科层化仍在加剧。在组织形式上趋于等级制、集权化，而民主化被削弱，决策方式由共同决定转向集中决策和层级分解，协商执行被强制执行所替代，水协会与农民合作组织发生"准政府化"，逐步形成支配资源、权力控制、内敛构建，疏远市场的现象。水资源从提供政策知识、培训宣传、技术推广、资金、实物等物质性安排等都成为政府恋恋不舍的对象。

第二，用水协会组织职能的弱化，出现政策衰减现象。从中央到地方，再到基层，政策传递过程中，农户对政策的接受和执行程度会有教条、逆向选择和发挥三种模型响应函数。教条模型是指政策被完全执行，不发生变形；发挥模型是指政策在执行过程中保留政策原意的基础上有所拓展；逆向选择模型是指政策完全不被执行。这三种模型分别对应政府与农户利益完全重合、互有交叉、完全分离的情况。用水协会组织的职能就是使政策在执行中朝着发挥模型和教条模型方向发展，避免逆向选择模型。但在实际情况下，由于用水协会职能没有完全发挥，导致政府政策和农户执行中多出现逆向选择，政府政策不被农户理解，真正有利于农户的措施不能被落实，政府和农户间矛盾加剧。

第三，由于受制于集体行动的逻辑困境，农民间难以形成有效合作。如何让农民有效组织起来？目前，农村公共事务提供与治理的困境在农村十分突出。由于农村剩余劳动力大量长期到城市打工，农村现有人员构成中妇女、老人、儿童比重大，在相当长的时间内，农民的自我组织、自我管理、自我服务能力十分有限，有的水协会形同虚设，不足以支持大规模的农村公共建设，仍需要政府和企业支持。因此，政府与农民及其他多元组织间的行为逻辑关系势必将左右农村公共事务治理的状态模式。同时，中央政府、地方政府、基层政权、村民自治组织以及普通村民之间形成了复杂关系，其演进也将决定着农村公共事务治理模式的变迁。一个社区的公民如何才能将自己组织起来，解决制度供给、承诺和监督问题，是这个制度方法成功的重要条件。一般来说，这种制度安排只在小规模资源系统才是有效的（奥斯特罗姆，2000）。所以，农村需要自主组织，更需要自主治理制度下的水组织。

第四，建立水协会规则的国外借鉴以及启示。国外充分发挥用水者协会作用的经验，启示我们要建立公众参与的水市场规则。在用水者协会内部分配水权给个人甚至是社区群体，以增强这些群体对水资源的控制以及获得的权利。在智利，用水者协会拥有并管理水利设施，监督水资源的分配，在一定的条件下批准水权的转让，提供协商的场所，以及解决水事冲突等职责。在墨西哥，灌区的管理权责依法可转给用水者协会，水权倾向于提供给群体，然后群体组织再将所拥有的水权赋予内部成员。对我国的启示：从组织内部看，一是加强成员间的合作，重视内部教育与领导控制；二是引导成员看到合作组织中的将来预期收益，当合作收益大于预期收益，产生组织利益最大化时，成员会有强烈的合作意愿；三是规则生威、奖罚分明，可以加强组织的凝聚力和可持续性。从组织外部看，一是发挥成员技术素质，拓展对外技术和管理的支持性社会化服务；二是吸纳包括社会、经济和政策等外部因素的市场机遇，提高农户参与的积极性，让农户看到自己在组织中承担责任的收益。综合内外部，实行行政管理分权、财政分权，强化制衡约束是用水协会内部组织化持续运行的关键；强化民间组织非政府性、非营利性、相对独立性等属性，做好与政府间的纽带和协调人的定位是用水协会持续运行的基础；看清农村水协会依附式（水协会受政府控制）、嵌入式（水协会纳入经济合作组织）、联合式（水协会与外部组织联盟化）和独立式（水协会独立于政府形成博弈协商同治关系）四种模式的转型预期是用水协会持续改革的动力。

六、农村水政策执行效果不理想

1. 农村水政策运行目标及机理分化

公共政策就是以政府为主的公共机构在一定时期内为了实现特定的目标，通过政策手段对社会公私行为所做出的选择性制度安排。公共政策是各团体为了争取自身利益而相互竞争达成妥协均衡的产物，体现了公共政策过程中的博弈特性，所以公共政策是集体选择的制度安排。目标群体是指公共政策直接作用和影响的对象。农村水资源与环境政策产生效能要经历制定、执行、监督、评价到终结等重要环节，政策实施过程中利益主体行为选择不同，政策发力、传递和阻力等因素都会导致效能差异。

政策执行中的纵向效果分析。从纵向视角来看，完整的政策行为包括：发现政策问题、政策目标分析、政策制定、政策执行、政策监督、政策评价、政策终结。公共政策动态层面的组织行为过程中，执行阶段是政府公共管理类活动的中心环节。"在实现政策目标的过程中，方案的确定功能只占10%，而其余90%取决于有效的执行"。① 政策是一个连续统一体，其中政策实施的人和那些需要依靠政策采取行动获得利益的人之间，可以进行互动和谈判，正是这种连续的互动的过程，使公共政策的执行效果越来越体现各个方面利益的均衡。从公共政策的方法看，无论是事实分析、价值分析、规范分析还是可行性分析，都离不开利益分析。当前，在利益分化的时代，在一项政策的执行过程中，一般包括政策制定者、政策执行者、政策的目标、群体、媒体、公众等在内的众多参与者，为了追求在群体中自身利益的最大化总是处于利益博弈中，既体现上下级之间为了获得更多的控制份额而互动，又体现政策体系内各级政

---

① Allison, G. T. Essence of Decision, Boston [J]. Mass: Little Brown, 1971.

策主体之间的谈判。20 世纪 90 年代后，自上而下模式和自下而上模式的整合式研究模型得到了综合运用。有的学者概括政策执行偏差类型包括政策被部分执行、政策被曲解、政策截流、宣传不力，政策被象征性执行，照搬照抄、缺少创意；有的认为可以分为政策执行表面化、政策执行局部化、政策执行扩大化、政策执行全异化、政策执行停滞化；有的学者表达为政策复制、政策抵制、政策敷衍和政策"走样"（胡爱敏，2001；丁煌，2002；唐礼武，2005）。政策的核心是权责利配置，政府公利与农户私利唯有共利包容并贯穿于政策决策、执行、监督、评价到终结全过程，才能协调农村用水户、水管理政府各部门与其他成员间的利益配置。

国家级政策到省、市、县再到基层村的政策传递中，为什么会出现政策"走样"？答案是：上有政策，下有对策。原因之一是存在政策执行不同层级主体间的利益索取，使之出现的有意或无意的"政策规避"现象，导致政策之巅的中央政府到省、市、县、乡、村各级政府层面与最底层的农民二元利益目标冲突。归纳政策规避的主要类型如表 6-5 所示。

表 6-5　政策规避的主要类型

常见的方式	解　释
政策敷衍	在政策执行中，地方政府故意只做表面文章，只搞政策宣传而不务实际，不落实政策组织、人员和资金以及相应的执行措施
政策损缺	地方政府根据自己的利益需求对上级政策的原有精神实质或部分内容进行取舍，对自己有利的部分就贯彻执行，对自己不利的内容弃之不用
政策附加	地方政府附加了不恰当的内容，使政策的目标、范围、力度超越了原政策的要求，形成"土政策"的过程
政策替换	地方政府对政策精神实质或部分内容有意曲解甚至歪曲，利用政策的某些特征，进行改造使其失真或被完全替换的过程
政策停滞	地方政府所属地区和部门的局部利益或执行者的个人利益发生冲突和严重矛盾，导致政策执行在某阶段和环节中出现堵塞现象，导致政策出现有始无终的现象
政策照搬	政策执行中，地方政府不考虑本地的条件和实际情况，消极、机械、原封不动地落实政策，形成教条式政策执行
政策随意	在政府决策质量不高、政策执行中遇到阻力和干扰时，出现执行者在执行过程中随意终止，朝令夕改，半途而废的现象

续表

常见的方式	解　释
政策误用	政策在执行中"走样"、"变形"，与原政策目标、力度和政策能效发生偏差
政策抵抗	政策执行中地方政府出于法律、利益和政治等原因而有意违反某项政策的行为
政策无能	政策执行中地方政府采取无作为的敷衍措施，致使政策目标难以实现

资料来源：王国红. 政策规避与政策创新［M］. 北京：中共中央党校出版社，2011.

中央政府要建设安全的水生态文明，地方政府要发展产业增加财政收入，基层农民要的是最实惠的务农稳定增收。三种主体在利益目标和起点偏离的情况下，各自的思路不同、做法不同。中央提出水资源控制总量、提高用水效率和治理污水的目标，在向地方政府和基层政策传递中，遇到的障碍有：中央政府的政策太原则化，没有系列配套的制衡性政策；官僚化运行导致地方政策多以上级原样配套，照葫芦画瓢，既不细致，也没有创新。而政策的其他环节在体制内徒有虚名地"空转"。中央政府缺乏强制性，对地方政府领导考核中的权重太小，存在博弈对抗，因没有被问责干部"下岗"的动态惩戒机制，不足以引起地方领导的重视. Alesina 和 Drawn（1991）认为，在政策实施过程中，不同的利益集团难以就利益分配方式达成一致，为了影响政策的制定，它们会展开消耗战（War of Attrition），导致社会福利的净损失。为了避免这种损失，政府不得不维持现有政策（Coate、Morris，1999；孙蕾，2008）。政府又因地方财力不足，缺权力、缺资金、缺人才、缺技术，节水施政不如保障人头费成本低，并落得好人缘，与其他涉及农水管理的相关部门推诿责任，索取权利，将公共福利的创造职能旁落；同时广大群众对节水灌溉的重要性认识不足，农民承受能力差与信息不对称两者叠加，节水灌溉和治污的水政策推行难度增大。

关于水环境治理手段研究，从重点关注技术问题逐步转向工程技术与社会管理手段相结合。A. Myrick Freeman（2004）从成本与收益角度提出需要重构污染控制的激励模式，强调了水环境管理由单一的管制手段转向管制与市场相结合。王浩（2010）提出应构建以耗水管理为核心，以七大总量控制为约束的水资源管理理念，以及综合考虑水资源量、质、效三个方面，协调好生产、生活和生态用水的水资源综合管理原则。关于政策手段与农户的关系研究，Charlotte Duke（2006）采用实验、激励模型研究方法，在澳大利亚研究了基于市场政策的配额和许可证手段，认为农户相对于政策的制定者具有一定的信息优势。D. Latinopoulos 等（2011）在希腊通过比较个人非合作短视与合作持续配额两种不同的农户农业灌溉用水模式，得出可交易许可证体系对保护水环境具有重要作用。

从制定水政策的公共组织级别看，"中国环境政策是由中央政府环境政策、地方级（包括省、自治区、直辖市、城市、县等中共地方党委和地方人民政府）环境政策所组成的体系"[①]。这是纵向对环境政策体系进行的分级。具体到水资源政策，其纵向体系可概括为国家级政策、省级政策、市县级政策、基层乡村的水政策四个层次。由于政策不仅具有纵向联系，还具有横向关联性，因此，水资源政策横向体系可分为水价政策、水工程政策、补偿政策、水管理政策、治污政策（蔡守秋，2009）。如此庞大有序的政策体系，在政策传递到基层的过程中由于多种因素影响，庞杂的政策往往会发生不同程度的"走样"现象。

2. 农村水政策执行中"走样"现象分析

国内研究中，谭秋成（2008）从政策目标难以度量、监督机制缺乏、多层委托代理、多个委托人和共同代理以及政策不完备五个方面，解释了中央的农村政策为什么在执行中容易"走样"。可即使存在一个"善良"的中央政府，集权制下增进农民利益的政策供给在均衡上不会出现帕累托最优，而会出现农业部门和农村地区投资不足和公共品短缺的现象。农户对水价的承受能力受到用水费占总产值的比率，以及水费占生产成本比率的影响，提高水价对产值利率税率的影响程度、灌溉投入成本占农业生产成本的比例等作为水价承受能力判断指标（王浩等，2003；廖永松，2005）。更重要的是，农民对水价的心理承受能力与家庭总收入、家庭的种植规模、非农收入占的比例相关，许多农民对农业水价本质认识的偏差也导致了农民对水价的心理承受能力小于实际承受能力（王建平，2012）。农户参与节水灌溉有三类主要模式：水行政主管部门+灌区水管单位+农民用水户协会+农户，适合规模相对较大的水利设施；水行政主管部门+农民用水户协会+农户，适合规模相对较小的水利设施；行政主管部门+承包人+农民用水户协会+农户，适合已经承包的小型水利工程。乡村水利合作建构的三种制度途径即科层建构、交易建构和社会建构（蔡晶

---

① 蔡守秋．环境政策学［M］．北京：科学出版社，2009.

晶，2012），构建政府为主要供给主体的"一主多元"供给体系，是实现农田水利基础设施有效供给的可行路径。鉴于农村公共产品供给不足，建立政府间责任分担机制，建立体现农民偏好的决策机制、提高供给效率，强化农村公共产品市场化改革中的政府责任（曲延春，2012），并从补偿主体和客体、补偿途径、补偿方式、补偿标准几方面提供农业节水补偿，包括政府投资补偿、公共支出补偿和金融政策补偿的政府补偿，也包括区域补偿、行业间补偿、行业内补偿的交易补偿（代小平，2008）。政府应加强对纯公共物品的介入与补偿力度，还应稳定资金来源，更为合理地运用政府间转移支付（张守平，2011）。有学者主张把水利设施利用的状况同政府官员的个人政绩联系起来（Kong Ximei，2011）。综上所述，政策执行因多元利益部分冲突而弱化，也需多元利益调整即补偿或补贴，重构水治理体系而改善。

农村水政策执行扭曲的水权原因分析。一是为水权市场化立法的进度缓慢。一方面在现有《水法》的约束下，水权结构不明确，水权分配无法律依据，水价构成不完整、水市场低效率，水权交易缺少可操作性、水权不能有效流转；另一方面水权模糊又导致财政治水的事权、财权和人权的管理配置不当，即中央集权太多，中层权力不足，基层权力空白。跨流域水权管理技术体系不健全，农民对水资源全部"产权束"的分与合知之甚少，水权的初始分配，水务和环保部门难以进行水资源资产化管理，于是政策权能不被市场效率认可，导致政策低效能。二是积极培育和完善水市场内容及体系。健全农业节水灌溉市场体系，构建真实水和虚拟水两个市场，即一级水权出让市场和二级自由交易市场，建立多种实用权交易方式，建立区域水权交易市场，积极培育水市场交易主体，分解水权的结构，加强农民对水资源有偿使用制度的了解，建立水商品意识，水权交易制度和交易中心，让水资源权利走出约束，加快水权资产化和产权分置化，让农民在水权交易制度改革中受益是解决当前水问题的重点。

农村水政策执行扭曲的科层体系影响分析。在我国农村政策执行过程中，受到从中央到乡五级政府科层式官僚体系的影响，作为上级政府的代理者，执行上级政府的意图，又是下一级政府或组织的委托人关系，监督下级政府、组织和个人的行为。政策在行政体系内的传导也存在明显的政策衰减。主要机理分析如表6-6所示。

表 6-6 农村水政策衰减的机理分析

	类型	机理	内在原因	结果	水协会和农户
政府涉水管理部门	科层式委托代理	自上而下的行政命令	对基层代理激励不足	信息逐级衰减梗阻	利益受损害心理不满意不相信政府多方式抗争二元多冲突
		上级控制下级	委托人承诺可信度低	上级政策频繁改变	
		减付信息租金	代理者合谋	下级政府欺骗上级政府	
		相关人连带责任	连坐规则和隐瞒	执行者违规、渎职、谋私利	
		监督者榨取	人权、事权、财权错配	乡镇债务摊派给农民	
	多个委托人共同代理	相互推诿	多个委托人相互庇护或推诿	中央政府与地方政府相互谴责与埋怨	
		相互偷懒	委托人分担外部性	拆台和内耗形成共同惩罚	
		相互拆台	委托人与代理人目标分离	逆向选择、合作失效	
		政策套利	政策目标难度量评估	地方政府谋利挪用摊派	
	政策不完备	剩余控制权安排	总投资效率控制	合同难执行、失去投资控制权	
		权威被滥用	政府与社会权力不清、民意对政府无制衡	政策强制推行、无偿剥夺农民利益	
		政策不完备	政策结果难度量、无农户参与、利益集团操作	政策外溢侵占、农民被强制剥夺表达权和监督权	

3. 提升农村政策传导实效的路径探源

农村政策配套程度不高出现传导的困境。政策传导手段落后。政策制定后不能自动地被执行，也不能自发地被接受，要通过政策传导，把政策传播到政策受众层面，使政策受众在充分了解的基础上，认同、接受并利用政策。农村政策传导就是政府对涉农政策的传播和引导手段。目前我国农村政策传导的主要手段是电视、收音机、村广播、墙报、网络等，与基层组织涣散相叠加，导致政策传导组织乏力。

随着互联网的出现，网络参与成为公民参与公共政策制定的新方式。王法硕（2013）认为，作为公民网络参与平台的网络论坛、政府网站、博客、微博等网络应用对塑造网络民意、推动网络民主、增进政治沟通起到积极的促进作用。网民、政府、媒体、社会组织等网络参与的行动者展开互动形成了公民网络参与公共政策过程的政策网络，同时，对议程设置、方案选择和政策执行等阶段施加了影响①。韩明轩（2014）认为，公民参与公共政策制定一方面方便了公民的意志在具体的公共政策上得以体现，另一方面也有利于推动公共政策制定的合理化与合法化进程。互联网彻底打破了信息传递的地域限制和时空限制，为公民参与公共政策制定提供了崭新的形式和更为广阔的平台②。段飞飞（2014）认为，激发公民网络参与的热情，提高网络参与的效果，需要治理主体强化参与平台建设，消除技术鸿沟，提高参与的平等性、广泛性，激发公民网络参与动机，强化参与的内在驱动力，提高参与能力、参与水平，营造参与氛围，引导理性参与，提高参与的积极性、主动性③。截止到2014年底，我国农村电话用户数为7315.1万户，开通互联网宽带业务的行政村比重为93.5%，但是农户利用网络进行政治参与的程度却很低。农民在互联网的使用上，主要体现了网络新媒体的消遣性传播功能，与城镇居民相比，他们更少浏览网络新闻、使用搜索引擎。④ 因此，在农村地区利用新媒体进行信息传递的过程中，政策传播在新媒体网络信息时代显得乏力。

通过对安新白洋淀及衡水地区前后测实验调研也证实了上述判断（见表6-7）。

表6-7　农户对媒体宣传影响前后测问卷调研⑤

调研地区	问题及选择项	前测（%）	后测（%）
保定市安新县白洋淀淀区农户	通过什么方式了解白洋淀环保问题？（报纸杂志书籍、电视、收音机：村委会宣传：听别人说：没有了解过）	45：30：20：5	45：30：25：0
	采取什么方式进行白洋淀环保教育最有效？（在学校教育中加大环保教育宣传：在村里通过宣传和活动推行环保教育：全社会利用广播、报纸、书刊、手册等宣传环保教育）	15：50：35	10：55：35

① 王法硕．公民网络参与公共政策研究［M］．上海：上海交通大学出版社，2013.
② 韩明轩．我国公共政策制定过程中公民的网络参与研究［D］．大连海事学院，2014.
③ 段飞飞．公共危机治理中公民网络参与意愿影响因素的实证研究［D］．电子科技大学，2014.
④ 赵君慧．中国农民网络政治参与路径探索［J］．政治与法律，2016（6）：31-34.
⑤ 2014年8月课题组14人到衡水桃城区速流村、郭家庄村、肖家村、东庄村、水口村、曹家庄村进行政策实验的问卷调研，共110套问卷（由前测110份+培训明白纸+后测110组形成）；2015年、2016年分别对安新县白洋淀淀区的东田庄、大田庄、赵庄子、大淀头，采取访谈问卷、前后测问卷调研，其中前后测问卷共计260套并进行了SPSS19统计。

续表

调研地区	问题及选择项	前测（%）	后测（%）
衡水市桃城区用水农户	获得有关水资源保护信息的途径？（政府宣传：报纸杂志：教育活动：亲友同事）	30：25：15：30	35：25：35：5
	政府部门讲解宣传水资源、水环境政策的重要性？（非常重要：比较重要：重要：不重要）	25：45：25：5	40：35：25：0
	政府部门提供用水技术指导重要性？（非常重要：比较重要：重要：不重要）	30：40：20：10	35：40：25：0
	政府采用多种信息传播途径宣传的重要性？（非常重要：比较重要：重要：不重要）	35：35：20：10	40：30：30：0
	"一提一补"节水政策运行工作最需要改进的方面：（调整"提"水价：政府提高"补"投入：加强"一提一补"宣传：加强节水协会服务水平）	15：50：15：20	15：50：20：15

资料来源：见上页脚注⑤。

安新白洋淀调研中，农户对白洋淀环保问题的了解途径，前后测比值分别为45：30：20：5、45：30：25：0，在对衡水桃城区农户调研中，获得水资源信息的前后测比值分别为30：25：15：30、35：25：35：5，说明报纸、电视、广播是农户了解信息的主要途径；在政策运行选择的方式上，白洋淀淀区农户前后测比值分别为15：50：35、10：55：35，衡水桃城区农户分别为15：50：15：20、15：50：20：15，说明农户比较信赖传统媒体的宣传，习惯于通过这种方式提高对政策的了解程度。同时，衡水桃城区农户中，对于政府宣讲水资源重要性、提供技术指导、多种途径进行宣传几个问题，前后测比值分别为25：45：25：5与40：35：25：0、30：40：20：10与35：40：25：0、35：35：20：10与40：30：30：0，说明农户认为政府进行相关宣传讲解十分必要。表6-8通过安新县"美丽乡村建设"中大淀头村和赵庄子村的政策宣传方式，进一步分析新媒体在政策传导中的作用。

表6-8　白洋淀"美丽乡村"政策宣传方式

比例（%）	大淀头村	赵庄子村
政府培训	3.2	3.4

比例（%）	大淀头村	赵庄子村
村务公开栏	12.5	24.0
手机短信	1.3	1.4
网络平台	3.2	1.7
广播形式	46.2	40.4
村民大会	28.3	27.1
宣传单	5.3	2.0

资料来源：安新白洋淀 2015 年调研数据。

通过对美丽乡村政策宣传方式的统计，其中广播形式和村民大会采用的更普遍也更易被农民接受，在两个村中的比例分别达到了 46.2% 和 28.3%、40.4% 和 27.1%（见表 6-8）。但是，也可以看出，两村中手机短信和网络平台的公开方式占比很小，分别为 1.3% 和 3.2%、1.4% 和 1.7%，说明当地的网络应用不熟练，当地村庄上网条件差。上述调研数据反映出，目前传统的媒体宣传方式如广播、电视、报刊等仍然是村民了解信息的主要方式。传统媒体宣传依然是政策传导过程中的主要手段。同时，新媒体网络的出现，使信息传递速度更快、信息传递量增加、信息传播范围更广，但是目前在政策宣传中的应用程度还不高。应将新媒体及时应用到政策宣传中来，使政策传导过程更为流畅。

目前，乡镇和村委会两级农村政策传导基本途径是通过会议和传达文件将中央和上级政府的政策传达下去。那些没有参加会议的农民看不到文件，不清楚上面出台新政策。个别地方政府或部门基于自身利益需要，对中央政策进行过滤、摘编、裁减，致使上情不达，下情不传，截留政策甚至是用地方的"土政策"来抵制中央政策，使政策难以真正落到实处。主要原因一是基层组织缺少凝聚力。村级组织多呈瘫痪、软弱和涣散。据不完全统计，全国农村基层组织中有 10% 以上的村级党支部、村委会缺少凝聚力，村组织"软弱涣散"，导致农村政策传导无力和扭曲。二是政策传导模式僵化。在农村具有自治性质的村民委员会组织结构趋同，缺乏独立性，甚至也被纳入政府职能体系，形成隶属和附庸关系，使农村政策传导模式过于行政化和纵向化，缺少民际沟通和社会中介服务多元化和多样化的传导方式。当前新媒体和智能手机逐步普及的农村，政策在广大的农民个人终端却是个盲点和空白。三是事权与财权匹配缺位。农村基层的主要财源来自上级政府的转移支付，财政上的受制于人，使政策传导组织通常缺少对事权和财权的主动配置权，导致政策传导更多为被动地传递和被迫服从。四是组织规范化程度不高。一些农村基层，虽然出台了涉及村民自治的法律文件，但在政策执行过程中，不按制度办事的现象依然存在，在政府各类补贴款项发放等方面仍存在信息不公开和暗箱操作现象。五是政策传导工具单调且匮乏。农村信息传播途径相对单一，电视与广播是主要载体，订阅报纸现象不普遍，信息渠道闭塞，传导通道狭窄，政策传导媒介滞后，农村通信信息传播手段较落后，使政策信息封闭、传播和传递过程受阻，影响政策传递效能不清，政策效果衰减严重。六是农民文化素质相对过低，影响对政策的理解。根据中国农村统计年鉴，我国 2011 年文盲 5.47%，小学程度 26.51%，初中程度 52.97%，高中程度 9.86%，中专程度 2.54%，大专及以上 2.65%；2012 年文盲 5.3%，小学程度 26.07%，高中程度 10.01%，中专程度 2.66%，大专及以上 2.93%，表明农民受教育程度仍很低，不利于对政策的深度理解和执行效果。农民作为农村政策的受众，其文化素质的高低影响着其对政策的理解，更影响着农村政策的贯彻落实效果。文化程度高的农民对政策理解快，对信息的捕捉能力强，能够有意识地改变传统落后的思想观念；而文化素质低的农民，信息来源渠道有限，评价和认知标准把握不定，导致对政府出台的相关政策认知度弱，最终导致政策执行效果差。

4. 改善政策由单一手段到多手段并用

资源与环境经济政策的功能具有优化配置资源、公平分配资金、理性激励行为、提升环境伦理。[①] 从发达国家资源与环境政策手段的转化趋势看，政策手段呈现由政府管制型向以庇古税为主导的利益诱导型和多元主体社会制衡型转型。卡尔多·希克斯改进是一种既有人受益，又有人受损的改进，利益诱导下的庇古型（征税提费）手段能够较好地实现这种改进。通过经济手段和市场机制使政府、企业和公民在政府决策、企业活动、个人行为上以生态观、可持续发展的思想来进行自我约束和成本导向。"社会制衡型"资源与环境政策借助于政府力量以外的大量社会力量来从事资源与环境管理，在政策设计中，将利益激励置于重要地位，以实现社会内部的相互制衡。调整政府环境管理方

---

① 王军等. 资源与环境经济学［M］. 北京：中国农业大学出版社，2010.

式，为两种力量配置各自作用的空间，扩展社会环境权益，明确权益对行动的激励关系，创造有选择性的激励机制。帕累托在《政治经济学教程》（1906）一书中提出的帕累托效率标准是指社会资源配置达到这样一种理想状态，在不减少任何人福利的条件下，增加其他人的福利。以至于一个人的境况不可能再变得更好，除非其他人的境况变得更坏，社会福利就不再有改善的可能，这一社会经济处于最优状态。1939年卡尔多和希克斯将帕累托的限制条件放宽，提出了潜在帕累托最优标准，即不管是否存在受损者，只要受益者的得益能够补偿受损者的损失而有余即可。该标准意味着：如果资源配置所带来的净收益大于零，则该配置就是对社会福利的改善，就值得进行。在上述政策手段中，社会制衡型和利益诱导型都比管制型更易形成卡尔多·希克斯改进和帕累托最优。

5. 农村水政策效率和效能评价过程

为了提高农村水政策的执行效果，按照政策制定、执行、监督、评估和终结过程，增加政策评估有利于通过反馈调控，正向优化政策执行；而政策的制衡型手段要求评估环节转给专业的独立第三方机构或让农户参与，则更有利于政策执行。

第一步，评价方法的选择。成本效益分析（Cost-Benefit Analysisi，CBA）是分析政策质量的研究方法，即用货币形式衡量政策所导致的社会福利的变化。帕累托最优化原理衡量社会福利变化效率的最高标准，但是很少有公共政策能达到此理想境界，因为任何公共政策都不可避免会使一部分人受益而使另一部分人受损。为此，卡尔多·希克斯提出帕累托改进，即如果公共政策受益人的收益足以补偿受损人的损失，就可以认为是福利的改进和政策的有效。

第二步，评价步骤。公共政策执行的成本收益分析包括三个步骤：一是对政策执行情况进行详细描述和记叙；二是进行政策成本与收益分析，即区分某项公共政策的经济成本、政治成本、社会成本，经济收益、社会收益、环境收益、健康收益和安全收益，将两类进行对比并进行初步的政策评估；三是基于政策的成本效益分析后，进行政策调整，沿着新走向继续执行政策，再决策，并在政策主体和客观受体的监督下，终结政策的周期。

第三步，评价指标。如第二章中公共政策评价方法所述，采用简单前后政策对比法，以衡水"一提一补"节水政策为对象进行政策可持续评价，评价过程不再赘述，评价指标见表6-9。

表6-9　农村水政策综合评价指标体系

目标层	要素层	指标层（C）		权重	基准值	指标解释
农村节水政策综合评价指标体系	节水政策的参与性（0.2）	C_1 公众参与节水政策的比率（%）（0.3）		0.06	>90	参加农村节水政策的人数/全村人口数
		C_2 公众对政策的满意率（%）（0.4）		0.08	>95	村民对节水政策的满意人数/全村人口数
		C_3 节水宣传教育普及率（%）（0.3）		0.06	>90	接受节水教育的人数/全村人口数
	节水政策的执行力（0.1）	政策执行主体（0.3）	C_4 人力程度（%）（0.4）	0.012	>85	政策执行者的数量、质量和权威
			C_5 创新力程度（%）（0.3）	0.009	>80	政策执行的灵活性和创造发挥能力
			C_6 技术力程度（%）（0.3）	0.009	>80	政策执行者按程序制定政策和执行的能力
		政策执行客体（0.3）	C_7 积极性程度（%）（0.6）	0.018	>90	目标群体对政策需要意愿和参与积极性
			C_8 理解力程度（%）（0.4）	0.012	>85	政策执行主体和客体对政策的理解能力
		政策执行资源（0.2）	C_9 财力程度（%）（0.4）	0.008	>85	政策实施的必要经费和贯彻政令的奖励
			C_{10} 信息力程度（%）（0.3）	0.006	>80	执行政策所需信息资源在执行系统内传递的效率和沟通有效性
			C_{11} 资源力程度（%）（0.3）	0.006	>80	政策实施必要的物资、办公设施保障程度
		政策执行环境（0.2）	C_{12} 意识形态（%）（0.6）	0.012	>90	意识形态对政策实现的积极影响程度
			C_{13} 社会习俗（%）（0.4）	0.008	>85	习俗风尚对政策实施的相容性程度

续表

目标层	要素层	指标层（C）	权重	基准值	指标解释
农村节水政策综合评价指标体系	节水政策的节水效益（0.4）	C_{14} 灌溉水利用率（%）（0.2）	0.08	>85	灌入田间可被作物利用的水量与水源地灌溉取水总量的比值
		C_{15} 水源消耗量（%）（0.3）	0.12	>90	用水总量变化对政策继续实施的影响
		C_{16} 雨水利用率（%）（0.2）	0.08	>80	雨水利用对于农业节水水价政策的影响
		C_{17} 改善水体质量程度（%）（0.3）	0.12	>90	水质量改变对于政策实施的推动力
	节水政策的经济效益（0.3）	C_{18} 单方农业节水投资（%）（0.4）	0.12	>85	农业用水投入对于节水政策的影响
		C_{19} 单位面积平均年粮食产量（%）（0.6）	0.18	>95	农作物产量变化对于节水政策可持续的影响

资料来源：基准值指标根据专家打分和研究团队讨论后取平均值。

将上述指标体系加权求和得出综合指数，公式如下：

$$A = \sum_{i=1}^{n} P(C_i) \times W_i \tag{6-9}$$

式中，A 为农村水政策总体评价指数，即农村水政策综合指标；$P(C_i)$ 为 i 因子指数；W_i 为 i 因子权重；n 为指标个数。

根据第三步，以衡水"一提一补"政策为对象，采用专家打分法赋权重，科研团队对灌溉政策进行了评价，最终计算结果为 0.73。按照政策效果 0~0.25 为很差，0.25~0.5 为较差，0.5~0.75 为较好，0.75~1 为很好的层次划分，衡水"一提一补"政策在评价时期处于很好但不是最好的状况。

第四步，结论分析。在国家法律对农村水权没有明细可操作的规定的前提下，农民短期增收目标和行为与政府长期节水政策目标不匹配，农民代表的私人成本低于政府代表的社会成本，农民的私人收益大于政府的社会收益，导致农村水资源利用外部性明显。因此，必须进行生态补偿，以缩小两者之间的差距。在衡水桃城区 2014 年的实地调研可知，农户对生态补偿给予较高的期待。见表 6-10。

表6-10　农户对生态补偿的态度

问卷及选择项	前测占比（%）	后测占比（%）
种植结构（夏玉米：冬小麦：豆类）	50：35：15	45：25：30
对水资源状况的了解程度（了解：不了解）	15：85	95：5
对节水应得补偿的态度（非常同意：同意）	35：65	36.8：63.2
对用水付费态度（非常同意：同意：不同意：无所谓）	5：70：10：10：5	35：65：0：0
对地下水压采的选择（减少使用：继续超采）	55：45	60：40

资料来源：2014年衡水市桃城区前后测实验问卷调研数据。

　　因农业对天气的依赖性和水资源流动性所衍生的其他权利，例如，临时水役权，与土地关联的水塘水权以及地下水权。目前农村水权的产权束模糊，限制了产权改革的深度和市场化交易的广度。公共事务的消费共享性导致"搭便车"心理盛行，公共资源过度使用，出现哈丁的公地悲剧模型、囚犯困境模型以及奥尔森的集体行动逻辑三大模型，上述模型都揭示在公共事务治理过程中个人理性导致集体选择的非理性下的公共事务恶化和非可持续发展，最终丧失集体利益和个人的长远利益。因此，要避免公共事务治理的困境和悲剧，一是依靠政府的强权控制公共产品，二是强调实行私有化微观交易市场商品，通过产权明晰和市场化运作避免集体选择非理性。但是由于农村公用灌溉资源与设施的地区性、小规模、分散化，易被集体政府忽略，而且受制于集体行动的逻辑困境，农民之间难以形成有效合作。因此，应构建多主体关系结构推动农村公共事务治理制度的优化变迁。目前，政府与农户二元主体互动治理结构成为现阶段的无奈选择。

6. 农民在农村公共治理中的角色地位

　　由于农村公共事务的非排他性、正外部性使私人市场主体不愿介入，又由于在农村公共领域，因界定不清导致规模小，影响有限，各自变量与因变量的关系情况复杂，非政府组织进入的空间较小；政府公共财政对界定不清、分散化、小规模的公共产品治理因存私权挤占而成本较高，公益福利低等原因，农村公共事务治理往往无人问津，农民成为农村公共事务治理的主要承担者。而利他共享的属性，使公共财力投入不足、组织化程度低的农民无力承担全部投入，导致农村中的社会治理主体与第一部门的政府组织、第二部门的市场、第三部门的非政府组织的意愿相脱节。政府与市场在农村基层易形成"双失灵"的困境。出路之一是让农民合作起来、组织起来，以提高规模化，分担部分公共产品，降低组织成本；二是农村连片化整治，通过扩大治理对象规模，降低农村水治理和管理的成本，在边际收益大于和等于边际成本的条件下，就会吸引边际收益递减下的企业以及宏观管理公权的政府，对农村治理的关注和资源、政策的更多投入。

下面以水利建设为例分析农村公共事务中多主体治理地位的演进。

（1）新中国成立后农村公共事务动员式参与时期。新中国成立后到改革开放前，尤其是"文革"前，农村公共事务的提供与治理大多是在中央主导下，通过对亿万农民的动员式参与完成的。中国大量的农业劳动力是一支可以动员的财富，在政府的激励和引导下，以付出无偿劳动，积极参与能给自己带来利益的灌溉系统、道路和平整田地之类的基础建设。这一阶段，大规模农民动员式参与水利建设，与新中国成立初期特殊的政治氛围和制度结构密切相关。领导人的超凡魅力，中央政府的强大权威，广大农民对党和政府的爱戴忠诚，农民对新国家、新社会的无限热情，都使得农民易于被积极动员起来。同时，国家通过农业合作化与人民公社运动建立了高度集中统一的农村管理模式，也为大规模的农民动员式参与农村水利建设奠定了坚实的体制基础。

据1949年统计，全国仅有2.4亿亩的灌溉面积，灌溉设施落后，灌溉保证率很低，旱灾频繁。在新中国成立初的"三年恢复"和"第一个五年计划期间"（1949~1957年），国家每年动员上千万的人进行水利建设，恢复水利工程。在"大跃进"时期（1958~1960年），国家提出水利工作要以小型工程为主、以蓄水为主、社队自办为主的"三主方针"，兴起了大规模的兴修水利群众运动。"大跃进"后的三年调整和"第三个五年计划时期"（1961~1966年），水利工作提出了"发扬大寨精神，大搞小型，全面配套，狠抓管理，更好地为农业增产服务"。即使在文化大革命时期（1966~1976年），在全国开展的"农业学大寨"运动中，群众性水利建设也得到发展。通过建设旱涝保收、高产稳产农田，将治水和改土相结合，农业的生产条件得到改善，许多地方的粮食产量得到大幅度提高。黄淮海平原初步解决旱涝碱灾害，粮食生产达到自给有余，扭转了我国历史上"南粮北调"的局面。这一时期，通过大范围动员农民参与农田水利建设，虽然取得了巨大的成就，但也带来了一系列的问题。如片面地强调小型工程、蓄水工程和群众自办作用，忽视甚至否定小型与大型、蓄水与排水、群众自办与国家指导的辩证统一关系，在水利建设中规模过大，留下了许多半拉子工程，许多工程质量很差，留下了许多后遗症。在农田基本建设中，有不少形式主义和瞎指挥现象，有些地方的水利建设，违反基本建设程序，造成历史遗留问题。

综观新中国成立以后到改革开放前，我国实行的是高度集中的计划经济体制。水利基本上实行的是"国有投资、农民投劳、社会无偿享用"的办法。这种模式存在的弊端，首先，过于强调对农民的动员，农村小规模公共事务的供给主体主要是农民，而忽视了国家宏观调控的结合作用，造成农村公共事务提供效率低下，效果不佳。农村建设的劳力动员模式已被证明是中国达到农业产量增长的一个成功的手段，但仅是农业增长的一个辅助因素。其次，中央主导下的动员式参与模式是特定时期政治—经济—制度的产物，尤其是以文化大革命、"阶级斗争"为纲的思想路线，对生产关系结构的影响巨大，而经济发展到了"文化大革命"末期的"崩溃边缘"，中央财政投入办水利靠农民义务修水利模式的持续性与可适性正不断地受到质疑。

（2）体制变革与命令式参与的调整时期。随着改革开放国策的确立，整个社会的治道发生深刻变革，传统的以中央主导下的动员式参与的治理模式渐渐失去其基础。人民公社体制的瓦解，家庭联产承包责任制的推行，国家政权力量从乡村的逐渐退出，村民自治制度的确立，社会主义市场经济体制的建立，都使得农村公共事务治理不再可能是直接在中央主导下的大规模农民动员式参与。20世纪80年代实行的财政包干体制，基建投资、防汛维修费的大部分、农水事业费全部切块到地方安排，确立了其后我国水利建设的主体分工，即中央政府管理大江大河，地方政府各层级间也都进行了分工，这样农村小型农田水利的事权就由中央政府管理降为地方县乡基层政权负责。在这种体制下，由于农村公共事务难以给乡镇基层政府带来效益和收入，上级财政还要付出，再因上级政府没有对基层政府这方面的职责进行有效的考核，使得基层政府在农田水利建设方面能不付出则不付出，而将农田水利建设的职责放由农民独自承担。而失去了改革开放前的体制平台与基础，因农民行为重归集体行动困境的逻辑，造成农村农田水利建设的停滞不前。有资料指出，当时，小型水利工程（小机井、小塘坝、小泵站、小水池、小渠）的管理体制与农村分户经营的模式不相适应，致使一部分水利工程设施处于建、管、用相脱节，有人用、无人管或乡、村松散管理的状况，水利工程遭受不同程度的破坏，水利资产闲置或流失，工程老化失修和效益衰减的问题十分突出。针对这种情况，1986年的"中央一号"文件指出，"建立必要的劳动积累制度，完善互助互利，协作兴办农田建设的办法"，1989年10月国务院发布的《关于大力开展农田水利基本建设的决定》，要求"各级政府由主要领导负责农田水利基本建设并将农田水利基本建设纳入农村的中心工作，规定农村每个劳动力每年出工10~20个工日"。强调农村建设资金，除国家增加农业投资外，主要靠农村自身的积累。这事实上确立了农田水利建设由中央政府主导下的动员式参与到地方政府主导下的命令式参与的转变。可见，在这一阶段农村公共事务治理，一方面随着国家体制的治道变革，国家政权力量逐步从乡村退出，更加倡导基层政权的领导和农民自我管理、自我服务；另一方面，随着社会日益由单元化走向多元化，传统的动员式参与越来越难以实现，不得不由动员式参与转向命令式参与。20世纪90年代，政府重视不够，管理缺位现象显现。一方面经过"财政包干"、"分税制改革"、"税费改革"，中央与地方政府投入农村小型公共事务治理的经费剧减，政府重视不够，管理缺位；另一方面建立在以户分散经营基础上，受市场经济冲击、利益日渐多元化的农民越来越难以尽心尽力投入义务性公共事务治理，使得农村公共事务治理呈现出衰败景象。

（3）多中心合作治理下的自主参与时期。改革开放后的制度变迁诞生了家庭联产承包责任制和村民自治制度。然而，随着农村公共事务治理的单中心结构的解体，特别是农村税费改革所导致的农村基层政府可控制的财政资源急剧下降，基层政府在农村公共服务职能层次上出现缺位和不作为的困局。再加上人民公社体制的解体，政府失去了对农民进行大规模动员式参与的基础平台。面对农村公共事务治理的压力，政府往往走向另一极端，对农民的命令式参与。命令式参与的背后凸显的是政府与农民间关系的紧张和无助。一方面，全能性政府不符合村民自治的制度逻辑，而政府在农村公共事务治理中的缺位，则又有违行政伦理与政府的公共精神。另一方面，对于逐渐趋于市场理性的农民公共事务不会充满激情，但也不可能是永远消极对待事关农民核心利益的公共事务。借鉴发达国家农村公共产品供给与治理的经验，"政府的大力投入，兼与多元的供给方式相互配合、相互协调，形成比较完善的公共产品供给体系"。所以，政府适度控制，但非全能式介入；农民自主式参与，而非动员式或命令式参与，应成为合理的逻辑和农村水治理改革的方向。当代中国农村公共事务治理同样迫切需要构建"一主多元"、二元或多元中心的合作型治理模式。这种模式坚持政府主导，既强调政府不能缺位，发挥公共财政对农村公共事务治理的保障作用，形成政府与社会的协同治理，又强调坚持农民的主体地位，充分调动农民的积极性，引导农民自愿投工投劳，自主参与和协商共事；实施财政奖励、补贴或补偿甚至惩罚。这样，农村公共事务治理中就能够优化政府、农民等多元主体间的关系，以公共利益与公共责任为联结纽带，以合作与共识为目标导向，形成多元互动、利益驱动的集体行动。

7. 农村水政策传导实效提升途径

第一，树立自然—社会二元循环的耗水管理的关联性、总量控制、全程治理理念。一是强化问题关联意识。根据农村水政策涉及的农业土地流转、农作物调整、饮水、排水及治污的关联性，形成统筹分析问题的机制。探求水政策问题的焦点走向，一元、二元、多元治理模式，对水权市场、补偿和补贴中政府的定位变化等，政策发展趋势要有较为准确的预判。二是细化、量化农村政策传导指标。农村政策与农民个体利益密切相关，而每个具体落实的政策点，必须量化为可操作和可测量的指标。一般来讲，政策指标的细化、量化程度高，政策传导的效果就好；反之则差。

第二，加强农村水政策传导组织及传导人员的队伍建设。为了打破农村政策传导组织形式僵化、单一的局面，应加强党的领导，注重调整组织结构，发挥水协会组织的管理职能。一是简化政策传导的层级结构，"建立层级尽可能少的扁平式而非金字塔式的组织结构"。因为组织内部层次越少，指令下达越直接，差错也越少。二是加强基层政策传导人员的培训，提高政策传导者的政策认同感，话语表述技巧，使其与政策受众顺利对接。三是严格规范政策传导员的责权利，将政策传导员的绩效同考核、任用和奖惩联系起来，提高政策传导的积极性、主动性。四是强化对政策传导者的监督，规范其用权。建立立体监督网络，从上到下，从高层到基层，在制度上、程序上、权重上、权力上给予充分关注，加大对政策传导者的监督力度，减少政策规避行为。

第三，充分利用信息技术，开发政策传导的多元工具。一是重视发挥网络区域和实际展示的双向宣传作用，即重视网络平台建设，综合应用以计算机互联网和个人智能 APP 手机终端为代表的信息技术，开发利用信息资源，扩充信息采集渠道，提高信息传导的速度，产生政策传播的精准定位效应。二是实现网络信息传导的规范化管理。由于传导者的有限理性、个人及其集团或阶级或党派利益的偏好不同，在政策的传导过程中难免会出现失真、失效现象。三是高度重视新兴媒体的舆论场社会监督作用。例如，个人手机 APP 终端、微信、微博、短信等新兴媒体在政策监督中发挥着助推器和集散地作用。要经过官媒与民众自媒体的互动，克服网络参与者非代表性、非理性化、无序化现象，同时发现各类政策规避表现，对政策进行适度调适或者转换确保政策顺利执行有效。四是搭建平台为农民主动参与政策传导提供条件。发挥 QQ 群、微信群、政府热线、信箱留言等公众网络平台与政府的政策传导体系的有效衔接，形成国家与社会、官与民的良性互动。当前，寻求网络信息通道的共同治理的"交集"和"最大公约数"是最紧迫的任务。本书提出以"互联网+"框架的信息网络技术与社会公民的政策参与机制见图 6-2。

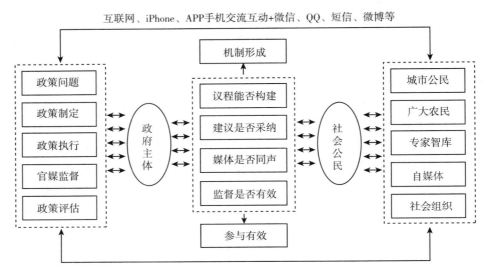

图 6-2　公民网络参与公共政策体系的模式

第四，重视政策环境建设，提升受众的政策认同度。一是创设良好的政策传导文化环境。文化是制度之母，有了相应的文化积淀才更容易生成人们愿意遵守的、得到共识的制度。因此，塑造文化往往比制度建设本身更为重要。二是提升政策受众的文化素质。广大农民文化素质较低，增加了农村政策传导的难度。在政策传导中，受众既是政策信息的接受者，又是政策信息的反馈者，农民素质还关系着政策信息反馈的质量。农民文化素质较低导致了其理性判断力的欠缺，面对政府频繁出台的更趋专业化政策，农民的接受和反馈往往处于盲从、漠然状态，信息反馈有失真的可能，这就使政策传导者无法对反馈的信息做出科学的调整和优化。尽管政策的目标各异，但它总是表现为对现有利益格局的调整和分配，表现为对现有社会群体行为的指导、制约或改变。农民能理解政策则顺从、接受政策，政策传导就趋向有效；农民不理解政策则反对、不接受政策，政策传导就趋向失效。可见，受众对政策的态度是政策传导能否有效进行的关键性要素之一。三是加强农村政策宣传，促进政策认同。政策能否取得认同，涉及政策问题的复杂程度、政策内容设置、政策执行者能力等诸多方面，政策可以分为正向政策和负向政策。正向政策，即增加政策受众利益的农村政策，如购置农用机械设备补贴政策，能给政策受众带来现实而直接的利益，因而这些政策传导顺畅，效果好。负向政策，即降低政策受众利益的政策，例如，提高税费政策，补贴减少政策等，会削减或剥夺受众的利益，传导起来就很困难。对于农村水政策而言，涨价、税费是负向政策，补贴、补偿是正向政策，两者配合不协调就会发生农户与政府的二元冲突或多元冲突，处理得好，就会互利多赢。

农村水治理是生态补偿的重要组成，现阶段，优化农村水治理的补偿、补贴政策是协调二元或多元冲突的适用的经济手段。其基本要求是：

第一，稳步推进政府补偿机制改革。政府补偿机制是以国家或上级政府为实施和补偿主体，以区域、下级政府或农民为补偿对象，以国家生态安全、社会稳定、区域协调发展等为目标，以财政补贴、政策倾斜、奖补罚戒、项目实施、税费改革和人才技术投入等为手段的补偿方式，既是目前开展生态补偿最重要的形式，也是目前比较容易启动的补偿方式。

首先，建立更趋完善的财政转移支付制度。政府组织生态补偿最重要的手段是财政转移支付，包括财力转移支付和专项转移支付。财政转移支付不仅直接为地方进行生态保护建设提供了必要的资金支持，同时也可为地方因生态保护而导致的财政收入减少进行补偿。利用财政转移支付进行生态补偿重点依托两种方式，一是在财力转移支付中，增加生态环境保护的影响因子权重。目前决定财力转移支付力度的因子中，生态环境的影响力还很小，使补偿类地方转移支付严重不足。二是整合现有的专项转移支付，增加生态补偿项目或者在与生态环境有关的专项转移支付中增加"生态补偿"类的支出科目。但是利用财政转移支付开展生态补偿也存在缺点：一是体制不灵活，全国若设立统一的财政转移支付制度，很难照顾到各地千差万别的生态环境问题；二是运行和管理成本高，许多专项资金往往由于高额的管理成本而难以发挥效益；三是部门分割严重，资金分散使用，效率低，同一生态保护项目存在着简化申请程序，整合并用的空间等。

其次，实施差异化生态补偿区域政策。实施差异性的生态补偿区域政策，鼓励或直接吸纳社会资本投入到生态保护与建设。对于提供重要生态服务功能的区域，政府可以试行增加当地财政转移支付力度，实施税收减免等优惠政策，优先安排生态功能重要区的水利和污水治理基础设施项目投资政策。差异性的区域政策具有运作成本低、财政压力小、与地区实际情况易于结合等特点。

再次，重点推进生态保护项目工程。引导社会资本投入到生态保护与建设中，具有"种子资金"的作用，是政府实施生态补偿的主要方式之一。项目实施包括两类，一类是直接的生态保护与建设项目，如我国近年来实施的六大生态建设工程。另一类是开发性项目，通过政府或政府引导社会资本投资于重要生态工程。例如，国家对河西走廊地区节水农业工程。

最后，试点改革环境税费制度。环境税收政策是调控生态建设重要的经济手段，包括环境税和优惠政策、补贴政策以及收费制度。我国目前正在征收的环境税费包括排污费、矿产资源补偿费、土地损失补偿费、育林费、耕地占用税、城乡维护建设税、资源税等，这些税费的征收为调节生产者行为，筹集生态环境保护资金发挥了重要作用。而2014年河北省地下水综合治理实施的禁采与限采政策与财政部的水资源税费政策，2016年开始在河北省试点，作为"负向"效应政策仍有较多的问题值得重视。

第二，加快健全市场型补偿机制。典型的市场补偿机制包括公共支付、一对一交易、市场贸易和生态标记等。交易的对象可以是生态环境要素的权属，也可以是生态环境服务功能，或者是环境污染治理的绩效或配额，它们都通过市场支付反映出生态服务功能的价值。

首先，公共支付。公共支付的主要对象是对国家生态安全具有重要意义的环境要素或者服务之类的纯公共物品的保护补偿，如生态公益林、国家级自然保护区与生态功能区的保护投入或者购买。公共支付资金来源包括公共财政源、专项的税费收入、特定的融资渠道以及国际组织的援助资金等。例如，生物多样性保护资金，"碳汇信用买卖"资金，国际拨款、贷款和赠款，以及私营公司支付的水资源保护费等。公共支付补偿主要问题在于信息不对称，支付成本高，支付范围与力度受国家财力、重大工程建设、政策规划、管理体制和社会结构等因素的影响程度深，难以单纯从生态补偿角度实施公共支付。而且由于信息不对称等原因，导致一些更应该纳入公共支付范围内的生态服务功能得不到合理的补偿。但目前公共支付是国家实施生态补偿最直接的方式，也是当前影响范围最大、必不可少的补偿方式。

其次，一对一交易。一对一交易的典型情况是流域上下游之间，按照双方协议，由下游地区支付上游地区保护和改善环境的投入，或者是买断上游地区的发展权。例如，美国纽约市与特拉华州上游 Catskills 流域之间的清洁供水交易；国内浙江东阳—义乌之间的水权交易也是比较典型的案例。该支付方式的特点是，交易的双方基本上是确定的，只有一个或少数潜在的买家，同时只有一个或少数潜在的卖家。交易的双方直接谈判，或者通过一个中介来帮助确定交易的条件与金额。该中介可能是一个政府部门、非政府组织或者是一个咨询公司。一对一的交易适用程度取决于交易双方的明确程度和利益相关者的数量，交易双方越明确，利益相关者数量越少，则交易成本越低。政府可以在降低交易成本方面发挥关键作用，例如，制定生态环境服务的核算技术标准，提供交易协商平台，提供交易协商的法律与技术咨询服务以及建立环境仲裁机制等。可以推断，如果农村水权交易市场建立起来，这种方式是最有效率的。

再次，市场贸易。市场贸易主要指配额交易，典型的情况是《京都议定书》确定的"碳汇交易"模式。由政府或国际公约确定一定区域生态保护的配额责任，通过市场交易实现区域生态保护的价值。生态保护的配额也不仅限于森林，理论上自然保护区、生态公益林等都可以作为生态保护的配额进行交易，从而筹措生态保护的资金。市场贸易模式的主要特点是环境服务功能的提供者和购买者都不唯一，环境服务功能可以被标准化计量且具有可比较的价格，必须有规范的、得到信任的环境服务认证机制，环境服务功能量化标准体系以及相应的监控体系等作支撑。通过市场贸易可以提高生态服务功能保护的经济效益，拓展生态保护与建设的融资渠道，减轻财政压力，扩大生态补偿的范围。可以推断，地下水超采综合治理（如衡水地区）和农村污水治理（如白洋淀）成功后可以形成生态盈余的水权，进而发展更趋复杂配置的水量和水质的水银行与区域外发展水权市场贸易。

最后，生态标记。生态标记主要指对生态环境友好型的产品进行标记，如生态食品、有机食品、绿色食品的认证与销售。通过生态标记，体现该产品保护生态的附加值，从而体现生态环境保护的效益。环境标志国外有的称为生态标签（Eco Mark）、蓝色天使（Blue Angel）、环境选择（Environmental Choice），国际标准化组织（ISO）将其统称为环境标志（Environmental Labeling）。生态标记方式成功的关键在于独立、可信的认证体系以及生态环境友好型产品的市场推广。通过完善认证体制，加强对社会的宣传和引导，生态标记的方式可以为生态环境服务功能提供更多的生态补偿。可以推断，在节水区和生态良好地区，若发展节水农业和绿色养殖业并创立"三品一标"优质农产品和发展循环农业，则可以作为生态标识的品牌农业获得市场溢价收益，实现农民加速增收和改善生态共赢的态势。

七、乡村水治理二元化利益冲突

1. 乡村治理的基本原理

威"治理"（Governance）源自古典拉丁语"掌舵"，其原义是控制、引导、操作的行为和方式，用于国家的公共事务相关的管理活动和政治活动，是一个社会学术语，其字面意思就是"治国理政"。治理的本质是治权归属，即控制权在谁那里，治理的结果是效益分配。据不完全统计，全球研究机构的学者提出的治理概念多达 200 个。联合国全球治理委员会（Commission on Global Governance，CGG）较为权的对治理概念的表述为：治理是各种公共的或私人机构和个人管理共同事务的诸多方式的总和。它是使相互冲突的或不同利益得以协调并采取联合行动的持续的过程。它既包括有权迫使人们服从的正式制度和规则，也包括各种人们同意或以为符合其利益的非正式的制度安排。从政治学的角度看，治理是指政治管理的过程，它包括政治权威的规范基础、处理政治事务的方式和对公共资源的管理。它特别地关注在一个限定的领域内维持社会秩序所需要的政治权威的作用和对行政权力的运用。治理理论是对福利经济学的市场失效论与公共选择理论中政府失效论的超越和完善，越来越多的国家以治理机制弥补市场机制和政府机制的双失效问题。治理理论最早被我国学者俞可平引入国内，20 世纪 90 年代其被广为关注。治理理论的理论渊源包括三方面：经济学理论基础（福利经济学的市场失效论与公共选择理论的市场失效论）、社会和道德基础（契约观念）、哲学和政治学基础（国家和社会的关系理论）。

2. 治理与公共治理的关系

治理是相对于传统的管理或统治而言的。根据 CGG 的总结，治理有四个特征：治理不是一整套规则，也不是一种活动，而是一个过程；治理的基础不是控制，而是协调；治理既涉及公共部门，也包括私人部门；治理不是一种正式的制度，而是持续的互动。公共治理是以多元主体为核心，各种治理主体在协作的基础上相互拾遗补阙，通过多样化互动模式，形成政府主导下网络式向心合力的互动格局。英国学者格里·斯托克的治理理论认为，公共治理主体间政府、社会组织及个人在一种自主自治的网络体系中建立起的是权力依赖并平等互动的关系。

治理的实质是公民参与使原来的单一治理主体（统治者）转变为现代的多元化治理主体，由此形成向公民整体负责的公共管理民主化导向。公共治理就是在扬弃传统统治型政府管理体制的基础上，重新调整政府职责权限结构，突出政府公共服务的主旨，重新划分和界定政府与社会的关系，依靠党委的坚强领导、政府的主导责任、市场的配置力量、社会的积极协同、公众的有序参与等多元主体的整体效能发挥，形成以一种平等开放、互利互惠的网络化互动合作方式，而且各个主体秉承公共精神、分解责任与分担义务、共享收获，在治理国家与社会事务过程中形成各尽所能、各得其所的强大合力，最终达成共建共享的和谐社会。为此，根据乡村治理多元化属性的要求：其一，乡村治理的主体不应该只限制在乡镇政府和村委会，村民及村民自发建立的水协会或专业合作社等组织也应该被纳入乡村治理主体中，并且逐步强调村民及其自发组织在村庄事务处理上的主体地位；其二，应该强调乡村治理过程中治理主体之间的互动和共赢。村庄治理不是简单的"上行下效"，也不是政府决策的"一刀切"，而应该是政府和乡村社会的互动。与统治的概念不同，治理指的是政府组织和民间组织在一个既定范围内运用公共权威管理社会政治事务，维护社会公共秩序，满足公众需要，而非政府的单一需求。治理的理想目标是善治，即公共利益最大化的多元互动、共利多赢的管理活动和过程。善治意味着官民对社会事务的合作共治，是国家与社会关系的最佳状态。"多一些治理，少一些统治"，从统治走向治理，是人类政治发展的普遍趋势。统治和治理有实质性的区别。"治理"是比"统治"更广义的范畴。统治（Dominate）是一个价值性的概念，主要维护阶级的利益；而治理则是一个工具性的概念，主要维护社会的公共利益。治理和统治的主要区别如表6-11所示。

表6-11　治理与统治的区别

	治理（Governance）	统治（Dominate）
权威主体	多元组织 （政府、NGO、企业、农民、社会）	国家公共权力机关
权威性质	非组织化自愿	组织化强制
权威来源	法律和契约	政策法规
权力运行向度	横向互动、逼近最优	自上而下、命令服从
作用范围	体制内部和外部、比较大	体制内、比较小

任何公共治理都有四种可能的效果。一是利益相关方都从中获益，而没有任何损失，即全赢的局面，即帕累托最优；二是多数利益相关者获益，而少数人的利益受损，即产生多赢少输的局面，即卡尔多·希克斯次优；三是少数相

关者获益而多数人的利益受损，即出现多输少赢的局面；四是相关者的利益均不同程度受损，即出现全输的局面。善治就是公共利益最大化的最优治理，它有许多要素，包括公正、参与、多利/互动稳定、责任、回应和廉洁等。其中法治就是善治不可或缺的要素，离开法治，善治的其他所有要素就会失去其应有的根基。

统治的主体一定是社会的公共机构，而治理的主体既可以是公共机构，也可以是私人机构，还可以是公共机构和私人机构的合作。治理是政治国家与公民社会（Civil Society）的合作、政府与非政府的合作、公共机构与私人机构的合作、强制与自愿的合作。治理是采用合同包工、权力分散等途径，国家遵循市场原则与私营部门合作的过程。所以，治理的概念比统治更宽泛，从现代企业到事业单位，从城市基层的社区再到乡村基层，高效而有序的管理，可以没有政府的统治，但却不能没有治理。政府统治的权力运行方向总是自上而下的，它运用政府的政治权威，通过发号施令、制定并执行，对社会公共事务实行单一向度的管理。而治理则是一个上下互动的管理过程，它主要通过合作、协商、构建伙伴关系、确立认同和共同的目标等方式实施对公共事务的管理。治理的实质在于建立在市场原则、公共利益和认同之上的合作，其管理机制所依靠的主要不是政府的权威，而是社会网络的权威，其权力向度是多元的、相互的，而不是单一的和自上而下的。在治理的过程中，还必须有适当的监督和制裁，即需要治理主体在没有外部强制的情况下，激励自己去监督人们的活动，以保持对规则的遵守，从而达到公共利益最大化的管理目标，其本质在于政府与公民对公共生活的合作管理。

治理的工具和手段。莱斯利·M. 萨拉蒙（Lester M. Salamon）认为：治理工具是一种明确的方法，通过这种方法集体行动得以组织，公共问题得以解决。治理工具宏观上分为德治和法治，对于德治而言，公共政策首先是政府等公共管理组织对社会公共治理具体而明确的行为指南和原则。其次，从德治的角度分析，它需要更严谨的社会环境和契约意识，公共政策执行效果的保障是包括政府在内的全体社会成员共同遵守契约。

3. 治理有九种类型

荷兰学者基斯·冯·克斯波恩（Kees Van Kersbergen）和弗朗斯·冯瓦尔登（FransVan Waarden）在 2004 出版的《欧洲政治研究杂志》中总结了治理的九种用法。一是善治（Good Governance）。强调合法性与效率，具有政治、行政与经济价值。二是"没有政府的治理"，来自国际关系理论，指的是没有政府治理的可能性，国际或全球治理、全球民主是其形式。三是社会治理，是指社会与社会的自组织，既超越了市场，也不需要国家管理。地方的小社区不需要政府的帮助也能通过自下而上的自我管理做到这点。采取的方式包括结成社团、相互理解、协商、管制、信任关系以及非正式的社会控制，而不是国家强制。奥斯特罗姆（Ostrom）认为，在特定的条件，这种治理安排是有效而稳定的。四是市场制度与紧急治理，这种用法应用于经济史、制度经济学、经济社会学、比较政治经济学、流动关系和流动经济学的每个学科。五是私人部门的善治，即用于新公共管理学。六是公共部门的善治。这个用法主要关注不同国家公共部门改革的相似性，发挥市场在执行公共政策中的契约作用。七是网络治理。这种用法有多种分支，其中主要的三种分别把网络看作公共组织的、私人组织的或者公私组织混合的多中心的治理形式，以对应多中心治理形式——市场和单一中心多等级化的治理形式——国家和公司。八是多层次治理，即不同的政府层次以及公共部门与私人部门在各个层次的参与。九是私域治理，强调民众对社会事务和公共事务的自我管理。此外，R. 罗茨也曾总结了六种不同的治理定义：最小国家的管理活动的治理、公司治理的治理、新公共管理的治理、善治的治理、社会—控制系统的治理和自组织网络的治理。概言之，西方学者对治理概念归结为政府管理、公民社会、政府与公民社会合作三种途径。

政府管理的组织结构最发达的是科层制。由于工业化复杂的劳动分工以及国家分层级调控经济的需要，马克斯·韦伯（Max Weber，1864~1920）创立了科层制管理体制，并认为：不同决策主体在每一个层级都有各自的管理目标和决策类型，其整体可以同时拥有一个资源的决策权，这种产权体系称为资源产权的制度科层模型（Hierarchical Structure）（R. Challen，2000），也可以称为官僚体系（Bureaucratic Tructure）。这种科层制呈现金字塔型结构，其优点是：具有分层负责、专业分工、运作程序规范、决策集中，行政命令管制传递，管理层级事权排他性。其缺点是：层次较多、管理幅度较小、命令服从、森严的非人格化、限制自主参与和越级信息传递的行政管理，往往导致法规政策执行效果在分层性结构传递中衰减较大，资源产权结构的层级管理成本增加。由于科层制受到共时性（创新能力、弹性）、效能竞争（横向竞争、政府效能）、非结构化（自上而下线性主体的认知格局）、内成化（制度创新）、网络化（网络关系、社会评价、与科层化互动与嵌套）。与其反向驱动的管理模式就是非层次、非机构化的民主式（Structure）结构，它能削减科层管理成本。

科层制的组织设计工作原则和工作职能评价见表6-12。

表6-12　科层制组织设计原则和工作职能评价

设计原则	英文	工作职能	缺 点
专业分工	specialization	分工专业化	同层本位，各行其是，沟通不足，团队协作难
分层负责	standlization	工程程度标准化	下级服从上级，创新不足，形式主义
程序正式	formalization	工作指示正式化	例行琐事，墨守成规
管理权威	centrolization	决策权威的集中化	草率决策，团队创造不足

相应的资源可以划分为归属、等级、决策主体的科层简化结构，见表6-13。

表6-13　资源基本科层结构

等级产权	归属主体	现实决策主体
国家产权	政府部门	各级政府管理
共同产权	各种组织	集体、合作组织
私人产权	私人个体、公司	私人、公司
无产权	任何个人和组织	无实体

政府与公民社会合作实际构建的是多中心治理体系。多中心治理体系认为国家应由官僚体制内、统治主导、全能唯一理念下的行政型政府向治理型政府转变职能角色，不能在社会治理功能上越位、错位和缺位，而要将政府、公民个人、NGO等作为公共服务管理的主体，并进行合理的分工配置，以自愿而非强制、协商而非独裁、合作而非独治地共同制定公共政策，共同实施政策监督和政策评价。治理型政府的主要特点：一是强化公众逐步参与社会公共事务的管理；二是注重责、权、利明晰下的政府绩效目标；三是有限度地放松行政规制；四是取消公共服务的垄断性；五是采用企业成本效益法分析政府管理绩效。推进治理的现代化应达到五个主要标准：第一，强化制度约束，即公共权力运行的制度化和规范化；第二，推进民主化进程，公共治理和制度安排都应还权于民，让人民当家做主；第三，提升法治权威，即宪法和法律成为公共治理的最高权威；第四，提高治理效率，即国家治理体系应当有效维护社会稳定和社会秩序；第五，多元协调共赢，现代国家治理体系是一个多元福利最大化

制衡的制度系统。从以"官员权力本位"为表征的传统政治，走向以"公民权利本位"为表征的现代政治。公民的自组织性与政府的有限性都成为善治的动力。改变政策手段的单一化、从上到下的命令控制型方式为利益诱导型与社会制衡型并用，形成纵横结合、纵向到底、横向有边的协商、互动的伙伴关系。让公民参与到政策的制定、执行、监督和评价的全过程，使公民的意愿偏好转化为有效的政策选择，提高共利机制下的政策效能。

按照上述分类，善治的乡村治理有三种途径：第一种是侧重于政府部门角度的公共管理途径。其中政府是有限政府，而非全能政府，从中央到地方直到基层的乡镇政府，五级层次都应负有乡村公共治理的职责。第二种是公民社会的途径。即治理在非政府层面由自治的公民社团或民间组织在自主追求共同利益过程中创造的秩序，他们自愿将追求公共利益的个体和群体组织起来，形成各自独立的社会子系统组织网络。对分裂的各类公共问题采用自己制定的标准来整合管理公共资源和公共事务，包括交流、讨论、协调和建设等管理，实现自治后的满足并形成制度。这样既保护了公民的权利，促进农民参与公共事务，还能有效地制衡政治权力的垄断、越位和缺位，防止权力滥用对国家造成损害。第三种是政府与公民社会合作途径。自20世纪90年代以来，西方政府改革中出现了非政府部门与政府部门为了实现与增进公共利益，相互依存、共同分享公共权力、共同管理公共事务。政府的职能由统治转变为"掌舵"，由支配性的作用转化为指导与服务功能，但政府放权并未造成政府边缘化的倾向。而非政府组织由被动的参与转变为主动参与，社会治理主体由一元转变为以公共利益为目标的二元或多元社会协同合作，形成乡村公共产品在良性互动中得到充分供给。

八、乡村治理现状与水治理需求

我国目前试行的公民自治主要体现在三个领域：农村的村民自治、城市社区自治和行业自治。这三个领域分别形成三类不同的民间组织：村民委员会、居民委员会和各种行业协会，民间组织的兴起奠定了基层民主特别是社会自治的组织基础。按照《宪法》及《中华人民共和国村民委员会组织法》的规定，城市的居民委员会和农村的村民委员会都不是一级政权机构，也不是政府的派出机构，而是民间组织和自治组织。

我国乡村治理结构迄今为止主要经历了乡村政权并存—乡镇权制—人民公社制—乡政村治四个阶段。当前，中国农村实行的治理模式是"乡政村治"

模式，国家在乡镇一级设立基层政权，依法对乡政进行行政管理。20 世纪 80 年代中期后乡镇以下的村实行村民自治，村民依法行使民主自治权。村委会是目前中国农村中最重要的民间组织，在许多地方它事实上已经或者正在取代原先的党支部而成为农村中最具权威的管理机构。村民委员会比较广泛地实行了"村务公开"，从村民（居民）委员会成员和村长（主任）的选举过程，到村民（居民）委员会的全部活动和村委会的财务收支，基本上都是公开的。村委会的主要职责是：组织和领导村民发展经济；积极为该村的生产提供服务和协调工作；维护村集体经济组织和村民、承包经营户、联户和外来商人的合法权利和利益；管理本村属于村农民集体所有的土地和其他财产，教育村民合理利用自然资源，保护和改善生态环境；宣传宪法、法律、法规和国家的政策，教育和推动村民履行依法应尽的义务，爱护公共财产，带动村民开展多种形式的精神文明活动等。村民委员会不对所在地区的人民政府负责，而向本村的村民会议负责并报告工作。研究发现，越来越多城市和农村的基层社区正在依靠居委会和村委会这样的民间组织，不断地提高民主自治的程度（俞可平，2000）。2002 年我国的山东、广东、湖南等省开展了"两委合一"的改革尝试，天津市的武清县和河北省的清县开展了以村民代表会议为核心的村民自治运行机制，成为有益的探索。

随着市场经济在农村的深度渗透和发育，传统乡土中基于亲缘、血缘关系的权威宗族内部凝聚力日渐下降，邻里关系淡薄，农村社会传统内部结构开始转变，整个乡村社会缺乏普遍的信任，村民参与政治热情不高，对村庄公共事务冷漠，对村庄共同体的认同感下降，无法真正实现村民当家做主。农村水治理受到自然和人为因素的共同影响。

1. 水资源承载力和水环境容量影响治理模式

学术界对水资源承载力的认识，一般认为是在一定社会技术经济下，支撑人口、资源与环境经济和社会可持续发展的最大量，进而又分为三种类型：第一种是水资源开发最大规模论（许有朋，1993），第二种是水资源承载最大人口容量论（李令跃，2000），第三种是水资源支撑社会经济系统持续发展能力论（雷学东，2004）。水环境容量指在不影响水的正常用途的情况下，水体所能容纳的污染物的量或自身调节净化并保持生态平衡的能力，包括自净容量和稀释容量。通常水资源承载力越大，水环境容量越大。

水资源越丰沛，人与水的矛盾较小，供需平衡后盈余较多，水价就趋于降低，农户因水得到的福利较多，经济较发达，治理能力较强，水治理倾向于成本较低的农民自主管理；反之，水资源稀缺与水环境恶化，丰枯期变率大、水资源空间差异较大、跨区域和跨流域地表水争水严重，地下水超采时，水资源相对更稀缺，完全市场化会导致失灵加剧，这时定价机制倾向于政府主导、水协会与农户参与的合作管理水权。一方面政府运行公权协调分配水权，解决公共池塘困境；另一方面通过水价补贴补偿机制，调节总量定额和水价的类型，从而降低水治理的二元社会循环的管理成本，当然，前提是政府是没有政策规避的高效政府。

我国长期以来实行的是以政府水定价为主的体制，为了兼顾公平与效率，将水定价引入市场定价，用户参与，形成多元定价机制是水制度改革的方向。边际成本定价、公共水配置、水市场配置、基于用户配置的四种差别化水价机制比较如表 6-14 所示。

表 6-14　四种水价形成机制的比较

价格配置	定价主体	优点	缺点	目标	例子
边际成本	水边际成本	贴近实际；提高理论效率	难以精确计算；忽视平等；操作阻力大	效用	法国
公共水权	政府	平等、公平	补贴昂贵；价格不真实；效率较低	资源有价；保障基本成本	最普通的实践
水市场	供需市场	自愿；激励性；节水效果	难以计量；私人垄断	提高效率；分享福利	南非；澳大利亚
用水户	用水户	信息优势；政治上可接受性与可行性	决策不透明；权威组织局限	用户利益至上	印度等

2. 农民个体增收福利需求影响"双补偿"力度

2013 年我国农村居民人均可支配收入 9429.6 元，消费支出为 7485.2 元；2014 年人均可支配收入 10488.9 元，消费支出 8382.6 元，虽较上年有所增加，但恩格尔系数 2013 年为 34.13%，2014 年为 33.57%，仍然高于世界平均水平。从马斯洛的需求层次论分析，我国农民尚处在温饱阶段，满足生理需求最普遍，而自我实现需求被轻视，迫切需要增收提高福利。主要通过以下方式：一是政府加速城镇化，鼓励进城务工获取非农收入，加快农民增收，放开土地流转、强化土地抵押、建设廉租房、加大农村社会保障投入等。二是农业适度规模化和集约化经营，转变种植结构，提高农产品的附加值。三是降低生产成本。其中包括降低用水成本，农民视角下的生产用的渠灌水和井灌水，水价格越低越好；生活用饮水费和排污治理费越低越满意，低价和免费是农民的基本意愿和心理承受底线。四是得到政府和企业非农的补贴和补偿越多越好。从行为经济学来分析，许多农民的心理行为是：不论怎样增收，交一点水费也不愿意；得到补贴和补偿（简称双补）越多越好，而维持自己的固有习惯行为最方便，得到较多而少许改变自我还行，得不到不改变是不赔不赚，得不到而改变最赔，影响农户增收的心理底线附近水价一涨，就强烈不满并申诉；而政府的思路是"双补"农民促其改变行为心理最理想的方案。可见，农民节约灌溉水和防治污水，必须有政府的外部行动刺激。衡水的"一提一补"、白洋淀的"征补共治"、张家口的节水办法等，正是出于这样的考虑。

3. 水协会职能规模影响水治理的利益均衡点

作为理性人的农民认为，组织起来能办大事，组织越完善，能力势力越大，与政府和其他主体谈判的能力就越强，从政府把控的公共资源中分得的福利就越多。因此，农户就有水治理联户经营和组建水协会或者将水协会嵌入农民专业合作组织中的意愿。目前，我国农业水协会定位已经被扭曲和弱化，既没有协助政策执行和监督，又没有把用水户联合起来，还没有成为水利设施的建设者和维护者，水资源的分配者和农村水权的治理者。为此，农村用水户协会应坚持以下原则开展工作。一是自愿参加、平等参与、法人资格，财务独立，自主管理、民主决策、管理民主和制度透明。二是水户协会按照灌溉渠系的边界并结合行政边界划分灌溉水权管辖区域。三是用水户协会与供水单位签订供水合同，并依据测定的水量和协商的水价缴纳水费。四是农水协会按政府制定的水价或协会内部民主商议确定，并经水利、物价部门核定的水价直接向会员收取水费。五是用水户协会应具备管理灌区水利工程的技术条件。用水协会的用水程序与缴纳水费的功能图解见图6-3和图6-4。

4. 产权意愿及契约需求影响农村水市场

我国农村产权正经历了土地权、林权改革，虽有进展，但障碍不少，步伐较慢；而随后面临水权改革和生态产权改革，因自然属性和人文关系更趋复杂，则改革的进程可能会困难重重。按照科斯的两个定理（Coase Theorem）的思路，我国政府推动的市场"决定性作用"，其难点一是在产权分割时成本与收益的权衡配置，二是利益倾斜的时空和多元维度，如何精细化、准确化地"拿捏"和"推敲"，确保多元利益趋近公平的共赢均衡点。如何让政府定位面对市场物品的微观经济体系中，从进入、主导、弱化到退出，而前述农户水

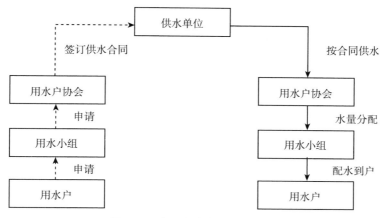

图 6-3　农村水协会的用水机理

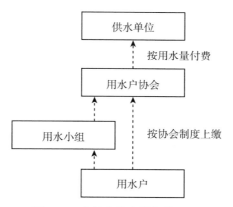

图 6-4　农村水协会的缴费机理

协会的定位从萌芽、组成、壮大到自主演进，关键是在渐进改革中的权、责、利的划分。契约论提出了基本的思路。一是自愿，政府没有强制性干预的权力而是平等的参与，公共的政策则成为自愿的认同和参与而不是强迫的义务。二是合意，契约是一种达成一致同意的约定，在公共治理中各方通过博弈务必达成一致的共识，才能共同治理。三是责任，在契约中，当事人对自己所做的承诺都负有义务。四是公开，每一个公民都有权利获得与自己利益相关对称性的政府政策的信息，使公民能有效地参与公共决策和监督政策实施，公共性越高，善治的程度也越高。所以，构建契约意识和操作规程是农村水治理的一个重要任务。

第二节　农村水资源与环境治理结构分析

作为外生变量的制度分析包括：制度安排、制度领域、制度组织、制度绩效四个层次，但是我国农村水治理制度及其演变目前尚无清晰路径定位和预期，其功能难以完全发挥。按照多中心治理理论和产权制度变迁理论，管理体系扁平化和结构制衡化是农村水管理二元治理机制形成的前提。

一、农业水行政管理体系扁平化

目前，我国科层型管理体制治理农村公共产品成功的条件：一是中央政府能充分掌握基层的全面信息；二是政策监督能够全程化跟随；三是仲裁能力较强；四是行政费用为零。但是，中央政府受到自下而上传递信息结构性障碍、主观确定层级负载能力、执行手段的低效率、奖补罚诫标准依据不足，以及地方政府"上有政策，下有对策"的政策规避等，使这种金字塔形式的科层级制遇到了信息不对称难题以及执行和监督高昂的成本，这足以让科层型协调机制陷入失效的境地。

国外发达国家的水资源管理体系值得借鉴。德国对供水（水量、水质）、排水（污水处理）实行由环境保护部门四级统一管理：国家级负责制定有关法律、法规及政策；联邦各州制定各州的实施细则并执行；各州地方水务部贯彻国家法律法规，负责本地区污水处理和供水管理；各类流域和区域性水务协会负责流域供水和污水处理。法国实行流域水资源四级管理。国家级，领导机构主要由国家水委员会和环境部负责制定和修改水法等法律，编制水治理纲要等。流域级，六大流域管理机构由政府官员专家代表、地方行政当局代表、企业和农户代表组成，三方代表各占1/3。任务是审议和批准流域水管理五年计划和各年度计划，审批逐年增加征收水费方案和资助污染治理工程和饮用水供应的投资方案。地区级（州级）管理机构有地区水董事会、地区代表团。地方级，负责有关水资源管理事务的实施和监督。法国非常重视联合所有用水户共同参与市镇级管理水资源，水行业管理方式有委托管理、水务局直接管理和混合管理。上述两国水管理的启示：一是高层次合并水资源与环境管理职能；二是区域行政管理层级与流域水权相匹配；三是重视所有利益相关者共同参与；四是采取混合式方式构建社会同治型水管理体制。

结合我国水治理现状，提出农村水协会改良措施建议如下：

第一，政府应向供水企业、基层水协会、农业用水户授权留责。即授予他们参与水权界定、水权定价、水市场构建、水权交易规则，补偿和补贴标准制定以及监督和评价的权力；授权同时留责，即向农民强制保留节水之责，同时实施政府与市场"双型"补偿和政府单向补贴，使农民节水之责与增收两个目标在政府与社会双向互动中利益趋于统一。第二，发展电子政府，构建扁平式组织结构。普及各种开放式通信网络和个人终端等新技术，完成水治理的信息收集、处理、输入和输出，构建非层级、平面型、网络化、多元互动、有组织有秩序的信息机构，实现水治理的平等共享、共谋共治。减少了中间多层的上传下达，基层组织与上级更加接近，参与治理的机会更多，意见更被得到尊重，贯彻上级政策会更积极有效。第三，强化水协会自主管理职能。组织行为学认为减少组织成本可以提高组织绩效。在现阶段我国水治理宜采用农村能人牵头、政府有限引导、农民自愿参与的方式，实现农民用水协会的独立核算、非盈利性自主经营。第四，实施政府退出机制。政府在协会运行不同时期定位逐步调整为：在协会组建初期，政府财政全力扶持；协会正常运作期，政府积极引导，实施委托代理、股份合作和法人经营多种管理模式；协会运行成熟期，固化委托契约合作关系，与灌渠和井渠管理机构脱离上下级或附属关系。第五，降低政府组织直接介入农民水协会的控制强度，取消或限定政府工作人员兼任农民合作组织的管理人员，取消政府对水协会绩效责任的直接考核，防止评判不公并切断利益输送，避免政府成为农民合作组织之间的寻租、合谋套取双补红利和工程项目套现。第六，政府应委托第三方机构加强对农民培训力度，强化水治理组织知识、组织能力和节水、治污、美丽乡村建设等公共服务能力的培训。第七，吸纳其他社会资本，投资于水协会实施水利治污设施和水权管理，并探索以水协会为中介，联合促成政府与社会资本合作，开发农村水治理工程的 PPP 模式。第八，强化村务公开体系，推进农业农村取水、用水、节水、排水、回用的政策公开化、透明化，接受用水农户监督；公开公示农村节水治污建设项目程序、资金使用、水价改革信息；增设农业满意度意见箱，通过公共参与让用水户监督村两委和用水协会的权利运行。

综上所述，农村水协会的发展趋势应是赋予自治组织市场法人地位，向"分权制企业"公司式的治理结构转型。即在农村水权所有制归国家所有的前提下，水协会受集体委托间接代管或直接管理水权，与用水农户协商向农户下放水使用权股份和收益权，与社会资本合作，实现合理盈利，接纳并逐步减少政府补贴补偿，采用"一事一议"等制度，协同联动、价格共商和监管考评等民主机制，让用水农户参与到水权划分、灌溉水价制定、收缴水费和奖罚执行等民主管理关键环节。

二、农业水管理手段结构制衡化

对于广大农村大量发生的公共性、分散化、随机化、外部性较大的农业用水和农村生活污水处理，政府管制型政策从微观层面显现出明显的运行与管理劣势。灌溉工程老化、用水效率低、污水处理设施投入不足，运行效率低、村庄脏乱差。通过"社会制衡型"手段也是治水的一条路径。"社会制衡型"资源与环境政策，即借助于政府力量以外的多元社会力量来从事水资源与环境的设施建设运行以及维护管理工作，以在提供农村公共产品服务，同时实现社会要素内部的相互制衡性发展。这些社会力量没有科层式"编制"限制，由营利性企业、非营利组织和公民个人（包括农户在内）组成，不同部分的权利之间形成彼此制约的关系，任何一部分都不能独占优势，并与政府形成伙伴关系，即相互尊重、求同存异、共担风险、共享利益、共享信息、合作共赢和不断提高的关系。其中，扩展社会权益是基础，包括知情权、议政权、监督权和索赔权。面对市场，"政企"剥离是关键，建立用户参与管理决策的民主管理机制是根本。制衡性发展通过"一事一议"、协商谈判处理农村水治理相关的节水、治污各类事宜，水权交换、水费征管、设施维护的管理、土地流转、奖励惩罚等自主管理。最终实现的是政府、企业、农户和社会共同达到农业水管理民主化相互制衡、合作共赢。

三、农村水管理二元共治机制的构建

1. 从各级政府到基层农户政策传递模型分析

国外研究中，学者主要关注政策的效能评价和执行效果。有效的政策过程是上下级、政府与社会多元行动者互动的过程。为了实现政府政策的目标，方案确定只占10%，而其余的90%取决于有效的执行〔艾利森（G. T. Allison）〕。政策执行有自上而下、自下而上和整合型三种模式。史密斯（Smith）等，赫恩与波特，莱斯特（Lester）、福克斯（Fox）等政府政策制定时各利益相关部门要共同参与、协商谈判，政策执行部门收集相关信息、提供各种备选方案，使政策在部门间讨价还价过程中变得透明并产生各部门间制衡，从而限制了政策执行者的自由裁量权（Mc Cubbins 等，1987）。理想化的政策立场、执行机关、目标群体和环境因素四个因素影响政策执行效果（T. B. Smith，1973）。在政策执行过程中，政策成功与否取决于有效的政策执行，而有效的政策执行有赖于成功的互相调试的动态平衡过程。否则，就会出现利益冲突下的政策敷衍、政策曲解、政策损益和政策抵制等政策规避和政策执行失效现象。

由于计划体制下一元化利益格局中，政府变成一个全能政府，以行政手段包办或干预农村的一切事务，农民变成了政府的附庸，失去了对农村事务的发言权和决定权，政策执行出现利益相关群体抵制，政府无力应对及调整而导致执行失败（颜如春，2005）。乡村治理模式中乡镇政府"传送带"和农民组织整合、沟通和发展"转化器"不能完全产生协同作用，乡村治理单个农民走向合作，提高农民政治参与程度，采取并行协同、串行协同和混合协同三种混合协同方式，建立以公共利益为取向的协同机制，最终实现各主体间的多元互动以及乡村资源的合理配置。农民组织与政府进行协商合作，使乡镇政府从"全能"到"引导"，农民组织从"附属"到"主体"（吴好等，2010）。新中国成立初期到 20 世纪 70 年代，政府全能模式被认为是公共事务管理的唯一主体"政社合一"。20 世纪 80 年代以后，"乡政村治"模式；未来的选择：多中心治理模式可以最大限度地实现乡村社会的权力制衡（赵春草，2011）。

农村水资源与环境政策目标呈现由二元分离到二元重合。随着经济的发展，社会关系的重构。民生、民权和民主，不同层级政府与农民的利益目标耦合程度呈现不同趋势。在中央政府要生态、地方政府要财政、农民致富心切的利益错位下，农村水资源与环境政策目标与效能取决于政策主体的瞄准性、驱动力、传输通道和受体反作用影响。水政策从中央、地方到基层传递过程中，农户在利益受损、补偿、满足状态下的响应函数中，政府与农户利益呈现完全分离、互有交叉、完全重合三种状态。从中央政策经地方政府传递给农民，因信息不对称、农户利益表达局限、无权监督政府政策执行等非常态条件约束，使政策信息接收出现时滞、泛化、偏差等现象。这种政策执行中出现"走样"问题的主要原因是利益分配不公、权利安排失当、事权财权配置不合理。如果政策制定、政策执行在各级政府与农户间进行利益合法化和政策实验的同时，进行协商制衡、共利互动，前两者与后两者政策监督和政策评估衔接起来，则农村水政策就可以实现政策效能和效率不断最大化，逐渐由二元分离向二元共利直到二元同心的状态发展。这种关系演化以及互动的关系见图 6-5。

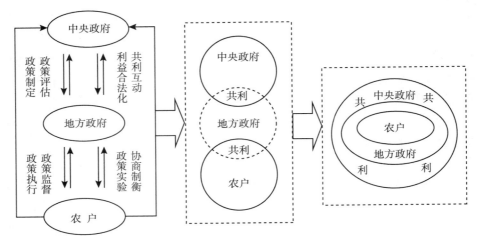

图6-5　农村水治理二元政策驱动互利共治形成机理

可见，利益驱动是政策传递被接受的关键，二元共利是政策增效提能的前提，在当前利益不均的条件下，生态补偿机制是目前农村水资源与环境政策执行提能增效的适用方案。

2. 民生、民权、民主与农村水治理模式升级

民生是指民众的基本生存和生活状态，以及民众的基本发展机会、基本发展能力和基本权益保护的状况等；民权是指民众的各项权利得到尊重、保障、保护的全部权利；民主被定义为在一定的阶级范围内，按照平等和少数服从多数的原则共同管理国家事务的制度。这三个层次理论上经历了一个由独治到分权、低层次向高层次跃升的过程。

第一，凯恩斯的政府干预理论提出：政府干预并弥补市场机制的缺陷，是提高社会有效需求和社会福利的最好手段，民众的权利有限性服从国家意志。该理论能保证"民生"体现"民权"，但主权难以得到充分体现。第二，庇古的税费理论主张：通过征收税费的方法将资源与环境代价转化为企业和个人的内部成本。该理论运用市场机制能使政府增收，政府更加偏好，虽然作用逐渐减小，但没有放弃干预作用，体现了有限的"民权"，尚无"民主"足够的份额。即使有补偿，但也体现"民主"不足。第三，科斯产权两个定理认为：只要产权界定清晰，交易成本最低，就可以实现资源的最优配置；当成本不为零，出现搜寻、谈判、缔约等成本时，产权界定清晰仍可以实现资源的优化配置。该理论强调产权明晰，契约保障、市场至上，达到民主层级，保障了民生，扩大了民权，追求了民主，是最理想、最完美的状态。第四，奥斯特罗姆的自主治理强调：政府、社会和市场三者之间的互动，通过调动各种力量和资源达到"善治"的社会体制。既可以提高资源利用效率，又强化了公民参与互动和自主治理，最能体现民生、民权与民主统一的思想。国内学者俞可平公民社会理论提出，通过建立具有非官方性、非营利性、相对独立的公民社会组织，改变原有的自上而下的政府权力运作方式的弊端，形成公民社会中由政府与包括农民等的社会公民广泛合作形成伙伴型治理，实现完全意义上的民生、民权、民主社会，即公民社会和善治的目标。

我国农村水问题的本质是市场产权界定不清，所有权、使用权、开发权、处置权和收益权定位模糊，明晰产权，建立水权市场是根本出路，公平的产权界定的结果是帕累托最优。第一，通过自愿谈判明晰并获得产权，若产生外部性，则双方谈判支付一定的补偿，达到权责利公平。第二，双方博弈可以减少制度变迁的阻力，缔约利益共赢契约。第三，不同利益主体的资源合并使产权主体一致，促进资源优化。总之，科斯型和多中心治理型，都主张采取分权处置方式，分割公共产权，在利益共享驱动下，从独治、同治、共治到善治，避免"公共池塘困境"，消除政策规避，在水权市场交易机理下，实现民生、民权到民主的农村水治理转型，通过总量控制、定额管理、累进加价、生态补偿、"一提一补"、征补共治等手段，消除权力盲区，实现农村节水控污，提高用水效率和水质达标。

上述由"政府独治"向"二元共治"，再向"多元同治"、"多元善治"的演进路径，在中国有重要意义；有助于加快改进农村水治理的政府职能，对事权、财权、人权按照市场机制按一定比例逐级依次开放，由最初的管制型逐渐向利益诱导和参与型以及同治和善治型的民主式水治理转变。

3. 政府+水协会+农户博弈决策分析

政府公共政策决策范式转型需要政策博弈实验。随着市场经济深度发展，社会利益结构和方式的变化，政府习惯于传统计划经济个体服从集体利益；局部服从整体利益；地方服从中央的方式受到挑战。多元利益主体日益清晰的利益诉求和意愿逐步能通过各种途径，尤其是网络途径向政策系统的顶端设计者表达。当前中国政策制定过程需要在利益充分诉求下确定公共利益的边界，需要政策实验，达到利益平衡点后，再做出的公共政策决策，才有利于包括政府在内的社会多主体获取不折扣、不耗损的权益保障，同时，政府的权威不会受到侵犯，甚至使公权的宏观管理得到加强。同时，包容性和合作博弈还可以把谈判破裂下发生激烈冲突的可能性降到最低。公共政策在本质上是多元利益主体之间利益博弈后执行，通过利益博弈，各利益主体经过多方讨论，沟通意见，相互让步，彼此容让，可以强化政府与公民的双方的包容性发展，抑制住当前政府较为严重的权威性弱化、合理性质疑、程序化不足、监督性不够、缺乏可靠的评估以及各类政策规避现象的蔓延。

农民水合作组织可以担任"博弈—协商"的组织协调人。在促进政府决策民主化、科学化，"管制型政府"向"服务型政府"转变中，水协会的水治理责任清单包括：贯彻和监督政府政策执行；传递农民诉求，反映真实民意；组织资源调配，维护行业秩序；构建水市场，协调供水公司、排水公司、承包商和咨询公司；组织成员培训；与政府部门、研究机构和大学等科研团队合作开展政策研究等。所以，农民水协会被看作是政府与市场力量之外的，农村水治理的第三种力量，发挥着协调者或斡旋者的作用，协助政府与组织农户参与政策制定，构建二元和多元善治机制，实现多元共赢。

政策实验选择博弈论的取向是合作博弈。博弈论（Game Theory，又称为对策论）认为，在进行行为决策时，要预测考虑游戏中其他个体的行为和实际行为来采取自己的优化策略，任何一个局中人的利益都会受到其他局中人行为的影响，同时其行为也会影响其他局中人的利益。Elsa Martin（2010）在法国利用纳什博弈研究了农业部门与水务部门在农民灌溉水利用中的协同作用。Ostrom（1992）认为，在产权制度科层中，当用水户组织拥有共同产权时，采取基于用户的水配置机制可以使水配置决策的交易成本最小化，这已经被"囚徒困境"模型所证明。局中人是博弈中选择行动以最优化自己效用的参与主体，行动是局中人的决策变量，信息指局中人对其他局中人的特征和行动的知识，战略是局中人选择行动的规则，支付函数是局中人获得的效用水平，结果是博弈分析者感兴趣的要素的集合，均衡是所有局中人的最优战略或行动的组合，博弈规则是局中人行动和结果的统称。局中人、策略和收益是博弈的最基本要素。博弈和非合作博弈是两个基本的类型。

非合作博弈也称负向博弈，是指在策略环境下，非合作的框架把所有人的行动都当成是个别行动，一个人进行自主的决策，而与这个策略环境中其他人无关，非合作博弈均衡也称为纳什均衡（Nash Equilibrium）。假设有多个局中人参与博弈，为了自身利益的最大化，没有任何单独的一方愿意改变，任何参与人单独改变其策略的组合（Strategy Profile）都不会得到好处，则该策略组合就是一个纳什均衡。合作博弈也称为正和博弈，是指博弈双方的利益都有所增加，或者至少是一方的利益增加，而另一方的利益不受损害，因而整个社会的利益是有所增加的。合作博弈采取的是一种合作妥协。妥协必须经过博弈各方的讨价还价，达成共识，产生合作剩余，合作能增进妥协双方的利益以及整个社会的利益。合作博弈存在的两个基本条件：一是整体收益大于其每个成员单独经营时的收益之和。二是存在具有帕累托改进性质的分配规则，即每个成员都能获得比不加入联盟时多一些的收益。合作的一个关键性因素是可转移支付（收益）的存在，即按某种分配原则，可在联盟内部成员间重新配置资源、调整利益，内部成员之间可以转移支付，这是合作博弈研究的一个基本前提条件。

在农业用水问题中，政府与农户间的正向合作博弈策略的形成是以政府向农户传达水治理政策开始的，双方在政策执行和遵守过程中的冲突中已构成博弈格局。在传统一元化利益格局中，全能政府自主决策，不考虑农户利益，农户被动地接受政府政策执行，当遇到政策执行目标与农户私人目标发生冲突时，农户便站到了政府对立面，"用脚投票"，采取政策规避策略，结果往往是政策初衷没有与民意吻合，博弈后农户和政府利益都受到损失，政策执行扭曲甚至失效，农户增收利益受损，这种策略组合形成的纳什均衡本质是非合作博弈导致负向博弈双输结果。随着乡村治理结构中现代民主意识的发展，农户更希望以有限参与或协商合作方式与政府共同制定水政策，兼顾政府利益目标和自身利益的政策，由利益分离经偏心互利到同心共利，提高政策的执行力，农民如愿得利增收。

假定流域管理者通过适当的制度安排，在双方博弈后界定水权的归属，使不合作造成的损失由"不合作"者承担，将有利于参与选择的帕累托均衡战略的实现。此时，博弈问题的支付矩阵可用表 6-15 表示。

表 6-15　制度激励下水治理单次博弈模型

	合作		不合作	
合作	a-e	a-e	a-e	a-2y
不合作	a-2y	a-e	a-2y	a-2y

表 6-15 中，a 为水治理所获得的收益，e 为采用合作策略所需要支付的成本，y 为用水户采取不合作策略给流域内每个用水户带来的损失。

假定局中人 A 和 B 在水治理过程中，随着时间变化而反复不断地重复博弈，且每一次博弈的得益矩阵相同，均取表 6-16 的形式，此时，形成完全信息动态博弈。

表 6-16　制度激励下水治理无限次重复博弈模型

	合理使用		不合理使用	
合理使用	a-e	a-e	a-y-e	a-y
不合理使用	a-y	a-y-e	a-2y	a-2y

设贴现率为 λ，则任何一个局中人不首先采取"不合作"使用的条件是：

$$(a-e)+(a-e)\lambda+(a-e)\lambda^2+(a-e)\lambda^3+\cdots\geqslant(a-y)+(a-2y)\lambda+(a-2y)\lambda^2+\cdots$$

解上述不等式得：$\lambda^*\geqslant(e-y)/y$ 或 $e\leqslant y(1+\lambda^*)$　　　　　　　(6-10)

即只要贴现率足够大，任何一方博弈参与者都不会首先选择"不合作"使用的行动，博弈的结果则是（合理使用，合理使用）。可以得出下列结论：当水资源合理使用的成本很高（大于 2y）时，或很低（小于 y）时，双方博弈的均衡结果实现了社会净收益最大化，纳什均衡变为帕累托均衡；一般情况下（合理使用的成本在 y 与 2y 之间），理性参与人的优先策略将是与社会收益最大化的目标相背离。在无限次重复博弈中，这一范围可以适当缩小，e 的范围为：$y(1+\lambda^*)\leqslant e\leqslant 2y$。可见，通过排他性制度安排，例如，转移支付性补偿和补贴机制的建立，或者利用谈判水权的方式分割带来的合作剩余，皆可以改变博弈的均衡结果。

4. 各级政府+水协会+农户补偿机制选择

农业水资源稀缺条件下，水价提高可以一定程度地节水，水权交易（包括转让给城镇非农用途）可以提高配置效率，但两者都不同程度地产生经济负外部性。水价提高，影响农民收入增加；而水权分割可能导致用水农户中弱势群体因水权股份利益再分配而损失，此外，在节水与耗水农户之间、富裕户与贫困户之间甚至工业和城镇用水与农业用水之间都可能福利配置不公。为此，建立补偿或补贴机制的作用可以概括为：弥补因负外部性导致的用水者经济损失；强化农业用水节余转移给的非农消费者补偿农业的必要性；减少农民因水价上涨导致超量支付而实施明补和暗补；补偿农民收入的非增性预期损失；提供节水和治污的奖励以及改善农村和农业水生态环境。

首先，水资源与环境的生态补偿与农业水补贴的区别与联系。农村水治理的生态补偿（简称农水补偿）是在非市场公平交易下，主体与客体间因水资源与环境的差异化改变，导致受损者与受益者之间利益协调，而使整体福利产出净值的过程。即受益者对受损者进行非等值的补偿，社会总福利为正的过程。该过程本质是卡尔多·希克斯改进。而农村水补贴（简称农水补贴）是指政府运用行政管制手段增加财政预算支出，激励和扶持农业节水、农村饮水安全和水污染治理等公共物品产出和服务的行为。两者比较见表6-17。

表6-17 农水补偿与农水补贴的比较

	农水补偿	农水补贴
主体	政府、水企业、水协会、农户	政府
客体	政府、水企业、水协会、农户	水企业、水协会、农户
对象	行为、价格、事权和利益相关人	行为、价格、事权、财权和人事权利益相关人
方式	行政命令、利益诱导（税费）、水权交易	行政奖罚、税费调节
产权边界	因多方博弈而较清晰	非精准
资金来源	政府财政、企业基金、社会资本	全部是财政支出
公众参与	参与度较高	参与度较低
政策监督	难度大、较宽泛，不准确	审计严格，流程规范
政策评价	第三方评价难测度	第三方评价易测度
可能效果	福利多元化	福利单边化
时空特点	周期长，区域分异大	周期短，区域分异小

其次，产权划分是农业节水补偿（补贴）标准确定的边界依据。农村初始水权在各级政府、水协会、农户如何界定，是水补偿和补贴的前提。当没有明晰的所有权、使用权和收益权的划分时，就不会有明晰的补偿主体、客体和补偿对象，补偿方式也会在模糊的执行中"走样"。若再叠加上用户取水无计量设施、灌溉技术落后、信息不完全与不对称等管理缺陷，会导致水补偿和补贴成本较高，节水和治污等效率低下。

5. 卡尔多·希克斯改进型福利原理分析

卡尔多·希克斯改进（Cardol-Hicks Improvement）是由两位英国经济学家卡尔多（Nicholas Kaldor，1908~1986）和希克斯（John Richard Hicks，1904~

1989）提出的：如果一项制度安排提高了一些人的效用水平，而且受益者福利所得能够补偿受损者福利所失，而且还有福利剩余，那么整体的效益也实现了改进。拥有足够权威的政府可以通过向获益者征税来补偿受损人，进而实现社会福利的帕累托改进。1939 年卡尔多和希克斯将帕累托的限制条件放宽，即如果资源配置所带来的净收益大于零，则该配置就是对社会福利的改善。这种改进，至少有一个人受益，但不会有任何人受损，这样的改进依赖于完善的市场机制。由于计算政策对福利经济行为的变化是非常困难的，于是卡尔多和希克斯进行了效率标准的改善，卡尔多提出，只要证明受损者可以获得补偿，其他人的境况就会改善，就可以了。希克斯进一步指出，只要可以提高生产率，那么受损者就自然得到补偿，社会福利政策就是合理的。通过受益人对受损者的补偿，可以达到双方都满意的结果，而使资源的配置有效率。政府可以通过适当的转移支付手段向获益者征税来补偿受损人。但如果政府无法观测政策实施给利益受损人带来的损失，政策的实施难度会加大。用转移支付手段实现帕累托改进的前提条件是信息的完全性，即政府准确地了解政策实施过程中所有公民的利益和损失。但实际上，政府很难完全获知利益受损人的实际损失额。为了获得超额补偿，利益受损人会用较强的激励来谎报损失。非对称信息增大了政府推行有利政策及废除不利政策的难度，使政府的政策选择偏离最优水平。由于非对称信息所引起的信息成本会成为政策实施的阻碍，所以，政策执行的结果只能是"次优"的。理想的政策实施方式是通过政府的转移支付手段给受损人以充足的利益补偿，同时又能保证获益者获得福利改进。但在一项政策面前，受益集团和受损集团的表现往往是不对称的。正如奥尔森所指出的那样，潜在受损者所遭受的损失是较为集中和透明的，而潜在受益者所获得的利益却倾向于分散化（Ostrom，1995）。因此，政策实施过程中的受损者将强烈反对一项新的政策，而那些受益者则只会冷静地加以维护。所以从政治角度看，政府应当将更多的注意力放到受损者身上而不是受益者身上。事实上，能否满足受损群体的利益补偿要求将直接关系到改革能否顺利进行。应该采取一种机制，能够让受益者对受损者进行补偿，否则，利益分配上的冲突将是不可避免的。问题是政府是否有能力并以较小的成本向受损集团提供补偿。政策颁布、执行过程中所发生的各种实质性成本（Physical Cost）及非对称信息造成的"信息成本"（Informational Cost）也是政策扭曲的原因。为了减少利益受损人的信息租金，政府只能降低政策的实施力度和可能性。非对称信息下的政策实施结果只能是"次优"而难以达到"最优"。[①] 二元共治和多元善治，遵循了倾向弱者农户的偏利补偿补贴机制。

第三节　农村水资源与环境补偿共治机制构建

农村水治理的补偿机制本质是利益的调整和重构，而水资源产权和水环境产权是利益重构的前提。

一、农村水资源与环境产权改革构想

1. 垂直化管理不分权，集权化综合治理地下水

地下水纯公共物品特点鲜明。地下水资源具有不可再生资源的属性，使其短期和长期供给均无弹性，由于其潜水层比承压层更容易受到污染，承压储水层间联通流动性，地表投影界限难以划定，纯公共物品特点鲜明。以河北省为例，2014 启动且 2016 年更趋严格的综合治理地下水超采（简称"压采"），会加剧农用水价格上升，其供需原理见图 6-6。

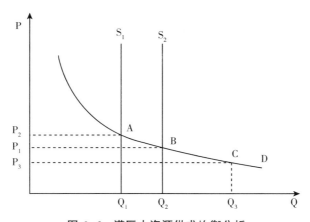

图 6-6　灌区水资源供求均衡分析

---

① 孙蕾. 非对称信息下的卡尔多·希克斯改进［J］. 南开经济研究，2008（2）.

图 6-6 中，S_2 为地下水资源理想供给曲线，S_1 为地下水水资源实际供给曲线，D 为农用水水资源需求曲线。在 S_2 的状况下，供需的均衡水价是 P_1，图中的交点 B；由于地下水超采加剧，地下水位下降，可开采总量减少，S_2 线向左移动到 S_1 线的位置，供需的均衡水价是 P_2，图中的交点 A。图中 BA 表明超量开采地下水导致水价上升，目前我国农业水价是政府管制定价 P_3，井灌区的水价没有按照市场机制运行，各类供水成本无法收回。既导致井灌区体系折旧明显，破损严重，运行亏损；又导致农户用水浪费、用水效率低下，泵井口跑冒滴漏，浅层地下水遭受污染。当地下水超采严重时，必须提高农业取水、用水价格；此外，大田作物的生产成本增高，也应引致农作物市场价格增加，当市场存在风险时，应将政府的补贴收购价提高以确保农民种地增收，与水价等生产成本上升同步。

河北省压采与政府管制型政策选择。河北是我国粮食主产区，农业用水占社会总用水量的 70% 以上，小麦又占农业用水量的近 70%，为了保障粮食增产，大量超采地下水进行灌溉，井灌区占农田灌溉的 80% 以上，目前，河北成为中国最大的地下水漏斗区，并导致河北 95% 以上的平原河道干涸，90% 湿地消失。河北省国土资源厅《2012 年河北省地质环境状况公报》显示，河北省共有地下水位降落漏斗 26 个，其中漏斗面积超过 1000km² 的有 7 个。自 20 世纪 80 年代开始超采地下水，河北年均超采 50 多亿 m³，已累计超采 1500 亿 m³，面积达 6.7 万 km²，超采量和超采区面积均为全国的 1/3。衡水市地下水漏斗已扩展到衡水全市，并与周边漏斗区相连，形成了一个面积约 4.4 万 km²、中心水位埋深 112m 的复合型漏斗。衡水机井每年报废达 3%~5%，井越打越深，最深的已经到了 600~700m；引发地面沉降裂缝，衡水地面每年沉降 5cm，咸水界面下移入侵深层淡水，机井报废率加快。

2014 年以来河北省实行最严格地下水超采综合治理制度（见表 6-18）。该政策采取了禁采、封井等严格强硬的行政执法手段。在石家庄市、廊坊市等 4 个国家级试点，元氏县、桃城区等 10 个省级试点和 20 多个市级试点，实施地下水限采、禁采。各试点紧抓水量分配、节水激励、用水计量、协会建设和水量流转等关键环节；建立了"提补水价"、"浮动定额"、"阶梯水价"等各具特色、实用有效的自主节水激励机制；探索提出了"安装计量，水量控制，制度激励，建水市场"的节水型社会建设"四步走"思路；创建了"用水双控、计量到户、节奖超罚、协会自治、市场激励、群众参与"的自主节水模式。

表 6-18 河北省地下水综合治理主要政策（要点节选）

第九条 调整划定地下水一般超采区和严重超采区，在地下水严重超采区可以划定地下水限制开采区或者禁止开采区。第十条 在地下水一般超采区，应当严格控制开采地下水，限制取水量，并规划建设替代水源，采取措施增加地下水的有效补给。在地下水限制开采区，一般不得开凿新的取水井。在地下水禁止开采区，不得开凿新的取水井。对已有的取水井，应当逐步关闭，并统一规划建设替代水源，调整取水布局，削减地下取水量。第十一条 地下水管理实行取用水总量控制和水位控制制度。第十八条 农业开发、扶贫等农村基础设施建设项目需要开凿取水井取用地下水的，建设单位应当依法履行取水许可审批程序。

——河北省地下水管理条例（2014 年 11 月省人大通过，2015 年 3 月 1 日实施）

（一）建立有利于节水压采的补贴补助制度。明确补贴范围、标准、方式和期限等，使农业节水补助同减少地下水开采量挂钩。不断完善鼓励群众自主节水压采的长效补贴机制，对自投资金建设喷灌、微灌、高标准低压管道等高效节水设施的种粮大户、家庭农场、农民合作社等，采取以奖代补的方式给予补助；对地下水严重超采区和限采区实施休耕轮作和退耕还林还湿的给予收益补偿；对使用小麦节水品种的按良种补贴政策给予补助。（二）建立有利于市场决定资源配置的水权制度。在严格县域用水总量控制指标的前提下，对乡（镇）、村和农户农业用水指标进行分解，按耕地面积确定用水量，确认农户农业用水使用权，并对水资源使用权进行登记。在县域内鼓励和引导用水户间开展水权交易，探索多种形式的水权流转方式。（三）建立有利于吸引社会资本的投融资机制。积极开展PPP（公私合作）的新型商业化节水压采模式试点，吸引社会资本以独资、合资、合作等方式参与地下水超采综合治理。优化对社会资本投资项目服务，简化审批程序，减少审批环节，实行限时服务。加大金融支持力度，社会资本投资人作为承贷主体，贷款建设地下水超采综合治理工程的，金融机构要简化贷款手续，实行优惠的贷款利率。（四）建立有利于工程良性运行的管护机制。按照明晰所有权、落实管护权、搞活使用权、保护受益权的要求，创新地下水超采综合治理工程管护机制，明晰工程产权。

——河北省人民政府办公厅关于充分调动群众积极性持续开展地下水超采综合治理的通知（2015 年 1 月）

一是调整种植模式（季节性休耕）。二是种养结合或旱作农业模式。重点试验研究相关模式及节水量、农户收益等。三是冬小麦节水稳产配套技术。重点试验研究使用节水品种和节水稳产配套技术后，亩均减少用水量和农户收益变化等。四是冬小麦保护性耕作节水技术。重点试验研究亩均减少用水量、农户收益、土壤肥力变化等。五是水肥一体化。粮食作物重点试验固定式、微喷式、膜下滴灌等方式与一般灌溉方式相比亩均节水量，蔬菜要结合设施菜与露地菜分别试验节水量，使用节水设施的农户亩均收益变化情况。

——关于印发 2016 年度河北省地下水超采综合治理试点种植结构调整和农艺节水相关项目实施方案的通知（冀农业财发〔2016〕37 号）

地下水资源垂直化集权管理的必要性。地下水资源管理目前我国实施的是由水利部门分级管理（即属地化管理），存在以下问题：一是条块分割自利式管理。地方水利管理部门通常实行地方政府和上级部门的"双重领导"，即上级主管部门负责管理业务"事权",地方政府负责管理"人、财、物",且纳入同级纪检部门和人大监督。根据《地方政府组织法》第五十九条,县级以上的地方各级人民政府行使职权中包括资源环境管理的行政工作。这种条块分割,在政策执行中存在职权结构重叠和利益不对称的盲区,会出现地方保护理念下的趋利避政、懒政贪财(包括物、人)的自利式管理,即少干事,多获利的"理性"决策。二是因事设项,向上级索取。自利动机下地方政府可能会向上级政府提供不真实的信息,争取上级专项资金拨款,用于地方"人头费",解决地方财政拮据。三是督察考核,敷衍应付。当上级对下级考核督察时,下级会走过场、搞形式,向上负责和同级负责。四是与地方包括农民和企业间社会力量共谋后权力滥用,私批乱采,甚至以权谋私。五是地方水利设施投入不足,功能耗损严重。上述都可能加剧农村水利设施管理不善和地下水超采。由于地下水形态的完整性,决定水权管理应强化政府公权集权化垂直管理,不宜按照区域划分地下水水权。垂直管理的优点有:一是独立封闭运行、垂直性、相对独立性。即脱离地方政府管理序列,不受地方政府监督机制约束,直接由中央或者省级主管部门统筹管理"人、财、物、事"。业务运行基本上脱离同级政府的行政管理框架,封闭在系统的"条"框架内,摆脱地方政府对部门事权的干预,用更高级别的行政权力来制约地方政府"有可能被滥用的权力"。二是业务的敏感性和保密性。垂直管理会减少上级行政管理成本,限制基层部门自行开发共性的业务系统,增加对下级和社会的信息不对称,会让地方政府和多元社会力量因从勘察到打新井抽采或超采的成本巨大而放弃。三是电子政务与地方政府"人、财、物、事"数据对接相对独立。当地方政府也需要全面掌握政府职能部门的信息资源和数据资料时,可采用新设孤立终端倒换数据网闸摆渡方法,实现数据调取权限约束和有限共享。四是行政执法权的强势。上下级政府间通过责权利合同授权等方式,地方政府与上级政府联合执法,严格按照法规标准行使执法权,克服各种政策规避和"懒政"现象。五是垂直管理鼓励让社会监管。当非政府的社会多元主体行使法规赋予的权力,就可以促进与政府行政系统的二元双赢和多元善治。综上所述,在地下水超采的严峻形势下,垂直管理具有试点探索的必要性。

2. 农村水权改革与土地改革同步化

一般说来,在一定的价格极限之下,灌溉水的需求是完全非弹性的,农业用水的需求价格弹性高于工业。从长期看,如果水权完全归属于可交易的土地,水价的增加将由土地交易价格决定。极限价格表示农业节水的潜力最大,农民放弃水权的最小水平的补偿。目前我国黄河流域的农业需水价格弹性大多在-0.13~0.72，低于发达国家-0.5~1.4的水平。通过对需求价格弹性函数模型的分析，在实际应用时水价不应超出0.006~0.30元/m³这一范围，在这个价格之外需求价格可能出现其他状态。[1]

生态补偿、农地流转与水权交易叠加。中共十八届五中全会提出推进"三权分置"，目的是通过落实集体所有权、稳定农户承包权、放活土地经营权，推动形成"集体所有、家庭承包、多元经营"的新型农业经营机制。在传统观念中，农民认为土地产权包括了水权，在农业灌溉中，正式和非正式水权价值已经包含在水浇地的价值内。政府强制收水费，用水农户会感到权利被剥夺；实行单独水权交易，农民们还认为土地产权被稀释。为此，在土地流转中农民总想把上述损失补回来。因此，在对水治理实施生态补偿时要综合考虑土地流转、水价供水成本（即两部制中的供水成本）、水权交易三者的成本和效益，实施价值叠加比较公平。这样，生态补偿就兼有土地流转、水价供水成本、水权交易的三个层次的功能。如果生态补偿的基金池内资金足够多，就可以开展三个层次的补偿，并按股权分配达到均衡，还可以在三个层次间实施转移性补偿。这种机制关系见图6-7。

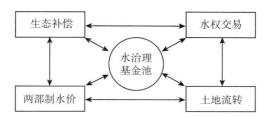

图6-7　农村水治理补偿与水权交易、水价和土地流传的耦合关系

从图6-7中可见，生态补偿、水价征收、水权交易都影响农地流转的市场、价格、标准和方式。第一，当用水价格上升，生产成本提高，土地流转价格也提高；当水权交易价格增加，土地流转价格也提高；两者叠加有利于土地出租者；反之，有利于土地承租者。第二，土地流转时，附着的水权也同时交易，两者呈现正相关。而促成土地和水权同时流转的生态补偿的标准和方式设计最优策略是应促进两者的流转。第三，无论是水权买卖还是土地流转，水价

---

① 裴源生，方玲等．黄河流域农业需水价格弹性研究［J］．资源科学，2003（3）：12-17.

变化都可能改变农户的种植结构，间接影响农户土地出租行为。因此，生态补偿和水权交易的前提是明晰土地产权，让水价体现水资源的全产值。也就是说，土地改革后的下一步是水权改革，然后是生态产权改革。这样做，一是减少不确定性。明确的产权边界能够明晰不同所有者的权利和责任，有保障的产权交易产生稳定的预期，增加投资人对资产保值增值的信心。二是外部性内部化。界定产权可以使行为施加方获得相应的收益或支付相应的成本。例如，从土地出让收益金中提取 10%～15% 用于农田水利建设；并增加中央和省级小型农田水利设施建设补助专项资金规模。[1] 三是激励与约束。激励资产专用性投资，明晰获利的成本以及成本与收益的决策边界。四是降低交易成本。私人成本与私人收益、社会成本与社会收益，因明晰产权而使投资成本与预期收益形成 $MR \geq MC$ 均衡下的理性决策。五是优化资源配置。引导产权主体把资源配置到效率更高的经济活动中去。

3. 农村水权全价值化与两部制水价

在农业水价中应体现农业生产性、农村生活性、生态性水权差异化价值。随着华北旱区地下水超采加剧，农用水价必然增长的趋势下，农民通常采取种植低耗水的作物、用旱作代替灌溉农业、休耕三种方式应对农业水价上涨。国外研究表明（Conseuelo Varela-Ortega，1998），当水价提高到一定水平时，农民面临三个决策选择：①是否对灌溉设施进行投资开发替代性水资源。如开发成本低的地下水，这是介于旱作农业和灌溉农业之间的中间选择；②灌溉农业中作物种植结构调整，即多种耗水作物还是旱地作物，除了果树等多年生树木外，农民每年都纠结地做出决策；③灌溉技术和操作方式的选择，即渠灌、管灌、滴灌或微灌等，因其投资补贴各不同，折旧不同，所以不是一个年度短期的决策。所以，政府型的生态补偿或补贴，要综合上述因素来制定政策。

2003 年《水利工程供水价格管理办法》中规定水利工程供水应逐步推行基本水价和计量水价相结合的两部制水价，其实质是将水利工程供水价格中供水生产成本、费用、利润和税金分成两部分，一部分为容量水价，用于补偿固定成本，另一部分为计量水价，用于补偿变动成本。[2] 王昕（2006）认为除《水利工程供水价格管理办法》中，农业用水单方水成本价＝供水生产成本/总

---

① 国务院办公厅《国家农业节水纲要（2012~2020 年）》（国办发〔2012〕55 号）中提出：全面落实从土地出让收益中提取 10% 用于农田水利建设政策。

② 李华，许存寿等.关于农业两部制水价制定方法的探讨［J］.水利经济，2006（3）：36-37.

供水量（元/m³）① 外，还应考虑自然因素中水资源丰缺程度、水质的优劣和社会经济发展水平、用户承受能力等。两部制水价包含基本水费和计量水价，其中基本水费＝年维修费＋年管理费/灌溉工程控制面积（元/亩·年）；计量水价＝年折旧费＋年大修费＋年能耗费＋年灌溉用工管理费/年灌溉用水量。② 查淑玲和孙广才（2004）认为，商品水资源价格应包括水的资源价格，如水资源的耗费补偿、技术开发、生态保护等投入和水的工程价格，主要有正常供水过程中发生的直接工资、直接材料费以及固定资产折旧费、修理费、水资源费，为组织和管理供水生产经营而发生的合理销售费用、管理费用和财务费用、利息支出、管理单位按国家税法规定应该缴纳的税金和水管单位从事正常供水生产经营获得的合理收益。③ 罗斌、梁金文（2009）认为应将两部制水价中基本水价归并到水资源费内，实行"两费合一"由财政统一征收。④ 可见，在保证水治理基金池资金供给充足的情况下，从生态补偿和补贴的视角，应确定补贴和补偿的最低限度，即两部制水价的容量水价或基本水价。

4. 水权上合下分，国控民营，工程物权化

首先，水权上合下分是解决政府与农户二元矛盾激化的方案之一。计划经济体制下，我国大中型水利骨干工程由国家投资，资产归政府所有；小型农田水利工程，除农民投劳集资外，国家补助一部分资金，设施资产归集体所有。但是，国有和集体所有制产权因实际上运行虚置，没有经营实体法人真正负责。灌区管理单位是政府委派人员进行灌溉管理的事业单位机构，不具有经营自主权，对灌区固定资产既没有所有权，也没有经营权，责权利不分离，难以对灌区建设与维护真正负责。第一，虽然有农民投劳于灌区工程建设与维护，但是农民未被确认为灌区工程的建设与维护的主体，缺乏持续积极主动参与的动力。国家财政依靠大量资金投入工程建设、维护与更新，日趋加重财政支出负担，新建灌溉工程建设资金短缺，已建灌溉工程维护资金不足，许多灌区的灌溉面积逐年衰减，设施老化失修，灌溉效益逐步降低。第二，地下水超采，北方农区旱情频繁成灾，水资源日益短缺，投入不足，农业灌溉效率不高，难

---

① 供水生产成本是指正常供水生产过程中发生的直接工资、直接材料、其他直接支出、固定资产、折旧、修理、水资源费及供水经营者为组织和管理供水生产经营而发生的合理销售费用。

② 王昕. 关于农业灌溉水价的探讨 [J]. 地下水，2006（6）：129-130.

③ 查淑玲，孙广才. 水资源价值及商品水定价问题的探析 [J]. 农业现代化研究，2004（6）：456-458.

④ 罗斌，梁金文. 农业水费计收和管理的调查与思考 [J]. 水利财务与经济，2009（20）：63-65.

以降低要素投入成本。第三，即使在 1985 年国家颁布了水费计收管理办法后，多数地方灌溉供水的水费标准仍然低于实际供水成本。同时水费收缴多由代表政府的乡村行政组织代收，由于监督乏力没有制衡机制，存在搭车收费、支出截留挪用现象。收费不但增加农民负担，超出支付意愿和能力，得不到适当的补偿，水费运行潜伏又使政府与农户二元矛盾容易激化。虽然 2016 年财政部启动水资源税改革，地表水资源税为 0.4 元/m³，地下水资源税为 1.6 元/m³，而这种手段属于利益诱导型的庇古型税费环境政策手段，与政府补偿相配合是一过渡阶段，为下一步农村初始水权改革的方向探路。第四，为创新实施灌溉工程建设和维护的多元投资体制进行探索。探索农村水资源环境进行所有权与使用权两权分离制度的有偿使用与转让制度，有利于完善多元化投资体制，即中央政府、地方政府投资和农民投劳集资（包括社会融资及银行贷款等），为灌区工程体系配套建设和维护提供了资金保证，有利于开启政府与社会资金伙伴式合作及 PPP 模式，从而改变过去灌区建设过分依赖政府的局面，适应近年来经济新常态下供给侧改革对水治理的新要求。

其次，水权上合下分，国控民营的概念。以提高农业灌溉效率为目标，指将流域性调水工程（例如，南水北调中线工程）与地方性水库合并为政府控制的公用水权，按照"严格国控竖井，地表输渠放活，定额总量控制，计划用水供水，储备应急安全"的思路，形成国家、政府、企业、水协会和农户之间上下联动、共同治理的农业灌溉用水系统。

农业灌溉水权制度创新的基本思路：一是宏观层面，流域以及农业大型灌溉实行水所有权公有，实施流域统一管理，即集权管理。流域管理原则上不承认"上游优先，谁建坝谁有水，谁投资工程谁先取水"的传统观念，要坚持同一流域上下游所有人都有同等获得水资源的权利，真正体现"天赋水权"的平等性。二是微观层面，将灌溉管理权下放，从井渠的支渠到斗渠、农渠和毛渠，分别由供水公司和水协会管理。三是将水资源的所有权与使用权分离，水资源所有权包括对水资源全部占有、使用、收益和处置权，它是其他权利的基础和起点。多数国家用法律的形式确认水资源的国家所有或社会所有。《中华人民共和国水法》（2002）规定，水资源属于国家所有，即全民所有。水资源的水使用量权是水行政管理主体分配给水使用主体在一定时间、地点才可以使用的具有特定价格以及一定数量和质量的水权。由于农业水资源的流动性、供给不均衡性、不稳定性、灌溉时间和地点约定性，各层级井灌渠防渗技术、综合渠系利用系数和最低生态需水量保障，尤其是水价等都是农业水资源使用权核定裁量的影响因素。为此，应按照"民主协商、初始产权利益分配平等，保证生态公共用水，兼顾渠系与水量，综合指标决定"的思路，实施农业水资源使用量界定分置。

最后，水权上合下分，国控民有（营）的理论依据。林达尔均衡原理可以分析有农民参与下的水资源产权的分割，解决农村水权公共产品供给不足问题。瑞典经济学家林达尔（Erik Lindahl）与维克塞尔（Kunt Wicksell）提出了一种理论模型用于分析公共品的供给问题，被称为林达尔均衡原理（Lindahl Equilibrium），也称维—林模型。假定社会中有两个人 A 与 B，他们可分别被看作两个单位的代表，每个单位内部人们的偏好是一致的。图 6-8 表示两人通过讨价还价来决定各自应负担公共产品成本的比例情况。

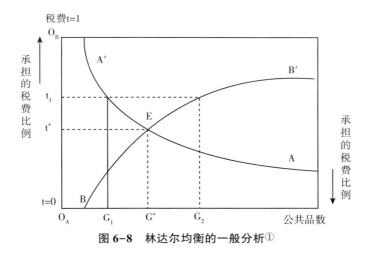

图 6-8 林达尔均衡的一般分析①

A 的行为由以 O_A 为原点的坐标系来描述，B 的行为由以 O_B 为原点的坐标系来描述。将两个坐标系合在一起形成一个盒状图。图 6-8 中纵轴表示个人 A、B 负担的公共产品税负成本的比例，其长度为 1。如果 A 负担的比例为 t，则 B 负担的比例应为 1-t。横轴代表公共产品供给的数量，也可看作公共支出的规模。AA′曲线和 BB′曲线分别代表个人 A、个人 B 对公共产品的需求。从 A 的角度看，BB′相当于他面对的供给曲线，因为这条线上的各点反映，如果他承担不同比例的公共产品成本，则他可以得到相应数量的公共产品。同理，

---

① 王军，杨雪峰，赵金龙，江激宇. 资源与环境经济学［M］. 北京：中国农业大学出版社，2010.

B 也把 AA′ 看作他的供给曲线，在 AA′ 与 BB′ 的交点 E，A 和 B 两人经过讨价还价，双方愿意承担的成本的比例加起来等于 1，这时公共产品的产量为 G^*。

如果在纵轴定下一点 t_1，代表个人 A 要负担 t_1 的税收比例，于是 A 就只愿意要 G_1 的公共产品数量，即只会同意 G_1 规模的公共开支，而在 t_1 点，B 要承担 $1-t_1$ 的税负比例，这种税负使 B 愿意要 G_2 的公共产品数量，也就是应同意 G_2 规模的公共开支。显然，不同的税率成本下 A 与 B 两人的公共产品供应的数量差距很大，没有达成一致，这时实力较强的那个人就会获胜。为了解决这种不确定性，林达尔假定两个人势均力敌，双方会继续较量下去，直到税负分配处于 t^* 点，AA′ 与 BB′ 线相交于 E 点，此时的税负水平为 t^* 点，双方都会同意公共支出的规模为 G^*，曲线 AA′、BB′ 的交点 E 所决定的均衡状态就是林达尔均衡。

在我国《水法》规制和计划经济体制下，虽然我国大中型水利骨干工程由国家投资，资产归政府所有；小型农田水利工程，除农民投劳集资外，国家补助一部分资金，设施资产归集体所有；但是无论是国有还是集体所有，实际上产权主体形同虚置，没有经济实体法人真正负责。农村水资源公共品属性，有必要在属性上区分不同的产权特征，并因地制宜地根据不同区域的公共品的功能进行产权分割、股份化、实体化等制度安排，避免农村水权的公权滥用，提高配置水平、灌溉用水效率，实现节水和农民增收，为维护水安全和粮食安全及社区安全提供保障。

5. 农业灌溉初始水权划分方案构想

目前，我国的灌溉体制是支渠以上的工程由流域管理机构管理，支渠以下工程由县乡镇水管站管理。这种管理体制的问题有：管理机构臃肿不能因事设岗，因岗定员，效率低下；缺乏参与式管理，奖罚不清；行政条块部门分割，割裂水文单元；许多灌区只修了干渠、支渠，支渠以下的斗渠、农渠、毛渠和相配套的建筑物修建不全；农村水资源权与环境权公私不分，导致目前的用水低效率，政府与市场管理双失灵。虽然国家对农田灌溉体制也进行了部分改革，由专管机构管理的大中型水库和骨干渠道转为自负盈亏的企业化管理；而支渠以下的灌溉体制则没有理顺，偏低的水价无力支撑法人或服务组织承担灌区设施长期维修，国家对农田灌溉投资有限，导致灌溉设施年久失修，难以持续提高用水效率。

（1）农业灌溉初始水权划分的原则。一是水权空间服务范围与管理主体范围相匹配。宏观进行大范围流域化水管理，微观主体实施小范围的基础性水管理，中观主体进行中等范围的水管理。这样做使管理成本较低，有利于管理职能范围与水权空间服务范围相对应，便于为生态补偿、水权交易和土地流转确权和定价。二是配置过程的公平性并提高结果的可预见性。通过制度约束，使每一个用户都能从资源利用获得私人收益，并提供给政府节水、治污等长期性公共福利目标，并被私人企业和水协会都能接受。通过公平取水、用水和交易，不会出现负的外部性，实现卡尔多·希克斯改进的福利次优化。三是经济效益、社会效益核和生态效益的协调性。既要保证农业生产和农村生活用水，又能保护农村生态水平衡。四是确权分权有利于水银行、虚拟水管理的可操作性。

（2）农水计量解决后的水权改革方案构想。在农田水量计量保障的前提下，即在渠灌区逐步实现计量到斗口，有条件的地区要计量到田头；在井灌区推广地下水取水计量和智能监控系统。将农田水利输水渠道中，按渠道职能和规模，可以把固定渠道分为干、支、斗、农四级。农渠是指从斗渠中将水引流到各个田块的渠道，下一级就是各个田块中灌溉用水的毛渠。按照"公私分离、宏观控制、微观放活；节点为界，按段分权；效率优先、操作简化、利于交易"的原则，进行合并和拆分，具体方案构想见表6-19。

表6-19 农田水利输水渠道初始水权划分方案构想

水权名称	政府级水权		企业级水权		协会级水权		农户级水权	
管理主体形态	政府		供水公司		乡村农户用水协会		用水小组	分散农户
	流域委员会	灌区管理局	集团式	独立式	联盟式	独立式	联户式	独户式
输水渠道	调水工程	大型水库	干渠	支渠	斗渠	农渠	毛渠	毛渠
水权层级	WR_1		WR_2		WR_3		WR_4	
水权属性	公权所有国控国营		公私合作		私权经营		私权经营	
国控民营强度	强 ——————————————————→弱							
地下水井	政府公权归属，全面严控，严格禁采，依法限采							

（3）农业灌溉初始水权确权分析。首先，从宏观层次看，WR_1 大型跨流域灌溉水利设施水权必须归国家集权管理，例如南水北调、三峡水库等关系全国民生的大水脉。政府级水权、流域委员会和灌区管理局管理公权，政府的职能是对全国性大流域总水量供需调配，按照国家意志配置水权。分配流域内省

际水量；开展流域取水许可总量控制；核定水域纳污能力，提出限制排污总量意见；实施防汛抗旱调度和应急水量调度；负责流域内水利设施、水域及其岸线的管理与保护以及重要水利工程的建设与运行管理；提出直管工程和流域内跨省（自治区、直辖市）水利工程供水价格及直管工程上网电价核定与调整的建议。① 其次，从中观企业层面：WR_2 用水企业和水务企业必须以盈利为首要目的，兼市场化运作与政府补贴并用。这个层面是水企业介入的最佳领域，也是政府投入和社会力量投入相结合的 PPP 模式合作的较好领域。对于大中型农田水利工程，政府可以通过购买服务等方式引进社会力量参与运行和维护，维护主体由投资者按照约定确定。水企业、农村集体经济组织、农民用水合作组织等单位和个人投资者可以投资建设节水灌溉设施，国家采取财政补助等方式鼓励购买节水灌溉设备等。② 最后，从微观层次看：WR_3 和 WR_4 农村的水权依附于土地，依靠农村灌溉体系支撑。现有层级的地表灌溉与地下水联通，并与分散小块经营的承包地相关联，该层级的农户是弱势群体，节水设施多处是盲区。若灌溉水资源保险体系不成熟、农村专业合作组织不健全，则农业风险承担比例大，资金、管理和技术的积累缺乏。因此，水权分配应当有灌溉水安全底线，例如，抗旱时免电费，确定保底基准水量供应和基本水价。维护主体应按照财政补助建设的小型农田水利工程，交由受益的农村集体经济组织、农民用水合作组织、农民等使用和管理，由受益者或者其委托的单位、个人负责运行维护。该层面当前面临的主要问题是：地下水禁采区被封井后怎样保证灌溉取水？以及农户取水增收的利益机制怎样向农户倾斜？禁采后土地规模化流转与用水农户联户经营的补偿机制如何构建？

（4）井渠结合灌溉工程初始水权划分思路。第一，将提取地下水的井渠、新建灌区和老灌区相关联，地表水与地下水联合运行，一个完整的井渠系统为一个水权单元。第二，从骨干河道引水渠与当地塘坝水库联结，形成"长藤结瓜"式灌溉系统，将一个完整的渠灌系统作为一个水权单元。第三，滨海平原不宜作为井灌或竖井排水，应修渠引地表水灌溉引河水灌溉，明沟或暗管排水，兼顾改良盐渍土和防止渍涝灾害，在引水渠上设泵站提水灌溉，可以作为一个水权单元。

（5）定额总水量水权计算方案。水权是由形态井渠、灌区构成，还需与

---

① 根据水利部海河流域委员会机构职能整理（http://www.hwcc.gov.cn/hwcc/wwgj/）。
② 根据《农田水利条例》（中华人民共和国国务院令，第 669 号）2016 年 5 月 17 日。

水量配合才是一个完整的水权单元。将农田灌溉的井灌和渠灌的供水量作为农田节水"定额总量"实施计划管理。井渠结合灌区农田供水量计算：

首先，确定全部耕地多种作物的加权平均耗水量 $M_{耕}$，非耕地耗水量 $M_{非}$ 即灌区耕地生态用水。

设 i 种作物的需水量为 E_i，种植面积与耕地面积的比值为 a_i，则全部耕地多种作物的加权平均耗水量 $M_{耕}$，其公式为：

$$M_{耕} = \sum a_i E_i \tag{6-11}$$

式中，$M_{耕}$ 为全部耕地多种作物的加权平均耗水量。灌区中的各种作物的田间耗水量乘以种植比例（种植面积／耕地面积），其和为耕作物加权平均耗水量，或称农田耗水量。农业总用水量减去农田总耗水量，再除以非耕地面积，即可得出非耕地耗水量。非耕地耗水量估算方法为：

$$M_{非} = \frac{(M_{农} S_{总} - M_{田} S_{田})}{(S_{总} - S_{田})} = \frac{(M_{农} - M_{田}\eta)}{(1-\eta)} \tag{6-12}$$

式中，$M_{非}$ 为非耕地耗水量；$M_{农}$、$M_{田}$ 分别为农业用水量和田间耗水量；$S_{总}$、$S_{田}$ 分别为灌区总面积和耕地总面积；η 为土地利用系数，为耕地面积与灌区总面积之百分比。干旱农业区多年平均降水量 $300\sim500mm$，非耕地耗水量平均约为耕地耗水量的 0.6 倍。

其次，把耕地和非耕地的加权平均耗水量定义为农业用水量，则农业用水量计算方法为：

$$M_{农} = M_{耕}\eta + M_{非}(1-\eta) = M_{耕}[\eta + 0.6(1-\eta)] = \sum a_i E_i [0.6 + 0.4\eta] \tag{6-13}$$

最后，设各自与农户承包地平原灌溉区 j 个井灌面积为 $\sum\limits_{j=1}^{n} S_{田}$，丘陵坡地区 k 个渠灌面积为 $\sum\limits_{k=1}^{n} S_{田}$，两者面积分别与农业耗水量相乘，构成一个完整的水权单元。

因此，旱区农业一个完整的农地水权单位公式为：

$$R_{井灌} + R_{渠灌} = \sum_{j=1}^{n} S_{田} M_{农} + \sum_{k=1}^{n} S_{田} M_{农} \tag{6-14}$$

式中，$R_{井灌}$ 为井灌区水权，$R_{渠灌}$ 为渠灌区水权。

关于井灌水源喷灌工程水权、微灌工程模式、管灌工程典型模式和渠道防渗工程模式不在此赘述。

（6）国控民营水治理模式。国控民营是指按照水权成本与管理成本相匹配、水效率最大化、政策执行效能高效原则，按照层级高低井灌区，将井灌区体系的所有权、经营权、处置权和收益权进行放权分置，形成纵向水权由集权所有向分权经营的层级管理形态。即将上文中宏观 WR_1 层次的大型跨流域灌溉水利设施的水权必须归国家即国控国营，而将中观企业层面 WR_2 实施混合经营，即 PPP 模式或者国控民营；微观层次的 WR_3 和 WR_4 实施国控下的私营治理形态。在分配经营收益时，按照契约协议股权分配。

（7）自主管理灌排区（SIDD）模式。自主管理灌排区（Self-Financing Irrigation and District，SIDD）是按照市场经济的要求，明晰水利工程供水商品属性特征，遵循价值规律和市场交易规则，建立供水者与用水者之间合同买卖关系，供水公司或供水单位依据合同供水，农民用水户有偿使用灌溉用水。建立的民营具有法人地位，脱离与政府或事业管理单位的行政和财政关系，由用水者自我管理、自主经营、自负盈亏、自我发展。其本质是水利工程民营化。其模式是 SIDD 为"供水公司（WSC）或供水组织（WSO）+用水者协会+用水农户"的新型灌溉管理模式。

其中，供水公司或供水组织是灌溉用水的提供者，一方面负责灌溉水供应给用水者协会；另一方面负责灌区范围内骨干工程及建筑物的维修、养护和管理。供水公司实行独立核算、自负盈亏、自我维持、自我约束，即实现经济自立。用水者协会是用水户灌溉用水的组织供应者，一方面负责把供水公司供应的灌溉水作为商品卖给用水农户；另一方面负责田间工程（斗渠、农渠及其配套建筑物）的维修、养护和管理。用水者协会作为民间组织，必须经过民政部门的审查和批准，其地域范围应按照水文边界确定，而不是按照行政边界确定。用水者协会也必须有自己的章程，并严格按照章程办事，协会负责人必须经过用水者大会民主选举产生，不得由政府部门指定负责人兼任。

20 世纪 90 年代中期，世界银行、国际灌溉管理研究院等国际组织的有关专家先后提出推行，用水户参与管理（Participatory on Irrigation Management，PIM），把灌溉管理任务和权力从政府转移到用水者身上 IMT（Irrigation Management Transfer）等主张。经济自主灌排区（SIDD）是在 PIM 和 IMT 的基础上发展而来的，PIM 首先将"参与式模式"这种先进的管理方式引进灌溉管理，IMT 则更强调管理权利的下放（见表 6-20）。

表 6-20　农业灌溉区 PIM、IMT、SIDD 比较

	PIM	IMT	SIDD
政府	权力下放，对用水户协会给予资金、技术、设备等多方面的支持与服务	政府把灌溉管理任务和权利转移到用水者身上	登记注册供水公司和水协会
第三部门	骨干工程归灌溉专管机构管理	供水单位供水，并向用水者协会按比例返还水费	供水公司，具有独立法人地位、自主经营、自负盈亏，按照有偿供水的原则供水，同时负责所在灌区的水源工程和骨干渠沟系的管理、维护和运行
用水者协会	支渠斗渠以下的管理，工程维护水费收支	灌溉系统管理责任和水费分配权利	制定灌溉用水管理制度、管理和协调用水户行为
用水农户	承担部分或全部的工程运行管理费用	选出代表参与用水者协会	组成用水小组负责收水费、制定小组用水计划，用水户按照用水交费的原则用水

自主管理灌排区（SIDD）模式如图 6-9 所示。

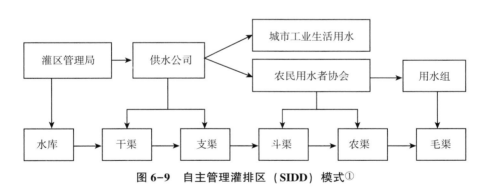

图 6-9　自主管理灌排区（SIDD）模式①

SIDD 按照市场机制进行商品水的交易。确认水利工程供水的商品属性特征，遵循价值规律和市场交易规则，建立供水者与用水者之间买卖关系，供水公司或供水单位依据合同供水，农民用水户有偿使用灌溉用水。从长期看，具

① 王殿武，迟道才，张玉等. 北方农业节水理论与技术研究［M］. 北京：中国水利水电出版社，2009.

有持续的营利性。我国目前一些小型农田水利设施（简称"小农水"）项目法人责任制落实不够，项目法人行为不规范；配套资金难以到位、要求承包方垫资；设计水平不高，低资质无资质施工、监理队伍参与工程建设，工程多次转分包，未执行强制性标准；政府层层收取管理费，行政干预多，甚至出现"同体监理"，导致豆腐渣工程，频频出现智能控制柜和井口成"摆设"，这些都反映了一元独治下的政府失灵。急需强化市场准入和出清制度及制衡机制，严格执行项目法人责任制、招投标制、工程监理制和合同管理制。加强培育监理市场。实施监理社会化、专业化的企业单位，不应挂靠在部门或行业之下，推行小农水工程质量体系认证。为此，SIDD 更适合"小农水"工程建设。

农民用水户全方位参与灌排区管理。包括用水者协会辖区内田间灌溉工程的投资建设、运行维护管理，参与用水计划的制定、配水，对用水者协会和供水单位（公司）的民主监督等。在农村水务管理过程中引入了公司制以鼓励私人部门的进入，对小型水利工程设施进行产权承包、拍卖等方式改革。

按有关法律法规确定法人地位。供水管理单位（WSO）、供水公司（WSC）和农民购水者协会（WUA）按水文边界、《公司法》和《社团登记管理条例》分别组建 WSC 和 WUA，分别到当地县级以上工商局和民政局注册登记，从法律上各自取得独立的法人实体地位。逐步实现良性运行是 SIDD 的一个重要标志。SIDD 以规范的水市场基础，依靠政府对农业灌溉的优惠政策、水价政策和农民的全方位参与，在灌溉工程建设投资、运行维护费用上减少对政府的依赖，实现或逐步实现自我管理、正常运行维护费用的自我维持、盈亏平衡和灌溉资产的保值。

规范运作。自主管理灌排区，包括 WSC（或 WSO）和 WUA 都有各自的章程和配套的管理制度，并严格按照规章制度运作，实行水资源统一管理，按计划、合同供水、用水，严格执行核定水价、水务公开、用水计量、按量收费，实行"水量、水价、水费"三公开。

（8）农田水利工程物权化和资产证券化。农田水利工程物权化是指将水利工程与水权契合，在灌区初始水权划分基础上，将井灌和灌渠工程项目与喷灌、滴灌、渠道防渗、智能控制柜等工程节水新技术，通过设施物权化和财产资本化，形成不同等级类型具有直接支配和排他性的财产权，以便进行模块化生态补偿、水权交易、资产证券化和资产管理。其中，资产证券化（Asset-backed Securitization）是指以特定的资产池为基础发行可以自由买卖的证券，使其具有流动性。资产管理是指机构投资者所收集的资产被投资于资本市场的实际过程。委托人将自己的资产交给受托人，由受托人为委托人提供理财服务和融资投资，为客户获取投资收益。确保基金池（资产池）不断提供生态补偿和补贴保障。为此，农田灌溉工程水权改革的方向是公司化、资产证券化。水工程经营单位改革的基本方向是企业化、公司化、民营化，关键是要形成水利设施的多元投资机制，消除行政垄断，促进水权市场竞争，鼓励社会私人资本进入水利工程投资建设实现水资产增值，农民参与其中获利增收。

二、水权划分、水市场构建与水权交易化

水权又是一组权利束，包括水资源的所有权、使用权、处置权、收益权等一系列权利。按照功能不同分为生活水权、生产水权和生态水权；按照水体类型可以划分为地表水水权和地下水水权；按照各类用水户使用可以划分为取水权、用水权、节水权、蓄水权、排水权（包括排污权）；按照产业可分为工业水权、农用水权、渔业权、航运水权和发电水权等。可见，水权界定的困难性导致分类的复杂性，也带来管理模糊性。国外水权制度主要有滨岸权、优先占用权、公共水权、临时用水权和可交易水权，因此，建立了相应成熟的市场化制度，本着为本国水治理服务，应考虑本国政治、经济社会制度对分类的影响。

1. 水权类型的界定与划分

根据水权行使基本主体的差异，可以将水权结构划分为五种形式，分别为国有水权、流域水权、区域水权、集体水权和私有水权。

第一，国家水权也称国有水权。代表全民所有利益的国家以中央政府方式，通过立法等制度安排，把控全部产权，即所有权、占有权、处置权和收益权都归国家所有。该水权是一种财产权利，享受一定条件下的使用、流转、收益权利。但是将部分水使用权出让给集体、企业、第三方组织或个人而分配给全体公民。第二，流域水权。流域各地区共同拥有、委托流域管理机构管理的水权，其所有权为国家，具有占有权、支配权、使用权和收益权。通常可以向集体组织、企业、个人出让，形成一级市场。第三，区域水权。流域内各地方政府管理的水权。其所有权归国家所有，具有使用权和收益权。通常可以向集体组织、企业、个人转让、租赁、承包等，可以形成二级市场。第四，集体水权。即用水者协会的水权是农业水权中的灌溉水权，

是由其所辖灌溉工程决定的、灌溉供水公司移交（或转移）的灌溉水的权利，包括占有权、支配权、使用权和收益权。用水者协会的水权的特征主要表现为水的所有权为国家所有，其占有权、支配权、使用权和收益权为用水者协会集体所有，协会水权经灌溉工程产权移交后产生，并具有初始水权的特性。第五，私有水权。城市居民个人、各类企业、集团产业和农民个人的最基层水权。把控全部产权，即所有权、占有权、处置权和收益权都归私人，可以在二级市场转让、租赁、承包等。

根据农业水权的特点可以简化为政府水权、水企业水权、水协会水权和农户水权。

（1）政府水权。即包括上述国家水权、流域水权和区域水权。可以合并管理，代表全民利益形成共享性、公有属性的水权。其所有权归国家所有，具有占有权、支配权、使用权和收益权；形态上包括大型水利工程、调水工程、水库、湖泊以及农业灌区中的干渠，还包括全部地下水。通常可以向集体组织、企业、个人出让，形成一级市场。同时在干旱洪涝和大型水利工程建设中，承担全部处置产权以确保国家水利安全的权能。其管理单位包括灌溉管理处、局等政府水务部门，以及用水环节的终端用水单位（包括用水协会和用水农户）。

（2）水企业水权。由政府委托，私人独治或合作、合资等方式组成，具有以服务和盈利为目标的水权。其所有权通过股份制由政府与企业分担占有权比例，水企业支配使用权和收益权。提供供水工程建设、运行维护、管理以及通过转让转租承包等多种方式引入第三方管理，可以流转是二级市场的主体之一，与水协会和农户形成交易关系，交易对象包括灌溉管理处、局等政府水务部门，以及用水环节的终端用水单位（包括用水协会和用水农户）。

（3）水协会水权。农村水协会组织具有部分水所有权，尝试由上级政府向基层农民水协会分担水权股份占有权，具有使用权和收益权，参与小型水利建设的投资投劳，是水权二级市场的主体之一，可以流转，与水企业和农户形成交易关系，交易对象包括灌溉管理处、局等政府水务部门以及用水环节的终端用水单位和用水农户。用水者协会的水权规模由用水量与水权面积的乘积表示。用水者协会向流域水利灌溉管理单位缴纳灌溉水费后，取得由水协会管辖区水量（灌溉面积、作物需水量）、水质（达到灌溉水质）和水权面积（灌溉面积）形成的水权单元。如表6-21所示。

表 6-21 灌溉单位或供水公司向用水者协会转移水权程序

阶段	步骤 1	步骤 1	步骤 1	步骤 1	标志
1	制定灌区水资源总量规划	水权面积、受益农户、灌溉水量界定灌区水权	水量平衡计算、设计年灌溉水量	将部分灌溉工程产权移交给用水者协会	协会成立
2	根据作物种植调度优化灌溉制度	制定灌溉用水详细计划	报灌区管理单位	签订供水协议确立年度灌溉水量分配	合同成立
3	用水者协会必须向灌区管理单位缴纳灌溉供水水费				水权确立

资料来源：张庆华等．灌区用水者协会的水权探讨［J］．中国农村水利水电，2007（6）：29-31.

（4）农户水权。与农村水协会组织具有部分水所有权，如上文所述，通过股份制与水协会组织由政府基层委托的集体（村委会）分担占有权比例，具有使用权和收益权，参与小型水利建设的投资投劳，是水权二级市场的主体之一，可以流转，与水企业和农户形成交易关系，交易对象包括灌溉管理处、局等政府水务部门以及用水环节的终端用水单位。产权布局是农渠以及斗渠和毛渠。因农民水协会或合作组织对如农业灌溉用水时间，农民对作物的生长信息最了解，对灌溉时间、水量等信息把握最清楚、最完全，因此，采取私人产权制度能提高灌溉效率，并使水权的私人收益大于集体共同产权收益，私人成本小于集体共同产权成本，集体决策的外部性通过私人决策内部化，而使成本最小化（见表6-22）。

表 6-22 农村水权管理机制及层次划分

层级	产权科层	主要机制	水体形态	产权归属	功能
高层	国家产权（或共同水权）	政府型管制	各流域干支流、湖泊湿地	国家级政府管理部门流域管理委员会	流域内农业生产和生活基本水源
	流域水权		国家内部的地下水资源		提供农业农村生活生产用水
			跨界的境内河流		区域性调水，水储备安全
中层	区域水权	市场型交易	区域内小流域	地方水务	城镇、工业、农村及生态用水
	企业水权		跨地区的流域井渠灌区	供水企业、农民水协会、专业合作组织	满足城镇工业生活用水并与农业用水形成替代关系
低层	水协会水权		干渠以下的支渠、斗渠、农渠	用水小组和农户	农户使用、处置流转、获得收益
	农户水权		农业井渠灌区的农渠、毛渠		

2. 建立农业水权交易市场

中国农村水市场的政府作用。水市场包括地下水和地表水市场、水拍卖和水银行。政府在创造市场规则框架上应该发挥的作用有：确定水权的初始配置；创造交易的制度和法律框架；投资于允许水转移的水利基础设施。

水市场的主要优点：一是用户具有自愿转让和收益的权利，如果水被转移出去，他们有权得到补偿；二是水权的安全性，使用水户有投资于节水技术的激励；三是可市场化的水权诱使水用户也去考虑其他高收益的使用途径；四是水用户将更加关注由他们使用造成的外部成本，减少了水资源的退化和对其他人的污染等不利影响；五是为水资源由低价值转移到高价值用户创造利益。

水市场的主要问题包括：水权化的计量水困难；当水流变化时界定水权，强制实施征收水费；水转移可能减少水的回流，它可能影响第三方；如果没有限制工业和城市未处理的废水排放的措施，增加的工业和城市用水可能产生对农村更广泛的水环境污染。

水市场的分类：水市场可以分为一级市场和二级市场。一级交易市场就是水资源初始产权的创立过程，主要由政府主导直接界定，还可以采用博弈协商、价值评估和拍卖等市场方法界定，政府应综合考虑资源安全和市场供需确定水权等级；政府还应公开操作程序，提供全面市场信息，避免政府与市场失灵产生的负外部性。二级市场是将水资源的初始水权交易实现水权增值增效的过程，可借助有形的交易机构如商品交易所和期货交易所等形式来买卖水权，也可以利用网络建立虚拟市场。有学者提出了三级市场，即除了农业水资源商品原料的一级市场、水工程企业提供农业用水产品和服务的二级市场外的农业水资源消费市场。此外，水市场可以分为正式水市场和非正式水市场，自发的水市场和有组织的水市场。

水市场的交易的主体：一是输水环节的供水单位，客体是采取了节水措施而节余出来的水资源的使用权，即"农业节余水使用权"，其包括采取节水措施输水环节的"节余水"和田间用水环节的"节余水"。二是因水权差异化评估产生的全值水价与实际利用水价的价差匹配折算的水量。三是两部制下基本水价与使用水量间的价格差产生的结余水量。这种水量是在一定条件下形成的，例如丰水年水量与根据多年用水量核算的定额水量间的差额水量。

农村水权流转：农业水权流转是农业水权主体所享有的权利和所承担的义务通过市场机制在不同主体之间的转让进行二次再分配的过程。其实质是农业水权在初始分配基础上的二次分配，目标是提高农业用水效率体现水权公平配置。根据流转后主要功能，可以分为两类：一是农业水权的内部流转，即流转后的水资源仍然用于农业生产；二是农业水权的外部流转，即所谓"农转非"或跨行业流转，流转后的水资源不再用于农业生产。水权"农转非"具体包括两种：一是采用有偿转让方式将农业用水转为工业生产或城镇生活用水，因其价格趋高，利用率增加，逐步体系水资源的全部价值，日益成为农业水权转让的一大趋势；二是通过政府购买或给予必要补偿的方式将农业用水转为生态等公益用水。但是，以减少农业生产为代价而空余出来的水资源的使用权不得转让。根据流转主体的差异分为：行业之间、区域之间、取用水单位或者个人之间的水权交易。根据流转主体的空间分布可分为：灌区地表水之间、地表水与地下水，不同灌区地下水的水权交易。河北省政府首次提出地下水的水权交易政策。《河北省地下水管理条例》第二十二条规定，县级以上人民政府水行政主管部门应当发挥市场机制在水资源配置中的作用，培育水市场，建立健全水权交易制度，鼓励和引导行业之间、区域之间、取用水单位或者个人之间开展水权交易，探索多种形式的水权流转方式。

3. 水权交易与生态补偿成本分析

构建水权交易产生的成本主要包括：工程成本（$CE(Q)$）；风险补偿成本（$CR(Q)$）；生态补偿成本（$CB(Q)$）和经济补偿成本（$CP(Q)$）。

一是工程成本。为使水权交易正常进行，有必要修建节水、输水、蓄水等工程。工程成本包括工程建设成本（$CEC(Q)$）、工程的运行维护成本（$CEM(Q)$）以及工程的更新改造成本（$CEI(Q)$）。如果水权交易期限小于等于工程的使用寿命，则在工程成本中不包括工程的更新改造成本。工程成本主要用于支付生产直接工资、直接材料费等直接费用。

同一地区内部的水权交易的工程成本主要产生于节水工程，一般通过节水将节余的农业用水转移给工业。由于我国灌区渗漏系数长期较高，水资源浪费严重，因此，水权交易的节水工程成本较高。水权交易的节水工程费用主要包括：①节水工程建设费用；②节水工程的运行维护费（一般按照工程投资的一定比例提取）；③节水工程的更新改造费用，是指节水工程的使用寿命短于水权交易期限时所必须增加的费用，该费用是达到节水工程寿命时的支出，需要对其折现。另外，如果水权交易期限过长，在交易期间须对节水工程进行多次更新改造，在计算水权交易价格时应将多次更新改造的费用全部折现。

三、农村水资源与环境补偿机制框架

目前，由于我国市场机制不成熟，水权市场尚难以建立，信用体系不完善，生态补偿资金几乎全部来自中央财政或省级财政或与省级配套的财政资金，支付方式简单，而农村企业与个人的社会资本等各类用于生态补偿性融资几乎可以忽略不计。① 所以，政府主导的补偿形式较为现实可行，但在预算约束新政策要求下，可以通过 PPP 模式实现融资渠道多元化，改变农业补偿资金渠道单一的现状，下文侧重于水治理的节水层面说明。

1. 构建农村水治理的多元主体形成补偿合力

节水型社会建设是一个长期过程，应构建三大体系：一是以用水权管理为核心的水资源管理制度体系；二是与区域水资源承载能力相协调的经济结构体系；三是与水资源优化配置相适应的节水工程和技术体系。利用法律、工程、经济、行政、技术、政策等手段来实现节水型农业建设目标。法律手段主要是依据《水法》所规定的，主要有：农业水资源权属制度、取水许可制度、水资源有偿使用制度、水资源综合规划和专业规划制度、用水的计量收费和超定额累进加价制度，各级人民政府推进农业节水制度。工程手段主要包括：建设节水工程、灌溉工程节水改造、先进节水灌溉技术代替传统灌溉技术、跨流域调水工程、城市污水处理设施建设、建设节水试点等。经济手段主要是合理调整水价和加大对农业生产设施的投入等，利用经济杠杆实现对水资源量的控制。行政手段主要表现在水协会的建立，按照水协会章程对农业灌溉、人畜饮水、生活污水处理等方面实行收费，设施建设、补贴补偿发放，盈余返还等涉水事务实施民主管理。技术手段主要指利用各类节水灌溉技术实现水资源高效利用。政策手段是通过政策工具达到节水和治污的目的。以生态补偿政策为例政策手段包括三类：

第一种手段是政府管制型补偿。典型的有地下水封井、限采、回灌等的行政命令式治理，即行政命令控制。根据水利部 2016 年 1 月公开的《地下水动态月报》显示：2015 年，对分布于松辽平原、黄淮海平原、山西及西北地区盆地和平原、江汉平原的 2103 眼地下水水井进行了监测，水质评价结果总体较差，无Ⅰ类水，Ⅱ类至Ⅲ类水占总数的 19.9%，Ⅳ类水占 32.9%，Ⅴ类水占 47.2%。河北省 203 个测站 2015 年Ⅰ~Ⅲ类的仅占 14.3%，Ⅳ类占 36.5%，

---

① 王军等. 农业生态补偿政策与机制研究［M］. 北京：中国质检出版社，中国标准出版社，2013.

Ⅴ类占49.3%。Ⅳ类水不能直接饮用，除适用于农业和工业用水外，适当处理后可作为生活饮用水，Ⅴ类水不宜饮用。政府对地下水污染区实行地下水封井、限采，农民用水生计会受到很大影响，应受到相应的政府型为主的补偿。补偿标准可按封井导致农民收入的多年平均值作为最低标准分批或一次性补偿。具体的补偿标准可以用农业生态服务价值衡量。补偿标准可参考：生态压力的成本价值量−生态建设的收益价值量＝农业资源利用和环境污染的外部成本价值量＝农业生态补偿价值量。补偿的原则实行：专款专用，指标考核，逐步递增，提高实效。①

第二种手段是利益诱导型收费与补偿。典型的如费改税。财政部2016年5月10日发布《关于全面推进资源税改革的通知》，自7月1日起实施从价计征改革与水资源税改革试点。同时，在河北省开展水资源税试点，开征水资源税试点工作，采取水资源费改税方式，将地表水和地下水纳入征税范围，实行从量定额计征，对高耗水行业、超计划用水以及在地下水超采地区取用地下水，适当提高税额标准，正常生产生活用水维持原有负担水平不变。规定限额内的农业生产取用水，免征水资源税；对取用污水处理回用水、再生水等非常规水源，免征水资源税。该政策显示出利益诱导具有财政收入效应而受到政府的青睐。

第三种手段是社会制衡型多元合力补偿投入。这里仅分析多元治理主体中的政府、社会资本和水协会。政府与其他多元主体共同制定水治理政策和机制。作为国家权力和公共利益的代表者和维护者，谋求公共利益是其基本职责。但是政府也存在着自身狭隘的共同体利益，具有非共享性和排他性，尤其是政府的科层制内部的管理成本，容易形成行政体制内地方政府与中央政府的纵向利益矛盾，部门间也容易形成横向利益隔阂，两者耦合叠加后，地方政府在政策执行中由于缺少与中央政府的平等协商、自身纠错、宽容适应和目标群体的调适机制，使政策在行政系统内就出现政策衰减。例如，农业水政策的制定部门是国家、省、市级水利部门，横向关联的是农业部门和环保部门，还存在事权、财权与人权的责任重叠和盲区，易出现的有利的九龙治水争着管，无利的公共事务相互推诿，不协调与反映滞后性。在与体系外的农户靠政策接触后，由于二元目标差异导致的利益隔阂，在政策传递中逐步积累形成逆向选择，利益链条断裂，导致政策软化、效能衰减甚至失效，政府的权威和公信力也受到折损。

私营企业、民营资本与政府协商制定社会资金投资规则。当前，虽然PPP

---

① 王军等. 农业生态补偿政策与机制研究［M］. 北京：中国质检出版社，2013.

伙伴合作模式成为热点，政府鼓励私营企业、民营资本与政府合作，参与公共基础设施建设。从时空取向看，因为水权不清、交易市场尚未建立，契约信任的社会还没到来，多为一厢情愿的单向驱动，社会资本对进入忧心忡忡。从主体配置看，政府5年任期，PPP项目多数在10年左右，一旦政策或政府责任人变化，社会资本投资存在付诸东流的风险。所以，调动民营资本积极性，实现政府、农民、民营企业三方受益的途径之一就是多方协商共同制定政策，以提高治理效率、风险共担的方式减轻政府建设风险。政府利用PPP模式促进多元化的水治理投资，改变农村融资渠道单一仅靠政府的情况，在减轻农民负担的同时，与多部门合作形成纵向和横向补偿合力，扩大小型水利工程、农村治污工程建设和运行的私人投资的参与，并以政府财政性资产担保或实物性抵押，保证社会资本投入无后顾之忧。

提高农村用水户协会参与组织化程度补偿客体。农民用水户协会也称灌溉联盟（Irrigation Union），具有以下管理职能：参与水权、水量的分配、监督水价的制定；协助政府参与井渠水利设施管理；内部管理实施民主选举、民主决策、民主管理、民主监督。其优点有：减少了政府的财政和管理成本，参与灌溉工程建设的设计以及水利设施的运行维护；协调协会内外行为交易成本；协助政府水治理能力配置和效能最大化；制约社区成员在公共水资源产品供应博弈中的"搭便车"行为；克服自私自利的外部不经济的"公共池塘困境"行为；形成社群性多边信誉约束机制或多边惩罚机制；协调水协会成员间、水协会与政府间的水治理低效内耗现象。所以，农民用水户协会是多中心治理的重要力量。农民参与水协会后形成了组织化博弈力量，在与政府和其他主体博弈协商中，往往能提高补偿标准，使利益的重心向农户倾斜。

2. 构建农村水治理补偿多层级标准体系

首先，补偿的标准应当引入市场定价机制。在政府集权结构体制下，由于农村用水户信息不对称，政治地位低，谈判能力低，往往使补偿均衡额度较低，补偿后的净福利为负，达不到帕累托效率的福利要求，部分受损接受补偿者由于补偿标准低于基本生存的保障水平而导致贫困，于是可能会出现向更高级政府申诉，或与地方政府发生冲突的现象。在市场结构体制下，由于信息对称，双方政治地位较为均等，谈判能力相当，往往使补偿均衡额度较高，补偿后的净福利为正，进行再分配后接近达到帕累托效率的福利要求，部分补偿客体接受补偿额度达到基本生存的保障水平，不会加剧贫困而趋于温饱和小康，于是不会出现向更高级政府申诉或与地方政府发生冲突的现象，出现社会和谐的局面。可见，补偿标准是社会公平与利益倾斜的关键因素。因此，将市场机制引入生态补偿标准的制定，政府主要可借助竞标机制和遵循农户自愿的原则，并通过多次博弈和协商谈判以及农户与政府合作博弈，构建政府与市场，包括水协会在内的农户与官员二元互动平台，提供补偿完全对称信息，依据多种标准协商确定补偿标准，最终化解生态补偿中存在的利益鸿沟。

其次，农业节水应获得农业生态性补偿与生产性补贴。无论是农业生产性补贴的正向支持性纵向转移支付，还是生态性补偿的负向对等性转移支付，用水农户弱势群体都应当差异化公平地获取。但是由于农业、水利和环保部门的财政预算列支项目不具有强制性，补贴和补偿期限标准和方式也不匹配，所以，补贴和补偿资金来源是难点。农业水费财政补偿（补贴）应列支在粮食种植补贴范畴，构成对农户生产环节的直接补贴，使其具有预算刚性和硬性约束，以补偿农业用水生产要素价格上涨的损失。因此，可以将农民用水补贴纳入农资综合补贴范围，并且在粮食风险基金下进行专户管理，其资金来源可以由中央财政和地方财政按照一定比例分担。如果粮食风险基金存在资金缺口，则由省级政府向中央财政申请借款予以填补，才能保证补贴和补偿的稳定性增长，实现节水和增收双赢目标。

再次，补偿应设计上限最大值和下限最小值。根据生态补偿客体额度的多少，可以分为补偿的上限最大值和下限最小值。下限最小值包括农业保护者和生态建设者在人力、物力、财力上投入了大量的成本，上限最大值包括因调整农作物、节约农业用水、水环境的治理以及被禁止打井或限制打井等生态建设而牺牲的当地农户经济发展的机会成本和发展成本。农村水利益与补偿机制失衡配置导致低效率，需要政府主导者进行重新配置定价职能。在两部制水价思路下，政府应加强对纯公共物品的介入与补偿力度，将能够市场化的，政府可以较少介入或不介入微观定价领域，放活给水企业和农户，更为合理地运用政府间转移支付。也就是把两部制的基本水价实施国家定价，而将其中微观的 WR_2、WR_3 和 WR_4 实施国控民营混合体制，进行市场化协商定价，将福利分配根据卡尔多·希克斯改进推动净福利倾向农民，找到政府要生态与农民要增收的差异化需求之均衡点。根据不同的来水过程及生态需水等级确定农业生态补偿标准。在两部制水价框架内基本水价由政府定价，形成纵向的定额水价下限补偿，而计量水价可以设计包括种植面积、斗渠农渠和毛渠的总取水量，作物耗水量参数下的模型，作为粮食蔬菜作物补偿标准计算依据，上不封顶，形成市场化横向补偿的上限，同时实施耗水户向节水农户转移性补偿，补偿标准由政府与农户协商确定。

最后，农业生态补偿成本的主要模型。农业生态补偿成本可以划分为直接成本、机会成本和发展成本。直接成本包括直接投入和直接损失。直接损失则按照年限折旧或采用市场重置法进行评估，对于持续时间长的生态补偿项目要纳入贴现率。生产成本法补偿标准即将农业资源保护和生态环境治理的直接成本的货币现值作为补偿的标准。例如农业灌溉用水的管道费用、电费、沟渠修建的用工费、引水调水的成本、净化水质的成本，资源的估价中不包含资源本身的价值，资源最后的市场价格只包含加工成本，所以通常作为补偿的下限即最小的补偿值。机会成本是由资源选择不同用途而产生的。例如，由原来种植耗水作物变为旱作而造成农民收入损失。发展成本主要是为了生态利益而放弃部分发展权利而导致的综合性全部损失，以及进行农业节水和治理污水而牺牲的发展机会。例如，务农种植节水作物放弃土地流转收益和外出务工收益之和。

假定农业生态补偿项目的成本，即损失者损失为 $C_T = C_d + C_0 + C_P$，其中，C_T 为总损失成本，C_d 为直接成本，C_0 为机会成本，C_P 为发展成本。该项目的收益为 R，只有当 $R - C_T = \Delta R \geqslant 0$，该项目的实施是值得的，$\Delta R$ 相当于市场交易后的净福利。它可以在损失者和受益者之间进行再分配，分配的比例取决于两者的谈判能力。假定项目损失者的谈判能力为 χ，相应项目受益者的能力为 $1-\chi$，最终，该项目的生态补偿标准为 $S = C_T + \chi\Delta R$，受益者获得净收益 $(1-\chi)\Delta R$。在谈判前，生态补偿的项目受损者对损失成本有一个估算，项目受益者对补偿收益有一个估算，谈判时双方反复博弈，可以最终达成一个均衡的补偿标准。

适用于农业节水和治污的补偿标准模型：

（1）重置成本法也称恢复成本法，其价值理论基础是补偿价值论，即重新构建与被估价资源相同或类似的全新资源所需要的全部费用，即重置成本，扣除折旧磨损和贬值等因素，作为被评估资源价值的方法。用公式表示如下：

$$V = C_{re} - D_f - D_p - D_e \qquad (6-15)$$

式中，C_{re} 为重置成本；D_f 为功能性贬值；D_p 为实体性贬值；D_e 为经济性贬值。

（2）支付意愿法也称条件价值法，是通过对用水农户或治水付费的农户进行直接调查，了解他们的支付意愿，或者他们对产品或服务的数量选择愿望来评价生态系统服务功能的价值。消费者的支付意愿往往会低于生态系统服务的价值。最大支付意愿的补偿标准是利用实地调查获得的各类补偿客体区域范围最大支付意愿与该区人口的乘积得到，估算公式可以表示为：

$$P = WTP_u \times POP_u \tag{6-16}$$

式中，P 为补偿的数值；WTP 为最大支付意愿；POP 为各类人口；u 表示各类补偿客体区域范围。

（3）机会成本法，是指农业节水和治污等生态建设区的投入主体为了农业生态环境建设而放弃一部分产业的发展，从而失去了获得相应效益的机会，包括政府的财政税收损失和部分 GDP 损失，此方法把放弃产业发展可能失去的最大经济效益称为机会成本，作为农业生态补偿标准。例如，水利部工程建设征地后，用于与水权匹配后的农民水权损失的补偿资金，从水利工程资金里扣除。再如，改变种植结构带来的边际净收益，农户则可能选择高效率的灌溉技术，反之，农户则可能通过调整种植结构来减少用水量。但若水价或水权交易价格的上升超过了灌溉用水的边际净收益，农户则可能完全放弃种植该作物。因此，边际净损失作为补偿标准，以保障因调整种植结构的收入损失。

农业节水灌溉或治污获取生态效益而损失的经济收入等机会成本的补偿模型为：

$$P = (G_0 - G) \times N \tag{6-17}$$

式中，P 为补偿金额（万元/年）；G_0 为参照地区的人均 GDP（元/人）；G 为节水区或治污区人均年纯收入（元/人）；N 为节水区或治污区的总人口（万人）。

公式可以表示为：

$$P = (R_0 - R)N_t + (S_0 - S) \times N_f \tag{6-18}$$

式中，P 为补偿金额（万元/年）；R_0 为参照地区城镇居民人均纯收入（元/人）；R 为节水区或治污区城镇居民人均纯收入（元/人）；N_t 为节水区或治污区城镇居民人口（万人）；S_0 为参照地区农民人均纯收入（元/人）；S 为节水区或治污区农民人均纯收入（元/人）；N_f 为节水区或治污区农业人口（万人）。

在上述的农业生态补偿模式中，还需叠加农业节水补贴，依据"多元投入、确保农户利益、效率优先、兼顾公平、动态调节、持续递进和因地施策"的原则，开展农业节水和农村治污补贴。具体补贴项目内容和资金来源见表 6-23。

表6-23　适用于农业节水和农村治污补贴来源构想①

部门	补贴内容
农业农村部	农业结构调整支出补贴、地下水超采区综合治理补贴、高标准农田建设项目投入中按照一定比例提取的农业灌溉用水补贴资金
水利部	中央向地方财政专项水利资金转移支付或中央财政专项支出
	水利设施建设土地征用后工程设施建设的节水改造提升补贴
	农户参与投劳水利设施建设"小农水"的设施补贴
生态环境部	农村环境连片整治，美丽乡村建设等农村饮用水、治理污水工程补贴，以及以奖促治、以奖代补的财政后资助资金
自然资源部	从土地出让收益中提取10%用于农田水利建设②
各部门都有的	提供技术法律服务和宣传培训而支出的费用

3. 扩展农村水治理补偿标准的影响因子

随着市场化推进，补贴和补偿对象还应包括：当政府由于需要临时占用私人灌溉土地，政府通过行政机制再配置的水权租用给予相应补偿；灌溉水权流转或交易价格偏离水资源市场均价时，为了维护市场运行，政府应对差价进行补偿；农民因转移水权而放弃或减少土地农作物种植的水权损失；部分农民转移水权需要使用集体基础设施，造成其他人基础设施维护费用增加的支付；因水资源亏缺从外流转调水或微观层面从其他井渠或灌溉区调水，形成外源水供应地的负外部性损失；在水权转让、转化和交易、水银行、虚拟水运行中市场失灵导致的损失等情况，都应因地制宜产业化地纳入补贴和补偿模型中。此外，再归纳以下几类应纳入补贴或补偿模型的影响因子。

（1）输水工程的水权损失。不同地区之间的水权交易成本主要产生于输水工程，由于两个地区距离较远，输水工程较长，产生的成本在所有工程成本中占的比重最高。水权交易的输水工程费用主要包括：①输水工程建设费用；②输水工程的运行维护费，是指上述工程的维修及日常维护费用，维护费一般按照工程投资的一定比例提取，其比例的多少参照《水利建设项目经济评价规范》（SL72-94）及大型灌区已建工程，根据实际工程确定；③输水工程的更新改造费用，是指输水工程的使用期限短于水权交易期限时所必须增加的费

---

① 2018年，由于国务院机构改革，农村水资源管理职责由水利部、国土资源部、财政部、国家发展改革委相关项目管理职责整合到农业农村部。

② 中共中央国务院关于加快水利改革发展的决定（2010年12月31日）。

用，该费用是达到输水工程寿命时的支出，需要对其折现。另外，如果水权交易期限过长，在交易期间须对输水工程进行多次更新改造，在计算水权交易价格时应将多次更新改造的费用全部折现。上述的输水工程都形成上游水权出让地的水权损失，下游应适度补偿，补偿标准可以从输水工程全部费用中按一定比例提取。

（2）风险补偿成本。根据调度丰增枯减的原则，遇枯水年灌区用水量相应减少，但为履行水权交易合约，水权卖方要承担经水权分配获得少量水权还要保障水权买方用水的风险。由此，水权买卖双方协商后的水权交易价格应包含风险补偿成本。相当部分的水权交易是将农业用水转移给工业用水要达到一定的保证率，才能保证工业用水，这样相应地减少了农业用水。在枯水年（不同保证率）来水下，农业用水均要相应地减少，造成灌区部分农田得不到有效灌溉，由此带来的农业灌区灌水量的减少引起农业灌溉效益的减少值，该补偿成本可以依据当地灌与不灌亩收益差进行补偿计算。对于其他产业部门之间以及产业部门内部的水权交易，风险补偿成本可以依据水权卖方投入交易数量的水资源进行生产与不生产的收益差进行计算。

（3）出让地生态损失补偿成本。这是对因水权交易对水权出让地环境等造成损失而应给予的补偿。水权交易对水权出让地的河流、含水层和生态环境都会产生影响。对于灌区的水权交易，出让水权的灌区引水量减少，产生了灌区地下水位下降，植被减少等不利影响。因此，水权买方应对水权卖方进行补偿，水权交易价格应包含生态补偿成本。对于河流水位的检测、土壤检测以及渠道衬砌对周围环境的影响等需进行科研试验，为计算简便，通常生态补偿成本根据科研试验费，按建筑安装工程的 0.5% 计算，结合不同水权出让地区的不同特点，该比例由水行政主管部门可以根据实际情况调整补偿成本。

（4）出让地经济补偿成本。经济补偿成本是指异地进行水权交易时，对水权出让地区的经济造成损失而进行的补偿。当水权可交易时，灌溉用水的价格、水权的交易价格、水权的交易成本都会对农户的灌溉用水量、灌溉技术的选择、水权的交易量及农户的种植面积与种植结构产生影响。总体来看，当水权可交易时，无论是购买水权的农户还是出售水权的农户，都倾向于通过采用灌溉效率更高的灌溉技术来节约单位面积的灌溉用水或通过改变种植面积或种植结构的方式来节约灌溉用水总量。最终采用哪种方式节约用水取决于该农户的边际收益与边际成本的比较，即在某一水权交易价格条件下，提高灌溉效率带来的边际净收益大于零。

（5）扩展政府农村水治理补偿的范围。政府农水治理补偿范围要考虑水价提高对农民农业收入的影响并纳入补偿因子中。第一，农业种植结构。包括作物的水价格需求弹性、作物附加值、农民的农业种植结构调整能力。第二，水价费率结构。当采用单一费率水价时，农民收入降低较多，而采用递进费率结构时，农民收入减少较少。当采用节水补贴政策时，农民收入降低会大幅度减少。第三，灌区灌溉设施水平。新修建的现代灌区，提高水价对农民收入的影响明显好于老灌区。第四，水价上涨幅度。一般来说，水价上涨的初始阶段，由于农民对农业种植结构、灌溉技术的调整准备不足，需要信息、技术、资金、管理和时间去根据水价的约束重新进行调整，导致收入减少的程度较大；但随着调整的逐步到位，再调高水价时收入减少的幅度有所减少（见表 6-24）。

表 6-24 政府农水治理补偿范围及计算思路

补偿范围	补偿计算思路
农业种植结构	不同水价下农民收入变量之差
	不同附加值农作物效益之差
	不同种植结构的调整能力之差
水价费率结构	单一费率与递进费率下的收入之差
灌区设施水平	新旧灌区水损失率下的收入之差
水价上涨程度	初级节水阶段与高级节水阶段期间农户收入之差
政策执行效果	政策执行前后灌溉水效率变化导致的农户收入之差

4. 拓展农村节水补偿补贴基本方式

（1）农村水治理补偿方式：直补到农户。成立专门的银行账户负责发放农民用水补贴款项，保证补贴发放到位，提高对农业水费财政补贴的效率。可借鉴国外的先进经验，在粮食风险基金专户下单设农业用水资金专账，对自补资金进行单独核算。根据补贴清单名额、补贴标准，将换算后的补贴资金通过"一卡通"或"一折通"的方式发放到各种植农户账户上，农民凭借银行卡和本人身份证可以领取补贴资金。

水费结构对农民收入的影响。研究表明，在用水量低于配额 80%，给予10% 水价优惠时，多数灌区农民收入比没有补贴时几乎提高 50%，且采用递进费率结构好于采用单一费率结构。因此，选择合适的水定价费率结构，并给予必要的补贴对减少由于水价提高而导致的收入减少非常重要。[①]

实行新的水价补贴办法。补贴包括直接补贴和间接补贴。直接补贴可以参照粮食收购补贴体制改革办法，直接补贴给农民。具体做法可根据作物用水定额和水价上涨幅度，按一定比例确定补贴金额，同粮食价格补贴一起发放给农民，所需资金由财政安排。这种办法把过去水价暗补变为明补，有利于调动水管理单位和农民的积极性。间接补贴包括促进农业种植结构调整、推广节水灌溉技术、农田灌溉基础设施投资等方面所需资金的政府补贴。欧洲各国补贴灌溉费用占比为40%，加拿大补贴工程投资的50%以上，日本补贴工程投资和维护管理费用占比为40%~80%，印度大型工程补贴占年费用的80%，秘鲁补助大型灌溉工程的全部工程费用。[②]政府要通过提供贴息、小额信贷、示范等政策，帮助农民加快种植业结构调整和灌溉技术的推广步伐。政府在资金、信贷和利率上给予支持。积极探索灌溉水转移补偿新机制。通过界定水权，建立水市场，促进水资源在地区、行业之间的转移。农民通过水市场出售水使用权的同时，可以得到经济补偿。形成良性节水激励机制，条件成熟时可替代政府直接补贴制度。

（2）农村水补偿监管：第三方审计。完善的农业用水财政补偿机制还要建立起有效的监督制度，财政部门将补贴款项汇至银行专门账户，银行对该账户实行第三方存管审计，监督该款项只能用于补贴发放，确保专款专用。同时建议由财政部门每年对补贴账户进行监督审计，健全农民用水补偿财务公开制度，将补贴金额予以公示。

第四节　农村水政策共治机制创建与发展

一、农业水资源法律法规的日臻完善

农村水政策共治机制创建前提是农村水政策各种法规的制度安排的改革。

---

①② 刘伟. 中国水制度的经济学分析［M］. 上海：上海人民出版社，2005.

1. 不断完善的农业水资源法律法规

新中国《农业节水立法》进程可以分为四个阶段。①

第一阶段，1988年首部《中华人民共和国水法》（简称《水法》）出台前，全国水资源短缺不明显，节水停留在宣传提倡层面，国家节水相关政策和地方性撰文立法处于萌芽状态，内容比较分散，主要面向城市供水建设，个别面向矿区，农业用水没有明确提出，节水立法比较零散和原则化，指导思想不够明确，但开源与节流、定额用水、节奖超罚等节水制度和措施已经开始萌芽。1979年我国首部《中华人民共和国环境保护法（试行）》在第十一条第十三款提出了节约工业用水、农业用水和生活用水，是最早在法律层面提出的原则性规定。节约农业用水地方政府最早提出的是《陕西省人民政府关于开展城市节约用水工作的报告》。该阶段我国节水立法位阶偏低，最高为部门规章，重视城市轻视农村和农业，并且立法体例不统一等。

第二阶段，1988年起《水法》实施期间，节水立法位阶偏低，法律、行政法规层面的节水规定尤显得单薄。《水法》第十五条提出"在水源不足地区，应当限制城市规模和耗水最大的工业和农业的发展"。"应当采取节约用水的灌溉方式"，此外，确立了取水许可、供水工程收费制度。此阶段首次规定了农业水权属性，即农村水塘、水库中的水都属于集体所有。该时期对农业节水起重大作用的是与《水法》配套的《取水许可制度实施办法》（1993年国务院颁布）。其中第三条提出：为家庭生活、畜禽饮用取水的，为农业灌溉少量取水的以及农业抗旱应急必须取水的不需要申请取水许可证。但少量农业取水的量是多少并没有做出明确规定。1999年水利部颁布的《关于全面加强节约用水工作的通知》，是第一部全国性的针对全面节水的政策性文件。首次将农业节水作为节水重点，放在工业节水和社会各个领域节水之前，并提出定额管理、计量收费、建设示范县等制度，同时提出鼓励公众参与和开展节水型社会的创建活动，并强调编制节水政策、规划、标准的重要性。2002年《内蒙古自治区农业节水灌溉条例》较为全面系列化地提出了农业节水制度，包括：采取工程、技术、行政和经济手段提高水的利用率；提出了农业灌溉用水取水许可制度；提出总量控制、定额管理相结合的灌溉计划用水制度；实施计

---

① 新中国《农业节水立法》进程三个阶段的划分是依据成红，陶蕾，顾向一.中国节水立法研究［M］.北京：中国方正出版社，2010.简化整理而得，本书作者提出了四个阶段的划分，从2011年1月"中央一号"文件首个聚焦水利主题，到2016年1月国务院办公厅发布《关于推进农业水价综合改革的意见》，该阶段是水治理政策自改革开放以来更趋严格，内容全面，改革力度最大的时期。

量收费有偿使用，基本水价和计量水价相结合；禁止实行包费制；超计划用水累进加价制度；对采取节水措施在灌溉用水定额内实现节水的单位和个人要给予鼓励；集体、个人投资兴建的小型农业节水灌溉工程，实行自建、自有、自管、自用；农业节水灌溉建设所需资金按照受益者合理负担与政府扶持相结合的原则筹集。

第三阶段，2002 年修订的《中华人民共和国水法》实施后，城市节水与农村节水趋于统一协调，农业节水、农村饮水和污水防控趋于系统化协调。重申了农业节水的地位，在水资源不足的地区，限制耗水量大农业项目，地表水与地下水统一调度；重申取水许可证制度，总量控制与定额管理、缴纳水资源费、用水实行计量收费和超定额累进加价制度；工程建设占用农业灌溉水源、灌排工程设施，供水水源有不利影响造成损失的依法给予补偿；推行节水灌溉方式和节水技术，提高农业用水效率；在地下水超采地区，政府应当采取措施，严格控制开采地下水，在地下水严重超采地区，划定地下水禁止开采或者限制开采区。同期，国家计委印发《改革农业用水价格有关问题的意见》（2001）是当时最全面详细的农业用水价格政策。内容解读梳理见表 6-25。

表 6-25　2001 年国家计委《改革农业用水价格有关问题的意见》解读

关键词			用水及水价管理
问题	供水机制不合理	水价偏低	行政事业性收费管理；供水水价低于供水成本；乡村干部代收水费、中间加价和搭车收费普遍；按亩收费；乡镇以下供水渠系由基层政府自建自管，缺少监督；家庭分散用水；供水计量设施落后
原则和思路	完善水价形成机制	规范供水定价机制	国有水利工程实施政府定价，补偿供水合理成本并适时调整；小型水利工程实施政府指导价，经营者与农民用水合作组织在指导价范围内协商确定
		差异化水价模式	河道和水库取水的自流灌区，实行国有水管单位供水价格加上末级渠系维护费定价；末级渠系维护费按照补偿乡镇及以下供水渠系维护管理合理成本定价
		引入供水地区和季节差价	分区域或分灌区定价；引入丰枯季节差价或浮动价格；推广两部制水价制度
	提价到供水成本水平		取消农业供水中间环节；解决水成本与价格倒挂问题；对高扬程灌区水价少调或不调；对大型高扬程提水、机电井灌区及其他成本高的水利工程采取提价和扶持政策相结合

关键词			用水及水价管理
原则和思路	超定额用水累进加价		按照水的自然流程和灌溉区域，打破行政区划，以自然村、组或农民用水合作组织为水量计量和水费计收对象；基本用水定额内用水价格不提高或小幅提高，超定额用水实行大幅度累进加价
	水费征收和管理		将水利工程水费纳入商品价格管理，由水管单位作为经营收入直接收取；在大型灌区推行"统一票据、明码标价、开票到户"；公布村组放水时间、水量、水价、水费，接受群众监督
配套措施	乡镇以下供水产权		鼓励规模经营，水管单位直接供水管理到最终用户；实行按水量计价，降低农业供水中间交易成本
	基层组织民主管水	模式一	国有水管部门管理范围延伸，按水的流程直接管理，收费到自然村、组或农户
		模式二	农民用水合作组织参与管水，负责末级渠系的水量分配、水费收取和渠道维修等工作
		模式三	试行小型水利产权改革，对乡村输水渠道进行公开租赁和承包，将农业灌溉管理经营权移交给农民，明确承包者对农户的最终水费标准、管理权限、职责与利益挂钩
	推广农业节水技术		推广渠道防渗和管道输水技术；有条件的地区可因地制宜推广喷灌、滴灌等节水技术；修整输水渠道，平整耕地；根据农作物生长周期和品种特性适时适量灌溉
	多元投入节水技术		"提投并举"，在提高水价的同时，加大对农田水利和节水灌溉工程的资金投入，适当引入多元化投资机制，以加快农业灌渠和计量设施改造，逐步实现渠道衬砌和计量收费
	调整农业种植结构		水旱互补，发展旱作农业，调整水旱种植面积，改变灌溉方式；种植结构的优化调整，贫水地区应少种高耗水作物，多种节水作物；农业区域分工互补，缓解水资源时空分布不均矛盾

该阶段，农业节水的内容包括了水资源开发方面的取水许可证制度，水资源用水论证制度，资源配置方面的计划用水、用水定额、水价水权制度，农艺节水、工程节水和管理节水三大途径，并与其他规章衔接形成配套节水法规体系和管理体系。总体上，此阶段仍然以一元独治的管水治水为核心理念。多元利益均衡、互动协商、权责分担的治水节水格局尚未明确提出。

第四阶段，2011年1月"中央一号"文件发布以来。实施了最严格的水资源管理制度。更加强调加大节水力度的顶层设计，针对问题更加全面，责任分工更加明确，落实措施更加具体。2011 年"中央一号"文件提出：实施总量控制、提高用水效率和纳污三条红线；发挥公共财政对水利发展的保障作用，形成政府社会协同治水兴水合力。2016 年 1 月国务院办公厅发布《关于推进农业水价综合改革的意见》，提出了力度最大、覆盖面最广的改革举措。其总体目标是，用 10 年左右时间，建立健全合理反映供水成本、有利于节水和农田水利体制机制创新、与投融资体制相适应的农业水价形成机制；农业用水价格总体达到运行维护成本水平，农业用水总量控制和定额管理普遍实行，可持续的精准补贴和节水奖励机制基本建立，先进适用的农业节水技术措施普遍应用，农业种植结构实现优化调整，促进农业用水方式由粗放式向集约化转变。夯实农业水价改革基础主要任务，详见表 6-26。

表 6-26 《关于推进农业水价综合改革的意见》（国办发〔2016〕2 号）摘要

基本任务	重点任务	摘　要
夯实农业水价改革基础	完善供水计量设施	新建、改扩建工程要同步建设计量设施；大中型灌区骨干工程全部实现斗口及以下计量供水；小型灌区和末级渠系细化计量单元；使用地下水灌溉的要计量到井，有条件的地方要计量到户
	建立农业水权制度	以县级行政区域用水总量控制指标为基础，按照灌溉用水定额，把指标细化分解到农村集体经济组织、农民用水合作组织、农户；明确水权，实行总量控制；鼓励用户转让节水量，政府或其授权的水行政主管部门、灌区管理单位可予以回购；推行节水量跨区域、跨行业转让
	提高农业供水效率和效益	加强水费征收与使用管理。建立中央财政农田水利资金投入激励机制，重点向农业水价综合改革积极性高、工作有成效的地区倾斜
	加强农业用水需求管理	适度调减存在地表水过度利用、地下水严重超采的高耗水作物面积。建立作物生育阶段与天然降水相匹配的农业种植结构与种植制度。大力推广管灌、滴灌等节水技术，集成发展水肥一体化、水肥药一体化技术等措施
	探索创新终端用水管理方式	充分发挥农民用水合作组织在供水工程建设管理、用水管理、水费计收等方面的作用。明晰小型农田水利设施产权，颁发产权证书，将使用权、管理权移交给农民用水合作组织、农村集体经济组织、受益农户及新型农业经营主体，明确管护责任。通过 PPP 模式、政府购买服务等方式，鼓励社会资本参与农田水利工程建设和管护

续表

基本任务	重点任务	摘　要
建立健全农业水价形成机制	分级制定农业水价	实行分级管理。大中型灌区骨干工程农业水价原则上实行政府定价，具备条件的可由供需双方协商定价；大中型灌区末级渠系和小型灌区农业水价，可实行政府定价，也可实行协商定价。综合考虑供水成本、水资源稀缺程度以及用户承受能力合理制定供水工程各环节水价并适时调整。供水价格原则上应达到或逐步提高到运行维护成本水平
	探索实行分类水价	区别粮食作物、经济作物、养殖业等用水类型探索实行分类水价。用水量大或附加值高的经济作物和养殖业用水价格可高于其他用水类型。地下水超采区使地下水用水成本高于当地地表水，促进地下水采补平衡和生态改善。合理制定地下水水资源费（税）征收标准，严格控制地下水超采
	逐步推行分档水价	实行定额管理，逐步实行超定额累进加价制度，合理确定阶梯和加价幅度。因地制宜探索实行两部制水价和季节水价制度，用水量年际变化较大的地区，可实行基本水价和计量水价相结合的两部制水价；用水量受季节影响较大的地区，可实行丰枯季节水价
建立精准补贴和节水奖励机制	农业用水精准补贴机制	建立与节水成效、调价幅度、财力状况相匹配的农业用水精准补贴机制。补贴标准根据定额内用水成本与运行维护成本的差额确定，重点补贴种粮农民定额内用水。补贴的对象、方式、环节、标准、程序以及资金使用管理等，由各地自行确定
	节水奖励机制	逐步建立易于操作、用户普遍接受的农业用水节水奖励机制。根据节水量奖励采取节水措施、调整种植结构节水的规模经营主体、农民用水合作组织和农户
	多渠道筹集精准补贴和节水奖励资金	统筹财政安排的水管单位公益性人员基本支出和工程公益性部分维修养护经费、农业灌排工程运行管理费、农田水利工程设施维修养护补助、调水费用补助、高扬程抽水电费补贴、有关农业奖补资金等，落实精准补贴和节水奖励资金来源

　　在地方性法规中，也体现出日趋完善和更趋严厉。例如《河北省地下水管理条例》第三十八条指出：农业生产取水量在规定限额内的，不缴纳水资源费；超过限额部分的，应当缴纳水资源费。地下水水资源费征收标准应当高于本地地表水水利工程供水价格。地下水严重超采区的水资源费征收标准应当

高于一般超采区的水资源费征收标准。①

2. 农村水环境法律法规渐趋完善

农村水政策与行政管理层级相匹配分为国家级政策、省级政策、市级政策三个层次。按照《立法法》，一般的地级市人民政府和县（市）人民政府不能制定法规规章，只可制定行政措施和决定等。《立法法》第七十二条指出：省、自治区、直辖市的人民代表大会及其常务委员会根据本行政区域的具体情况和实际需要，在不同宪法、法律、行政法规相抵触的前提下，可以制定地方性法规。设区的市的地方性法规须报省、自治区的人民代表大会常务委员会批准后施行。

在涉及水治理中补偿和水价方面的表述有：第一层次的国家层面，以中共中央国务院 2011 年的"中央一号"文件出台成为顶层设计的标志性成果。《中共中央关于加快水利改革发展的决定》提出：建立用水总量控制、用水效率控制和纳污容量控制"三条红线"制度。第二十一条提出：建立水功能区限制纳污制度。加强水源地保护，依法划定饮用水水源保护区，强化饮用水水源应急管理。建立水生态补偿机制。第二十六条提出积极推进水价改革。按照促进节约用水、降低农民水费支出、保障灌排工程良性运行的原则，推进农业水价综合改革，农业灌排工程运行管理费用由财政适当补助，探索实行农民定额内用水享受优惠水价、超定额用水累进加价的办法。第二层次的省级政策层面，在中央水政策的完善和执行过程中，较早提出地下水治理的是河北省 2011 年推行的《河北省实施〈中华人民共和国水法〉办法》，其第三十六条提出：用水实行总量控制和定额管理相结合的制度。第四十条提出：各级人民政府应当逐年增加节约用水资金的投入，支持农业节水灌溉、节水设施技术改造、节水技术研究推广和再生水利用设施建设，鼓励社会各界采取多种形式投资节水工程建设。第四十二条提出：用水实行差别水价和超定额累进加价制度。第五十五条提出：取用水应当安装合格的计量设备，按计量缴纳水费或者水资源费，禁止实行包费制。农业灌溉应当实行计量用水，暂时不具备安装计量设备条件的，应当采用替代计量方法进行计量。第三层次的市级层面，水政策处理贯彻上级政策外的地方性政策更具灵活性，因地制宜。例如直辖市层面的《北京市实施〈中华人民共和国水法〉办法》第十五条提出：严格控制开采地下水。地下水开发、利用应当遵循总量控制、分层取水、采补平衡的原则，防止超量开采造成地面沉降、塌陷等地质环境灾害。第四十三条提出：各

---

① 资料来源：《河北省地下水管理条例》（2014 年 11 月 28 日）。

级人民政府应当建立健全节约用水责任制，开展节约用水宣传教育，推行节约用水措施，推广节水新技术、新工艺，培育和发展节水产业，发展节水型工业、农业和服务业。县级政府只有贯彻上级政策的权利，可以制定规划，从目前情况看，我国乡村众多，差异巨大，基层乡村水政策管理体制不顺，村级管理不到位，村级末梢涉水事务只有执行上级政策的权利，本村级基层"土政策"可以写进村规民约中体现。

自 2007 年以来，经梳理我国涉及农村水环境法律法规见表 6-27。

表 6-27　2007 年以来国家级主要农村水环境政策

发布时间	文件	焦点	关键措施
2007.5	《关于加强农村环境保护工作的意见》（国办发〔2007〕63 号）	污水治理	加强畜禽水产养殖污染防治；有条件的小城镇和规模较大村庄应建设污水处理设施，城市周边村镇的污水可纳入城市污水收集管网，居住比较分散、经济条件较差村庄的生活污水，可采取分散式、低成本、易管理的方式进行处理；严格控制主要粮食产地和蔬菜基地的污水灌溉，确保农产品质量安全，防治农村土壤污染
2009.2	关于实行"以奖促治"加快解决突出的农村环境问题的实施方案（国办发〔2009〕11 号）	以奖促治 以奖代补	资金年度安排；资金使用实行县级财政报账制、专款专用，专项核算；村务公开抽查并考核
2010.12	《全国农村环境连片整治工作指南（试行）》的通知（环办〔2010〕178 号）	连片整治	多个村庄实施同步、集中整治；突出重点、示范先行、确保实效、逐步推广、多方投入；中央农村环保专项资金作为"种子"资金；实施环境成效评估；村民自治与政府支持设施运行维护模式：政府委托专业公司、培训专职管理人员、委托乡镇污水处理厂代管、受益村庄定期维护
2011.3	《关于进一步加强农村环境保护工作的意见》（环发〔2011〕29 号）	以奖促治 以创促治 以减促治 以考促治	部省、部门、内部联动；省市县农村环保专项资金；建立政府、企业、社会多元化资金投入机制；申报国家、省级生态乡镇、生态村建设标准程序；建立农村集镇生活污水和规模化畜禽养殖场（小区）化学需氧量和氨氮减排的监测、统计、考核体系；目标责任制层级考核
2015.5	《美丽乡村建设指南》国家质检总局、国家标准委	美丽乡村建设	确定污水收集模式和处理方式，建设污水处理系统并定期维护，21 项量化指标中提出生活污水处理农户覆盖率为 70%以上

续表

发布时间	文件	焦点	关键措施
2015.2	水污染防治行动计划	农村污水综合治理	县级农村污水处理统一规划、统一建设、统一管理；有条件的地区积极推进城镇污水处理设施和服务向农村延伸；深化"以奖促治"政策；实行测土配方施肥，建设生态沟渠、污水净化塘等设施，净化农田排水；适当减少用水量较大的农作物种植面积，改种耐旱作物和经济林；严格控制开采深层承压水、地热水、矿泉水开发，严格实行取水许可和采矿许可；未经批准的和公共供水管网覆盖范围内的自备水井，一律予以关闭；开展华北地下水超采区综合治理，超采区内禁止工农业生产及服务业新增取用地下水

二、"一元独治"农村水治理的初级模式

公共管理不论是政府配置还是社会力量配置资源，既有市场的失效，又发生国家的失灵。不少学者和国际组织纷纷提出了"元治理"（Meta-governance）、"有效的治理"和"善治"等概念。因此，将农村水治理的元，按照规模大小和发挥的作用分别划分"一元"即政府主体，"二元"政府与农户合作组织（包括农户），"多元"即包括政府、企业、水组织、用水农户和社会资本。

1. "一元独治"治水模式概念

"一元独治"水治理模式是指在水权公有、政府占有全部水权的前提下，农村生产和生活取水、用水、节水、排水和回用等资源开发、利用、保护和水污染治理等政策过程和组织行为体系，均由政府控制，在水权一元化的利益格局中政府职能全面，独立地制定、执行和评价政策，用水农户利益隶属于政府利益，被动地接受政府政策执行，政策利益向政府倾斜。

2. "一元独治"治水模式机理

一元化水治理的利益格局中政府是全能的，垄断全部水权束，独立制定各项水政策，控制农户利益分配，采用行政手段强制执行管理政策，并把控工程、技术和农艺手段的标准、投资和监理，拒绝社会资金注入水利建设。但是当政府的目标与农户目标冲突时，农户常常采取"上有政策，下有对策"进行非合作博弈，结果往往呈负向博弈，政府往往能占上风，农民利益受到损失，政策执行出现扭曲、政策效能衰减甚至失效。例如，衡水在执行"提补

水价"的运行中，基于农户的承受能力视角，"一提"的边际水价增量往往较高，"一补"的水价幅度往往较低。由政府主导下的"一元独治"模式中，农业管理节水水价由政府单方面制定和执行，农民无权参与水政策制定，仅能被动接受和有限监督和评价。其机理示意图见图6-10。

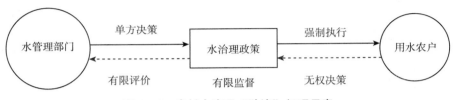

图6-10 农村水治理"独治"机理示意

3. 我国"一元独治"型水管理的历史地位评价

从新中国成立到改革开放，"全能主义"（Totalism）的国家政权被建立起来①。政府与社会公民高度合一，国家力量主宰一切，政府权力全面渗透到政治、经济和意识，且三个中心高度重叠，全社会各方面高度政治化。国家政权通过统一意识形态、强化行政立法、构建科层化组织、发挥政治动员和全面道德渗透等手段实现了对包括广大农村治理的全面控制。农村各种自然资源开发利用、经济增长和社会关系体系等被全面重组后垄断，社会体系被全面纳入政府权力体系之下，社会权力严重萎缩，政府具有空前的扩张权、绝对的控制权、强大的干预权，逐步形成以"强政府、弱社会"为特征的权力治理格局。

反映在农村水治理方面存在的问题：第一，政府为了实现治理洪涝水患，实施全民政治化动员，命令式强制推动全国性人力、物力和财力资源以建设大型水利建设工程项目（例如，治理淮河、黄河上游水利工程），并妥善应付突发危机方面（例如漳河水之争、1998年长江抗洪和2016年南方抗洪）。第二，社会组织结构呈现小规模、分散、软弱和瘫痪状态，自组织能力差，无独立运作权，完全被动听上级命令行事。第三，农民高度依赖农村的"人民公社"、"大队"等集体组织获取计划分配的各类资源。第四，信息严重不对称，严重

---

① 按照美国芝加哥大学政治学系教授邹谠先生的说法，全能主义是指"政治机构的权力可以随时地无限制地侵入和控制社会每一个阶层和每一个领域的指导思想。在原则上它不受法律、思想、道德（包括宗教）的限制。政治中心的一元性，政治权力的无限性，政治执行的高效性，政治动员的广泛性，政治参与的空泛性，意识形态的工具性和国家对外的封闭性"。

缺乏互动沟通。政府利用报纸、广播等传统媒体均自上而下单通道传播各种信息，个体农民一心为公，失去个人利益的汇集、沟通和表达渠道。第五，政府对水资源功能的认识局限，仅停留在抗洪减灾、水力发电和灌溉三个层面，没有水生态和景观功能的认识，更无取水、用水、节水、排水和回用的水治理"政策包"。第六，公有制下的农村水资源"取之不尽，用之不竭"、大家共享、零成本利用（城镇此时仅有些象征性交几分钱/吨的水费），个人自利性被剥夺，谈私色变，否定水商品属性，取缔水市场，禁止水交易。导致农业大水漫灌、农村生活污水肆意泼洒。该时期从全国看，农业用水供需矛盾不突出，政府与社会的矛盾虽潜伏至深，但没有突出显现。

改革开放后，我国开始向具有中国特色的"后全能主义"（Post-totalitarianregime）转变。虽然"后全能体制"一方面继承了全能体制下执政党的国家动员力这一传统资源，作为实现现代化的权威杠杆，从而保有较强的推动体制变革的动员能力和抵御非常事件及危机的动员能力；但另一方面也承袭了全能体制下社会监督机制不足的缺陷。"后全能体制"国家的政治控制的范围逐渐缩小，经济市场化逐步形成了非政治领域内的自主性社会空间，社会治理逐步形成一种有限的多元化局面。①

国内学者从水资源配置的角度分析提出多机制共生水配置模型，即政府行政配置（Public Water Allocation）、市场配置（Water Market Allocation）、自主治理制度（User-Based Allocation）。由于市场配置与自主配置具有概念重叠，根据市场的组织化程度进一步细分出并比较其各自属性，评价其各自优缺点，见表6-28。

表6-28　农村水资源政府配置与市场配置制度现状比较

	政府行政配置	市场配置		
		NGO（水协会）	用水企业	自主治理
目标	全面宏大长远	局部微小中短期	局部微小中短期	局部微小短期
权力特征	集中控制	相对集中	开放公平	分散拓展
结构形态	稳固的科层体系	科层化趋势	扁平体系	网络化
政策手段	行政命令，法规强制	行政、道德、利益	利益诱导，产权交易	民主协商，自主治理
组织权能	最大	较大	较小	最小
政策执行力	最大	较大	较小	最小

---

①　"后全能体制"概念由上海师范大学历史系教授萧功秦首次提出。

续表

	政府行政配置	市场配置		
		NGO（水协会）	用水企业	自主治理
自由度	最小	较小	较大	最大
监督力	内部外部都小	内部小外部较小	内部外部都大	内外部都强
共享性	体系内大，体系外大	体系内大，体系外小	体系内小，体系外小	无体系，普遍大
外部性	体系内小，体系外大	体系内小，体系外大	体系内小，体系外大	普遍大
信息能力	自上而下，规避并衰减	自上而下，信息不对称	上下互动，信息对称	平等交流信息对称
运行费用	最高（科层化）	较高	较低	最低

4. 流域集权科层式治水的必要性

由于全国性大流域水利设施和水事管理事关国家安全和区域发展战略，集中投资规模大、投资周期很长，并且具有防洪、发电航运等综合功能，水利设施具有公共物品属性，尽管公共干预所产生的结果与社会公平的政策目标相矛盾，但也需要公共配置机制，需要国家深度干预，垄断所有权和经营权，不要求私人用水户分散投资和管理，而适用集权的科层机制用国家公权制度管理。凭借巨大的政府集权打破流域跨行政区划阻隔，有效集中各个区域人、才、物，统一实施流域水环境治理。为此，提供农业大流域水资源灌溉用水和流域性地下水，其公共属性的鲜明特点，需要国家级管理委员会（例如，黄河水利委员会、海河水利委员会以及南水北调水利工程委员会）进行跨流域管理。而对于公益属性很强的地下水资源更采用中央集权的"垂直式管理"，即水利部门摆脱地方政府的干预，牵头采取统一强制的治理措施，调动集权上移的人权、财权、事权，综合治理地下水，禁止、限制地下水超量开采，强力执法监管，完成治理目标。

三、"二元共治"农村水治理的中级模式

1. "二元共治"治水模式概念与机理

"二元共治"模式是指在水权公有、政府占有水资源所有权前提下，将不同等级的水权的经营权向社会开放，由非政府组织、农民水协会以及农业企业，将农村生产和生活取水、用水、节水、排水和回用等过程分解，将农村水资源开发、利用、保护和水污染治理等过程，由政府与社会化和组织化农民分

割控制，灌溉总渠道预计工程归政府，小型支渠道归农民和协会的分权范式，按照股份制或承包制等经营方式实施国控民营。在水权二元化的利益格局中，政府与非政府的社会化以及组织化的农民共同协商制定、执行和评价政策，水资源开发福利和利益归政府与农户共同享用，政策组织行为体系互动执行和传递。其中，农业（包括农村的生活饮用水和生活排水污水治理）水管理节水水价由政府与农户参与下，呈现"二元共治"主导模式。

近年来，农户更希望参与制定政策并与政府协商合作共同推进乡村治理现代化和民主化，由利益分离经偏心互利到同心共利，以满足自己增收的利益目标。为此，提出"二元共治"农业节水政策机制，即农民能公平参与水价政策和其他水管理事务，对节水收费、水价定标、奖补方式和标准、水权划分以及设施运行等政策内容共同协商、合作博弈，形成农民参与政策体系的合作共治格局，以提高政策响应度和政策执行力。其机理见图6-11。

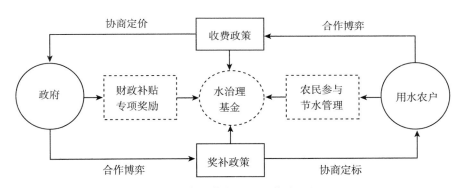

图6-11 农业节水"二元共治"机理

在"二元共治"模式中，农业生产区大灌溉工程水权归国家管理，小支渠归农民管理；在农村生活区内，污水治理可以分为两种模式：一是"院内农户管，村内水协会管，村外水企业管"；二是水企业或水协会专业化服务，统一管理院内、村内、村外污水处理，距离城镇近的与城镇管网联通，分散的村庄可以简易法进行污水处理。灌溉和污水治理都接受政府给农户补贴和补偿，形成二元互动格局。

水权由高级的流域、干渠向支渠、农渠斗渠和毛渠逐级划分有利于提高配置效率。宏观水权管理由政府一元配置更能体现公共产品的共享性，社会福利提高，也因信息成本、搜寻成本和产权谈判成本少，使总成本较低，而提高了管理效率；同理，中观的水权配置归水协会和水企业效率较高，微观水权配置主体归基层农户可以发挥竞争性市场的运行的条件。当市场交易机制不健全时，可以将后两者放入准市场看待，这时，政府与农户宏微观市场，还需依赖补偿机制来调节市场失灵、政府失灵带来的二元福利损失以及公共产品被挤占的困局。

可以将农村水资源与环境的生态补偿手段分为：政策补偿、资金补偿、实物补偿、智力补偿和生态移民 5 种。其补偿目标和内容见表 6-29。

表 6-29　农村水资源与环境生态补偿方式①

补偿方式	概念	补偿目的
政策补偿	上级政府对下级政府权力机会成本的补偿，常用财政转移支付方式	以供定需、定额供应；提高水价，总量控制；以水定产量，调整结构；纵向补偿，明补为主
资金补偿	政府或利益相关者以直接或间接方式向受损地或受损者农户提供资金扶持	流域上下游利益盈亏；农户耗水节水户间横向补偿；灌排工程运行管理费补贴；农田水利工程设施维修养护补贴；调整种植结构节水补贴
实物补偿	通过物质或土地资源转让等	改善受补偿者生计，增强和恢复水生态支撑能力
智力补偿	政府向受补偿者提供无偿技术咨询指导和智力服务	智力和技能输入，输血型转向造血型
生态移民	因保护和修复某个地区特殊的生态而进行的人口迁移	减少保护区的生态压力，提高承载力和环境容量

例如，衡水桃城区的"提补"水价制度改革思路的经济学依据，是公共福利经济学的卡尔多·希克斯改进以及林达尔均衡的耦合，其关系可用表 6-30 说明。

表 6-30　衡水桃城区提补水价不同阶段的提补策略

水治理阶段	提补关系	理论依据
一元独治	提的水价≥补的水价	卡尔多·希克斯改进机理下林达尔均衡向政府偏利
二元共治	提的水价≈补的水价	卡尔多·希克斯改进机理下林达尔均衡政府与农户利益均衡
多元善治	提的水价≤补的水价	卡尔多·希克斯改进机理下林达尔均衡向农户偏利

---

① 王军等．农业生态安全政策与机制研究［M］．北京：中国质检出版社，2013.

2. "二元共治"农业节水政策模拟初探

为了揭示"二元共治"节水模式中政府补贴与水效率的因果关系,以衡水市桃城区"一提一补"政策为研究对象,采用 Powersim Studio7 方法对二元共治节水政策实施仿真流程模拟。根据实证调查,农户参与程度、热情与政府的节水目标并不一致,主要原因在于节水造成农户收成下降,收入降低,而补贴并未弥补这种差异。进一步分析补贴过低的原因在于用水提取基金不足,项目支持资金有限,地方政府的财政支持存在不足。从 2008~2013 年基金收支情况来看,来源于农户用水提取的资金占比为 75%,"一提一补"项目资金占 18%,衡水市地方财政支持占比为 7%。

在调查过程中,农民不愿参与节水的直接原因主要是补贴标准过低,不能弥补因节水所造成的收入损失,产生较大的差额。一般来说,差额越大,农民节水参与程度越低,短期内面临着难以承受的高水费提取,长期会因政府与农户争利益而影响干群关系,农业种植户会感觉被"剥削",从农业耗水作物种植户的利益向农业旱作种植户转移而不划算,因发生在同村同乡而助长抵触情绪;或者提与补失衡,补多提少,造成节水基金日渐枯竭,进而影响下一周期的节水补贴标准。最终使得提补基金名存实亡。另外,在节水基金的管理运营过程中,中央财政转移支付有限,在"一提一补"政策执行过程中,主要靠地方财政单一资金支持,有限的财政资金难以持续支持桃城区实施农业管理节水政策的改革。

为了分析桃城区"一提一补"政策执行过程中的相关因素的影响关系,采用 Powersim Studio7 进行政策模拟。先设计各要素间的因果关系如图 6-12 所示。其中,因素间存在的正向(正极性)关系有:第一,节水基金的增加将显著提高节水补贴标准;第二,补贴标准的提高会降低与农户收入预期水平的差距,即差额降低;第三,差额降低,农户看到节水并不影响收入水平,通过补贴还将提高整体收入,会大大提高节水参与程度。此外,影响因素还包括:节水意识及对水资源认知程度、用水协会是否建立、政策执行程度、政府宣传力度等(见图 6-13)。如图 6-14 所示,从构建的农户节水意识指数的对比中可以看出,在实验过程中,经过政策的宣传介绍,农户的节水意识明显提高,由培训前的 5.71 分提高到培训后的 6.45 分(满分为 10 分),提高了 12.96%。

在农户参与用水协会行为影响因素的实证分析基础上,进行二元共治政策模拟,其流程见图 6-15。

经过政策模拟发现:第一,随着旱作面积的增加,所需提取基金的规模越

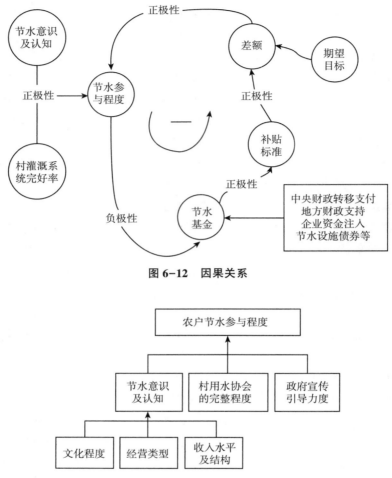

图 6-12　因果关系

图 6-13　农户节水参与程度影响因素分析

来越大。假设 2014 年政策模拟初期的初始值为 100 元，若政策执行五年，到 2019 年，所需提补基金的规模将达到 436814 元。如果在这之后继续执行补贴政策，所需提补基金的规模将呈指数增长。第二，旱作面积由 2014 年初期的 100 公顷，增加到 2019 年初的 26578 公顷。但这种旱作物种植规模的扩大主要是由政策性财政补贴带来的，每公顷需要财政补贴 13600 元左右。否则会因为节水过程中所产生的技术投入、设施改造以及农户收入水平下降等因素造成农户亩均损失 900 元左右。在调整参数和多次模拟纠偏的条件下，可以看出补贴与节水效果呈正相关加速递增关系（见图 6-16）。

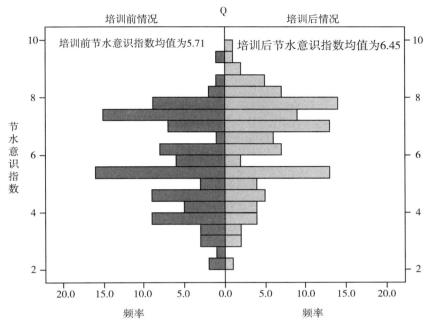

图 6-14　二元共治机制下培训前后农户节水意识分布频度变化

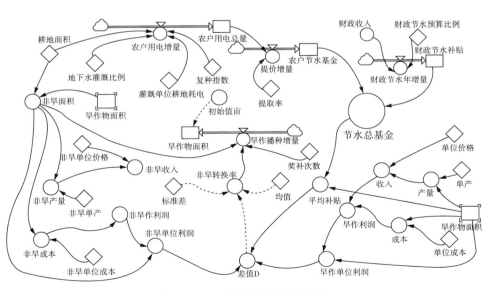

图 6-15　二元共治政策模拟流程

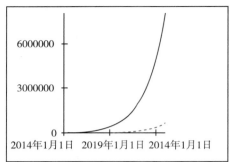
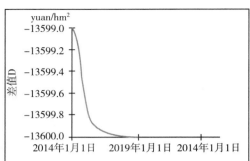

—提取基金（yuan） ····· 旱作物面积（hm²） —— 补贴（yuan）

图6-16 二元共治政策模拟初始结果

从以上初步政策的模拟过程来看，政府的财政压力巨大，并且农户节水行为的稳定性欠佳，如果不能获得充足的节水补贴弥补农户收入损失，农户会继续转为高耗水的种植模式以保证收入。因此，节水补偿和财政补贴的资金充足是弥合政府节水与农户增收由二元分离向二元共治均衡态演进的关键。

财政补贴支持下的节水二元共治政策建议：一是加强政策执行过程中的强制力。运用信贷手段加强政府对节水灌溉技术的扶持力度。并且各级政府建立节水灌溉发展基金，对采用节水灌溉技术的农户实行物质激励，同时，对粗放的灌溉方式、水资源浪费严重的农户给予相应的惩罚。二是提高财政补贴标准，拓宽提补基金规模。节水补贴标准是影响农户节水参与程度的重要因素，提高补贴额度将大大提高节水参与意识。而补贴标准的增加有待于提补基金的规模扩大和使用效率。三是吸纳社会资本投入和设立农业节水建设基金，确保节水提补基金池的稳定运行。

3. 二元共治节水PPP工程+基金池+政府补贴

提补基金来源渠道是该政策顺利执行的关键环节。采用先进节水技术可以显著降低农业耗水量，但先进技术需要大量的技术投入，完全由农户或村集体承担会带来较大经济压力。同时，以种植传统作物的方式，其收入增加有限，较大的节水技术投入影响农户的农业种植纯收入。因此，政府应成为节水技术及设施投入的主体，弥补农户资金不足的问题。加强土地流转，增大户种植规模，会降低节水设施投入的单位成本。当因节约用水，使灌溉用水与总量定额间产生的差额向城市用水、环境用水转移时，用水农户应当得到补偿。杜绝由市场交易双方以外的第三方支付水权交易额外的水价的"第三方付款"现象普遍发生。如果存在普遍的额外水价由政府补贴，在体制上便不能使水权交易者接受市场价格，也不可能将其成本和预算纳入市场制约，而且可能产生买卖双方合谋坑害政府的行为，使价格水平不仅不能反映真实的供求，甚至倒逼政府提高不能反映市场真实性的"补贴"标准，进而导致整个市场水价的扭曲和水权市场交易失灵。

这里探索不同市场需求状态下公共品定价及定价权配置。由于不同的公共品或服务所面临的市场需求程度不同，该公共品的定价方式和方法也就不同。在此根据 PPP 模式混合组织对于公共品需求状态的分类，来描述不同市场、不同公共消费品的需求，通过比较公共品或服务市场上消费者的支付意愿和政府的规制价格区间，规则如下：

当公共品供给市场上消费者的最低支付意愿大于政府规制的 PPP 模式基础设施项目运营期的最高用户水费价格，即 $v_{min} > M$ 时，市场对 PPP 模式项目提供的公共品为高需求状态，政府限定最高用户水费价格为 M，这样政府或社会福利获得剩余的收益将在原有基础上大大提高，即 $v-M$；而此时公共品市场定价为 $v=M$。市场按照政府规制的最高价格进行交易，此时政府对 PPP 模式混合组织中社会资本没有任何补贴，即在市场高需求状态下，即 $S(v)=0$，则政府规制定价的上限值为 $c_1 + \dfrac{k}{q}$，政府公共部门对公共品定价规制区间的上限为：

$$M = c_1 + \frac{k[2\alpha - (1+\lambda)]}{\alpha(a-bc)} \tag{6-19}$$

式中，M 为政府规制的 PPP 项目运营期的最高用户水费价格；k 为第一阶段建设期 PPP 模式项目投资成本；c_1 为初始水价；q 为社会资本参与下的水需求函数。

当公共品供给市场上消费者的支付意愿处于政府规制的 PPP 模式项目运营期的最低用户水费价格 m 和最高用户水费价格 M 之间，即 $m \leqslant v \leqslant M$ 时，按照自由市场机制交易，由社会资本定价，市场需求函数为 $q=a-bv$，逆需求函数为 $v(q) = \dfrac{1}{b}(a-q)$，政府对社会资本合作方没有任何补贴，即 $S(v)=0$。此时公共品市场消费价格满足 $v \geqslant c + \dfrac{k}{q} = c + \dfrac{2k}{a-bc}$。在公共品市场中等需求状态下，政府规制部门授权给 PPP 项目的社会资本完全自主定价权，社会资本根据自身利益最大化，即满足生产者剩余最大化的前提下进行 PPP 模式项目的运营，社会资本自主确定基础设施项目的运营价格，此时公共品市场的最终定价与政府规制的公共品价格上下限无关。

当市场上消费者的最高支付意愿小于政府规制的 PPP 模式项目运营期的最低用户费价格，即 $v_{min} < m$ 时，市场对 PPP 模式项目提供的公共品为低需求状态，政府给予 PPP 模式混合组织中社会资本对价格的相应补贴，即

$S(v) = \int_0^q (m-v) dq$，此时政府对公共产品价格规制的下限 $m < \dfrac{(1+\lambda-\alpha)\dfrac{a}{b}+\alpha c}{1+\lambda-2\alpha}$。

在公共品市场低需求情形下，政府对社会资本有保留收益的承诺和保障，而市场上消费者的支付意愿低于政府规制的最低的公共产品价格规制下限，因此市场上公共品的消费仍按照消费者的支付意愿进行交易和运行，政府需要对社会资本的生产者剩余损失提供一定的转移支付或补贴。[①] 上述公式可用于说明二元共治是低需求时必须由政府补贴，多元善治是高、中等需求时不用政府补贴。

4. 水协会助推"二元共治"向"多元善治"转型

由于市场机制存在外部性，以及公共政策执行低效率导致的"政府失灵"，这时，第三种力量，农村水合作组织（简称水协会）则可担当责任，弥补权能空缺。通常可采取村委会+水治理功能、专业合作社+水治理功能、水协会+水治理功能。采用第一个模式，会使上级政府和相关部门提高水治理的资金投入，使其与事权、责权相匹配。采用第二个模式，上级政府和相关部门可委托专业合作社负责组织村民的农村水治理教育普及、技术培训、资金监管、政策监督、奖惩或处罚以及合同履行。采用第三个模式，政府相关部门通过合同委托方式提供专项资金和政策与行政支持，检查农村环境治理效果，并根据治理效果进行奖励或处罚。当地村民和政府相关部门组成联合评估小组，对水环境管理合作社承担的合同义务履行情况进行检查和评估。这时政府的"独治"向政府与农户"二元共治"转化后就有了好帮手，政策传递的好渠道，进而为向"多元善治"转变提供了条件。同时，水协会通过章程吸纳农户参与，更多代表农户利益，就有了与政府博弈谈判的更多力量，于是政策从

---

① 根据陈辉 . PPP 模式手册——政府与社会资本合作理论方法与实践操作 [M]. 北京：知识产权出版社，2015：273-276 内容整理修改。

制定、执行、监督和评估，就有了从政府、水协会到农户全程环节的联通，利益链条的融通，促使农村水政策效能不衰减，使政策目标不"走样"。

四、"多元善治"农村水治理的高级模式

基于上述二元共治的结构和职能分析，当市场交易机制不健全时再将后三者进行细分，形成多元共治和善治的机制。

1. 多元善治提出的背景

随着我国经济进入新常态，政府职能转变和财政预算约束增强，政府"一元独治"式社会治理弊端更加显露，政府逐渐趋于职能归位。近年来，学术界进行了广泛的思想铺垫，从多中心治理到后全能主义，从举国体制到公民社会，从"大政府、小社会"式的全能型政府向"强政府、大社会"式的服务型政府转变，正趋向进行"小政府，大社会"的社会治理制度创新，是个由有限的理性模式向渐进模式的转型。美国学者林德布洛姆（C. E. Lindblom）提出了渐进主义模式，主张"通过妥协调适、良性互动进而实现政策的动态均衡"。所谓渐进决策，就是指决策者在决策时在既有的合法政策的基础上，采用渐进方式对现行政策加以修改，通过一连串小小的改变，在社会稳定的前提下，逐渐实现决策目标。[①] 我国当前及今后一段时期的政策制定，应该采取"渐进+强封闭+弱开放+精英"模式，同时注重对法律法规的进一步完善和公民素质的培养；今后时机成熟后，可转变为"渐进+开放+集体"模式（刘义成，2010）[②]。

我国农村水权不明晰，政府基层事权、财权、人权配置不当，事权大于财权态势以及农户的非参与性民主意识落后。在此情况下，由于参与主体少，重复博弈利益重心仅在政府与农户之间调整，不能完成正外部性进而有利于全民福利的改善，所以，应增加多元主体参与分析。目前，我国水治理正呈现政府水管理的"一元独治"向"二元共治"的水治理转型中，进而转向更趋完善的"多元善治"，但仍需要一段时间。

2. "多元互利善治"概念和属性

"多元善治"模式，即指政府与农民、企业、社会对农村公共物品建设形成主体平等、合作管理、协同治理，达成正和博弈的伙伴关系。在该体系中，

① 丁煌. 林德布洛姆的渐进决策理论［J］. 国际技术经济研究，1999（3）：20-26.
② 刘义成. 公共政策制定模式及我国的模式选择［J］. 当代经济管理，2010（2）：56-58.

用水农户和组织起来的用水协会与政府对农业管理节水等事权，从政策制定、执行、监督评价和终结等水管理实施平等协商，共同管理，并与农艺和工程等节水措施配合，实现最大节水政策效能。其本质是政府将改变社会管理功能唯一权力核心地位，而与非政府组织、非营利组织、社区组织、农民自治合作组织等第三部门和私营机构及农户共同管理公共水事务并提供水公共服务，形成多元互利共赢的水治理格局。

3. "多元互利善治" 治水模式机理

多元互利善治下的农村水资源和环境的配置可分为五种，即政府行政部门、供水企业、用水协会、社会组织、农户个人多元自主治理制度。善治就是使公共利益最大化的社会管理过程。善治的本质特征，就在于它是政府与公民对公共生活的合作管理，是政治国家与公民社会相结合，是两者的最佳状态。善治的基本要素：一是合法性（Legitimacy）；二是透明性（Transparency）；三是责任性（Accountability）；四是法治（Rule of Law）；五是回应（Responsive-Ness）；六是有效（Effectiveness）。它实际上是国家的权力向社会的回归，国家与公民之间良好的合作。政府与社会之间制度化的沟通互动机制运行良好，社会组织开始承担部分原先由政府承担的职能，或者政府与社会组织合作，共同治理，有效地完成对公共事务的治理。其特点：一是政府向市场归还部分权利，培育一个完整、健康、成熟的市场；二是政府还权于社会，培育出一个公平、高效、民主的"强社会"。社会管理的权力在政府与市场、政府与非政府民间组织、民众自治组织中的有序流动。政府与社会"强强联合"，实现共同合作，共同治理。一方面，政府按照"有限而有效"理念，培育市场主体，从宏观上实现善治；另一方面，社会体系承担起更多的职责，积聚能力，接纳政府包揽的部分事务还给社会，与政府协商分工、充分互动，愉快合作，形成治理合力，进行"共治"，最终实现"善治"。

农村水治理的多元互利善治机理见图6-17。

基于上述分类，可以开发模式选择的权变模型，来确定模式选择的适用条件、适用范围和评判准则。这样，可以便利地判断在某一情景下使用哪种水治理共赢模式更为合适。有的学者已经提出"多元共生水资源配置机制"。由于水资源具有的自然、经济、社会多重复杂特性，水资源产权具有多种形式的科层结构，要求水配置采用政府、市场、用水户组织为主体的多元共生水资源配置机制，以克服政府失灵、市场失灵、技术失灵和外部性。进而水资源的开发

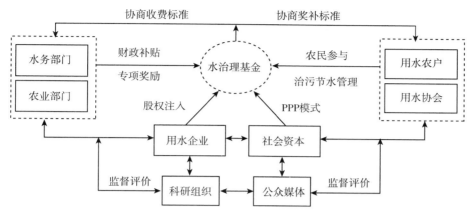

图 6-17 农村水治理多元善治机理示意

利用管理体制可以划分为政府行政配置型、市场配置型、自主治理型的多机制水管理制度安排。这里，多元综合了政府和市场和用水农户，共生体现了多元平等和共同合作的愿望，配置体现了政府主导下带有行政管制的控制型和计划安排，总体是科层式、非对称以及复杂化思路，而本书提出的"多元互利善治"，趋于市场化、民主化、对称化以及简单化，概念差别化大于联系性，更趋向于低重心的模式导向。

4. "多元互利善治"治水模式的拓展

根据政府部门在共赢过程中的不同角色和作用，可以划分为政府主导型共赢模式以及政府斡旋型共赢模式。政府主导型共赢模式适用场合是：政策议程一般为内生型，政策问题的提出多发自于体制内，政府部门对政策方案已有初步的考虑或思路。作为政策制定者的政府部门实际上已经成为明显的利益相关者，其对政策的基本考虑已经成为政策选择的实际约束，尽管这种约束可以在协商中调整。但是在这种模式"博弈—协商"过程中，政府部门是"强势"的协商组织者，也是协商的参与者，发挥积极的主导作用。同时，作为政策制定者的政府部门在面临各方对政府治理框架的挑战时，仍能控制和约束着其他各方在协商框架中运行。这种模式体现了我国行政主导的政策制定现状。政府斡旋型共赢模式适用于政府部门对政策问题没有预设立场的场合，"博弈—协商"平台基本是开放的，政府部门只发挥协调者或斡旋者的作用，甚至可以邀请中立的第三方担任"博弈—协商"的主持者。按照专业人士特别是领域专家在共赢过程中的作用，可把这种共赢模式划分成专家证人模式以及讨论式对抗模式。模式选择取决于政策制定中专家意见的利益超脱程度。在某些政策制定情景中，问题解决涉及领域的专家利益地位处于相对超脱和独立的地位，发挥专家证人的作用。在另外一些场合中，专家的利益倾向和价值判断相当明显，很难找到所谓"价值中立"的领域专家。例如，水电开发决策中水利专家和环保专家，常常因灌溉防洪与生态修复的立场相左，观点径庭。这时就不妨采取讨论式对抗模式，直接把专家按其立场配属给利益相关者，为利益博弈各自提供技术支持。

改革开放40多年来，中国的社会关系发生了深刻变革，权力格局的重心向社会倾斜，政府开始还权于社会，政府社会管理的部分权力逐渐从国家本位主义模式中走出来，美国行政学家奥斯本认为，在一个现代民主善治国家里，政府的职能应该集中在"掌舵"，而不是"划桨"。我们的目标不只是建立一个"实干"的政府，也不只是一个"执行"的政府，而是一个"治理"的政府，是一个社会力量开始积聚、壮大并逐步走向善治民治。

第一，创新农村水利管理体制的结构。将多家用水户协会和若干家小型联户、单户组织进行合并，形成由"国家水利部—地方水利局—新的用水户管理组织"组成的三级农村水利管理结构，缩减管理层级和跨度。"除了服从和自主外，民间组织这个第三种力量主要通过互动方式影响政策更趋优化和高效。"根据民政部民间组织管理局统计，截至2015年3月底，全国共有社会组织61.3万个，同比增长10.9%。研究表明：用水户参与管理的程度越高，越有利于提高农田水利的管理效率；公共部门参与程度越高，越有利于协调、控制公共资金，提高资金利用效率；用水户与公共部门有机结合的管理制度是政府农田水利投资效率最高的制度。社会组织要逐步剥离政治职能和行政职能，拓展管理自主权，实现自我管理、自我服务、自我协调、自我监督，逐步形成农村水治理和公共服务活跃的独立的角色。作为"第三种力量"的民间组织通过互动方式影响政策更趋优化和高效的作用越来越显现。

第二，政府转变管理定位，回归有限政府职能。构建规模小、人员少、机构精简的有限权力政府，减量增效政府权力，既要发挥政府公共服务的经济、社会、保障政策与法律基本职能。尤其是提供社会公共产品，保护共有资源和环境，建立市场机制，调节经济运行、收入再分配，以及公共管理的决策、计划、组织、协调的程序系统职能。政府与社会的双向互动，政府和社会都在统一的法律框架下合作，政府需要社会组织行使好监督制约的权利。

第三，要确立政府与社会之间制度化沟通机制。政府与社会在平等的基础上进行沟通、互动和合作，形成治理网络，使政府从繁杂的社会事务中解脱出来。"善治"的最好方式就是"还权于民、官民共治"。建立公私部门分享权力合作治理的新型关系，从而摆脱"社会中心论"与"政府中心论"的对立。

第四，健全多元共治或善治的法律形式。多元善治理念在我国社会管理方面具有重要的理论和实践意义。"多元"是一种手段和方式，"善治"是要达到的一种目的。而从我国目前的状况来看，只有为多元善治立法才能真正充分发挥多元善治的作用，才能达到善治的社会效果。俞可平认为："善治就是使公共利益最大化的社会管理过程，善治的本质是政府与公民对公共生活的合作管理，是举国体制与公民社会的一种新型关系和最佳状态。"从全社会的范围看，善治离不开政府，但更离不开公民，公民社会是善治的现实基础，没有一个健全和发达的公民社会，就不可能有真正的善治。

5. 完善"多元互利善治"治水模式的措施

第一，政府职能由集权向分权治水转型。实现"一元独治"向"二元共治"再向"多元善治"的演进，实质是管理权重心由政府集权向社会化分权转型。一是政府在水资源产权、组织决策权、人事权、水价制定与水费征收等各个方面放权的过程，使农业取水、用水、节水、排水和回用的管理成本小于等于管理效益。政府部门勇于创新，构建市场，明确权责，完善水治理法规体系，规范合同标准，加强法律法规指导，重视农户利益，引导农户参与监督，与私人企业签署项目协议后营造良好运作环境，构造良好的盈利模式，建立风险共同承担结构，既不让公有资产流失，又保护私人利益。政府从直接提供公共服务的主体，转化成项目规划者、标准制定者以及监督引导者，在私营部门现金流大幅下降时政府可给予补贴，当政府财力不足时，要及时吸纳社会资本投入。把共有产权性质从"共同共有"转变为"按份共有"，政府可以担当公共产品抵押权获得贷款的担保人。克服农户参与灌溉管理的改革实践中，村干部兼任协会会长、会计一人多职、机构重叠、服务不规范、权力集中无人监督等不良现象。二是政府、水企业、水协会、用水农户各司其职，共同治政治水。水行政部门对水经营部门制定制度、界定初始产权、建立水权市场、矫正外部性，实施生态补贴补偿，实施有效监管；水企业以优质水服务而盈利，水协会进行微观水管理，用水户参与水治理和水消费。三是用水户组织之间的平等竞争和水权交易。四是用水户组织内的民主管理和协作，形成流域、产业、用水户组织内部及相互之间和谐用水局面。推进政府间、国内和国际间的合作协调的能力，推进公共政策民主化、专业化、科学化发挥重要的作用。在相关政治话题上的协商互动的协调能力，主要是指加强推进各类社会组织负责人进入各级人大、政协及各级党代会，进行广纳建言、参政议政等，还通过加入国际性合作组织及联合国的相关咨询机构，在国际政治体系中与政府进行协调配合，发挥好合作协调能力。①

第二，培育政府与社会公共服务的能力。社会组织承接公共服务，就是把原来由政府直接向社会公众提供的一部分公共服务，通过合同外包、公私合作等方式交给社会力量来提供，并由政府根据服务数量和质量向其支付费用的公共服务提供方式。现代国家与社会组织的合作协调能力包括在公共服务供求上的合作协调能力，在政策制定及执行上的合作协调能力以及在相关政治话题上的互动协调能力。具体来讲，在公共服务供求上的合作协调能力，主要是指通过各种形式外包项目，在两者之间形成围绕公共服务供给所构建的合作伙伴关系及相应的协调互动能力；"用权力的减法换取市场活力的乘法"的具体体现，把政府职能充分转到宏观调控、市场监管、社会治理、公共服务上来的重要举措。社会组织在承接政府转移出来的社会管理与公共服务职能方面具有独特的优势。社会组织所具有的自主性、公益性和平等性特征，在社会治理中相对于政府，在基层社会治理层面更容易获得公众的认同感和归属感，具有细致入微，符合传统文化与基层群众利益的特点。

第三，增强社会公民责任担当的能力。公民有三大责任，一是成为"积极公民"，释放公民的利益主张和权利诉求，以实现民主参与形成社会成员的公民性品格。二是充当"社会安全阀"角色，发挥其社会性、整合性、广泛性等治理特质，发挥其对社会冲突较为敏感性和易协调性，弱化社会矛盾，维护社会稳定。三是成为"关键加入者"，提供政府和市场之外的第三种力量介入公共事务管理，达成正和博弈治理范式。

政策网络与网络治理的结合。所谓政策网络，是在规划和形成公共政策过程中政府部门间及政府与社会组织间的相互作用。政策网络是介于政府与市场之间的第三种结构形式和治理模式，具有四个方面特征：一是行动主体的相互依赖；二是网络成员交换资源和协商利益的持续互动；三是相互按照"游戏

---

① 提升社会组织承接公共服务能力［EB/OL］．社会组织网，2015-04-28．

规则"并产生信任；四是国家干预之外的社会实质性自治，具有自足性并且能自我治理。政策网络利用其开放合格透明的治理结构，能够将分散、分化的信息资源整合起来，形成多元参与、相互信任、持续互动、共建共利的利益共同体，减少信息搜寻成本和交易成本，减少不确定性风险。

善治型政府至少包含以下几个特征：第一，治理性政府要由高居于社会之上的公共权力机构，转变为社会众多权力主体之中处于主导地位的协调者、引导者，政府组织也开始由等级制金字塔的管理结构逐步向网络化、扁平式的治理机构转变。第二，政府放弃作为唯一的公共权力中心，将公共权力向社会有序分权，各类社会组织、市场组织以及公众都可以在特定的范围内参与承担公共治理责任。在多元协同治理主体中，政府仍然是善治的首要责任主体，仍将发挥主导性的治理作用。第三，公共治理型政府的首要职能是为市场与社会创造最优化的外部生存环境和发展空间，在与多元主体的正和博弈中充当"催化剂"的作用和角色。政府职责是规划远景，确立公共治理发展方向和使命，并为人民大众提供最优质的公共服务和最有效的社会管理。

国家能力的重构、建立法治化的公共服务型政府，如何深化社会管理体制改革、培育有利于发挥社会利益正和功能的公民组织，规范社会对政府的制约，实现各公共治理主体间平等互益的正和博弈关系。公共治理多元主体不应该在是服从还是对抗的对立中抉择，而应走互动合作的善治之路，其根本支点就是公民治理，其最优架构就是正和博弈。目前，我国行政体制在转型，政府机构在改革，政府职能收缩与转移，使以公民社会组织为代表的多元主体来承接原先政府的责任、填补公共服务的空白成为必然，催生出众多新兴的社会组织协同治理的发展契机，为平衡、互助、和谐的正和博弈多元治理范式提供了平台。

综上所述，我国农业管理节水和农村污水治理的影响因素包括：政府职能转型，水权改革缓慢，水市场不健全，补偿机制和补贴体系不完善，信息不对称，多元主体职能强弱差异大，配置效率低，转型不同步，尤其是农民、水协会、水企业管水的民主意识亟待提高等。所以，农业管理节水和农村污水治理虽然呈现由"独治"向"二元共治"再向"善治"发展的趋势，但在目前状况下，"二元共治"模式仍是当前最适用和可行的。

五、由善治管理到 PPP 模式的善治工程

PPP 模式即公私合作模式，是公共基础设施中的一种项目融资模式。在

该模式下，鼓励私营企业、民营资本与政府进行合作，参与公共基础设施的建设。其基本原理见图 6-18。

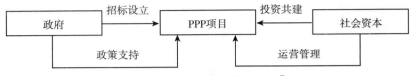

图 6-18　PPP 模式基本结构①

农村公共产品由于制度供给不足，在社会资本充裕、投资路径不多、市场法制契约精神更趋完善的条件下，政府会放宽准入条件，让有实力的市场力量社会资本进入公共服务领域。这些条件包括：政府财政因预算强约束而导致投入和支出不足；企业经营从成熟的产权市场因边际收益递减而获利递减；各层级消费者对公共产品消费水平的需求偏好多样性增加；因技术进步、市场竞争和外贸发展，企业管理成本相对成本降低，供给公共产品的市场比较优势显现；上述条件当遇到政府的政策刺激和制度创新在法律保障下出台时，多元主体都会在利益诱导下越过政府把控公共服务门槛，作为社会资本进入公共产品供应部门，提高公共产品供给的贡献率，协助政府提高公共服务的规模及质量。

政府在 PPP 模式的流程中的基本职能见图 6-19。

图 6-19　政府职能在 PPP 模式中的流程

1. 政府职能归位约束善治

当前，我国经济发展进入新常态，政府预算受到严格约束。第一，《新预算法》要求取消预算外资金，所有财政收支全部纳入政府预算，接受人大审查监督。第二，建立跨年度预算平衡机制。在编制一般公共预算时，可设置预算稳定调节基金，通过基金的调入和调出，来调剂预算执行中由于短收超收导

---

① 陈辉.PPP 模式手册——政府与社会资本合作理论方法与实践操作［M］. 北京：知识产权出版社，2015.

致的预算基金的余缺。第三,改进年度预算控制方式。十八届三中全会提出"审核预算的重点由平衡状态、赤字规模向支出预算和政策拓展"。第四,编制政府综合财务报告。《新预算法》第九十七条明确规定,各级政府财政部门应当按年度编制以权责制为基础的政府综合财务报告,报告政府整体财务状况、运行情况和财政中长期可持续性,反映政府财务状况的存量,将与预算报告相协调,共同反映政府履行各项职能和资金绩效的情况。第五,要求政府严格控制地方新债,使预算更加公开透明。基于上述政策,农村水利等基础设施建设资金来源受到《新预算法》约束,编制政府预算中农村基层的信息不完全上报,使财政预算权责难以全面细化到农村基层,导致农村涉水工程的政府主导职能难以充分发挥,使高度善治的水治理受到财政支出的桎梏。

2. 善治水治理资金结构性短缺发生

当前,随着政府职能归为本位,农村公共服务资金预算规模受限,而同时社会资金庞大,投资需求潜力巨大,导致资金结构性短缺。当前 PPP 模式成功的案例不是很多的原因,一是公私伙伴关系风险。政府是项目需求的设计者,当社会资本进入后一旦项目改变,会导致社会资本与政府间签署的协议无效,虽然责任人是政府,不能担当法人和被诉人,承担权益纠纷,民告官法律保障不足,使投资人利益损失后找不到被起诉对象。任期制的政府会躲避法律责任。二是合作双方动机不同。政府与社会资本,性质的不同导致双方在所关注的利益和合作动机等方面都存在差异,政府关注项目的质量与政绩,常常把门槛设定加高,PPP 模式服务的定价权主要在政府,价格规制增高导致服务范围偏窄,则会妨碍社会资本通过收费来正常补偿其服务成本,从而降低公共服务的供给水平。三是政府债务问题。PPP 项目通常包含政府对社会资本的长期付费,承诺和分担着项目的显性或隐性风险的担保责任。尽管中长期财政预算机制或政府资产负债表等相关改革措施已经提出并开展,但在其尚未有效建立的情况下,PPP 项目仍然可能突破财政承受能力进而导致政府债务风险。四是项目选择问题。PPP 项目虽然由政府发起,但由于其对于 PPP 融资功能的依赖,容易导致对项目前景过于乐观的估测,在政府承担风险的过程中,社会资本亦无足够动力和能力对项目进行严谨的评估和预制分析,从而可能导致错误的项目选择。另外,PPP 项目的规划和筛选还有可能受到腐败或政治利益集团势力的影响。五是有效竞争问题。PPP 项目的竞争压力通常来自社会资本准入阶段,政府在选择社会资本合作方时通常采用公开竞争的方式进行,对于 PPP 项目这类具有多样性、复杂性和长期性特征的标的而言,不同社会资本提供的企业资产价值、承担的风险以及要求的回报，均难以进行直接比较，政府无法通过现有政府采购程序有效甄选出最具竞争力的社会资本。六是履约管理问题。当政府选定社会资本并签订 PPP 项目协议后双方即进入项目履约阶段。一方面，由于履约阶段缺少竞争压力，政府在缺少相称资源和技能的情况下，很难对社会资本的履约情况进行有效的监管；另一方面，由于缺乏有效的争议解决机制，在政府履约情况不佳时社会资本亦难采取实际措施保护自身权益。①

3. 风险评估与防范管理善治

风险的概念应包括三个方面，即有什么风险、风险发生的概率和风险发生带来的后果。与其他类型的风险项目相比，PPP 具有更为复杂的风险。因此，PPP 项目的风险管理是关系到项目运行是否成功的关键因素。目前造成我国 PPP 项目失败的主要风险见表 6-31。

表 6-31　主要风险类型

风险类型	解　释
法律变更	因修订、重新诠释法规而导致项目合法性及协议有效元素发生变化
审批延误	因项目审批程序复杂，时间成本过高，批准之后项目性质和规模难以调整
决策失误/冗长	政府决策程序不规范、官僚作风、项目运营经验不足导致决策失误和政策冗长
政治反对	公众利益得不到保护而引发公众反对、企业抗议和政治局势变化
政府信用	政府不履行合约规定的责任和义务而给项目带来直接或间接风险
不可抗力	在合同签订前无法合理防范，在情况发生时无法克服和避免的风险
融资不合理	融资结构不合理、金融市场不健全、融资可及性因素造成的风险
市场收益不足	项目运营后收益不能收回投资或达到预定水平的风险
项目唯一性竞争	政府或社会投资人新建或改建其他类似项目对该项目形成实质性商业竞争
设施提供不配套	相关基础设施不配套或不到位或工程设施"豆腐渣"工程引发的风险
市场需求变化	排除唯一风险后，因宏观经济因素导致市场需求变化
收费变更风险	由于产品或服务收费价格不合理或收费无弹性导致项目运营入不敷出
腐败风险	公务员索取不合法财物导致项目维护成本增加，加大政府将来违约可能

风险评估：对项目风险进行评估是及时遏制风险行为、降低损失的方法，要对关键风险的风险发生概率、风险危险程度、风险的重要性以及不同层级风

---

① 陈辉. PPP 模式手册——政府与社会资本合作理论方法与实践操作 ［M］. 北京：知识产权出版社，2015.

险运用 vague 图依次进行评估。根据陈辉（2015）的统计，发生概率排序前三的是"政府干预"、"政府决策失误/过程冗长"、"融资风险"；危害程度排序前三的是"政府干预"、"政府信用"、"融资风险"；重要性排序前三的是"政府干预"、"政府决策失误/过程冗长"、"融资风险"。

风险分担：影响风险分担的因素有很多，其中主要包括对风险的有效控制能力、政府提供的激励措施、风险的分担对象、与风险对应的收益以及双方的比较优势等。因此，在风险分担过程中先由政府进行风险识别和评估以及风险的初步分担，然后由社会资本对风险进行评估后报价，最后双方进行风险分担谈判。在水业项目中涉及省政府的"法律变更"风险应由政府承担大部分，而涉及市级政府，则由双方共同承担。

风险管理：第一，健全法律保障。我国过去的很多案例告诉我们，政府前期论证不充分、合作者选择不当或不兑现承诺，往往会导致项目的失败。水治理 PPP 项目需要建立一套 PPP 公法制度，包括《合同法》《担保法》《政府采购法》等，法律支持不够，项目风险会非常大。第二，制度保障。PPP 的运行也依赖合同制度，尤其是民事合同的运行，如果这方面问题比较多，加上公共的复杂性风险会更大。今后中国行政合同诉讼的发展方向，一是从行政行为诉讼向行政法律关系诉讼转变；二是从单向的救济诉讼向平等的保护诉讼转型；三是从合法性诉讼向合约性诉讼转型；四是从行政合同诉讼向公法合同诉讼转型；五是从特定的救济诉讼向选择性诉讼转型；六是从纯粹的外化型诉讼向全面型诉讼转型。第三，经济保障。运用实物期权的原理规避风险。通过交换期权、担保期权、放弃期权、止损期权、增长期权、延迟期权等方式降低运营成本，增加违约、信用、市场需求变化、类似项目竞争、政府决策和审批延误的风险，以及其他非关键风险。

风险管理目标：风险管理的最终目标是实现"物有所值"，物有所值是指一个组织运用其可利用资源所能获得的长期最大利益，对物有所值可以用经济性、效率、效能来描述。适合我国的物有所值评价方法主要有定性评估方法、定量评估方法。根据 2015 年《PPP 物有所值指引》，定性评价指标主要包括全生命周期整合程度、风险识别与分配、绩效导向与鼓励创新、潜在竞争程度、融资性五项基本评价指标。定量评价是在假定采用 PPP 模式与政府传统投资方式产出绩效相同的前提下，通过对 PPP 项目全生命周期内政府方净成本的现值（PPP 值）与公共部门比较值（PSC 值）进行比较，判断 PPP 模式能否降低项目全生命周期成本。物有所值评价结论形成后，完成物有所值评价报告编制，报省级财政部门备案，并将报告电子版上传 PPP 综合信息平台。

4. PPP 模式多元融资盘活水治理基金池

按照"依法平等合作、项目融资、风险分担、利益共享、物有所值、相互监督和全生命周期绩效管理"原则，将"二元共治"机制以及"提补水价"制度纳入农村水利基础设施建设的 PPP 模式中。PPP 项目包括 SC、OMC、CBO、TOT、BOT、BTO、WA、BBO、BOOT 等组合形式。在国家加强地方政府预算管理和存量债务约束管理的趋势下，第一，鼓励公共部门、私人企业、投资银行以及社会融资进入农村水利设施建设基金池，并运用基金资金存款、债券化、证券化增加基金的流动性，实现保值增值，以确保公共产品的保值增值。第二，提高进入农村水利基础设施建设基金与财政资金的置换资金率。第一层次是对已有水利基础设施。采用政府颁发特许经营许可证给民营企业，以租赁、运营、维护（O&M）的合同承包制的形式合作。现有农村用水协会通过企业化资质认证后，从农产品专业合作社独立出来，形成民营水企业，接受政府颁发特许经营许可证，或独立运营和维护农村水利设施，逐步提高用水户水费（提），政府补偿给企业运营维护费（补），完成提补制度扩容。第二层次是新建农村水利基础设施。政府可采用建设—经营—转让（BOT）、建设—转让—经营（BTO）、建设—拥有—经营（BOO）的方式与民营企业进行合作，重新通过协商谈判确定资本有效使用规则。第三层次是民营企业扩建改造项目。政府向民营企业定期收取管理费（提），企业向使用者收取使用费（补）。政府通过租赁—建设—经营（LBO）和购买—建设—经营（BBO）方式与民营企业进行合作，完成提补制度从二元向多元的拓展。

第五节　二元共治机制下农村水政策实证分析

一、"提补共治"——衡水桃城区节水模式

焦点问题剖析：衡水市桃城区"一提一补"管理节水模式怎样通过政府补偿机制形成横向共利？怎样实现在不同节水耗水户间正负净利均衡？如何实现卡尔多·希克斯福利改进？已实施的提补水价政策怎样能更科学合理而持续执行下去？怎样在地下水综合治理中发挥更大的作用？

1. 研究样本及数据来源

预调研确定政策问题。2014 年 4 月课题组专家选择河北省衡水市桃城区为研究样本进行了预调查,诊断了"一提一补"管理节水的政策问题。

主要问题研判:

第一,问题发现:20 世纪 80 年代以来,衡水、沧州、邢台、邯郸 4 市的 49 个县(市、区)所在的黑龙港流域逐步形成了河北省地下水超采最严重的地区。根据水利部的数据显示,目前全国地下水超采区达 30 万 km^2,主要集中在北方地区。华北平原深层地下水已形成了跨冀、京、津、鲁的区域地下水降落漏斗,华北很多城市的地下水开采量已占总供水量的 70% 以上,形成了沧州、衡水等 13 个沉降中心。地下水超采最严重的黑龙港流域,涵盖了冀枣衡(冀州、枣强、衡水桃城区)、沧州、南宫三大深层地下水漏斗区。截至 2013 年底,河北省累计超采地下水 1500 亿 m^3 左右,面积达 6.7 万 km^2,均占全国的 1/3,相当于 200 多个华北地区最大淡水湖白洋淀的水量。河北全年总用水量 200 亿 m^3,其中有 50 亿 m^3 靠超采地下水。地下水超采造成了水位严重下降,河北省个别地区的农村水井甚至超过 500m 深,而且有继续下挖的倾向。[①]

第二,政策目标:从 2014 年,政府采取"节、引、蓄、调、管"五个途径,到 2020 年,预计试点区可压采地下水 27 亿 m^3,实现地下水采补平衡,冀枣衡三大深层地下水漏斗中心水位大幅回升,地下水生态明显改善。措施中体制机制是关键,要探索创新水价形成机制,推动农业综合水价改革。

第三,微观焦点:衡水市桃城区省级节水型社会建设试点期(2004~2014 年),从 2005 年 8 月创新实行管理节水的"一提一补"地方性"政策"试点,即提价+补贴农业管理节水。从 2006 年到 2008 年因种植结构变化、工程建设、农艺节水和用水精细化管理节水的综合节水率由 16.46% 提高到 21.05%,其中,精细化管理节水率为 11.1%,用水精细化管理节水量与节水率最高。

第四,焦点问题:受多种因素综合影响,从开始到 2008 年最多时有 40 多个村参与该制度执行,到 2014 年仅有 4 个村继续执行并呈现四种类型:速流村持续实施,国家庄村农民自主,东庄村和曹家庄村政府叫停,水口村一直未实施,该政策面临终结或失效困境,在"压采"新形势下迫切需求改变现状持续实施"一提一补"。

---

① 河北地下水超采有多严重?让中央财政三年投入 167 亿元 [EB/OL]. http://huanbao.bjx.com.cn/news/20160722/.

2. 技术路线与研究方法

第一，初选研究技术路线为：先用前后测问卷实验方法进行描述性分析，然后进行政策博弈—协商现场实验大会，最后采用上述数据进行政策实验情景模拟。课题组设计了前后测问卷以及用于培训的明白纸。

第二，构建室内政策实验室。为了构建一个室内模拟的民主平台，即政策实验室。2014 年 7 月本课题政策研究者选取河北农业大学管理实验室，以农经系学生为对象扮演农民，利用计算机上操作进行前测+培训+后测问卷，采用先培训，前后测问卷，数据录入 EPIDAT，导入 SPSS 统计软件，输出情景模拟数据五个步骤，以求实现问卷的政策试验效果处于合理区间，为实地调研提供保障。

第三，实地入户开展前后测问卷。2014 年 8 月 14 名师生开展了为期 4 天的实地调研，走访了 6 个村，采访了 120 位农户。团队成员运用调查问卷和一对一前测+培训+后测问卷形成了 110 份有效问卷。

第四，召开政策实验博弈现场会，达成二元共治契约。在调研的最后一天开展了政策实验大会。该实验在桃城区水务局常宝军副局长等人的大力支持下，课题组选择在持续实施"一提一补"的示范村速流村委会，参加的成员包括：桃城区税务局业务领导一行 3 人、乡镇领导 1 人以及中国农科院研究员作为观察员，并有电视台记者参与，速流村、曹家庄、孔家庄、西里村等 20 余名村干部、水协会成员为代表。

利益博弈—协商程序见图 6-20。农民作为局中人在政策实验大会上与市水利局领导进行了三轮博弈协商。步骤如下：第一步，桃城区水务局领导介绍压采新政策，继续探索实施"一提一补"的管理节水政策，征求农民用水户的意见；第二步，课题组成员引领各村民分别到不同的房间，背靠背地进行小组讨论，提炼对策；第三步，小组讨论结束后，由水利局等领导分别逐个单独会见各村代表进行面谈协商提补水价标准等细节；第四步，专业团队汇集了各

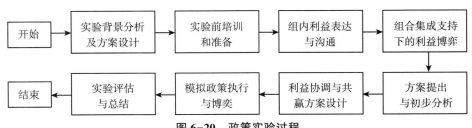

图 6-20　政策实验过程

组意见后，各村代表集体与水务局领导的谈判意见；第五步，村代表组织成一个大型的谈判组再次与水务局等领导谈判提补水价新政策实施的难点和重点；第六步，水务局领导和农户代表，在专业团队和其他村民等的共同见证下，最终达成共识并签订了一份合作节水协议。

第五，撰写政策实验效果评估及实验报告。

3. 分析框架与研究假说

第一，农业管理节水水价由政府主导，采用"一元独治"模式，这时"一提"的水价可能较高，"一补"的水价可能较低。其机理如图 6-21 所示。

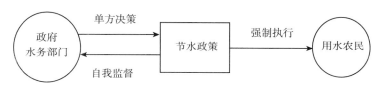

图 6-21 农业节水"独治"机理

第二，农村水治理"二元共治"是指政府与农户之间，在政府补贴和补偿机制下，农户参与水治理各环节，通过协商定价和合作博弈，形成具有主体平等、协同治理特征的共利互动关系的状态。在该体系中，政府的补偿和补贴机制持续实施，基金池有足够的资金给农户。例如，衡水的"一提一补"为了体现对农户的利益倾斜，补的金额大于提的金额，水治理基金池主要依靠财政实现。其机理如图 6-22 所示。

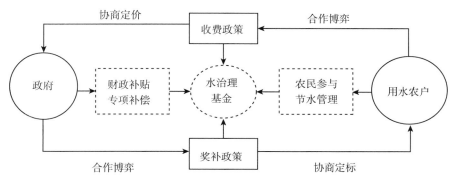

图 6-22 农村水治理"二元共治"机理

第三，农村节水"多元善治"模式，即指政府与农民、企业、社会资本、科研机构和公众媒体对农村取水、用水、节水、排水和回用的二元社会循环水治理，通过主体平等、协同治理、合作管理，达成正和博弈的长期伙伴关系的状态。在该体系中，政府的补偿和补贴机制逐步退出，用水农户和组织起来的用水协会与政府对农业管理节水等事权，从政策制定、执行、监督评价和终结等水管理实施平等协商，共同管理，并与农艺和工程等节水措施配合，实现最大节水政策效能。其作用机理如图6-23所示。

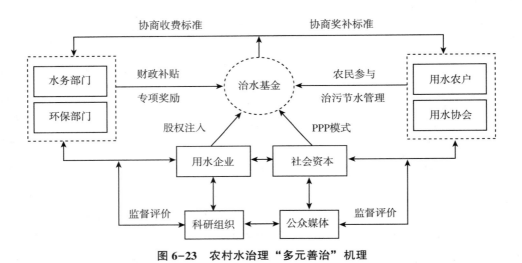

图 6-23　农村水治理"多元善治"机理

第四，综观前文论述，农村水治理呈现由"一元独治"向"二元共治"再到"多元善治"阶段发展的趋势。由于当前"多元善治"因素多，条件还不充分，因此，二元共治成为当前压采政策最可行的选择模式且在运行中需要足够的财政投入作保障。

4. 实证调研分析与讨论

调研中发现：政府要节水与农户要增收的二元利益分离，矛盾累积且加剧，导致政策效能递减，主要原因有：政府包揽提补制度管理全过程，资金开放程度不充分，定价弹性机制不够，与调整作物关系不大，补贴和补偿的政府财力渐趋枯竭，"提补"折腾不出几个钱来满足农民节水增收的目的，以政府为主体的农村水管理"独治"不可持续。以下是桃城区农户的节水意愿调查分析。

（1）政府独治节水，农户尚存不满。衡水桃城区提补政策从 2004 年探索启动到 2008 年普及实施，从制定、执行、监督、评价到调整全过程中，农户全面参与的程度不够，被动接受，遇到的问题反馈不够，积累的问题加剧，政策渐渐不适合用水农户的意愿，有的村农户种植耗水作物和果树直接自行停止，有的村因政府启动构建节水型社会的项目资金因财政拮据而被叫停。

表 6-32 关于政府与农户的矛盾

问卷题目	前测有效百分比（%）	后测有效百分比（%）
提的水价太高	45.9	55.6
补的水价低	51.8	65.7
不满按电量提价	15.3	11.1
不满按旱作面积补水价	15.3	13.1
节水影响增收	20.0	27.3
旱作补贴少	16.5	18.2
政府投入少	4.7	8.1
其他	1.2	1.0

资料来源：衡水实地调研及 SPSS 整理。

从表 6-32 可见，前测时农民普遍不满的原因集中在提的水价高、补的水价低、节水影响增收三个方面。高水价使农民种植成本增高，而政府的补贴不足以弥补这部分损失，导致了农户普遍不满；在后测时除了节水影响增收比例提高以外，各项因素比例均有所减少，证明农户最关注增收。

表 6-33 农民不愿支付水费的原因

问卷题目	前测有效百分比（%）	后测有效百分比（%）
收入低承受能力低	74.7	73.2
难从政策得到好处	4.0	2.1
节水不该自己多付	3.0	6.2
节水应由政府出资	13.3	11.3
收费难改用水行为	4.0	6.2
其他	1.0	1.0

资料来源：衡水实地调研及 SPSS 整理。

从表 6-33 中可以看出，农民收入水平低，无力支付高水价是主要原因，所占比例达到 74.7%。另外，认为应由政府出资节水的达到 13.3%，而其他各项因素所占比重不是很大；在后测时节水不该自己多付和收费难改用水行为的比例升高，既证明了农户节水意识低，也证明了政府一元管理节水效果的局限性。

（2）农户增收意识强烈，节水意识较低。政府"独治"背景下，农民认为节水是国家和政府的事，增收才是自己的事，缺乏节水主动性；因收入普遍低，极力寻找致富渠道，而较高的水价超过了农户承受能力（主要考虑务农收入，没有考虑非农收入使承受力提高），政府的补贴又不足以弥补耗水户的利益损失，这种心态驱使农民偏向种植耗水的果蔬类经济作物，农户巨大的心理阻力导致节水政策实施低效。

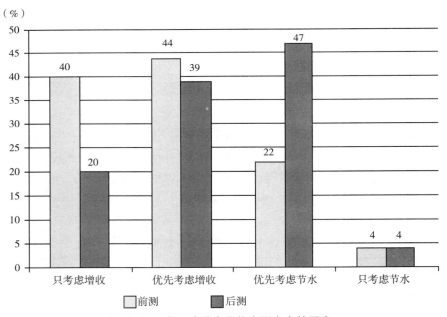

图 6-24　农民选种农作物主要考虑的因素

资料来源：衡水实地调研。

从图 6-24 中可见，前测时只考虑增收和优先考虑增收平均占比为 38.2%，而只考虑节水和优先考虑节水的平均占比为 11.8%，说明农户种植农作物时注重增收超过考虑节水；后测时只考虑增收和优先考虑增收平均占比降到 26.8%，只考虑节水和优先考虑节水的平均占比升到23.2%，说明农户经过培训后在思想上有较大转变。

（3）每个村庄情况不同，农户自治呼声强烈。农户对二元共治的理解，在前后测之间，用明白纸一对一培训后，农民有所理解，具体情况见表6-34。

表6-34　农户对水治理"二元共治"机制的态度

单位:%

问卷问题		前测有效百分比	后测有效百分比
二元共治利益	利益分离	9.2	3.0
	利益有交集	33.7	37.0
	利益同心	41.8	56.0
节水政策手段	行政命令	17.2	15.0
	利益引导	32.3	30.0
	民主协商	44.4	46.0
水治理权力关键	集权化管理	11.1	6.0
	分权化管理	16.2	21.0
治理权力重心	官治为主	10.1	6.0
	民治为主	49.5	42.0

资料来源：衡水实地调研及 SPSS 整理。

从表6-34中可以看出，对于二元共治的认识上，农户普遍选择利益同心和利益有交集的占比由前测的75.5%提高到93%，说明农户普遍认同自身与政府存在着共同利益；在政策手段方面农户更倾向于民主协商的前后测占比由44.4%提高到46.0%，而选择行政命令的由17.2%降到15.0%，利益引导的前后测占比由32.3%降低到30.0%，虽然有所下降，但占比还是高于集权化管理，说明农民更喜欢以协商合作模式实现水治理；关于治理权力重心，农户普遍选择民治为主的占比达到49.5%，超过官治为主；选择分权化管理的由前测的16.2%提高到21.0%，可见，农户水治理的民主意识普遍提高，对于民主共治的呼声日渐强烈。

（4）政府节水政策各种影响。政策能否兼顾增收与节水是现在制定水政策的关键。对于衡水市桃城区政府实施的"一提一补"节水制度，农户担心的问题表现见表6-35。

表 6-35　实行"一提一补"水价政策担心的问题

问卷题目	前测有效百分比（%）	后测有效百分比（%）
不能及时拿到补贴	34.8	31.7
农村种植结构调整	28.3	21.8
农村政策变化较快	9.8	15.5
不能保证持续增收	25.0	29.7
导致村民关系紧张	2.3	1.3

从表 6-35 中可见，绝大多数农户更关注"不能及时拿到补贴"、"不能保证持续增收"和"农村种植结构调整"三个方面，其中，关心不能保证持续增收的由前测的 25.0% 上升到后测的 29.7%，担心农村政策变化较快的由前测的 9.8% 上升到后测的 15.5%。说明收入在农民心中占绝对位置，政府若要更好地将政策持续推行下去，必须解决节水与农户增收间的矛盾且政策稳定。

5. 政策转型的重要意义

"二元共治"机制是由"一元独治"转向"多元善治"的一个过渡阶段，其重要意义在于，第一，激发了农民自主节水参与制定政策的积极性。第二，解决了暂无农业用水计量设施地区的农业节水难题。一些井灌区由于农业机井数量多、分布面积广，受管理和资金的限制，计量设施安装进程缓慢，影响了农业灌溉总量控制、定额管理累进加价等一系列节水政策的实施。第三，将农业水电设施整合使用、拟合控水有利于在无电表的地区推广。第四，引导超采区种植结构的优化调整，促进增收。第五，推进了"工程+农艺+管理"灌溉节水模式的实施。试点区农民为了节水，自发进行低压输水管道安装、田间平整土地、深耕深翻、秸秆还田、大畦改小畦、蔬菜点种、地膜覆盖、立体种植、浇适量水适时水等工作，创新农艺及管理措施，提高了农业用水效率，形成了新型节水灌溉模式。

6. "一提一补"水价公式的改良

第一，按方提价、按亩补偿的传统模式。河北省衡水市桃城区 2004 年 4 月被河北省水利厅确定为省级节水型社会建设试点后，按照水权水市场理论、总量控制和定额管理制度的政策要求，先后提出了固定总量+微调、浮动总量、浮动定额等节水制度。2005 年 8 月又创造性地提出了"一提一补"节水制度，实现了从水量控制到水价控制的转变，该制度在 2005～2014 年在桃城区大面积推广。

"一提一补"调控机制的概念就是"提价+补贴"。提价就是将各种水源的价格提高，由于各种水源的重要程度不同，价格提高的幅度也不一样；补贴就是将因价格提高而多收的那一部分资金用于节水调节基金，按不同的用水单位进行平均补贴。用水单位是指人口或土地面积等。"一提一补"的水费计算公式：

$$P = \sum_{i=1}^{n} [J_{2i} \cdot X_i - (J_{2i} - J_{1i}) \cdot \overline{X}_i] \tag{6-20}$$

式中，P 为某用水户实际亩用水费用，J_{2i} 为第 i 种水源提价后的水价，J_{1i} 为第 i 种水源提价前的水价，X_i 为某用水户对第 i 种水源亩均用水量，$\overline{X}_i$ 为区域内第 i 种水源亩均用水量；$\sum_{i=1}^{n} J_{2i} \cdot X_1$ 为某用水户预先付出的用水费；$\sum_{i=1}^{n} (J_{2i} - J_{1i}) \cdot \overline{X}_i$ 为区域内每亩得到了用水补贴。$J_{1i} \cdot X_i$ 为原用水费用，$(X_i - \overline{X})$ 为超用水量，$J_{2i} - J_{1i}$ 为提价幅度；$(X_i - \overline{X}) \cdot (J_{2i} - J_{1i})$ 为节奖超罚费用。

式中，用水户单位面积得到的用水补贴是固定值，用水户的用水费用取决于用水量和水资源价格，"一提一补"可以促使用水户用少量的水和低价的水；在水费公式中：当 $X_i - \overline{X} = 0$ 时，即当某用水户的亩均用水量与区域亩均用水量相同时，其用水费用与改制前相同；当 $X_i - \overline{X} > 0$ 时，即当某用水户的亩均用水量大于区域内亩均用水量时，其用水费用比改制前增加了；当 $X_i - \overline{X} < 0$ 时，即当某用水户的亩均用水量小于区域内亩均用水量时，其用水费用比改制前减少了；如果把 $(J_{2i} - J_{1i}) \overline{X}$ 看成一个固定值，则是给予区域内全体用水者的用水补贴，按改制后的水价而形成的水费公式使水价提高了，但 $J_{2i} - J_{1i}$ 是奖罚标准，可见"一提一补"的实质是节奖超罚，即以区域内亩均用水量为基数，以提价幅度为节奖超罚的标准。

第二，财政按提价幅度给予一定的补贴模式。

在实践中为了推广"一提一补"制度，财政按提价幅度给予一定的资金支持，公式变为：

$$P = J_2 \cdot X - (J_2 - J_1 + J_b) \cdot \overline{X} \tag{6-21}$$

式中，J_b 是财政补贴价格，设 $J_b = k \cdot (J_2 - J_1)$ 则可推出节奖超罚公式：

$$P = J_1 \cdot X + (J_2 - J_1) \cdot [X - (1+k) \cdot \overline{X}] \tag{6-22}$$

式中，k 是财政补贴与提价幅度的比重。从公式中可以看出：

当财政补贴为提价幅度的 1/4 时，k＝0.25，奖罚基数为 1.25$\overline{X}$；当财政补贴为提价幅度的 1/3 时，k＝0.33，奖罚基数为 1.33$\overline{X}$；当财政补贴为提价幅度的 1/2 时，k＝0.50，奖罚基数为 1.50$\overline{X}$。可见，因财政补贴增加，奖罚基数提高了，受惩罚户减少了；在提价幅度一定的情况下，财政补贴越多，则受罚户越少；当财政补贴与提价幅度同比例增加或减少时，奖罚基数不变，收益和受罚户比例不变。

桃城区实施最多的方法曾经是"国家庄"模式，即根据群众的用水计量习惯以电计量，电价由原综合电价 0.65 元增加 0.3 元调整到 0.95 元，财政补贴 0.1 元/kW·h。提价多收的资金和财政补贴的资金按耕地面积平均发放。制度实施过程中自动实现以亩均用水量为标准进行节奖超罚。

第三，增加农作物调整参数的补贴模式。

$$P = J_1 \cdot X + (J_2 - J_1) \cdot [X - (1+k) \cdot \overline{X}] \cdot \left[\frac{1}{\alpha}\right] \qquad (6-23)$$

式中，k 是财政补贴与提价幅度的比重，α 是作物的耗水系数。从公式中可以看出：耗水系数越大，补偿和补贴额越小，反映了种植耗水作物的约束作用以及种植旱作的激励机制。

在调研中，按方取水、按亩补贴是最简单易操作的方法。但是对补偿对象的计算过于简单，已有农民反映出不甚合理，建议按照用水量计算并反映农作物调整对节奖超罚的影响。详见第 5 章有关内容。

7. 提补水价改良的政策措施配套建议

为了在地下水超采形势下持续推行"二元共治"机制下的"一提一补"，应采取以下措施：一是依据《立法法》加快立法进程，确立其法律地位，使其成为正式的地方性政府规章制度。二是利用农田智能监测管理系统，搜集大量用水用电信息，利用大数据技术为农户建卡立档，制作"智能节水卡"自动形成取水定期抵扣或年度提补电价＋用水量的技术。三是利用 Powersim 政策模拟软件，进行提补方案动态情景政策实验模拟，探索农业节水政策执行的多样化善治模式的方案，形成政策实验案例库和政策模拟技术平台，实现定量化精准补贴和精准补偿。四是增加提补水价公式中作物种植调整系数，开展重点关联性技术实验。开展重点试验研究，使用节水品种和节水稳产配套技术后，亩均减少用水量和农户收益变化；粮食作物重点试验，固定式、微喷式、膜下滴灌等方式与一般灌溉方式相比亩均节水量，蔬菜要结合设施菜与露地菜分别试验节水量，使用节水设施的农户亩均收益变化情况等试验。五是加快乡、村两级示范区的机井水电计量安装，将基本情况造册存档，为节水基金返还和未来水权交易改革奠定确权基础。

二、"征补共治与 PPP" ——白洋淀治水模式

政策问题背景："华北明珠"白洋淀作为生态脆弱的省级湿地保护地，属于草型湖泊的演化中晚期，近 30 年来，水面持续减小，由大沽高程下水位 8.5m 时的 360km^2，减小到目前 7.5m 水位左右的 160km^2 左右，呈现生态退化"干淀化"趋势。而水承载力和环境容量持续减小的淀区，包括淀边村和淀中村却生活着 10.2 万左右的居民。淀内源生活污染严重积累，绝大多数水质低于生态功能区水质要求。根据《保定市环境质量报告书》，2014 年白洋淀Ⅲ类功能区中烧车淀、王家寨、光淀张庄和枣林庄水质为Ⅳ类，圈头和采蒲台点位水质为Ⅴ类，端村水质为劣Ⅴ类。Ⅳ类功能区南刘庄水质为劣Ⅴ类。各点位水质均未达到功能区划要求。鸪丁淀点位全年处于干淀状态。

概念的由来和内涵。2009 年我国实行农村"以奖代补，以奖促治"环境政策。河北省由此开展"百乡千村"三年整治活动，近 6 年来农村环境面源污染整治力度逐步加强，农村连片整治工程也相继开展。在 2010 年随着国家水污染治理重大科技专项（"水专项"）白洋淀课题子课题的进展，在淀中村东田庄村以及淀边村赵庄子村和大淀头村，试行农村水环境治理"征补共治"模式。

"征补共治"农村环境政策是指地方政府向农民征收环境费，再以奖励或补贴的形式返还村庄。它将政府的环境管理与农民参与治理相结合，并由第三方进行效果评价，形成的农村水环境协作型环境治理结构。[1][2]"征"是指乡、村级政府定期对辖区内村民适度征收包括垃圾处理和污水治理的环境费，或合并为环境卫生费，作为环境治理费用的一部分；"奖"是指省、市、县级政府从本级财政中对环境效益好的村庄定期进行各种物质奖励；"补"是对治理工程和公共治理行为进行补贴。奖补配置可以先征后补，先补后奖，或奖补合并，或以奖代补。奖补资金主要来源于省对下转移支付或"省直管县"改革

①　王军. 探索实施新型农村环境政策 [N]. 中国环境报，2012-01-10.

②　王印传，王军. "征补共治"型农村环境政策设计——以河北省白洋淀村庄为例 [J]. 中国农学通报，2012（23）：194-195.

进程中的财政性民生支出。① 这样可以在较大程度上激发农民参与白洋淀水资源治理的积极性。"征补共治"过程的政策模式构想见图6-25。

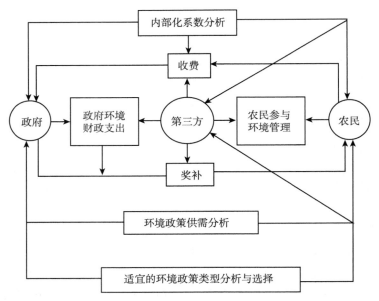

图6-25　白洋淀"征补共治"环境政策体系分析

现存的问题："征补共治"水治理机制，从2010年课题组成员和村委会倡导并写出规划，变成村规民约，到东田庄村、赵庄子和大淀头村被确立为"征补共治"试点村水治理成效显著。在2014年实地调研中，两村仍然赞同实行"以奖代补，以奖促治"政策的农户比例为91%。但是到2015年就停止了，没有持续下去，原因是基层两委、水协会等村级集体代替农户交了排污处理费，没有根本理解"二元共治"共利互动的本质，嫌费事，又倒退回"政府"主导的"一元独治"，农民失去了互动中行为改变的机会。这样当地村两委代替农户缴纳污水处理费，使征补共治政策的环节和链条断裂，"二元共治"机制中政府与农户互动改变行为变成习惯的机制夭折。

为了继续探索二元共治的机制，改良有关农村污水治理政策。在2015年5月和9月分别对白洋淀的东田庄、大田庄、赵庄子进行实地调研，采取访谈

① 叶军红，王军. 白洋淀生态补偿机制初探 [J]. 安徽农业科学，2010（13）：14-16.

和抽样问卷的方式。调研回收的 60 份问卷中，70% 的农户表示愿意节水，20% 不愿意节水，另外 10% 则表示无所谓。在 70% 愿意节水的农户中，关于对征收水费的意愿，27% 的农户表示愿意听从政府安排，10% 的农户表示完全同意征收水费，7% 的农户表示比较反对征收水费，3% 的农户表示对征收水费强烈反对。农户可接受水价因淀区农户家庭收入总体偏低，个体差异明显，可接受程度也不尽相同。调研结果如图 6-26 所示，农户预期可承受水价在 1~2 元/吨所占百分比总和为 70%，而超过 2 元/吨的农户比例仅为 13.3%，大多数农户预期水价在 1~2 元/吨，最高不会超过 2 元/吨，而目前东田庄暂行 1 元/吨的收费标准是完全可接受的，这为接下来加大水费征收范围和额度，加强水价节水治污的杠杆作用提供了可行价格浮动区间（见图 6-26）。

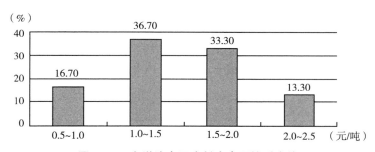

图 6-26 白洋淀东田庄村农户可接受水价

根据 2014 年对白洋淀东田庄的实地问卷调研，选择了 30 位农户进行无费用选择意愿调查，调查结果见表 6-36。

表 6-36 白洋淀东田庄村无费用支付意愿调查表

方案	污染削减量	环境质量	得到政府的补偿额度	补偿额度	调查选择人数	所占比例（%）
1	污染减少到 90%	差	80 元	高	9	30
2	污染减少到 70%		50 元	↓	5	17
3	污染减少到 50%		30 元		4	13
4	污染减少到 30%		20 元		3	10
5	污染减少到 20%		10 元		2	7
6	污染减少到 10%	好	无物质报酬	低	7	23

资料来源：根据 2014 年白洋淀农村水费构建和补偿政策研究调查问卷整理。

"征补共治"的重要意义：一是把政策参与权、项目选择权、资金使用权、管理监督权、效益事权交给群众，把群众是否赞成、是否满意、是否得到实惠的民生优先理念作为检验农村环境整治与生态村建设工作成效的重要标准。① 二是完善了现行"以奖促治"机制，即治理主体由政府集权独治向官民分权共治转化。三是政策手段由管制型的"独治+善政"向诱导型和社会共治型的"多元善治"转变。四是让农户在支付和参与行为中亲身体验"谁污染谁治理，谁受益谁付费"的环保原则并逐步控制排污行为。五是有利于构建第三方政策评价机制，为今后环境税的改革进行探索。六是村级环境"政策"本质是"明补"的范畴，即提价后分类进行项目补偿，这样做会提高对农户生态补偿的效率，避免中间环节的跑、冒、滴、漏，提高补偿和补贴的效能和效益。七是为政府、淀区企业和广大农民共同参与治理，实施共利共建资金运行的基层财政分权模式提供了借鉴。

PPP模式的探索。2014年白洋淀农村连片整治，迎来了政府大力投入的"美丽乡村"建设时期。2015年9月和2016年5月调研小组采用政府访谈、问卷调研、前后测问卷调研法，对白洋淀东田庄、大田庄、赵庄子三个村展开了实地调研，回收有效问卷300份。三村具体调研情况汇总见表6-37。

表6-37 白洋淀调研村庄农村水治理概况

地点	户数	饮水供给	污水处理	规划遗留	垃圾处理	新能源使用	资金来源	旅游投入
东田庄	400~500户，约2000人	无水费，无节水设备	污水处理站（3个）在建未运行	非主干道路无硬化	收集点3个，专人处理1人，无垃圾处理站；就地村边填埋	早期沼气池未运行	全部政府投资	私营150万元左右
大田庄	约1000户，5000人	无水费，无节水设备	污水处理站（2个）在建未运行	美化工程（墙面粉刷）未足额完工	收集点1个，专人处理4人，无垃圾处理站；填埋	无	政府投资	私营1万元左右
赵庄子	428户，约1400人	无水费；有节水设备	污水处理站（2个）；运行良好	基本符合五化标准	多个垃圾收集点专人处理6人，村收集—乡运输	温泉井供暖、供热	政府、企业投资及农民自筹	集资共达3000余万元

① 王军，刘宏，郭艳涛，周迎久."征补共治"解决了什么难题？——白洋淀流域深化"以奖促治"政策，创新了农村环境治理手段［N］.中国环境报，2012-02-22.

以上各村"美丽乡村"建设正在酝酿筹备，有的村已经初具雏形。具体情况如下：赵庄子的美丽乡村生态建设已经具备了构建 PPP 模式的雏形。在资金来源方面，投资主体既有村集体又有乡村企业，还有农民自筹，还有乡村旅游带来的收入，再加上政府补贴。在土地产权方面，该村实行土地集体所有制，工商企业迁出村，并在村边兴建乡村工业园区，对村内实施了村两委统一推进的土地整理。在生态建设方面，该村建立污水管网及污水处理站净化污水，实行了"户清理，村收集，乡运输，县处理"的垃圾处理方式。在村庄发展方面，该村将来要以乡村旅游业为主导产业。因资产所有权归赵庄子集体、乡村企业和农民三类投资人，符合所有人多元运行责任以及融资和执行的范围条件；商业风险归三类投资人，虽经营风险较高，但得到村政府资产的补偿和持续旅游收入，持续时间较长，为 20~30 年。经过课题组与村委会讨论，有了初步的 PPP 模式的设想，其机理适合特许经营权类型。见图 6-27。

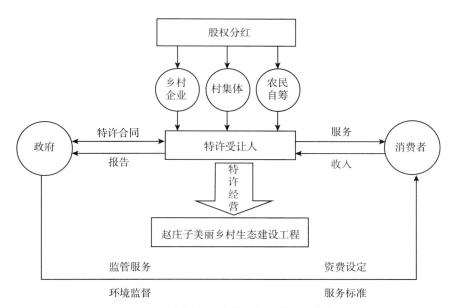

图 6-27　赵庄子生态建设特许经营权运行机理

大田庄是典型的半水村，其 PPP 模式的资金来源渠道比较单一，主要是政府出资。村民经济方面，该村村民多数不从事种植业，只有少数农户从事养殖业（养鱼），收入来源主要是外出打工。生态建设方面，基础设施不完善，厕所等部分基础设施发挥作用不大，垃圾处理模式中，该村现在只做到了村收集，村民反对饮用水、污水、垃圾收费。在项目运营方面，当前拟采用的 BT 模式中间缺运行保障环节，施工者在工程建造后未经运行就已撤走，为后期维护运行留下潜在隐患。由于依靠上级政府对当地提供美丽乡村生态建设资金，使得服务合同制有条件运行。服务合同制单价计价的补偿，使得整体风险最小化。面临的挑战是需要具有管理多种合同的能力和强大执行力的经营主体。综合讨论后，建议选择服务合同方式，见图 6-28。

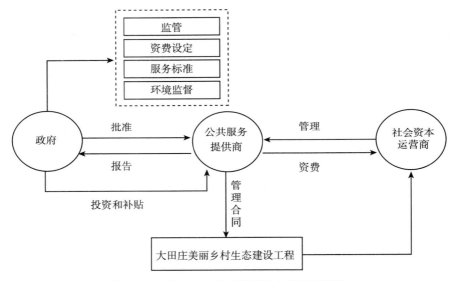

图 6-28　大田庄生态建设服务合同运行机理

东田庄是个纯水村，其"美丽乡村"生态建设在资金来源问题上同大田庄相似，主要是各级政府出资；村民多数以外出打工为主，村内劳动力严重不足。土地产权方面，村民没有自己的地，使用土地多以付费承包方式为主。生态建设方面，污染治理已经有很大改善，由于处于白洋淀湿地靠近核心区的缓冲区水域，大部分村民愿意进行生态移民。村庄发展方面，2016 年前因交通不便，道路坎坷不平，以及水污染治理难以持续，建设项目缺乏质量监督与管理等问题。综合讨论后，建议选择租赁合同的方式。见图 6-29。

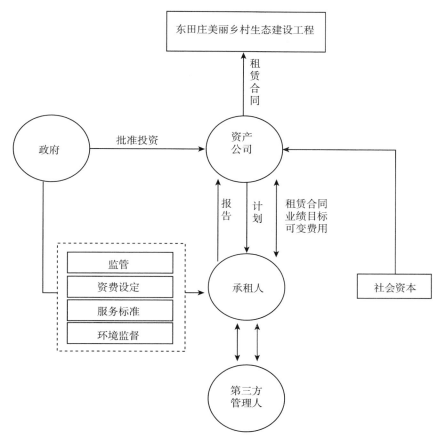

图 6-29　东田庄美丽乡村生态建设租赁合同运行机理

　　综上所述，因地制宜地制定"美丽乡村"PPP 模式并能成为政策类成果示范推广，正成为白洋淀农村水治理不断探索的新趋势，是对"二元共治"和"多元善治"的实践深化的过程。

第七章　农村水治理政策实验基地建设实务

本章提出了农村水资源与环境政策实验基地建设的实务操作的要务，并以河北省衡水桃城区"一提一补"水价政策实验基地建设实例为参考，以求高效率地完成研究目的和任务。

第一节　农村水治理政策实验基地建设

一、明晰政策实验基地建设宗旨

农村水治理政策实验基地旨在为政策实验提供实验环境。从总体上讲，实验基地建设应遵循可行性、针对性、创新性原则。可行性：政策实验基地必须成为能够具体进行实验的场所，能够将体系建设齐备并且可以正常运行。针对性：实验基地的建设是为了给水政策制定提供政策实验基地，因此，基地应有配套设施，如基地的场所、分割空间及信息展示、沟通工具、沟通规则和具体实验步骤。上述内容都应该围绕农村水资源和水环境政策（以下简称水政策）展开。创新性：实验基地的建设本身就是一种创新，在此基础上，基地运行机制和实验步骤都可加以创新形成规范和范式，以此促进水政策的合理制定和执行，加快水管理向水治理转变，实现水资源利用的经济目标、社会目标和生态目标，达到科学治水、依法治水的目标。

1. 总体目标

农村水治理政策实验基地建设目的是能顺利进行政策实验并取得满意结

果。一是完成政策实验平台建设，建造出政府与农户可进行农业节水和农村治污博弈谈判实验的软件条件。软件设施包括基地运行规则、政策实验详细步骤、各方参与主体（政府、用水户、企业、第三方）培训，确保每方参与的公平性、积极性和有效性。二是配套齐全硬件设施。例如，硬件设施包括位置固定且功能定向的基地平台场所，能进行空间分割博弈，还有计算机、打印机、耗材和流程展牌等。三是建立定量化实验数据库，即将课题建立科研分类档案，包括实施方案、调研问卷、分析数据、实验数据、文献资料、理论库、典型国内外案例、研究报告、检查成果。在共利互动机理下开展农村水资源与水环境政策模拟、试点实施、验证评价、反馈调节、示范推广等政策实验内容，以便在设施完善的情况下保障实验结果的准确性、无偏性和齐备性。最终能实现水政策由政府"一元独治"到政府与用水户双方协调的"二元共治"，再到多方参与、利益共享的"多元善治"模式转变的成果显示，并将政策实验成果向政府移交，实现成果转化。

2. 阶段目标

第一阶段目标：实现平台开放。使得参与渠道开放，各主体都有加入平台的机会；用水户通过选举选出用水户代表，定期参与村委会相关会议，让用水户逐渐参与到政策制定，或者通过网络或书面交流的方式进行意见反馈和信息交换；在保证参与和渠道开放的基础上让每个参与主体都有平等参与和发言的机会；用水户拥有反馈的权力。第三方在出资基础上作为回报也可以获得一定权力，从而实现权力开放。村委会通过信息公示栏将信息进行公示，社会媒体进行监督，第三方也可以起到约束作用，使得政策制定和实施的整个过程更加公开、透明、公平、信息对称，实现信息开放。

第二阶段目标：制定公平规则。在规则制定方面，应确保各主体参与机会均等，不搞特殊化；在规则适用性上，除了制定出具有普遍约束性的规则外，还应该根据各参与主体自身利益的特殊性，对规则进行针对性调整，以加强规则适用性，实现规则公平。

第三阶段目标：多元目标参与。由于政策实验是一个多方主体参与、多回合博弈谈判的过程，利益主体众多，所以要保证各方参与主体的公平，首先要明确各主体的利益需求。用水户的需求是获利，第三方的需求是规则的完整、公平以及报酬机制。基于 PPP 模式的筹资运行规制，第三方在基地建设中出资，如果不能给予第三方一定的报酬和权力，第三方很难真正参与进来，由此便不能实现公平。对于主体目标满足程度要通过评估的方式来实现。评估机制越完整、越合理，对主体目标的满足程度就越高。因此，需在明确各方需求基础上，通过民主协商方式提高用水户参与度，在政策上尽量保证用水户的获利需求，在规则的完整性和执行的公平性上，给予第三方评估的权力需求，以确保在有监督的情形下政策执行后多元目标公平实现。

二、健全政策实验基地建设内容

农村水治理实验基地建设的基本内容包括实务体系、职能体系及建设成果三部分，分别用体系图、表和关系图显示。如图 7-1 所示。

1. 实务体系

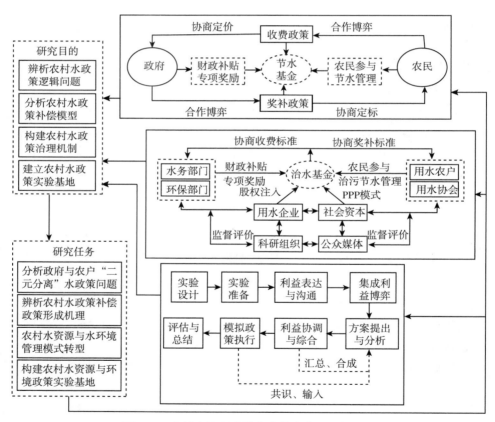

图 7-1　农村水治理政策实验基地建设实务体系

2. 职能体系

农村水治理政策实验职能体系如表 7-1 所示。

表 7-1 农村水治理政策实验职能体系

主体	主体组成	职 能
政府	水务局、基层村委	实验基地的主要组织者与建设者；政策的制定者
农户	灌溉用水农户和农村用水居民	监督政府实验基地建设中的行为，维护自身利益；表达对实验基地建设的需求与期望，进行信息反馈；促进决策民主化
科研团队	前后测问卷、政策博弈实验、政策模拟设计和操作的项目人员	提供实验基地所需的科研与技术支持；分析实验基地建设过程中的相关数据，进行评价和预测；提供定量定性的综合技术集成
企业等社会资本	用水企业、供水公司和污水治理企业	提供资金、技术与人才支持；通过投资，参与实验基地的建设与后期的实验过程；在一定程度上起到了监督作用
社会公众媒体	新闻媒体、网络官方媒体和自媒体	监督实验基地建设的全过程；发挥公示作用；进行实验的宣传与推广

3. 建设成果

农村水治理实验基地建设成果：一是科研成果报告、专著、数据库软件成果和硬件成果（平台载体）。二是公示平台需包括基地固定实验室、讨论室、博弈谈判会议室和网站平台等，各成果反馈包括信息反馈及语言和文字反馈。三是建设主体，包括政府、科研团队、非政府组织（水协会）、公众（水企业和用水农户）。其成果来源和成果转化运行机理如图 7-2 所示。

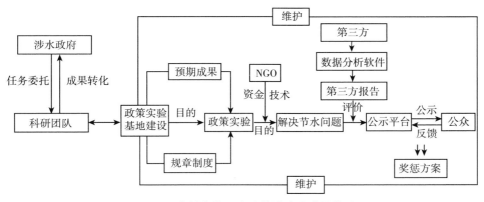

图 7-2 农村水治理实验基地建设成果关系

4. 准备要点

第一，利益相关者选择。农村水问题利益相关者的辨析，即政策制定和执行涉及哪些利益群体，包括利益相关者界定和潜在利益相关者关联。辨识利益相关者的核心利益、价值取向、底线立场、有无协调可能性。例如，农户的价值标准是保障节水不减收。利益集团的划分标准，包括局中人的选择标准和条件。利益集团的角色定位，利益结构、组织方式、利益集团间的权力向度等。

第二，辨析并界定问题焦点。准确辨析农村水问题产生的内外部原因，问题性质、利益相关者行为心理、调适对象的数量及行为多样性问题的界定，包括水资源在取水、供水、用水、节水、排水和回用在农业生产和农村生活环节的安全问题、稀缺性、外部性和公共产品问题，并提炼出政策如何影响利益相关者的利益关系，政策过程与二元水循环交集后形成的焦点展现。例如，农村水资源问题界定见表7-2。

表7-2　农村水资源问题界定

水资源与环境问题			政策问题		
资源稀缺	外部性	公共产品	实验基地面临的社会问题	资源环境问题	水政策问题
农民大水漫灌用水无偿、水资源浪费	农村污水乱泼洒，缺少集中管网，治污费免交	因用水产权不清从农渠到毛渠的用水浪费；地下水超采；农户生活污水分散排放	农户收入低，外出打工多，社区不完整，妇女、老人、儿童多等	地下水超采、生产用水不足、村庄水环境恶化	对水政策无知导致农业水政策执行低效率

三、政策实验基地验收评估指标

农村水治理政策实验基地建设应包括以下体系的建设内容：事权体系、组织体系、职能体系、规章体系、财务体系、运行成果、投资规模。具体可建立汇总表，见表7-3。

表7-3 农村水治理政策实验基地验收评估体系

内容	目标	指标公式	分值
事权体系	关联性	A目标/B目标（正值表示关联度高，等于1为有关联，小于1负值代表关联度低）	
	完整性	实有权/（事权+财权+财力）=1	
组织体系	完整性	实有主体/（政府+农户+第三方+社会媒体）=1	
职能体系	效能性	政策实验实际达到目标/政策实验预期成果目标×100%	
	可达性	实际达到目标/预期成果目标×100%	
规章体系	客观性	解决实际问题要素需求度/政策制定目标符合度×100%	
	完备性	实际规章制度结构/行政法规规定的制度结构（人事制度+资金运行制度+部门责任制度）	
	权威性	政策效果量度/各方利益需求满足度×100%	
财务体系	公开性	资金来源和使用绩效信息/资金来源和使用绩效信息公示程度×100%	
	规范性	财务账目实际符合法规条款数量/财务账目财务法规规定条款数量×100%	
	协同性	下级财务次级账目结构与上级账目的服从性和配套吻合性	
运行成果	可达性	农户知晓政策信息量/政府制定政策信息量	
	显现性	政策模拟结果/政策实际效果×100%	
投资规模	适度性	项目实际投资规模/预期投资规模≤1	
	可运行	各阶段资金实际投入量/各阶段资金理论需求量≥1	

第二节 农村水治理政策实验步骤

农村水治理政策实验的执行可以借鉴项目管理的方法进行。农村水治理项目管理工作在一个项目生命周期内包含大量工作环节和子过程，每个阶段都需要有一个或多个相应的项目管理过程。项目管理过程的基本运行规律包含启动、计划、实施、控制、收尾五大程序，其相互关系见图7-3。

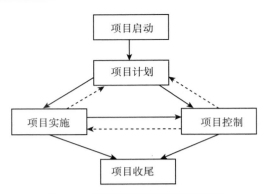

图7-3 项目管理过程及相互关系

按照工作步骤，项目团队在项目启动前，应了解项目的基本目标、项目产生的背景，为后续的项目进行做好准备。例如通过预调研，发现二元分离关键点，选择前后测问卷调查方法和政策博弈实验以及政策模拟。项目启动过程中，应特别注意识别政策实验的关键问题，了解项目的环境影响因素，包括：政策层面的公共政策过程的环节、政策评估指标、政策执行现状等；现有水价、水权、补偿政策等运行状况。体系外部因素：例如，农户用水现状、村民污水排放现状、乡村水治理结构、组织的项目管理成熟水平、项目软硬件水平、人力资源水平、组织的管理制度以及相关的国家产业规定。

项目启动主要分为计划过程、实施过程和监控过程。

项目管理计划过程包括：明确项目的目标、项目的重要性，认识项目对自己的要求，加强团队成员的责任感和对项目的认同感。项目管理计划还是项目各相关利益主体加强沟通、促进了解的平台。通过运用协调、权衡、集成的方法，将项目过程进行综合管理。

项目管理实施过程是以项目管理计划为指南，生产和创造项目交付物的过程。项目团队在这一过程中，运用和协调各类资源，以整合方式开展各方面项目活动，创造出项目交付成果，实现各利益相关方的利益需求，实现项目目标。

项目管理监控过程是根据项目计划对项目进展和质量进行观察和测量，及时发现潜在的问题，并采取必要的行动纠正和控制项目实施活动，保证项目按照计划方向发展。项目监控过程各项工作步骤为建立项目绩效基准，收集、测量项目数据，对比基准和实际状况，采取纠正行动实施项目变更控制。项目团队必须从项目启动开始，经过计划、实施过程直至收尾，及时对项目进行检查监督，对计划的偏离及时纠正。

项目收尾过程要求项目团队将注意力集中到项目目标的支撑成果上。收尾过程的工作步骤包括项目收尾、合同收尾、结束项目团队、项目后评估以及移交被终止的项目。

一、政策实验的工作准备

1. 内容准备

识别农村水治理政策问题涉及哪些利益群体，并确定哪些利益群体参加政策实验。由于利益相关者识别非常重要，政策研究者的前期研究务必要充分。例如，二元共治博弈实验中，政府包括水务局、环保局，灌溉用水农户和农村生活排水户，多元善治中的第三方包括水企业和水协会。

2. 人员准备

负责人主要负责统筹，联系地方政府，设计实验内容等；主研人员协助负责人；研究生和本科生负责预调研，包括问卷调查、数据录入和统计等。参与人员的考核指标：参与度、分工明晰、合作紧密；效度（实验进展顺利程度、问卷达标率、问题解决率）及效率（花费的时间和金钱与实验效果的比值）。

3. 时间保障

预调研主要采用访谈和抽样调查以便发现政策问题，然后经过调研实施计划、问卷设计、室外和室内政策预模拟、实地问卷调研、企业和政府访谈、室内统计软件录入数据，数据分析、写作研究报告、政策建议和成果转化、课题结题、科研奖励申报。完成的周期通常为 2~3 年。

4. 物质保障

设备保障：实验场地、实验设施、问卷、打印机、录音笔、照相机、摄像机、展牌等。

二、政策问题界定与风险分析

1. 政策问题界定

农村水治理政策问题的产生涉及政府、农户、水企业和第三方等多元主体；界定环节可采用访谈调查了解当地实际情况，发现存在的问题，确定政策制定的方向；辩论环节可应用头脑风暴和无小组讨论等方式界定政策焦点问题；判断环节，凭借专业知识和自身经验对问题进行主观判断；数据挖掘阶段，通过对数据的搜集和统计分析，揭示问题集中的领域，确定问题焦点；国际借鉴环节，通过国外界定问题的方法，如边界分析法、类别分析法、层次分析、综摄法①对问题进行精准界定。

2. 政策风险与对策

政策规避现象是政策执行的风险因素，各类政策规避即对策分别为：

第一，政策敷衍的对策。即在中央和省级政策执行中，县乡级政府和村委会或农户故意只做表面文章，只搞政策宣传而不务实事，不落实政策项目、人员和资金，不执行相应措施。对于地方和基层政府的政策敷衍行为，上级要加强监督检查，严格执行政策；对于农户只做表面文章的行为，政府应将权力下放，让农户享有一定权利，真正参与到政策中来。

第二，政策损缺的对策。即地方和基层政府或农户根据自己的利益需求对上级政策的原有精神实质或部分内容进行取舍，对自己有利的部分就贯彻执行，不利的内容弃之不用。对于地方和基层政府，应加强政策执行监管，同时对干部采取"轮岗制"，促进政策有效执行；对农户实行激励，例如水价补贴、治污奖励等，鼓励农户积极配合政策执行并加强监督。

第三，政策停滞的对策。即所属地区部门政府和基层政府以及农户，以局部利益或执行者的个人利益挤占和排斥上级政府利益，导致政策执行某阶段中出现堵塞现象，使政策出现有始无终的现象。为避免这一现象发生，应从政策本身出发，通过搭建政策实验平台，利益双方进行博弈，达到利益的平衡协调，使政策在制定时尽量满足双方需求。同时，在政策执行前做好风险预期，拟定解决方案，尽可能避免政策有始无终的现象。

第四，政策照搬的对策。即政策执行中，地方和基层政府或农户不顾本地的条件和实际情况，采取消极、机械、原封不动地落实政策。对于上级下达的政策，地方和基层政府要根据当地的实际情况，采取灵活的方式因地制宜地贯彻落实。

第五，政策衰减的对策。政策衰减是指政策效能没有真正发挥而出现的政策执行中效力逐级递减的情况。应加强政策制定的科学性，使政策真正符合实际情况；事权下移，从而避免出现政策无法真正落实和执行力度不够的情况；加强监督，防止地方政府以权谋私，影响政策执行；加强上下级信息沟通。上下级信息不对称会使政策执行中出现问题；资金投入制度化、规范化，以保证

---

① 综摄法又称类比思考法、类比创新法等，用异质同化、同质异化两大原则，其精髓是通过识别事物之间的异同，从而捕捉富有启发性的新思路，产生有用且可行的创造性设想，并得出解决问题的方案。

政策执行过程中有充足资金支持，减少资金下放过程中的缩水现象。

第六，信息不对称的对策。对于上下级之间信息不对称的情况，要求下级向政府如实反映情况；对于农户和政府之间的信息不对称，一是要求政府信息公开透明，除了运用传统媒体外，还可以充分利用网络、微博、微信等新型媒体及时向农户传达政策情况；二是要求农户积极与政府沟通，反映自身诉求，政府要及时做出回应，形成良性互动态势。

三、农村水治理政策问题预调研

1. 利益及补偿问题发现——以衡水为例

综合访谈，发现政策问题。衡水桃城区农业节水中的政策创新预调研要先发现政策问题。2014年4月初，课题组3位老师到衡水桃城区进行调研，与当地水务局领导、节水政策发明人座谈，到实施"一提一补"水价的村庄政策调研，在正在实施村庄（速流村等）和已经停止该政策的村庄（国家庄等）与村委会和水协会成员座谈沟通，从中发现政策实施分为四种类型：一是持续实施"一提一补"水价的村庄；二是实施该政策后自动停止的村庄；三是实施该政策后被迫停止的村庄；四是一直没有实施的村庄。在预调研中没有发现第五类和第六类。第五类应该是理论上过去没有执行，后来想执行的村庄。第六类是农业用水与工业用水之间进行水量交换的类型。例如衡水桃城区养元集团的"六个核桃"知名品牌企业"河北养元智汇饮品股份有限公司"与农户间的水权交易。根据上述预调研，可以划分为农业节水和工业企业节水多种类型进行研究，本次研究重点在农业节水。

问题聚焦，找到技术路线。"一提一补"水价政策实施村庄数量10年内锐减。从2004年衡水市启动节水社会建设工程项目启动时最多达到40多个村庄，到2014年预调查时段，实施该政策的村庄减少到4个。综合多因素初步分析，项目期内可能是政府与农户的二元利益分离，政策执行中利益关系发生变化。从而启发课题组从社会治理和公共政策过程入手分析展开。初步考虑采用实验对比研究方法，即采用政策对照村和前后测问卷研究方法。有利于深入研究政策实施村与非实施村，新政策刺激前后农民态度和意愿的变化。

政策梳理，追踪领导足迹。通过文献检索，发现国家和省领导调研衡水市地下水超采，水政策正酝酿制定。2013年6月《河北省实行最严格水资源管理制度考核办法》提出监督考核和监测评估目标。监督考核目标包括：用水总量、地下水开采量、万元工业增加值用水量、农田灌溉水有效利用系数、重要水功能区水质达标率等。2014年4月初，国务院副总理汪洋、河北省张庆伟省长等各级领导对地下水超采进行调研。汪洋副总理的讲话摘要为：农业是用水大户，也是节水潜力所在，更是水价改革的难点，提高农业水价，会增加用水成本，如果不提价，用水成本过低，就难实现农业节水。现在做好人，不增加农民负担，以后地下水被采光后，就不只是一个负担增加不增加的问题了……过去衡水市桃城区搞过"一提一补"，通过提高灌溉用电的电价提高水价，水价提高的部分加上财政补贴形成节水调节基金，按照承包地面积平均补贴给农民，最后，形成用水越多掏钱越多，用水越少掏钱越少，不用水甚至还能得到补贴的机制，这样群众的意识就会大大增强，这是一个很好的机制。国务院领导的表态，说明关于地下水综合治理的国家和省级政策正在向更关注农户利益的导向推进中。2014年6月，河北省地下水超采综合治理试点推进会议在石家庄召开，表明了一系列重大地下水综合治理水政策正酝酿出台。

典型选取，深入剖析深层原因。调研发现，桃城区邓庄乡速流村一直坚决持续实施"一提一补"水价政策的原因。通过与水务局、村委会、水协会的访谈以及与农民抽样访谈发现，速流村2008年开始实施提补水价，持续实施的原因：一是村委会成员团结目标一致，做事齐心，该村村委会与水协会两个组织为一体，村委会主任已超过多届任期，村两委成员协商民主集中制完善，成员工作开明。二是村委管水体系健全、协调能力较强。村人口1128人，287户，耕地面积4000亩，主要种植小麦，小麦一年浇三次水，全村有水井23眼，打一口井的平均费用是8万~10万元，生产队打井的水泵使用10~13年就报废，村里有水井看护员，护理费每天每井0.7元，变压器6万元/台。农户生活用水来自400米深的地下水，自邓庄乡实施《新民居规划（2014~2020）》以来，村庄占地600亩准备实施新民居建设，平均4000人就可以建一个社区。当遇到村里大事的时候，村民代表每15户选出1名代表。村党支部3人，村委3人，本村外聘2人，本村共7个村民小组组成生产队，乡政府的文件通过召集人开会直接传达到村民，信息公开、清廉的作风，官民没有矛盾，两委威信高，政策执行到位。

国家庄2005年最早实施了提补水价，到2010年自动停止的原因，根据访谈调研初步了解到：一是对大田作物补的水价低于农民违约后种植蔬菜等耗水作物的经济收入。国家庄村现有421户，耕地880亩。目前的农业种植结构是60%~70%为大田作物，30%为种植蔬菜和果树，包括油菜、茴香、韭菜、萝卜、草莓、白菜、桃树和杏树，最多的浇灌15次。村里的青年都外出打工，剩余的老人、孩子和妇女从事简单的农事。二是有个别农户尤其是村干部先种植耗水作物而增收较多，村民纷纷效仿追随，又没有严厉的惩罚措施，导致国家庄村提补水价无法继续。可见，农民增收主要依靠市场，如果节水得到的收益无法弥补农民增收的差距，那么农民通常不会因为节水而放弃增收，使政府的节水宏观公共利益较强的政策失效。

2. 利益相关者冲突解析与评价分析

利益冲突分析是分析农业节水和农村水污染治理中政府、农民、水协会和水企业的利益目标分离且冲突减小的协商的条件，相关利益各方是否具有协商外其他更好的选择，如果回答是肯定的话，即可进行后续步骤，否则不具备"博弈—协商"的条件。

调研初步分析中，将各方利益解析汇集成表，见表7-4。

表7-4　各方利益解析

利益集团		核心利益	水治理立场	水治理观点	政府与农户利益	二元共治
用水户	1	保证不减收	与政府有限合作	自主管理为主	两者利益有交集	"民治"为主
	2	持续增收	农民自主	村民一事一议	两者利益分离	分权化管理
	3	节水不能影响增收	与政府合作	官民共治	两者利益同心	"官制"为主，集权化管理
农户用水协会		自主管理	协会主导	监督管理水价改革	保持中立	代表农户利益与政府协商
地方政府		最严格节水	节水优先	行政强制为主	国家利益至上	一主多元
村级社区		水费免费	生活不受影响	水安全重要	节水治污主要是政府的事情	参与水政策执行

资料来源：根据衡水政策实验整理。

各方利益聚焦分析评价设计，见表7-5。

表7-5　各方利益评价

治理主体		行为方式	利益协同程度		衡水水政策	白洋淀水政策	治理/补偿政策方案
			协同性	冲突性	一提一补	征补共治	
政府	水务环保	管制型	较低	较高	因超采治理需要主张持续实施	村委会包办政策未实施	兼顾利益诱导/博弈补偿标准

治理主体	行为方式	利益协同程度		衡水水政策	白洋淀水政策	治理/补偿政策方案
		协同性	冲突性	一提一补	征补共治	
乡村社区	协商型	居中	居中	多种村庄多种态度	不关心节水	间接参与/轻视补偿
灌溉用水农户	自主型	较低	较高	压采需要偏利改良	不愿意治污多付费	直接参与/重视补偿
生活排水农户						
专业合作组织	合作型	居中	居中	态度不明朗	漠不关心	间接参与/重视补偿
农户用水协会	协商型	居中	居中	支持该政策	态度不明朗	直接参与/重视补偿
取水企业	利益诱导型	较低	较低	不关注	积极参与治理美丽乡村	间接参与/轻视补偿
水治污企业						

资料来源：根据衡水"一提一补"政策和白洋淀"征补共治"政策实地前后测问卷和访谈调研综合分析整理。

3. 补偿的因果关系分析与政策实验

为了构建补偿机理下乡村水治理模式因变量与因果影响模型。第一，由于农村和农业水权的权属尚未明晰，水权边界难确定，加剧了水权公权挤占，产生公共池塘困境，因此，应运用科斯定理、林达尔模型来分析。第二，由于没有水权市场，农村水资源和水环境不能进行交易，上述两原因造成农村水资源浪费，用水效率低下，地表水和地下水环境污染，所以要进行水权理论分析。第三，由于农业水资源稀缺性导致农业水价逐步从供给成本水价向两部制水价和全价值水价提高，可能逐步超出农民的承受能力，所以要分析农村水资源价值对农民承受力的影响。第四，由于节水农户与耗水农户之间不会出现主动按照市场机制补偿，出现节水的盲区和配置的空白，出现公共池塘困境的机会增加，所以补偿体系的构建成为重点和难点。第五，由于农村生活排水产生的外部性明显，个人成本最小化与社会成本最大化的行为，使淀区水村和半水村周围水污染加剧。上述三个因素导致农村水生态不安全，就需要政府主导实施补偿政策，去弥补个人成本与社会成本之间的差距即外部性内部化，促进农村水资源利用低于水资源承载力和水环境容量，达到节水标准和水环境质量标准。第六，由于农村水污染的分散性和随机性，农村水利设施产权不清，农业土地的分散性和农村人居环境相对集中性，使农村污水治理必须连片治理，提高规模化治理效益，也需要政府承担补偿的主体责任。第七，由于取水、用水、节水和排水方面，政府要实现长期性节水、水环境改善以及提高水资源效率的生态目标，与市场价格导向下农民短期依靠农产品增收意愿，倾向耗水型灌溉、水肥配合以降低成本的经济目标产生偏离，因此，只有通过运用公权的政府主导下生态补偿才能使这种偏离趋于均衡。

综上所述，将农村水资源与环境问题的政府补偿的产权边界，按照重要性、清晰度等进行认定和叙述，采用专家估计法、社区讨论会、类似案例评估法、指标法、调查法等，设计出为政策制定和政策分析服务的政策实验方案，保障政策实验的可行性，从而完成政策实验规划与设计。

第三节　农村水治理政策实验的启动

一、博弈实验利益相关者登记

总结各利益集团（群体）利益表达的方式、途径，揭示农村水资源与环境治理项目的利益相关者的博弈—协商关系，见表7-6。

表7-6　博弈关系登记

利益相关人	实验角色	利益靶标	潜在合作者	与政策分析师关系	与技术人员关系	政策方案	方案评估
各级政府	委托人	节水	水协会、水企业、用水农户	指导	雇佣/研究	执行者	主体完成者
农村社区	局中人	用水/排水	水协会、政府、用水农民	指导	指导/研究	参与制定	参与评估
用水农户	局中人	用水/排水	政府、水协会、用水企业	指导	指导/研究	参与制定	参与评估
农民合作组织	局中人	用水	政府、水协会、用水企业	指导	指导/研究	参与制定	参与评估
水协会	局中人	监督管水	政府、农民、用水企业	指导	指导/研究	参与制定	参与评估
用水企业	局中人	用水/排水	政府、水协会、农户	指导	指导/研究	参与制定	参与评估

资料来源：根据衡水"一提一补"政策调研整理。

二、利益相关者实验关系分析

将各局中人的利益单元、协调的平台和协调方式设计汇集成表，有利于利益协同评价，见表 7-7。

表 7-7　利益协同评价

比较项	定性评价			定量评价程度			
				政策制定时现状		政策执行目标期	
	利益来源	输入方式	协同方案	利益协同	多元互动	利益协同	多元互动
政府（各级）	政策	行政命令 利益诱导	协商听证 博弈方案				
社区	参与分享	参与治理	直接参与				
农户	参与分享	参与协商	博弈协商				
合作组织	参与分享	间接参与	间接参与 监督管理				
水协会	参与分享	直接参与	博弈协商				
企业	参与分享	直接参与	博弈协商 PPP 投入				

注：实际操作中将对现状表评价项采用专家评分法定量化打分。

三、提出与筛选利益协调方案

政策实验的利益相关人根据利益集团内部的供给与需求进行影响因素、突破条件的综合判断形成利益诉求的汇总方案，政策实验可行性分析如表 7-8 所示。

表 7-8　政策实验可行性分析

利益方	需求	供给	利益诉求	影响因素	突破条件	可行性判断
政府	节水治污目标	行政管制/补贴/协商多种政策手段	节水优先治理污水美丽乡村	农户承受能力/补偿或补贴标准	提高政府补贴补偿水平	
农户	增收利益优先	增收保障不足	节水和治污要增收后不减收	节水政策/农民收入承受力/多元互动/补偿水平	组织起来与政府协商博弈	

续表

利益方	需求	供给	利益诉求	影响因素	突破条件	可行性判断
水协会	监督管理	能力不足	扩大监管权力	政府与农户二元分离	扩大监管权力与二元多元共治到善治	
企业	用水治水盈利	水权市场不足	降低盈利风险	水权/市场/水价	提高参与博弈能力	
科研团队	增加水治理项目	科研能力	提高成果转化	研究经费/第三方的独立性	提高成果转化率	
领域专家	水治理导向	政策咨询	提高政策采纳率	被政府束缚/基层调研不足	增强基层调研、提升发言权	

注：实际操作中将可行性项采用专家评分法定量化分级打分。

四、政策实验执行的基本程序

在完成上述内容后，开展下一步政策实验。依据第三章水治理政策实验技术指南，遵循工作原则：①政府、专家、公众多元互动；②政策过程系统化；③实验步骤规范化；④实验效果考核多维度；⑤实验时空协调化；⑥实验效益长效化。进行政策实验的六类角色及职能分工，即实验委托人、政策研究者、实验局中人、政策分析师、技术支持人员、领域专家组。完成政策实验的九个步骤：第一步，实验规划与设计。第二步，实验准备与培训。第三步，局中人利益表达与沟通。第四步，综合集成支持下的利益博弈。第五步，提出和分析利益协调方案。第六步，协商与冲突消解形成共识方案。第七步，模拟政策执行。第八步，实验评估与总结。第九步，政策确认与实施。在政策实施阶段，完成政策实验的执行、政策的模拟执行、政策执行与调整、实施阶段的评估。

第四节　农村水治理政策实验的执行

一、政策实验执行的影响因素

农村水治理政策实验执行的影响因素：一是包括政府、农户、水企业、社会组织等利益相关者的关系复杂程度。利益表达与博弈关系建立在官僚的科层结构时，政策实验的设计中因调适对象的行为种类多而难度加大，执行难度也随之增大。二是利益相关者博弈谈判的平台质量。平台越开放，平台利用率越高，博弈政策的对象数量和行为调适幅度就越小，实验结果执行的难度就越小。三是政策实验执行的技术难度。政策实验场地环境和信息网络环境越好，技术条件越好，就越易于进行政策的模拟。四是组织间层级结构。组织结构越复杂，政策传递中的信息衰减就越多，政策被扭曲就越明显，政策可达性就越差。虽然上级政策文件的文字很漂亮，体系很完善，但仅依靠科层体系中行政命令去执行政策，较容易发生政策规避现象，所以高效的政策执行要力求组织结构扁平化。五是基层官员行为取向。基层官员是决定政策执行的关键因素。由于基层村干部对农民的利益关系最为清楚，应当为基层公共服务事权提供一定的财力保障，并适度满足其利益诉求，在事权配套经费支持下的专款专用，有利于政策执行到基层产生理想效果。因此，政策实验中应让水协会与上级政府构架起开放交流的渠道，村基层就利于发挥为农民代言，又兼顾政府利益的桥梁作用。但由于村委会与水协会往往是合并的，替代并弱化了水协会的独立性功能，如前文所述衡水速流村、白洋淀大淀头村和赵庄子村。因此，政策实验中应增加水治理组织结构对博弈实验的设计。六是团体的行为取向。标的团体的行为是决定政策执行成败的重要因素。这里标的团体就是大量的用水农户。凡是能够让标的团体得到好处的政策在执行过程中比较顺利；凡是标的团体利益受到限制和管制的政策，则政策目标较难以实现。如果农村水政策内涵模糊不清，程序烦锁，即存问题焦点与政策中心不一致，利益集团间的政治争议和立场，就会使政策执行充满不确定性，使政策目标与实际效果间执行偏离扩大。为此，应设计政策执行影响因素表，明晰各类因素，使对策直观化（见表7-9）。

表7-9　政策执行其他影响因素概览

政策问题可处理程度				政策以外的因素			执行的信息反馈		
调试主体人数	行为调试难度	技术执行难度	多元化程度	社会和谐度	外部资助	上级态度	信息传递	媒体参与	机构执行能力

二、政策实验执行中的调整

政策实验过程中，以下因素会影响实验结果，应考虑实验调整：一是所有参与者和局中人对博弈—协商规则的知晓和认识程度。二是成员的稳定性发生变化时，标的对象发生变化，利益意愿、沟通方式和博弈—协商方案都会受到影响。三是实验执行的基本条件：物质条件中实验的场地、软件设施，包括研究团队的实验模式展现，对队员的培训和对局中人的培训。四是有基层反馈机制。由于政策执行的目标与基层利益相关者目标越一致，政策的正向反馈就越强，对政策的肯定就会使政策效果增强；反之就会减弱。五是政策传递结构设计。在政策执行中，中层协调者与监督者可能成为政策执行成败的重要因素。如果是科层制，政策与执行是相互独立、上下从属的关系，上层负责设计决策，下层为贯彻政策意图的执行者，政策实验就应详细分析其中各行政层级间的政策信息传递成本和效率，避免政策传递中的衰减；如果是层级互动制。政策执行是上下层级的互动过程，上级制定的、要求下属必须执行的政策执行规则和标准，上级既有足够大的影响力，各层级也有与上级博弈的权力，通过政策实验控制其中的变量来实现政策实验的目标。

三、政策实验实施阶段的评估

政策实验镶嵌在公共政策进行的过程中，评估是不可或缺的环节。政策实验的评估体系包括：评估主体、评估客体、评估理论、评估方法、评估程序和评估结果。评估量化指标是关键。借鉴项目管理和公共政策评估指标，政策实验的评估指标应与公共政策阶段相匹配、相包容。

政策实验评估包括政策实验是否遵照原定规划进行，是否确实到达标的群体，政策方案各部分如何配合，对比实验的对照组和控制组的实验差距是否能说明政策问题，博弈实验能否达到协同方案。同时监测政策方案在行政机关的作业流程是否有效率、资源分配是否经济、政策执行人员的态度以及其所运用的标的团体是否恰当、执行标准是否清晰，哪些可行、哪些优先、政策执行中的服从度等问题。简易型评估如表7-10所示。

表 7-10　政策实验对政策执行的简易型评估

评估内容	指标	优	良	可	差	原因
政策执行与原定规划吻合	一致性					
政策传递到达目标群体	可达性					
政策方案各部分间配合	协调性					
行政机关作业流程效率	规范性					
政策执行的资源利用效率	经济性					

第五节　政策实验的评估

与政策本身评估不同，政策实验评估的对象是政策实验。一项成功的政策实验项目要想达到预期的效果，关键在于严谨、有序、细致、面向目标递进地实施。评估过程的约束性和控制性可以直观地反映出政策实验实施过程中哪个环节出了问题，进而及时采取对策，以确保政策实验内容的完成和目标实现。

一、政策实验评估的三个基本因素

实验评估最基本的有三种评价因素：效能、效益和影响改变。

表 7-11 中，政策执行环境产生对相关利益者行为与态度的改变，对预期和非预期的二元主体行为改变，是政策实验评估的两个关键因素，也称为影响评价。其中，预期改变是指政策实验模拟出的政策结果及其变化范围，非预期改变则为政策实验模拟出的政策结果不在预期变化范围内的影响评价。

表 7-11　政策实验简易评估类型

评估	通过政策实验实现的目标	评估等级			
		优	良	可	差
政策实验效能	水政策执行后对预期目标的影响程度				
政策实验效益	水政策执行后按照预期目标实现产生的效益				
政策实验影响改变	水政策执行环境产生对相关利益者行为与态度的改变				
	水政策执行产生的预期和非预期的二元主体行为改变				

以"二元共治"为例，如前文所述，政策实验模拟出的结果是提高补贴标准会提高农户节水意愿。但若农户坚持超出财政支付能力的意愿就属于非预期的改变，这时，就要依靠行政管制手段协商—博弈的协调方案，通过增加参数自变量将模拟的因变量函数调整在政府可控制，且农户能承受提价的双方共利双赢的区间内。政策实验模型的影响因素包括二元共治关系与多元善治的机制运行的条件；政策模拟中控制变量的方法设计，怎样将自变量和因变量的函数运行趋于最大化预期目标；政府与农户因上级政策改革，农户增收途径增多，而对节水治污的宽容度提高等；多元主客体内部结构与外部环境因素的适应性；政府与农户主体以时空变化等随机行为对实验预期效果的影响；统计方法的测度与信度保障程度；多元参与程度对方案设计的影响等。本次政策实验方案与其他方案比较是否具有最理想效率和效益？为此，还可以设计政策实验项目效益分析表，反映投入产出为变量的政策实验项目效益分析，见表7-12。

表7-12 政策实验项目效益分析

项目	环境政策行为		环境政策结果	
	投入要素与规模	关键过程	政策产出	影响方面

二、政策实验评估的类型选择

在进行上述工作后进一步进行细化评估，就要选择政策实验评估类型，见表7-13。

表7-13 政策实验评估类型选择

分类依据	评估类型	评估目标	主要指标
政策属性	事实性评估	说明一些事实，不涉及价值冲突	真实性、客观性、可操作性、经济性
	价值层面	强化价值标准，判断政策影响	公平性、充分性、回应性、民主性

续表

分类依据	评估类型	评估目标	主要指标
政策职能	政策效能评估	政策执行力达到期望结果能力	目标完成率、任务实现率、完成效率、完成质量、完成效益
	政策效益评估	实验执行产生实际效果和利益价值	经济效益，社会效益、生态效益和政治效益
	政策影响评估	利益相关者态度和行为改变	标的群体服务满意度、态度行为变化程度
评估形式	正式评估	制定详细的程序化评估方案，由专业的评估者严格评估	评估结论被政府应用，采纳率
	非正式评估	评估者、评估形式、评估内容和评估结论没有严格规定	评估结论被公众认可，反对率
执行阶段	事前评估	执行前的方案设计水平	方案可靠性，目标明确性、模型模拟可信度
	执行评估	执行中的风险最小化	评估结论可靠性，过渡性、暂时性、可调整性
	事后评估	效益效率和价值取向	最终评估结果、全过程、全面翔实性
评估机构归属	内部评估	内部化成本低、运行效率高	经济性、针对性
	外部评估	以客观性和真实性对内部评估制衡	独立性、客观性和专业性

注：实际操作中可将主要指标采用专家评分或加权重求和。

三、政策实验的一般评估方法

政策实验评估方法主要有：一是定性方法。例如，专家判断方法、对象评定法。二是定量方法。例如，统计分析方法。三是政策实验方法。例如，政策实施前后对比法。前后对比法，具体有简单前—后对比分析、投射—实施后对比分析、有—无政策对比分析、控制对象—实验对象对比分析。四是政策成本—收益分析法。五是运用网络参与互动形式影响政策制定、政策执行、政策监督和政策评估，最终实现共治和善治。将政策过程与网络参与叠加后其机制如图 7-4 所示。其中，包括农民在内的网民与政府的互动过程经历诱导参与、回应互动和互利共信三个阶段。其中各个阶段要实施反数字鸿沟效益和反沉默螺旋效应。①

---

① "沉默的螺旋"（Spiral of Silence）概念由德国女社会学家伊丽莎白·诺伊曼在 1980 年出版的《沉默的螺旋：舆论——我们的社会皮肤》一书提出。她认为，经大众传媒强调的意见因其公开性和传播广泛性容易被当作"多数"或"优势"意见所认知而对少数意见带来压力和不安全感，引起"劣势意见沉默"和"优势意见大声疾呼"的螺旋式扩展过程。

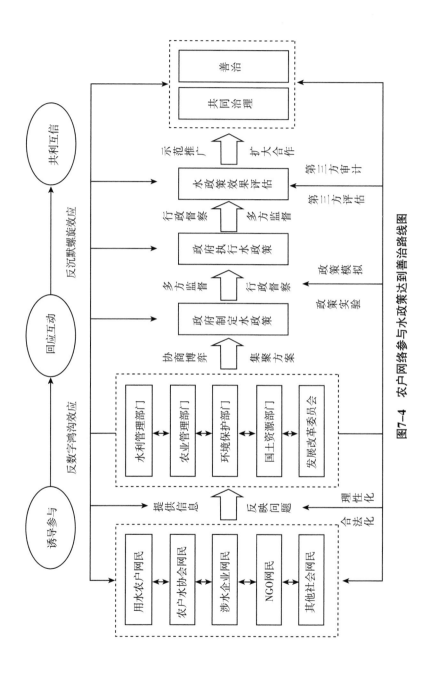

图7-4　农户网络参与水政策达到善治路线图

四、政策实验的专项评估方法

农村生活污水处理技术政策基于二元共治和多元善治思路，增加了政策过程的完整性和农户参与性，构建农村生活污水处理技术政策综合评价量化指标，见表7-14。

表7-14　农村生活污水处理技术政策综合评价量化指标[①]

评价内容	评价项目		分项满分标准	实际打分
政策制定	技术指导文件	技术目录指南	4	
		技术规范	4	
	技术推广政策	技术推广促进政策	4	
政策执行	组织领导	乡镇机构建设	2	
		推广监管汇报	2	
	过程管理	推广监管贯彻	5	
	资金配套	预算专款专用	5	
政策监督	监管制度	运行与保障机制	5	
	监督主体	多元参与制衡率	3	
政策评价	评价主体	多元主体参与率	3	
	评价方法	适用性易操作	4	
	评价步骤	规范严谨渐进	3	
政策产出	污水收集	设施覆盖率	7	
	污水处理	处置覆盖率	7	
政策效果	污水处理	设施出水设计达标率	8	
	污水排放	设施出水水质达标率	8	
政策影响	环境影响指标	水质环境达标率	6	
		生态环境改善率	4	
	经济影响指标	农户收入影响程度	6	
		村庄治理经济压力	5	
	社会影响指标	农户治水意识提高率	3	
		农户身体健康保障率	2	

① 夏训峰，王新明，席北斗. 农村水污染控制技术与政策评估 [M]. 北京：中国环境出版社，2013：89-106.

第六节　政策实验基地构建

一、辨析政策实验实例的政策问题

第一，掌握衡水市地下水超采概况。河北全年总用水量 200 亿 m³，其中有 50 亿 m³ 靠超采地下水。地下水超采造成了水位严重下降，华北平原深层地下水已形成了跨冀、京、津、鲁的区域地下水降落漏斗，华北很多城市的地下水开采量已占总供水量的 70% 以上，形成了沧州、衡水等 13 个沉降中心。河北省个别地区的农村水井甚至达到 500 多米深，而且有继续下挖的倾向。[①] 河北衡水市有一个巨大的地下水漏斗区，目前已扩展到衡水全市，并与周边漏斗区相连，形成了一个面积约 4.4 万 km²、中心水位埋深 112m 的复合型漏斗。

第二，知晓地下水超采带来的危害。一是机井报废。河北省每年因地下水位下降而报废的机井有 2 万眼左右。二是地面沉降。衡水地面每年沉降 5cm，沉降引发地裂、房屋倾斜等地质问题。2006～2010 年，衡水市共发生 10 起比较大的地裂缝，分布在安平、深州、景县、故城、武强、开发区等地。裂缝一般长 50～500m，最长的是武邑至阜城县的一条地裂缝，长 8km。三是泉水断流。河北省湿地面积比 20 世纪 60 年代减少近 3/4。四是海水倒灌等。

第三，理解政府相关的政策精神。2014 年，根据国务院部署和要求，在衡水、沧州、邢台、邯郸 4 市 49 个县（市、区）开展地下水超采综合治理试点工作，通过调整种植结构、加强水利工程建设、加快体制机制创新、严格地下水管理。河北省衡水市桃城区 2004 年 4 月被河北省水利厅确定为省级节水型社会建设试点后，按照水权水市场理论、总量控制和定额管理制度的政策要求，先后提出了固定总量+微调、浮动总量、浮动定额等节水制度。2005 年 8 月又创造性地提出了"一提一补"节水制度，实现了从水量控制到水价控制的转变，该制度在桃城区推广实施。

第四，提出"一提一补"水价公式的改良方案（详见本书第五章、第六

---

① 河北地下水超采有多严重？让中央财政三年投入 167 亿元［EB/OL］. http://huan-bao.bjx.com.cn/news/20160722/.

章有关内容）。

其一，按方提价、按亩补偿的传统模式；其二，财政按提价幅度给予一定的补贴模式；其三，增加农作物调整参数的补贴模式。在调研中，按方取水、按亩补偿是最简单易操作的方法。但是对补偿对象的计算过于简单，已有农民反映出不甚合理，建议按照用水量计算并反映农作物调整对节奖超罚的影响（详见第六章有关内容）。将政策问题汇总成表，见表7-15。

表 7-15　实验基地政策问题汇总

实验基地	关键水问题	政策文件依据	政策执行目标	政策预期指标	政策实验			
					实验目标	研究方法	实验结论	成果转化
基地 A								
基地 B								
基地 C								

二、完成政策实验参与者类别配置

政策实验的参与者需要明确职责，具体人员职责和分配见表7-16。

表 7-16　政策实验参与者类别配置

名称	人员	职责
委托人	政策需求者的政府部门	政策需求和政策研究委托
局中人	农村水价利益相关人	关注政策内容，影响决策行为
政策研究者	专业化研究团队	专业化研究政策体系和进行政策分析
本领域专家	政策和专业领域专家	具有政策评价能力和预测政策发展的经验

政策规划过程与立法主要受四个因素的影响：规划过程中的冲突程度、因果理论有效程度、象征性行动程度、受到广泛注意的程度。执行过程主要是受到组织与组织间的执行行为、基层官僚行为、标的团体行为三项因素的影响。执行结果主要是受到执行过程的影响，政策规划过程和立法过程也通过政策执行过程的中介作用间接影响政策执行的结果，政策实验要予以考虑。

三、做好政策实验规划阶段自评估

在政策实验规划阶段，进行自评估是必要的。自评估应具备三项基本要务：一是政策目的和绩效指标应该有良好的界定；二是政策方案的内容应与预期的结果有因果关联；三是决策者和管理人员有相当的可能性来使用这项评估信息以促进政策的绩效。

具体而言，自评估内容包括：评估主体、对象、方法、类型的选择，实验目的是否明确，假设是否严密，基地选取是否具有代表性，规划过程中利益相关者问题汇集水平，问题界定受到多方认可程度，政策实验目标的明确性，包含二元或多元治理元素的比例，实验内容的可操作性，实验方案的具体实施步骤，实验方法适用性选取，实验方案实施的风险因素规避的措施等。例如，由于决策者、管理人员和政策利害关系人的抗拒或不合作态度，使政策实验方案的评估相当困难；评估的结果往往不被决策者作为修正政策方案的依据；倘若某项政策方案在执行过程中已有偏失，待执行完成后再进行评估，对现有政策的修正并无助益。

四、优化政策实验阶段的模型选择

政策实验过程可以按照过程描述方式分为阶段模型和学习模型。一是阶段模型，将政策实验过程划分为八个阶段，分别是：实验规划与设计；实验准备与培训；利益表达与沟通；综合集成支持下的利益博弈；方案提出与初步分析；利益协调与综合；模拟政策执行；实验评估与总结。阶段模型的优点是简单直观、便于理解、容易操作，不足是缺乏灵活性。二是学习模型。政策实验的学习模型较之更为灵活，该模型突出了逐步加深对利益关系认识的"学习"过程，强调通过政策实验来实现委托人、研究者、局中人的共同"学习"。在实际运用中，政策实验的两种模型可以互补使用。

五、准确选取政策评估方法与模型

政策评估的方法采用量化评估与质化评估结合的方法。量化评估要求评价政策实验时，将其进行若干的数字分类，然后进行同类的对比，或与要求的指标对比，从而反映其优劣的程度。量化评价是把复杂的政策现象加以简化或只评价简单的现象，它不仅无法从本质上保证对客观性的承诺，而且往往丢失了政策评估中最有意义、最根本的内容。质化评价是借助于社会科学研究中的质性研究方法，不是对量化评价的简单舍弃，而是对量化研究的一种反思批判和革新，质性评价是为了更逼真地反映政策现象，因此，它从本质上并不排斥量化评价，而是把它整合于自身，在适当的评价内容或场景中使用量化的方式进行评价。其中的定量方法有：回归分析等；定性方法有：主观评鉴法、小组讨论法、德尔菲法、头脑风暴法等。根据阶段进行的评估有：预评估（可行性评估）和影响结果评价。

政策实验方法需要分析经济可行性、社会可行性、技术可行性，其分析矩阵关系如表7-17所示。

表 7-17　可行性分析

	优势	不足	影响因素	突破条件	可行性判断
经济可行性					
社会可行性					
技术可行性					

六、做好政策实验的结项财务决算

项目生命期通常包括以下四个阶段，每个阶段包括不同的任务内容：启动阶段，包括项目需求分析、项目识别与选定、项目实施方案报告书和可行性研究、项目资金筹集等；规划阶段，包括项目团队组建、项目工作分解、项目计划制定（范围、进度、预算、资源分配、质量、采购）等；执行阶段，包括项目实施准备、项目计划执行、项目控制等；收尾阶段，包括项目成果核实、项目合同结算、项目评估、项目移交成果转化等。

需要注意的是，在政策实验基地建设的收尾阶段，应对基地建设期的资源利用情况和财务运行情况进行决算，还要对项目的运行状况进行间接效益、财务盈利能力分析。其中，财务盈利能力分析包括税前和税后的财务内部收益率、财务净现值和投资回收期等，并完成包括总投资、利润总额、投资利润率、贷款盈亏平衡点等财务指标，如表7-18所示。

表 7-18 政策实验基地建设决算

项目名称： 项目负责人： 填表日期：

项目经费来源（万元）	专项拨款			自筹经费			协作收入		
预算项目（万元）	预算支出（万元）			实际支出（万元）			结余（万元）		
	基地 A	基地 B	基地 C	基地 A	基地 B	基地 C	基地 A	基地 B	基地 C
经费支出									
（一）直接支出									
1. 场地使用费									
2. 设备购置费									
3. 材料费									
4. 测试实验费									
5. 总电费									
6. 总燃料动力费									
7. 数据采集费									
8. 劳务费									
9. 通信费									
10. 差旅费									
11. 会议费									
12. 专家咨询费									
13. 国际合作交流费									
14. 出版/文献/资料/知识产权事务费									
（二）间接费									
1. 绩效支出费									
2. 外协支出费									
（三）税费									
1. 技术咨询费									
2. 管理费									

附　录

附录 1　衡水市桃城区"提补水价"政策实验农民培训明白纸

用水农民培训明白纸	完成状况
前后测之间用于培训农民，培训者完成后签字_____	
河北省地下水超采综合治理政策五大重点（2014 年 6 月实施）	
1　节水优先：提高节水灌溉的科技含量	
2　蓄水成网：建立蓄泄兼备、引排得当、丰枯调剂的水网	
3　引水替代：加快南水北调工程建设，最大限度引用外地水，用外调水逐步替代地下水灌溉	
4　调整结构：调整种植结构，保障稳粮，发展适水旱作农业，禁采区禁打机井	
5　管住地下水：在地下水禁采区，除应急供水外一律不得新打机井；在地下水限采区，除更新生活用水机井外不得新打机井；对非法取用地下水的行为要严厉打击	
6　衡水地下水超采治理，实现地下水采补平衡，深层地下水漏斗中心水位止跌回升	
衡水桃城区"一提一补"水价其他村庄实施过程（2004 年实施）	
1　2004 年 4 月桃城区被定为省级节水型社会建设试点	
2　种高村：把每个灌溉时段某种作物的实际平均用水量当作定额作为奖罚基数；实行阶梯式奖罚，称为浮动定额控制	
3　北苏闸村：计算出全村单位亩次的平均用水量，以此用水量为基数，超过这个基数的每立方米罚款 0.1 元，节约的每立方米奖励 0.1 元，称为浮动总量控制。提高水价收取罚款预备金的方法，在原每立方米 0.35 元水价的基础上提高到 0.45 元，提高的 0.1 元作为罚款预备金，奖罚完成后再返还	

续表

用水农民培训明白纸		完成状况
4	河沿镇国家庄和盐堤口村：按照某一户单位用水量，把水价提高后，多收的资金按耕地面积平均补贴，深层水每立方米由现在的 0.35 元提高到 0.5 元，浅层水每立方米由现在的 0.2 元提高到 0.25 元，地表水每立方米 0.14 元价格不变。提价多收的钱由村协会保管，水务局给予深层地下水每立方米再补贴 0.05 元。多收的钱和补贴的钱作为节水调节基金，每半年按公示的承包地面积平均发放	
5	主要特征：按方收费、按地补贴、提高水价、鼓励节水	
中华人民共和国水法（2002 年实施）		
1	第三条　水资源属于国家所有。农村集体经济组织及其成员使用本集体经济组织的水塘、水库中的水除外	
2	第七条　国家对水资源依法实行取水许可制度和有偿使用制度	
3	第八条　国家厉行节约用水，大力推行节约用水措施，推广节约用水新技术、新工艺，发展节水型工业、农业和服务业，建立节水型社会	
4	第三十六条　在地下水超采地区，县级以上地方人民政府应当采取措施，严格控制开采地下水	
5	第四十七条　国家对用水实行总量控制和定额管理相结合的制度	
6	第四十八条　直接从江河或者地下取用水资源的单位和个人，应当向水行政主管部门申请领取取水许可证，并缴纳水资源费，取得取水权	
7	第四十九条　用水应当计量并按照批准用水计划用水。用水实行计量收费和超定额累进加价制度	
8	第七十条　拒不缴纳、拖延缴纳或者拖欠水资源费的，由县级以上人民政府水行政主管部门依据职权，责令限期缴纳	
2011 年"中央一号"文件提出实行最严格的水资源管理制度		
1	第十九条　建立用水总量控制制度。确立总量控制红线，严格地下水管理和保护，尽快核定并公布禁采和限采范围，逐步削减地下水超采量，实现采补平衡	
2	第二十条　建立用水效率控制制度。确立用水效率控制红线，加强用水定额和计划管理	
3	第二十五条　健全基层水利服务体系。大力发展农民用水合作组织	
4	第二十六条　积极推进水价改革。降低农民水费支出，农业灌排工程运行管理费用由财政适当补助，探索实行农民定额内用水享受优惠水价、超定额用水累进加价的办法	
国家农业节水纲要（2012～2020 年）		
1	第四条　优化配置农业用水。充分利用天然降水，合理配置地表水和地下水，重视利用非常规水源，在渠灌区因地制宜实行蓄水、引水、提水相结合，在井灌区严格控制地下水开采	

续表

	用水农民培训明白纸	完成状况
2	第六条　完善农业节水工程措施。在水资源短缺、经济作物种植和农业规模化经营等地区，积极推广喷灌、微灌、膜下滴灌等高效节水灌溉和水肥一体化技术	
3	第八条　健全农业节水管理措施。完善农业用水计量设施，加强水费计收与使用管理。严格控制农业用水量，合理确定灌溉用水定额	
4	第十九条　推行节水灌溉制度。建立取用水总量控制指标体系，逐级分解农业用水指标，落实到各地区和各灌区	
5	第二十条　增加农业节水投入。加大中央和地方对大型和中型灌区节水改造、高效节水灌溉和旱作节水农业示范等投入力度	
6	第二十一条　发挥农民的主体作用。鼓励农民建立用水户协会，民主协商、自主决策。通过"一事一议"财政奖补、技术指导、制度约束等多种形式，调动农民节水积极性	
国务院《取水许可和水资源费征收管理条例》（2006 年颁布）		
1	第二十八条　取水单位或者个人应当缴纳水资源费。超计划或者超定额取水的，对超计划或者超定额部分累进收取水资源费	
2	第三十条　农业生产取水的水费征收标准应当低于其他用水的水费征收标准，粮食作物的水费征收标准应当低于经济作物的水费征收标准	
河北省实行最严格水资源管理制度考核办法（2013 年 6 月颁布）		
1	第四条　政府主要负责同志对本行政区域水资源管理和节约保护工作负总责	
2	第五条　用水总量、地下水开采量、水资源费缴纳，农田灌溉水有效利用系数，计量设施安装率、水资源费缴纳	

附录 2　衡水市桃城区"提补水价"政策实验前后测调查问卷

问卷编号：_____　　调查人：_____　　调查时间：_____

调查地点：桃城区_____乡（镇）_____村（行政村）。

一、受访者基本情况（第 1~20 题仅用于第一遍前测用）

1. 本村的人口数_____总户数_____；土壤类型_____（沙土、黏土、壤土）；行政村耕地面积_____亩。本村的灌溉面积比例_____；本村距离县城的距离是_____；本村是否有农民用水协会组织_____。目前，您所在村返乡农民工约占外出打工农民总数的比例（　　）。

A.10%以下　B.11%~20%　C.21%~30%　D.31%~40%　E.40%以上

2. 您生活的周边区域畜禽养殖场（　　）。

A. 有　　B. 无　　C. 小规模型　D. 大规模型

3. 您的性别：（　　）。

A. 男　　B. 女

4. 年龄：（　　）。

A.19 岁及以下　　B.20~24 岁　　C.25~29 岁　　D.30~34 岁

E.35~39 岁　　　F.40~44 岁　　G.45~49 岁　　H.50~54 岁

I.55~59 岁　　　J.60~69 岁　　K.70 岁及以上

5. 文化程度：（　　）。

A. 小学以下　B. 小学　C. 初中　D. 高中及高中以上

6. 家庭人口数_____人，老人（60 岁以上）_____人，孩子（18 岁以下）_____人。19~59 岁_____人。其中，农业人口_____人，家庭劳动力人数_____人（18~60 岁，包括未达到劳动年龄或超过 60 岁实际参加劳动的人数，但不包括在校学生）；其中，纯农业劳动力人数_____人，半农业劳动力人数_____人，非农劳动力人数（完全不从事农业劳动）_____人。若为 60 岁以上人口，继续追问是否还在参加农业劳动是_____否_____。

7. 目前，您（户主）主要从事的职业是：①种植业；②畜禽养殖业；

③水产养殖业；④个体经营业；⑤个体旅游业；⑥个体运输业；⑦在当地的企业工作；⑧在当地的政府部门工作；⑨外出务工

2013 年您家庭的年纯（净）收入_____元，农业收入_____元，非农业收入_____元。您期望 2014 年您的总收入能达到_____元。期望 2015 年总收入达到_____元。

8. 您家 2013 年的农业经营成本：

	毛收入（元）	面积（亩）	成本（元）			
			种子	农药	化肥	耕种
冬小麦						
夏玉米						
春播棉						
蔬菜						
A. 瓜类						
B. 茄科类						
C. 豆类						
D. 叶类						
E. 根类						
浆果						
A. 果树（桃杏）						
B. 苹果						
C. 梨						
D. 其他						

9. 您家的耕地面积_____亩，人均耕地面积_____亩。

10. 您家是否有水表_____　　A. 是　B. 否

　　是否有生活用水表_____　　A. 是　B. 否

　　农业用水怎样计量_____。

11. 家庭全部用电量，生活用电消耗_____元/年，农业用电_____元/年。

12. 2013 年家庭农业用水情况是：

类　型	比例（%）
地下水（潜水或承压水）	
地表水	
非常规水（雨水、再生水、经过再生处理的污水和废水、空中水、矿井水、苦咸水）	

12.1 地表水能够满足农业灌溉的比例大约是？（在相应位置画钩，余同）

0   25%   50%   75%   100%

12.2 地下水能够满足农业灌溉的比例大约是？

30%以下   50%   60%   70%   80%   90%   100%

13. 2013 年，家庭农业用水基本情况：

	面积（亩）	地块数	水电费（每次）	浇几水	灌溉技术	花了多少（元）	每亩赚了多少（元）
冬小麦							
夏玉米							
春播棉							
蔬菜类							
A. 瓜类（大棚、露天）							
B. 茄类（大棚、露天）							
C. 豆类（大棚、露天）							
D. 叶类（大棚、露天）							
E. 根类（大棚、露天）							
浆果（大棚、露天）							
果树							
A. 苹果							
B. 桃杏							
C. 梨							
D. 其他							

14. 目前，您家农业用水是按照什么方式计量：

A. 以水量计价   B. 以电量计价   C. 全村平摊（按人头平摊）

D. 其他（企业大户捐赠、村委会统一缴纳）

15. 您家用水主要用于：

A. 浇地 B. 饮用 C. 养殖用水 D. 乡村工业用水 E. 其他

16. 您家采用的灌溉取水方式是：

A. 机井 B. 渠灌 C. 管灌   D. 多方式取水灌溉

17. 您家生活耗水量较大的是：

A. 洗衣 B. 洗澡 C. 厨房做饭 D. 冲厕

其他_____，每月花_____元。

18. 您明年想种什么农作物？

首选的是＿＿＿＿＿＿，次选的是＿＿＿＿＿＿。

A. 冬小麦　B. 夏玉米　C. 春播棉　D. 瓜类　E. 茄科类　F. 豆类（花生、大豆、黄豆）G. 叶类　H. 根类（土豆、萝卜）　I. 浆果（草莓）　J. 果树（桃杏、苹果、梨、樱桃）　其他＿＿＿＿＿＿＿＿＿。

19. 您对当地水资源状况总体评价？

A. 比以前更缺水　B. 供需基本平衡　C. 供大于求（富余）　D. 不清楚

20. 您认为地下水对正常年份用水需求是：

A. 完全满足　B. 勉强满足　C. 不能满足　D. 不知道

21. 您认为地下水超采：

A. 非常严重　B. 比较严重　C. 不严重　D. 一般（无所谓）　E. 不知道

二、关于农业用水问题的认识（第一遍前测+培训+第二遍后测）

22. 您认为解决当地地下水超采问题的迫切程度：

A. 非常急迫　B. 比较急迫　C. 不急迫　D. 一般（无所谓）　E. 不知道

23. 您会选择哪种水源用于农业生产？

A. 浅层地下水　B. 深层地下水　C. 当地地表水　D. 外调水　E. 非常规用水

24. 您认为农村主要的水问题是：

	非常认可	认可	不认可	非常不认可	不知道
A. 节水政策漠视农民利益					
B. 用水浪费					
C. 用水效率低					
D. 水价较低					
E. 水污染严重					
F. 技术落后					
G. 管理落后					

25. 缓解农业用水紧张的途径：您首选＿＿＿＿＿＿，次选＿＿＿＿＿＿。

	内容
A	多利用当地地表水
B	多利用外来地表水
C	多开采当地地下水
D	提高农业用水比例
E	开发利用雨水、达标的污水、废水

26. 2015 年南水北调通水后，有了外调水，您对节约使用地下水的态度是：

A. 非常愿意　　 B. 愿意　　 C. 不愿意　　 D. 非常不愿意　　 E. 无所谓

27. 您选种农作物时主要考虑的是：

A. 只考虑增收　　 B. 优先考虑增收　　 C. 优先考虑节水　　 D. 只考虑节水

28. 您对因节水应获得政府补偿的态度是：

A. 非常同意　　 B. 同意　　 C. 不同意　　 D. 非常不同意　　 E. 无所谓

29. 您对节水应获得社会（企业、能人捐助等）补偿的态度是：

A. 非常同意　　 B. 同意　　 C. 不同意　　 D. 非常不同意　　 E. 无所谓

30. 您现在对目前农业水价的看法是：

A. 非常高　　 B. 可以承受　　 C. 比较低　　 D. 无所谓

31. 您对政府管理水资源效果的总体评价是：

A. 非常好　　 B. 好　　 C. 不好　　 D. 非常不好　　 E. 无所谓

三、关于农业节水灌溉技术（第一遍前测+培训+第二遍后测）

32. 您对于节水技术方面的了解程度是：

A. 非常多　　 B. 比较多　　 C. 比较少　　 D. 一无所知

33. 您认为井灌区灌溉的重点方向是：

A. 管灌　　　　　　　　　 B. 喷灌、微灌、重力滴灌、渗灌并用

C. 水肥一体化　　　　　　 D. 用水计量和智能控制

34. 为了节水您认为：

A. 耗水农作物向旱作经济作物转型　　 B. 旱作经济作物向耗水农作物转型

35. 为了增收，您认为：

A. 耗水农作物向旱作经济作物转型　　 B. 旱作经济作物向耗水农作物转型

四、关于水政策及法规的调查（第一遍前测+培训+第二遍后测）

36. 你对 2002 年版《中华人民共和国水法》的知晓程度是：

A. 非常熟悉　　 B. 比较熟悉　　 C. 略微知道　　 D. 一点儿都不知道

37. 为了可持续利用水资源，您认为应采取以下哪种行为？

	非常必要	必要	不必要	非常不必要	无所谓
禁采、限采地下水	1□	2□	3□	4□	5□
蓄流雨水补充地下水	1□	2□	3□	4□	5□
用水许可证制度	1□	2□	3□	4□	5□
总量控制、定额管理	1□	2□	3□	4□	5□
阶梯式水价制度	1□	2□	3□	4□	5□

38. 多节水多补贴，少节水少补贴，下表节水幅度与政府补偿的组合方案，您的意愿选择是：

方案	节水程度	得到补偿额度（元/立方米）
1	90%	4.5~5.5
2	70%	3.0~4.5
3	50%	2.0~3.0
4	30%	1.0~2.0
5	20%	0.5~1.0
6	10%	0.25~0.5
7	0	罚款

39. 如果增加地下水费，下面哪个价格区间您意愿接受？

A. 0~0.5 元/度（吨/亩）   B. 0.5~1 元/度（吨/亩）

C. 1~2 元/度（吨/亩）   D. 2~3 元/度（吨/亩）

E. 3 元/度（吨/亩）以上

40. 如果政府要求增收水费，您不同意的主要原因是：

A. 家庭收入太低，无能力支付

B. 对本人无影响，难享受它的好处

C. 本人没有造成环境污染，不需要支付

D. 认为应由政府出资，而不应该由家庭负担

E. 只收钱却没有改善农业用水效率

F. 对这次调查不感兴趣

G. 其他原因（请写明何种原因）_____

五、关于地下水超采综合治理的调查（第一遍前测+培训+第二遍后测）

41. 地下水超采综合治理，您的态度是：

A. 非常同意   B. 基本同意   C. 反对   D. 坚决反对

42. 对于地下水超采综合治理的方式，您的态度是：

A. 压采   B. 限采   C. 禁采   D. 不该管

43. 既要节水，又要压采，还要稳粮增收，您认为：

A. 完全可能   B. 可能   C. 不可能   D. 完全不可能   E. 不知道

44. 为了节水应当调整种植结构，旱地应适当压减冬小麦面积，改种玉米、棉花、花生、油葵、杂粮等低耗水农作物，鼓励改种青贮玉米、苜蓿等饲草作物。您的态度是：

A. 非常同意　　B. 基本同意　　C. 基本反对　　D. 坚决反对

45. 从 2014 年 6 月开始治理地下水超采问题，对您的生活影响程度，您认为：

不利影响 -5　　-4　　-3　　-2　　-1　　0　　1　　2　　3　　4　　5 有利影响

46. 您认为超采地下水政策最好以什么方式实施？

A. 行政奖罚　　B. 市场机制引导　　C. 宣传教育　　D. 依法办事

47. 为确保压采目标的实现，要采取的措施包括（多选）：

A. 调整种植结构节水　B. 工程设施节水　C. 农艺节水　D. 机制节水

E. 都有

48. 如果价格一样的情况下，您希望用哪种水灌溉？

A. 地下水　　B. 渠道水　　C. 外调水　　D. 其他

49. 若地下水超采综合治理有补贴的话，您认为补贴多少对农业更有利？

A. 按照户均旱作面积补偿　　　　B. 按照人均耕地面积补偿

C. 按照外调水价的一定比例补偿　　D. 按照旱作节水电价补偿

E. 其他＿＿＿＿＿＿＿＿＿＿＿＿＿＿＿。

50. 适当压减依靠地下水灌溉的冬小麦种植面积，变一年两熟（冬小麦、玉米）为一年一熟（玉米、棉花、花生、杂粮等），一季休耕、一季雨养。您的态度是：

A. 完全同意　　B. 基本同意　　C. 基本反对　　D. 坚决反对

51. 将农作物改种榆树、白蜡、枣树等耐干旱耐贫瘠且有一定经济效益的树种，您的态度是：

A. 完全同意　　B. 基本同意　　C. 基本反对　　D. 坚决反对

52. 在地下水超采区，除生活用水外，任何单位和个人不得新打机井。您的态度是：

A. 完全同意　　B. 基本同意　　C. 基本反对　　D. 坚决反对

53. 地下水限采区，除更新生活用水机井外，不得新增灌溉用打机井，对非法取用地下水的行为要严厉打击。您的态度是：

A. 完全同意　　B. 基本同意　　C. 基本反对　　D. 坚决反对

54. 在地下水禁采区，除应急供水外一律不得新打机井，您的态度是：

A. 完全同意　　B. 基本同意　　C. 基本反对　　D. 坚决反对

55. 严格机井管理，实行一井一证一表一卡。您的态度是：

A. 完全同意　　B. 基本同意　　C. 基本反对　　D. 坚决反对

56. 南水北调工程通水后，全部关闭公共供水管网覆盖范围内的自备井，并采取封填措施。您的态度是：

    A. 完全同意   B. 基本同意   C. 基本反对   D. 坚决反对

六、关于农村"一提一补"水价政策（第一遍前测+培训+第二遍后测）

57. 对衡水桃城区在全国独具特色的"一提一补"水价政策。您的态度是：

    A. 非常支持   B. 比较合理   C. 不很明白   D. 坚决反对

58. 您认为"一提一补"办法节水的效果：

    A. 非常好   B. 比较好   C. 比较差   D. 很差

59. 您认为"一提一补"实施的办法公平吗？

    A. 非常公平   B. 比较公平   C. 不很公平   D. 很不公平

60. 2004年种高村试点实行阶梯式奖罚的浮动定额控制（第一个创新）您的态度是：

    A. 完全同意   B. 基本同意   C. 基本反对   D. 坚决反对

61. 您对浮动总量控制节水方法（第二个创新）的态度是：

    A. 完全同意   B. 基本同意   C. 基本反对   D. 坚决反对

62. 提高水价收取罚款预备金的方法，奖罚完成后再返还。您的态度是：

    A. 完全同意   B. 基本同意   C. 基本反对   D. 坚决反对

63. 将提取水价多收的资金按耕地面积平均补贴，多收的钱和补贴的钱作为节水调节基金，每半年按公示的承包地面积平均发放。您是否同意：

    A. 同意   B. 不同意

64. "一提一补"水价从2008年近40个村实施这一政策，但是到了2013年底仅有4个村庄实施。您的看法是：

    A. 非常遗憾   B. 比较遗憾   C. 有些认可   D. 非常赞同

65. 认为上述现象可能产生的原因是（多选）：

    A. 这个政策提的水价太高   B. 这个政策补的水价太低

    C. 按电量提水价我不满意   D. 对按照面积补水价不满意

    E. 耗水作物收入高，节水影响收入   F. 旱作补贴太少，增加收入缓慢

    G. 自己收入高，提补水价折腾那点钱太麻烦   H. 政府需更多的投入

    I. 其他原因是＿＿＿＿＿＿＿＿。

66. 您认为这个政策从制定、执行等方面可能出问题的环节是：

    A. 政策制定有问题   B. 政策执行有问题

C. 政策监督有问题　　　　　D. 政策评价有问题

E. 政策欠缺法律强制性　　　F. 都有问题

67. 您认为"一提一补"办法应该补给哪种用水？

A. 地下水　　B. 外调水　　C. 地表水　　D. 非地下水　　E. 都有

68. 您认为地下水超采综合治理补贴，应按什么补合适？

A. 耕作面积　　B. 户籍人口　　C. 实际用水量　　D. 节水量　　E. 都补

69. 在压采政策推行下，您是否愿意继续接受新的"一提一补"水价政策？

A. 非常愿意　　B. 愿意　　C. 不愿意　　D. 其他

70. 政府、集体、个人三方各承担农村"一提一补"中，"提"的费用，您的意愿是：

A. 政府最多、集体其次、个人最少　B. 政府最少、集体其次、个人最多

C. 集体最多、政府其次、个人最少　D. 集体最多、个人其次、政府最少

E. 政府、集体、个人水费均摊

71. 政府、集体、个人三方各承担农村"一提一补"中，"补"的费用，您的意愿是：

A. 政府最多、集体其次、个人最少　B. 政府最少、集体其次、个人最多

C. 集体最多、政府其次、个人最少　D. 集体最多、个人其次、政府最少

E. 政府、集体、个人水费均摊

72. "一提一补"节水制度还存在着不足，您认为是什么原因？

A. 缴费高保障低　　　　　　B. 制度存在问题

C. 农户间种养殖结构差异大　D. 对农民的服务不到位

E. 用水设施建设不完善　　　F. 节水意识差，习惯传统用水方式

G. 其他，请注明_____

73. 您认为"一提一补"节水政策运行工作最需要在哪些方面进行改进：

A. 调整"一提"的水价　　　B. 政府提高"一补"的投入

C. 加强宣传　　　　　　　　D. 加强节水协会服务水平

74. 如果参加农村"一提一补"节水，您最担心的是什么问题？

A. 不能及时领到补偿款　　　B. 种植结构调整有风险

C. 农业各种政策变化快　　　D. 因节水增收不能保证

E. 导致村民关系紧张

七、关于农业节水和治污生态补偿政策（第一遍前测+培训+第二遍后测）

75. 您认为节水该不该获得补偿？

A. 非常有必要　　B. 比较有必要　　C. 没什么必要　　D. 根本没必要

76. 水价涨了以后，您打算怎么办？

A. 改变农业种植结构　　　　　　B. 改变农业灌溉方式

C. 应用节水技术　　　　　　　　D. 同时都做

77. 为了实现地下水超采综合治理目标，若有政府补贴的话，您认为最满意的补贴标准是？

A. 每年大田旱作物与耗水作物的最好收成下两者的价格差

B. 每年大田旱作节水量与耗水作物节水量的电费差

C. 因禁采地下水导致封井带来的打井成本的年均损失

D. 因压采地下水导致限制开采地下水导致的水量年均损失

八、关于政府与农户二元共治机制（第一遍前测+培训+第二遍后测）

78. 如果现在由政府与农户在节水方面形成三种合作状态，您认为最好的是：

A. 政府包办　　　B. 协会主导　　　C. 农民自主（村民一事一议）

79. 您所了解的"二元共治"包括以下哪"二元"？

A. 政府　　　B. 水协会　　　C. 农民个体　　　D. 农户

80. 您认为目前农村"一提一补"节水政策中，以下哪种管理模式更适合？

A. 镇村集体　　B. 用水者协会　　C. 农户竞争承包　　D. 专业水管理公司

81. 您认为二元（政府与农户）共治的本质是：

A. 利益分离　　B. 利益有交集　　C. 利益同心　　　D. 不知道

82. 在水资源管理方面，您认为哪种手段更好？

A. 行政命令　　B. 利益引导　　　C. 民主协商　　　D. 都有

83. 您认为政策执行的最好效果是：

A. 政策的执行是不打折扣地落实，不"走样"

B. 政策执行受到农户的拥护

C. 在政策执行中农户对政策更好地发挥，因地制宜

D. 不会出现"上有政策、下有对策"

84. 如果对"三位一体"（乡镇基层水利站、农村水利专业技术服务组织、农民用水合作组织）服务体系建设成功，您认为关键因素是（多选）：

A. 集权化管理　　B. 分权化管理　　C. "官制"为主　　D. "民治"为主

85. 治理地下水超采问题的有效措施是：

A. 推进水价改革　　　　　　B. 提高节约用水补贴标准

C. 调动社会力量参与治理　　D. 政府与农户形成二元互利的共同治理格局

86. 您认为禁采地下水增加的灌溉成本应该由谁承担？

A. 农民自己　　　B. 市场　　　C. 政府　　　D. 村集体　　　E. 不知道

87. 您按照目前的农业生产结构，能够承受＿＿＿＿＿＿元/亩灌溉成本，需要补贴＿＿＿＿＿＿元/亩；如果没有这么多补贴，最少补贴＿＿＿＿＿＿元/亩您才会种地。

88. 您是否考虑过改变农业种植结构？

A. 是　　　B. 否

若改变，最重要的依据是：

A. 售价高　　B. 用水少　　C. 产量高　　D. 成本低　　E. 其他

若不改变，主要依据是＿＿＿＿＿＿＿＿＿＿＿＿＿＿＿＿＿＿＿＿＿＿。

89. 您是否考虑改变灌溉方式？

A. 是　　　B. 否

想如何改变才能减少灌溉成本？＿＿＿＿＿＿＿＿＿＿＿＿＿＿＿＿＿＿。

90. 在压采、禁采、限采和南水北调通水的背景下，您对"一提一补"政策总的看法是：

A. 完全接受　　B. 改进后接受　　　C. 改进后不接受　　　D. 完全反对

接受的原因是＿＿＿＿＿＿＿＿＿＿＿＿；反对的原因是＿＿＿＿＿＿＿＿＿＿＿＿；

改进的意见是＿＿＿＿＿＿＿＿＿＿＿＿＿＿＿＿＿＿。

附录3 衡水市桃城区"一提一补"政策实验主要过程

（1）前后测问卷	（2）小组利益汇集

（3）单次博弈	

（4）小组利益博弈	（5）达成共识方案

附录4 白洋淀"征补共治"水环境治理农户意愿调查问卷

问卷编号：_____ 调查人：_____ 调查时间：_____ 调查地点：_____

一、农户基本情况

1. 性别_____ 最高学历_____ 家庭人口数_____。

2. 家庭年收入_____农业收入_____非农业收入_____个人收入_____。

3. 家庭主要支出_____、_____、_____（例如，生活、教育、医疗等）。

二、家庭用水情况

4. 您家平均每天用水量情况如何？（在相应位置画钩，余同）

①1~1.5 立方　②0.8~0.9 立方　③0.7~0.5 立方　④小于 0.5 立方

5. 您家日常根据村里供水时间安排一般几点钟取水？

①每天定时供应，是几点_____　　②一天供应两次　③两天供应一次
④随机取水

6. 您家用水主要是：

①厨房用水　②洗衣用水　③畜禽养殖用水　④冲洗厕所　⑤_____

7. 您家人一般多长时间洗浴一次？

①1 天　　②2~3 天　　③一周　　④一周以上

每次用水量多少_____立方？

8. 您觉得当地的饮用水资源出现短缺了吗？

①知道　　②不太了解　　③不知道

9. 您了解本地政府哪些相关节水政策？

①政府定量定时供水　②政府推广节水水龙头　③了解其他政策

10. 您了解哪些节约用水知识？

①水是有价的　②水是免费供应的　③按照定额供应取水量

④按照人口分配　⑤按照耕地和承包水面分配水量

11. 您家采用过哪些节约用水设备?

①水表　②节水龙头　③节水式水冲厕所　④节水洗衣机

⑤其他_____

12. 如果使用节水设备,设备的购置是您自愿的还是政府政策号召并给予价格补贴?

①自愿购买　②村委会补贴　③协会补贴　④其他_____。

13. 您对农村生活应该节约用水,实施最严格的水资源保护政策的态度是:

① 很支持　② 基本愿意　③不太愿意　④反对　为什么_____。

14. 您家用水污染主要污染源都有哪些?(多项选择)

①洗衣废水　②厨余废水　③洗漱洗浴用水　④家禽家畜饲养

⑤人畜粪尿　⑥其他_____。

15. 如果确实造成水污染,是怎样解决的呢?

①村里集中处理净化　②管道排出进入淀内　③水池下渗处理

④其他_____。

16. 对东田庄村的"国家水专项"污水处理设施的运行情况,您的看法是:

①运行很好　② 基本可以　③ 不稳定运行　④没运行

不好,为什么_____。

三、征水费意愿

17. 根据本地水污染现状以及国家《水法》及政策规定,征收水费是必然趋势,您对未来当地政府的收取水费持怎样态度?

①完全同意　②听从安排　③不太赞同　④ 强烈反对

18. 如果政府要求农户支付水污染治理费和饮用水供应费费用,每月征收一次,您家庭用水一吨最多愿意支付多少钱?

①不愿支付　②0.1~0.5 元　③0.6~1.0 元　④1.1~1.5 元

⑤1.6~2 元　⑥2 元以上

19. 您认为水费收取应以什么为标准基数?

①用水量　②家庭人数　③家庭收入　④按耕地或承包水面面积

20. 如果政府在治理农村水污染方面提出两个方案:第一,农户、政府合力治污并达到减少 90% 的污染,第二,接受政府物质报酬。您愿意选择以下哪项组合?(只能选择一项,在括号内画"√")

方案一	方案二	是否选择
减少 90% 污染	无物质报酬	（　）
减少 70% 污染	10 元	（　）
减少 50% 污染	20 元	（　）
减少 30% 污染	30 元	（　）
减少 20% 污染	50 元	（　）
减少 10% 污染	更多	（　）

21. 您认为合理的水费收取方式是什么？

①专门人员管理　　②农户自行缴费　　③按月或按年集中缴纳

④其他_____。

22. 政府将成立居民用水协会，对于水费征收统征统管，您愿意加入吗？

①愿意　　　②随大溜　　　③不愿意　　　④很不愿意

23. 如果政府采取费用征收与价格补偿相结合的政策，以下政策您愿意接受哪个？

①规定用水优惠额度，并奖励水票

②政府"直补"主动购买节水设施的家庭

③定期进行节水培训，根据节水效果接受奖励

④参与治污工程管理的村民获得奖金

⑤月污水排放较少的家庭获得"生态文明家庭"称号

⑥您希望得到的补偿政策还有：_____。

24. 您对"征补共治"还有什么意见和建议？

_____。

附录5　白洋淀"美丽乡村"生态建设PPP模式农户意愿问卷

问卷编号＿＿＿＿调查学生＿＿＿＿调查地点＿＿＿＿县＿＿＿＿村（行政村）

一、本村基本情况

本村的人口数＿＿＿＿，总户数＿＿＿＿；淀内村/淀外村＿＿＿＿，行政村总面积＿＿＿＿亩；其中，行政村苇田面积＿＿＿＿亩，本村的水域面积＿＿＿＿亩，村居住地面积＿＿＿＿亩，公共用地面积（小广场等）＿＿＿＿亩，绿地面积＿＿＿＿亩，村内人均年收入＿＿＿＿元；主要收入来源是＿＿＿＿。

二、受访者基本情况

1. 您的年龄？（在相应位置画钩，余同）

A. 20岁以下　　B. 20~40岁　　C. 41~60岁　　D. 60岁以上

2. 您的文化程度？

A. 未上过学　　B. 小学　　C. 初中　　D. 高中及高中以上

3. 目前，您（户主）主要收入方式是什么？

A. 种植业　　B. 畜禽养殖业　　C. 水产养殖业　　D. 个体加工业

E. 个体旅游业　　F. 个体商户　　G. 个体运输业　　H. 当地企业打工

I. 公务员　　J. 外出务工　　K. 股权投资人

4. 2016年您家庭的年纯（净）收入情况？

农业收入							非农业收入				
种植收入	畜禽养殖收入	水产养殖收入	总计	个体加工	个体商户	当地企业工资	政府工资	外出务工	入股收入	合计	总合计

三、农户对美丽乡村生态建设基本问题了解情况

5. 您了解美丽乡村建设吗？

A. 非常了解　　B. 基本了解　　C. 不太了解　　D. 完全不了解

6. 村委会对美丽乡村政策的宣传方式是什么？（可多选）

A. 政府培训　　B. 村务公开栏　　C. 手机短信　　D. 网络平台

E. 广播形式　　F. 村民大会　　　G. 宣传单

7. 村内公布美丽乡村建设各项标准吗？

A. 公布　　　　　B. 不公布

　　如果公布，您了解多少？

A. 非常了解　　B. 基本了解　　C. 不太了解　　D. 完全不了解

8. 您在美丽乡村建设标准中最关注什么问题？（画钩）

路面硬化	□	墙面粉刷	□	饮水安全覆盖	□	农村卫生厕所建设	□
秸田秸秆综合利用	□	病死畜禽无害化处理	□	畜禽粪便综合利用	□	生活垃圾无害化处理	□
生活污水处理	□	使用清洁能源	□	林草覆盖	□	建制村摆渡船通达	□
村内工业服务业污染源达标排放		□	管护人员比例不低于常住人口				□

9. 您对当地美丽乡村生态基础设施运行的总体评价？

A. 很好　　B. 较好　　C. 一般　　D. 较差

10. 您认为美丽乡村建设运行情况存在什么问题？

A. 投资无保障　　　　　B. 建设项目质量差　　　C. 建成后无人管理

D. 政府监管不到位　　　E. 破坏原始风貌

四、农户对美丽乡村建设引入外部资本问题的态度

11. 您认为美丽乡村后期建设与管理主体应该是谁？（请排序，标序号）

省级及以上政府	市县级政府	村委会和村党委	村内企业
外来企业	农户散户	合作社或专业协会	村民联合法人
投资开发商	消费者散户		

12. 您对美丽乡村建造农村公共基础设施引入企业等外部资本的态度？

A. 非常同意　　B. 基本同意　　C. 基本反对　　D. 非常不同意

13. 您认为如果有外部资本介入可能有何不利影响？（多选并按重要性排序）

A. 公共设施私有化严重

B. 损害农户私人利益（投劳无工资，强制收费，收益无保障）

C. 运行中违法乱纪　　D. 豆腐渣工程　　E. 不按合同办事

14. 您认为企业等外部资本投入后应具备什么保障？（多选并按重要性排序）

A. 信息公开　　B. 定期评估　　C. 违规处罚　　D. 达到服务标准

E. 补偿农户利益损失　　F. 政府奖励　　G. 群众参与管理（农户、消费者）

五、农户对美丽乡村建设多方融资合作问题的态度

15. 您对政府与社会资本合作建设农村生态设施的了解程度？（PPP 模式）

A. 不了解，从未听说过　　B. 听说过，基本了解　　C. 很了解　　D. 精通

16. 政府如果允许，您愿意参与哪些公共物品的投资？

A. 道路　　　B. 广场　　　C. 污水处理设施　　　D. 地下水管网

E. 公园　　　F. 垃圾处理设施　　　G. 其他_____

17. 在下列什么保障下社会资本（包括农户）愿意投资建设公共物品？

A. 政府宣传和培训　　　B. 政策补贴扶持　　　C. 明晰产权界限

D. 健全准入机制　　　E. 外部资金保障　　　F. 金融机构支持

G. 投资有收益

18. 每年您愿意投入的金额范围是（画钩）？

单位：元/每户

建设类型	<10	10~50	50~100	100~500	500~1000	1000~1500	1500~2000	2000~5000	>5000
生态基础设施									
旅游基础设施									

19. 您期望能获得的收益是？

A. 实物收益　　　B. 投资占比　　　C. 收益转股权　　　D. 债券收益

20. 依法成立由农户团体组成的法人与政府合作投资，您的态度是？

A. 非常同意　　　B. 同意　　　C. 不同意　　　D. 非常不同意　　　E. 无所谓

21. 您对公共设施依法使用者付费的态度？

A. 非常同意　　　B. 同意　　　C. 不同意　　　D. 非常不同意　　　E. 无所谓

22. 在以下哪种情况下您更愿意付费？

A. 按政府强制要求　　　B. 部分政府补贴　　　C. 享受生态服务

D. 能带来收益　　　E. 其他_____

23. 您对于下列收费项目的可承受范围是（画钩）？

项目＼范围	1~2 元/月	2~3 元/月	3~5 元/月	6~8 元/月	9~10 元/月	11~15 元/月
污水处理系统						
公共厕所						
垃圾处理回收						

项目＼范围	1~2 元/月	2~3 元/月	3~5 元/月	6~8 元/月	9~10 元/月	11~15 元/月
环境绿化						
交通设施						
休闲活动场所						
取暖						

24. 您所知道的政府信息公开的项目都有哪些？

A. 政府立项　　B. 筹备过程　　C. 采购过程　　D. 建设和管理政策

E. 移交过程　　F. 财务状况　　G. 不知道

25. 您希望以何种方式公开？（可多选并按重要性排序）

A. 村务公开栏　　　B. 手机短信、微信　　　C. 网络平台

D. 广播形式　　　E. 村民大会

26. 您希望本村财务状况多久进行公开一次？

A. 每月一次　　B. 每季度一次　　C. 半年一次　　D. 每年一次

27. 您认为政府与社会资本合作需要签合同吗？

A. 非常需要　B. 比较需要　C. 不太需要　D. 非常不需要　E. 无所谓

28. 您认为政府与社会资本的合作方式哪种最好？（多选并按重要性排序）

A. 购买服务（外包）　　　　　B. 股权合作

C. 特许经营：私人参与部分或全部投资，与公共部门共担风险、共享收益

D. 私有化　　　　　　　　E. BOT

29. 您认为多方融资合作建设项目的责任与风险主要应该由谁来承担？谁承担的最多？谁承担的最少？（以下五种排序）＿＿＿＿＿＿

A. 政府　　B. 私人企业　　C. 农户组织　　D. 社会大众　　E. 投资公司

30. 您认为多方融资合作建设项目的收益主要应该由谁来承担？谁承担的最多？谁承担的最少？（以下五种排序）＿＿＿＿＿＿

A. 政府　　B. 私人企业　　C. 农户组织　　D. 社会大众　　E. 投资公司

31. 您对于下列事件的态度是（画钩）？

事件	态　度			
	非常同意	基本同意	基本反对	非常反对
承包地入股参与分红				
建设用地用于公共设施				

续表

事件	态 度			
	非常同意	基本同意	基本反对	非常反对
建设用地入股参与分红				
建设用地用于旅游开发				
宅基地变旅馆				
宅基地变生态用地				

参考文献

［1］［美］艾尔·巴比.社会研究方法（第十一版）［M］.邱泽奇译.北京：华夏出版社，2009.

［2］［美］埃莉诺·奥斯特洛姆.公共事物的治理之道：集体行动制度的演进［M］.上海：上海三联书店，2000.

［3］［加］艾米·R.波蒂特，［美］马可·A.詹森，［美］埃莉诺·奥斯特洛姆.共同合作—集体行为、公共资源与实践中的多元方法［M］.路蒙佳译.北京：中国人民大学出版社，2011.

［4］鲍淑君.我国水权机制架构与配置关键技术研究［D］.中国水利水电科学研究院，2013.

［5］财政部、国家税务总局、水利部联合：《水资源税改革试点暂行办法》（财税〔2016〕55号）.

［6］蔡晶晶.乡村水利合作困境的制度分析——以福建省吉龙村农民用水户协会为例［J］.农业经济问题，2012（12）：45.

［7］柴盈，曾云敏.管理制度对我国农田水利政府投资效率的影响——基于我国山东省和台湾省的比较分析［J］.农村经济问题，2012（2）：63.

［8］常宝军，刘毓香."一提一补"制度节水效果研究［J］.中国水利，2010（7）：41.

［9］陈辉.PPP模式手册——政府与社会资本合作理论方法与实践操作［M］.北京：知识产权出版社，2015.

［10］陈洁，郑卓.基于成本补偿的水权定价模型研究［J］.价值工程，2008（12）：20-23.

［11］陈锡文，赵阳，陈剑波，罗丹.中国农村制度变迁60年［M］.北京：人民出版社，2009.

［12］陈晓婷，王树堂，李浩婷，汤璐．澳大利亚水环境管理对中国的启示［J］．环境保护，2014（19）：66-68．

［13］陈振明．公共政策分析［M］．北京：中国人民大学出版社，2003．

［14］陈振明．公共政策分析导论［M］．北京：中国人民大学出版，2015．

［15］成红，徐颖．农业水权流转法律制度探析［J］．法学杂志，2010（5）：47-50．

［16］程国栋，徐中民，钟方雷．张掖市面向幸福的水资源管理战略规划［J］．冰川冻土，2011（6）：1193-1202．

［17］程国强．中国农业补贴：制度设计与政策选择［M］．北京：中国发展出版社，2011．

［18］崔敏惠．农业面源对白洋淀流域水环境影响分析［J］．资源与环境科学，2011（4）：300．

［19］代小平，陈菁，褚琳琳，方茜，李荣富．农业节水补偿机制研究［J］．节水灌溉，2008（10）：4-5．

［20］［美］丹尼尔·弗里德曼·山姆桑德．实验方法：经济学家入门基础［M］．北京：中国人民大学出版社，2011．

［21］［美］邓恩．公共政策分析导论（第四版）［M］．谢明等译．北京：中国人民大学出版社，2011．

［22］丁民．澳大利亚水权制度及其启示［J］．水利发展研究，2003（7）：57-60．

［23］丁民．对农业水资源费和水费问题的思考与建议［J］．水利财务与经济，2007（4）．

［24］范良聪．实验经济学兴起与发展的动力机制研究［M］．杭州：浙江大学出版社，2010．

［25］高培勇，崔军．公共部门经济学（第三版）［M］．北京：中国人民大学出版社，2011：366．

［26］葛察忠，王新等．中国水污染控制的经济政策［M］．北京：中国环境出版社，2011．

［27］公维友．我国民主行政的社会建构研究［M］．济南：山东大学出版社，2014．

［28］［美］古贝，林肯．第四代评估［M］．秦霖等译．北京：中国人民

大学出版社，2008.

［29］关涛，侯越，钮梅娜．浅谈白洋淀水资源的可持续发展［J］．管理科学，2007（7）：130-132.

［30］郭巧玲，冯起，杨云松．黑河中游灌区可持续发展水价研究［J］．人民黄河，2007（12）：65-68.

［31］郭小军．泾惠渠灌区用水的调查与思考［J］．陕西水利，2009（4）：133-134.

［32］国家计委价格司水利部经济调节司联合调研组．百家大中型水管单位水价调研报告（上）［N］．中国水利报，2013-02-12.

［33］韩冬梅，任晓鸿．美国水环境管理经验及对中国的启示［J］．河北大学学报（哲学社会科学版），2014（5）：118-123.

［34］贺缠生，傅伯杰．美国水资源政策演变及启示［J］．资源科学，1998（1）：72-77.

［35］侯立白．农村发展研究方法（第二版）［M］．北京：中国农业出版社，2010.

［36］胡洁，徐中民，钟方雷等．张掖市水权制度问题初探［J］．人民黄河，2013（3）：36-38.

［37］胡晓波，田在峰等．白洋淀水产养殖区水体富营养化评价及防治对策［J］．环境科技，2010（9）：4-6.

［38］华生．新土改：土地制度改革焦点难点辨析［M］．北京：东方出版社，2015.

［39］环保部自然生态保护司．农村环保实用技术［M］．北京：中国环境出版社，2008.

［40］环保部自然生态保护司．农村环境保护实用技术［M］．北京：中国环境科学出版社，2008.

［41］黄维芳．实验经济学研究方法探析［J］．经济研究导刊，2011（24）：11-12.

［42］黄占斌．以色列节水高效农业简介［J］．水土保持通报，1996（12）：1-3.

［43］姜文来等．农业水价合理分担研究进展［J］．水利水电科技进展，2015（5）．

［44］金海，姜斌，夏朋．澳大利亚水权市场改革及启示［J］．水利发展

研究，2014（3）：78-81.

［45］金正庆，孙泽生．生态补偿机制构建的一个分析框架——兼以流域污染治理为例［J］．中央财经大学学报，2008（1）：54-58.

［46］李贵宝，王东胜，谭红武等．中国农村水环境恶化成因及其保护治理对策［J］．南水北调与水利科技，2003（2）：29-33.

［47］李华，徐存寿，季云．关于农业两部制水价制定方法的探讨——对"可持续发展条件下的农业水价制定研究"一文的不同看法［J］．水利经济，2006（3）：37.

［48］李丽．美国防治农业面源污染的法律政策工具［J］．理论与改革，2015（3）：160-163.

［49］李娜，张华，张太保．张掖市建设节水型社会的若干问题研究［EB/OL］．中国科技论文在线网，http：//www.paper.edu.cn.

［50］李书友，冯亚辉．白洋淀生态环境的现状与治理保护［J］．东北水利水电，2008（10）：54-56.

［51］李拓等．中外公众参与体制比较［M］．北京：国家行政学院出版社，2010.

［52］李拓．论正确处理民主决策与科学决策的关系［J］．北京行政学院学报，2012（1）：38-41.

［53］李文华，闵庆文．生态农业的技术与模式［M］．北京：化学工业出版社，2005.

［54］李亚，李习彬．多元利益共赢方法论：和谐社会中利益协调的解决之道［J］．中国行政管理，2009（8）：115-120.

［55］李亚．利益博弈政策实验方法［M］．北京：北京大学出版社，2011.

［56］李永根．节水水价制定理论与方法初探［J］．南水北调与水利科技，2004（5）：40-42.

［57］李志军．重大公共政策理论、方法与实践（第二版）［M］．北京：中国发展出版社，2016.

［58］梁宝成．白洋淀生态环境面临的问题与对策［J］．河北水利，2005（2）：33.

［59］梁淑轩，秦哲等．从白洋淀内源污染调查探析环境保护对策［J］．中国环境管理，2014（1）：13-14.

［60］廖筠．公共政策定量评估方法之比较研究［J］．现代财经，2007

（10）：67-70.

［61］廖永松，鲍子云，黄庆文．灌溉水价改革与农民承受能力［J］．水利发展研究，2004（12）：30.

［62］李兴江．内陆河流域建设节水型社会的理论与实践——以甘肃省张掖市为例［J］．兰州大学学报，2005（2）：83-88.

［63］林銮珠．美国加州水权交易的制度分析［J］．新疆农垦经济，2009（5）：77-82.

［64］刘军民．水环境保护事权划分新思路［J］．环境经济，2011（Z1）：57-65.

［65］刘开云．经济学研究：从经济数据描述到实验的科学历程——实验经济学诞生的学科背景及其理论意义解读［J］．学术研究，2006（8）：12-16.

［66］刘伟．中国水制度的经济分析［M］．上海：上海人民出版社，2005.

［67］刘文具，赵小花．白洋淀流域节水农业与水资源可持续利用对策［J］．海河水利，2007（3）：12-15.

［68］刘文强，孙永广，顾树华等．水资源分配冲突的博弈分析［J］．系统工程理论与实践，2002（1）：16-25.

［69］刘秀娟．白洋淀流域水资源管理体制研究［M］．北京：中国农业出版社，2013.

［70］刘阳乾．论农村水资源费"费改税"改革的必要性［J］．水利经济，2006（5）：69-72.

［71］刘洋，易红梅，陈传波等．村级水资源的管理与利用研究——来自南方四个村的案例分析［J］．中国人口·资源与环境，2005（2）：94-98.

［72］刘义成．公共政策制定模式及我国的模式选择［J］．当代经济管理，2010（2）：56-58.

［73］刘振邦．水资源统一管理的体制性障碍和前瞻性分析［J］．水利发展研究，2002（1）：17-20.

［74］刘志强等．基于系统动力学的农业资源保障及其政策模拟：以黑龙江省为例［J］．系统工程理论与实践，2010（9）：1587-1591.

［75］楼继伟．建立现代财政制度［J］．中国财政，2014（1）：10-12.

［76］吕亚荣．我国农村饮用水安全现状、问题及政府管制［J］．生态经济，2007（12）：123-126.

［77］［美］罗纳德·H. 科斯．企业、市场与法律［M］．盛洪，陈郁译．

上海：格致出版社，上海三联出版社，2014.

[78] 马俊．新预算法下如何做好事业单位预算管理工作［J］．经济研究导刊，2015（18）：158-159.

[79] 马乃毅，姚顺波．美国水务行业监管实践及其对中国的启示［J］．亚太经济，2010（6）：82-86.

[80] 马旭晨．项目管理工具箱——管理案头必备手册［M］．北京：机械工业出版社，2009.

[81][英]迈克·希尔，[荷]彼特·休普．执行公共政策［M］．黄健荣等译．北京：商务印书馆，2011.

[82][美]麦金尼斯．多中心体制与地方公共经济［M］．上海：上海三联书店，2000.

[83][美] Project Management Institute. 项目管理知识体系指南（第5版）［M］．许江林等译．北京：电子工业出版社，2013.

[84] 彭玉兰，才惠莲．水权转让背景下流域生态补偿的法律思考［J］．人民论坛（中国刊），2012（3）：52-53.

[85] 戚笃胜，徐辉．征收农业生产用水水资源费的两个问题探析［J］．农业科技与信息，2008（8）：24-25.

[86] 钱颖一．理解现代经济学［J］．经济社会体制比较，2002（2）：1-12.

[87] 乔文军．农业水权及其制度建设研究［D］．西北农林科技大学硕士学位论文，2007.

[88] 秦大庸，陆垂裕，刘家宏等．流域"自然—社会"二元水循环理论框架［J］．科学通报，2014（Z1）：419-427.

[89] 邱丽娟，李利军，王岳森．国外水权制度对我国的启示［J］．石家庄铁道学院学报（社会科学版），2008（3）：14-18.

[90] 邱菀华，杨敏．项目价值管理理论与实务［M］．北京：机械工业出版社，2007.

[91] 曲延春．农村公共产品供给中的政府责任担当：基于扩大内需视角［J］．农业经济问题，2012（3）：67-69.

[92][日]山崎凉子，杜纲．日本的河流水管理［J］．中国给水排水，2007（22）：103-106.

[93] 沈大军，阮本清，张志诚．水资源税征收的理论依据分析［J］．水

利学报，2002（10）：124-128.

［94］盛昭瀚，张军．社会科学计算实验理论与应用［M］．上海：上海三联书店，2009.

［95］石敏俊，王磊，王晓君．黑河分水后张掖市水资源供需格局变化及驱动因素［J］．资源科学，2011（8）：1489-1497.

［96］［美］史密斯．实验经济学论文集（上、下册）［M］．李建标等译．北京：首都经济贸易大学出版社，2012.

［97］宋立彬．国外水资源管理对我国的启示［J］．才智，2012（17）：346.

［98］孙梅英，张宝全，常宝军．桃城区"一提一补"节水激励机制及其应用［J］．水利经济，2009（4）：40-43.

［99］孙伟，孟军．农业节水与农户行为的互动框架：影响因素及模式分析［J］．哈尔滨工业大学学报（社会科学版），2011（2）：95-96.

［100］孙中才．科学与农业经济学［M］．北京：中国农业出版社，2009.

［101］孙中才．农业经济学与数学［J］．林业经济问题，2005，25（4）：193-198.

［102］孙中才．农业可持续发展与农业经济学的可能进展［J］．农业经济问题，2002（5）：44-47.

［103］谭秋成．农村政策为什么在执行中容易走样［J］．中国农村观察，2008（4）：2-17.

［104］［美］唐纳德·凯特尔．权力共享公共治理与私人市场［M］．孙迎春译．北京：北京大学出版社，2009.

［105］唐雪峰．实验经济学研究方法探新［J］．经济评论，2006（4）：23-27.

［106］王印传，王军．"征补共治"型农村环境政策设计——以河北省白洋淀村庄为例［J］．中国农学通报，2012，28（23）：191-195.

［107］王道勇．加快形成"一主多元"式社会治理主体结构［J］．科学社会主义，2014（2）：25.

［108］王法硕．公民网络参与公共政策过程研究［M］．上海：上海交通大学出版社，2013.

［109］王国江．政策规避与真诚创新——地方政府执行中的问题与对策［M］．北京：中共中央党校出版社，2011.

[110] 王浩 . 湖泊流域水环境污染治理的创新思路与关键对策研究 [M].北京：科学出版社，2013.

[111] 王浩，阮本清，沈大军 . 面向可持续发展的水价理论与实践 [M].北京：科学出版社，2003.

[112] 王浩，王建华，秦大庸，贾仰文 . 基于二元水循环模式的水资源评价理论方法 [J]. 水利学报，2006（12）：130-132.

[113] 王浩，杨贵羽 . 二元水循环条件下水资源管理理念的初步探索[J]. 自然杂志，2010（3）：130-133.

[114] 王慧敏，王圣，刘刚 . 走出跨流域行政区水污染治理困境 [N].中国环境报，2014.

[115] 王金霞，黄季焜 . 国外水权交易的经验及对中国的启示 [J]. 农业技术经济，2002（5）：56-62.

[116] 王金霞，黄季焜 . 激励机制、农民参与和节水效应：黄河流域灌区水管理制度改革的实证研究 [J]. 中国软科学，2004（11）：8-14.

[117] 王军 . 探索新型农村环境政策 [N]. 中国环境报，2012-01-09.

[118] 王军，杨雪峰，赵金龙，江激宇 . 资源与环境经济学 [M]. 北京：中国农业大学出版社，2011：72-76.

[119] 王克强，刘红梅，黄智俊 . 美国水银行的实践及对中国水银行建立的启示 [J]. 生态经济，2006（9）：54-57.

[120] 王克强 . 中国农业节水灌溉市场的有效性及政策绩效评价研究[M]. 上海：上海人民出版社，2010.

[121] 王磊 . 农业节水的世界经验 [J]. 农经，2011（2）：30-33.

[122] 王黎 . 澳大利亚水权制度及其启示 [J]. 科技信息，2007（6）：11-13.

[123] 王利军，安峰，石艳丽 . 资源环境经济领域政策模拟综述 [J]. 资源与产业，2012（6）：157-160.

[124] 王能民，杨彤，杨鹏鹏 . 公共物品私人提供的博弈分析 [J]. 公共管理学报，2008（1）：54.

[125] 王群 . 奥斯特罗姆制度分析与发展框架评析 [J]. 经济学动态，2010（4）：137-142.

[126] 王少丽 . 基于水环境保护的农田排水研究新进展 [J]. 水利学报，2010（6）：697-702.

［127］王巍，马骏，牛美丽．公民参与［M］．北京：中国人民大学出版社，2009.

［128］王文举，任韬．博弈论、经济仿真与实验经济学［J］．首都经济贸易大学学报，2004（1）：20-24.

［129］王锡锌．通过参与式治理促进根本政治制度的生活化——"一体多元"与国家微观民主的建设［EB/OL］．中国法学会网，2011-12-01.

［130］［美］韦默，［加］瓦伊宁．公共政策分析：理论与实践（第四版）［M］．刘伟译．北京：中国人民大学出版社，2013.

［131］魏衍亮，周艳霞．美国水权理论基础、制度安排对中国水权制度建设的启示［J］．比较法研究，2002（4）：42-53.

［132］文雯．调整好利益分配关系［N］．中国环境报，2011-02-23.

［133］吴传清，刘陶．以色列节水型社会建设模式的制度经济学分析［J］．经济学前沿，2005（7）：41-44.

［134］吴东雷，陈声明等．农业生态环境保护［M］．北京：化学工业出版社，2005.

［135］吴业苗．"一主多元"：农村公共服务的供给模式与治理机制［J］．经济问题探索，2011（6）：49-53.

［136］吴妤，梅伟伟．协同学视阈下的乡村治理模式研究——基于乡镇政府与农民组织关系的探析［J］．经济与管理研究，2010（3）：20-21.

［137］奚爱玲．水环境治理中排污权交易的国际经验及上海的实践［J］．世界地理研究，2004（6）：58-63.

［138］夏训峰．农村水污染控制技术与政策评估［M］．北京：中国环境科学出版社，2013.

［139］谢炜．中国公共政策执行中的利益关系研究［M］．上海：学林出版社，2009.

［140］徐顺青，高军，逯元堂，朱建华．美国水环境保护融资经验对我国的启示［J］．中国人口·资源与环境，2015（55）：288-291.

［141］许莉．中国农村公共产品政府供给研究——基于政府和农民的分析视角［M］．北京：经济管理出版社，2014.

［142］杨斌．农业水价改革与农民承受能力研究［J］．价格月刊，2007（12）：21-24.

［143］杨少林，孟菁玲．澳大利亚水权制度的发展及其启示［J］．水利发

展研究，2004（8）：52-55.

　　［144］杨顺顺．农村环境管理模拟——农户行为的仿真分析［M］．北京：科学出版社，2012.

　　［145］杨志峰，谢涛，全向春等．白洋淀水生态综合调控决策支持系统设计［J］．环境保护科学，2011（5）：39-42.

　　［146］叶敬忠．农民视角的新农村建设［M］．北京：社会科学文献出版社，2011.

　　［147］于水．乡村治理与农村公共产品供给——以江苏为例［M］．北京：社会科学文献出版社，2008.

　　［148］余雅乖．"一主多元"农田水利设施供给分析［J］．农村经济问题，2012（6）.

　　［149］俞可平．治理和善治：一种新的政治分析框架［J］．南京社会科学，2001（9）：15-21.

　　［150］俞可平．治理与善治［M］．北京：社会科学文献出版社，2000.

　　［151］俞雅乖．"一主多元"农田水利基础设施供给体系分析［J］．农业经济问题，2012（6）：55-60.

　　［152］喻玉清，罗金耀．在可持续发展条件下的农业水价制定研究［J］．灌溉排水学报，2005（4）：77-80.

　　［153］曾国安．不能从一个极端走向另一个极端——关于经济学研究方法多元化问题的思考［J］．经济评论，2005（2）：79.

　　［154］曾恒．公共物品博弈中社会认同激励机制探索［J］．长江大学学报（社会科学版），2013（4）：52-53.

　　［155］张冬平，刘旗，陈俊国．农业补贴政策效应及作用机理研究［M］．北京：中国农业出版社，2011.

　　［156］张方圆，赵雪雁，田亚彪．社会资本对农户生态补偿参与意愿的影响［J］．资源科学，2013（9）：1821-1827.

　　［157］张红艳，刘平养．农村环境保护和发展激励机制研究［M］．北京：中国发展出版社，2011.

　　［158］张宏志，金飞．美国农业水资源利用与保护［J］．世界农业，2014（12）：130-133.

　　［159］张守平．国内外涉水生态补偿机制研究综述［J］．人民黄河，2011（5）：56.

[160] 张晓山, 李周. 中国农村发展道路 [M]. 北京：经济管理出版社, 2013.

[161] 张笑归, 刘树庆, 窦铁岭等. 白洋淀水环境污染防治对策 [J]. 中国生态农业学报, 2006 (11)：30–31.

[162] 张鑫. 奥斯特罗姆自主治理理论的评述 [J]. 改革与战略, 2008 (10)：212–215.

[163] 张艳芳. 澳大利亚水资源分配与管理原则及其对我国的启示 [J]. 科技进步与对策, 2009 (23)：56–58.

[164] 张掖市节水型社会试点建设领导小组办公室. 张掖市节水型社会试点建设制度汇编 [M]. 北京：中国水利水电出版社, 2004.

[165] 赵来军, 李怀祖. 流域跨界水污染纠纷对策研究 [J]. 中国人口·资源与环境, 2003 (6)：52–57.

[166] 赵连阁, 王学渊. 农户灌溉用水的效率差异——基于甘肃、内蒙古两个典型灌区实地调查的比较分析 [J]. 农业经济问题, 2010 (3)：71.

[167] 赵雪雁, 张亮, 张方圆等. 张掖市农户社会资本特征分析 [J]. 干旱区地理, 2013 (6)：1136–1142.

[168] 赵奕岚. 张掖市发展高效节水农业的优势分析 [J]. 水利规划与设计, 2016 (1)：35–36.

[169] 赵德余. 政策模拟与实验 [M]. 上海：上海人民出版社, 2015.

[170] [美] 珍妮特·V. 登哈特, 罗伯特·B. 登哈特. 新公共服务：服务, 而不是掌舵 [M]. 方兴, 丁煌译. 北京：中国人民大学出版社, 2011.

[171] 郑杭生. 社会学概论新修（精编版）[M]. 北京：中国人民大学出版社, 2014.

[172] 中国农业科学院农业经济与发展研究所. 国家农业政策分析平台与决策支持系统农业经济计量模型分析与应用 [M]. 北京：中国农业出版社, 2008.

[173] 钟春平. 中国农业税与农业补贴政策及其效应研究 [M]. 北京：中国社会科学出版社, 2011.

[174] 钟甫宁, 周应恒, 朱晶. 农业经济学学科前沿研究报告 [M]. 北京：经济管理出版社, 2013.

[175] 周长鸣. 以色列节水灌溉技术考察 [J]. 新疆农垦科技期刊, 2007 (2)：74–75.

[176] 周刚炎. 以色列管理实践及启示 [J]. 水利水电快报, 2007 (3)：

12-15.

［177］周晓花，程瓦. 国外农业节水政策综述［J］. 水利发展研究，2002（7）：43-45.

［178］周星，林清胜. 实验经济学最新发展动态述评［J］. 学术月刊，2004（8）：72-78.

［179］周亦凡，阎广聚. 引水补源对维系白洋淀生态的影响对策研究［J］. 水科学与环境技术，2012（6）：31-32.

［180］周祖昊，王浩，贾仰文，张学成，庞金城. 基于二元水循环理论的用水评价方法探析［J］. 水文，2011（1）：9-12.

［181］卓汉文，王卫民，宋实等. 农民对农业水价承受能力研究［J］. 中国农村水利水电，2005（11）：1-5.

［182］左其亭，马军霞，陶洁. 现代水资源管理新思想及和谐论理念［J］. 资源科学，2011（12）：6-9.

［183］Allison, G. T. Essence of Decision, Boston, Mass：Little Brown，1971：176.

［184］［苏］B. C. 涅姆钦诺夫. 经济数学方法与模型［M］. 乌家培，张守一译. 北京：商务印书馆，1981.

［185］Bowler, I. Sustainable Agriculture as an Alternative Path of Farm Business Development［J］. Bowler, I. , Bryant, C. and Nellis, M. （eds.）, Contemporary Rural Systems in Transition. Volume 1, Agriculture and Environment. Wallingford, UK, 1992：237-253.

［186］Daniel Kahneman, Amos Tversky. Choices, Values, and Frames［M］. Cambridge University Press, 2000.

［187］Dawes, R. M. , Mctavish J. , Shaklee H. Behavior, Communication, and Assumptions about Other People's Behavior in a Commons Dilemma Situation［J］. Journal of Personality and Social Psychology, 1977（35）：1-11.

［188］E. Guba & Y. Lincoln. The Countenances of Fourth Generation Evaluation：Description, Judgement, and Neogiation in D. Palumbo. （eds.）, The Politics of Program Evaluation［J］. Beverdly Hills, California：Sage, 1987.

［189］Marwell G. and Ames R. Experiments on the Provision of Public Goods Ⅰ：Resources, Interest, Group Size, and the Free-rider Problem［J］. American Journal of Sociology, 1979（84）：1335-1360.

[190] Ostrom, Elinor, and Roy Gardner. Coping with Asymmetries in the Commons: Self-Governing Irrigation Systems Can Work [J]. Journal of Economic Perspectives, 1993, 7 (4): 93–112.

[191] Ostrom, Vincent, and Elinor Ostrom. Public Goods and Public Choices [J]. In Alternatives for Delivering Public Services: Toward Improved Performance, ed. E. S. Savas, Boulder, CO: Westview Press, 1977: 7–49.

[192] P. Bardhan . Decentralization of Governance and Development [J]. The Journal of Economic Perspectives, 2002.

[193] Roland Benabou, Jean Tirole. Incentives and Prosocial Behaviour [J]. Discussion Paper No. 1695, 2005 (7): 1653–1678.

[194] Simon Gachter, Ernst Fehr. Collective Action as a Social Exchange [J]. Journal of Economic Behaviour & Organization, 1999 (39): 341–369.

[195] Smith V. L. An Experimental Study of Competitive Market Behavior [J]. Journal of Political Economy, 1962 (70): 111–137.

[196] Smith, V. L. Economics in the Laboratory [J]. Journal of Economic Perspectives, 1994, 8 (1): 113–131.

[197] Smith, V. L. Microeconomic Systems as an Experimental Science [J]. American Economic Review, 1982, 72 (5): 923–955.

[198] Steven C. Deller. Pareto Efficiency and the Provision of Public Goods within a Rural Setting [J]. Growth and Change, 1990 (21): 30–39.

[199] The Royal Swedish Academy of Sciences (2002), Foundation of Havioral and Experimental Economics: Daniel Kahneman and Vemon Smith [J]. Advanced Infomration on the Prize in Economic Sciences, 2002.